精细控压钻井技术及其应用

周英操 等著

石油工业出版社

内 容 提 要

本书系统地阐述了精细控压钻井技术与装备，包括精细控压钻井技术发展历程及现状、控压钻井的类型、应用范围及特点、精细控压钻井工艺技术、精细控压钻井专用装备、精细控压钻井工程设计、精细控压钻井技术应用实例分析、精细控压钻井井底压力控制影响因素及关键技术、常规控压钻井技术、控压钻井技术发展方向及趋势等内容，对研究和实施控压钻井技术具有重要的指导作用。

本书是从事相关技术工作的管理人员、技术人员的实用参考用书，可供研究人员、设计技术人员、现场技术人员应用，也可供院校相关专业师生做参考学习资料。

图书在版编目(CIP)数据

精细控压钻井技术及其应用／周英操等著．
—北京：石油工业出版社，2018.4
ISBN 978-7-5183-2493-4

Ⅰ.①精… Ⅱ.①周… Ⅲ.①油气钻井
Ⅳ.①TE242

中国版本图书馆 CIP 数据核字(2018)第 049346 号

出版发行：石油工业出版社
　　　　　(北京安定门外安华里 2 区 1 号楼　100011)
　　网　　址：www.petropub.com
　　编辑部：(010)64523583　图书营销中心：(010)64523633
经　　销：全国新华书店
印　　刷：北京中石油彩色印刷有限责任公司

2018 年 4 月第 1 版　2018 年 4 月第 1 次印刷
787×1092 毫米　开本：1/16　印张：20.5
字数：520 千字

定价：90.00 元
(如出现印装质量问题，我社图书营销中心负责调换)
版权所有，翻印必究

《精细控压钻井技术及其应用》
编 写 组

组　　长：周英操

副组长：刘　伟　翟小强　郭庆丰　张兴全

成　　员：王　瑛　罗良波　滕学清　宋周成　马金山

　　　　　马青芳　唐雪平　周泊奇　付加胜　许朝辉

　　　　　朱卫新　段永贤　胡志坚　王　鹏　魏臣兴

　　　　　梁　磊　王国伟　张　鑫　门明磊　李鹏飞

　　　　　康　健　屈宪伟　赵莉萍　王一博

前 言

精细控压钻井技术可使复杂地层普遍存在的井涌、漏失、坍塌、卡钻等井下复杂，特别是"溢漏同存"的窄密度窗口这一世界性钻井难题得到有效解决，提高复杂压力地层钻探成功率，降低成本，实现安全、高效、快速钻井作业。通过中国石油集团工程技术研究院有限公司研发的 PCDS 精细控压钻井系统的钻井实践证明，精细控压钻井技术越来越多地体现出常规钻井技术无法比拟的技术优势。精细控压钻井技术是一项新的先进钻井技术，是未来闭环钻井技术发展的一项重要基石。

本书对精细控压钻井技术与装备进行了系统的总结，包括精细控压钻井技术发展历程及现状、控压钻井应用范围及特点、精细控压钻井工艺技术和专用装备、精细控压钻井工程设计技术、精细控压钻井应用实例分析、控压钻井井底压力控制影响因素及关键技术、常规控压钻井技术和控压钻井技术发展方向及趋势等。本书的编写突出了理论性、实用性和可操作性相结合的特点，目的是希望能给读者提供参考和启迪，促进精细控压钻井技术与装备的深入研究和推广应用，推动该技术的进步。

本书由周英操任编写组组长，刘伟、翟小强、郭庆丰、张兴全任编写组副组长。具体各章编写人如下：第一章由周英操、刘伟编写；第二章由周英操、刘伟、翟小强编写；第三章由周英操、郭庆丰、刘伟、罗良波、唐雪平、王鹏编写；第四章由郭庆丰、王瑛、滕学清、翟小强、付加胜编写；第五章由刘伟、王瑛、宋周成、马金山、许朝辉、段永贤编写；第六章由张兴全、周英操编写；第七章由翟小强、周泊奇、马青芳、朱卫新、胡志坚、魏臣兴编写；第八章由周英操、刘伟编写。参加本书编写的人员还有：梁磊、王国伟、张鑫、门明磊、李鹏飞、康健、屈宪伟、赵莉萍、王一博。全书由周英操教授级高级工程师策划、统稿与审阅。本书在编写过程中参考引用了很多专家、学者的文献资料，同时中国石油集团工程技术研究院有限公司对本书的出版给予了大力的支持与帮助，在此一并表示感谢。

由于作者水平所限，书中难免存在疏漏和错误，敬请广大读者批评指正。

目 录

第一章 绪论 …………………………………………………………………… (1)
  第一节 精细控压钻井技术发展历程与现状 ………………………………… (1)
  第二节 控压钻井的类型、应用范围及特点 ………………………………… (6)

第二章 精细控压钻井工艺技术 ……………………………………………… (9)
  第一节 精细控压钻井的基本原理 …………………………………………… (9)
  第二节 控压钻井技术的分级 ………………………………………………… (11)
  第三节 井底恒压控压钻井技术 ……………………………………………… (13)
  第四节 微流量控制钻井技术 ………………………………………………… (17)

第三章 PCDS精细控压钻井专用装备 …………………………………… (19)
  第一节 PCDS精细控压钻井装置总体设计 ……………………………… (20)
  第二节 PCDS-Ⅰ精细控压钻井专用装置 ………………………………… (34)
  第三节 PCDS-Ⅱ精细控压钻井专用装置 ………………………………… (46)
  第四节 PCDS-S精细控压钻井专用装置 ………………………………… (51)
  第五节 精细控压钻井配套专用设备及工具 ……………………………… (58)

第四章 精细控压钻井工程设计 ……………………………………………… (77)
  第一节 精细控压钻井工程设计主要内容 ………………………………… (77)
  第二节 精细控压钻井作业规程 …………………………………………… (86)
  第三节 精细控压钻井井控 ………………………………………………… (94)
  第四节 精细控压钻井系统现场使用与维护 ……………………………… (97)
  第五节 精细控压钻井设计实例 …………………………………………… (113)

第五章 精细控压钻井技术应用分析 ……………………………………… (136)
  第一节 概述 ………………………………………………………………… (136)
  第二节 窄密度窗口精细控压钻井技术应用案例 ………………………… (138)
  第三节 裂缝溶洞型碳酸盐岩水平井精细控压钻井技术应用案例 ……… (150)
  第四节 低渗特低渗储层精细控压钻井技术应用案例 …………………… (162)
  第五节 微流量控制钻井技术应用案例 …………………………………… (171)
  第六节 近平衡精细控压钻井技术应用案例 ……………………………… (183)
  第七节 易涌易漏复杂工况精细控压钻井技术应用案例 ………………… (189)

第六章　控压钻井井底压力控制影响因素及关键技术 (196)
第一节　钻井井底压力控制的影响因素分析 (196)
第二节　钻井水力参数对井底压力影响分析 (199)
第三节　不同钻井方式对井底压力控制的分析 (217)
第四节　异常工况对井底压力控制的分析 (235)

第七章　常规控压钻井技术 (263)
第一节　井口连续循环钻井系统 (263)
第二节　阀式连续循环钻井系统 (274)
第三节　充气控压钻井技术 (282)
第四节　双梯度钻井技术 (287)
第五节　加压钻井液帽钻井技术 (294)
第六节　其他常规控压钻井技术 (296)
第七节　控压固井完井技术 (298)
第八节　控压钻井配套技术 (300)

第八章　控压钻井技术发展方向及趋势 (302)
第一节　控压钻井技术与装备的发展趋势 (302)
第二节　控压钻井技术应用展望 (311)

参考文献 (315)

第一章 绪 论

深层复杂油气藏，特别是深层海相地层，其地层压力高、温度梯度大、流体物性变化大、介质复杂而且常伴有 H_2S；而且随着裸眼井段增加，可能出现压力梯度、地温梯度发生转变，导致钻井液安全密度窗口窄，易引发井涌、井漏、井壁坍塌、卡钻等一系列钻井问题，甚至导致钻井作业无法正常进行。

由于安全和环保的要求，常规钻井不允许在井底形成过高的欠压值，使井口有大量油气在钻井过程中产出，但从保护储层的角度上还需要有一定的欠压值，即需要井底压力在平衡点的"安全区域内"波动。在属于高压、高产、高含 H_2S 地层的高风险深井钻井，更不希望使用欠平衡钻井，但是使用过平衡钻井又容易引发井漏等问题，增加非生产作业时间。为避免上述问题，希望找到一种更为精确地约束和控制井筒压力的方法。欠平衡钻井技术（UBD）是 20 世纪 50 年代从美国兴起的技术，技术关键是井底压力小于地层压力的条件下打开储层，目的是有利于发现储层、保护储层、提高钻速、减少复杂等。但是，随着深层油气资源勘探开发的深入，原有的欠平衡钻井技术已经无法完全满足安全、高效的钻完井施工要求。

第一节 精细控压钻井技术发展历程与现状

精细控压钻井技术是国际上针对窄密度窗口的安全钻井难题发展起来的一项前沿钻井技术。精细控压钻井技术可以有效解决钻探过程中由于压力敏感导致的井下复杂，特别是针对复杂深井超深井地层中存在的窄密度窗口、长井段同一压力系统、易坍塌和漏失的薄弱地层、枯竭油气层、深海海底油藏等问题，都有很好的应用效果。国际钻井承包商协会欠平衡作业和控制压力钻井委员会（IADC Underbalanced Operations & Managed Pressure Drilling Committee）将精细控压钻井（Managed Pressure Drilling，MPD）定义为："精细控压钻井是一种用于精确控制整个井眼环空压力剖面的自适应钻井过程，其目的是确定井下压力环境界限，并以此控制井眼环空液柱压力剖面的钻井技术"。精细控压钻井的最初意图是避免地层流体不断侵入至地面，作业中任何偶然的流入都将通过适当的方法安全地处理，2008 年 7 月，周英操等在《控压钻井技术探讨与展望》一文中认为把"MPD"译为"精细控压钻井"更贴近钻井工艺实际情况，并提出了"欠平衡精细控压钻井技术"的理念。"MPD"有别于 Controlled Pressure Drilling，简称 CPD，即控压钻井。

精细控压钻井技术具体描述为：

（1）设计环空液压剖面，将工具与技术相结合，通过钻进过程中的实时控制，可以在井眼环境条件限制的前提下减少钻井的风险与综合成本；

（2）可以对井口回压、流体密度、流体流变性、环空液面、循环摩阻以及井眼几何尺寸等影响井底压力因素进行综合分析，并实现精确控制；

（3）可以快速校正并处理监测到的压力变化，动态控制环空压力，从而能够更加经济地完成钻井作业。

一、国外精细控压钻井技术发展历程与现状

控压钻井技术早在20世纪60年代中期就开始在陆地钻井作业中应用，但没有引起业界足够的关注，近年来，随着复杂压力系统钻井和对钻井安全的关注，特别是海上勘探开发的不断发展，这项技术越来越受到钻井决策者的重视，从而使控压钻井技术得到了快速发展。精细控压钻井技术于2003年IADC/SPE会议上首次提出，该技术主要是通过对井口回压、流体密度、流体流变性、环空液面高度、钻井液循环摩阻和井眼几何尺寸的综合控制，使整个井筒的压力得到有效地控制，进行欠平衡、平衡或近平衡钻井，有效控制地层流体侵入井筒，减少井涌、井漏、卡钻等多种钻井复杂情况，非常适宜孔隙压力和破裂压力窗口较窄的地层作业。据报道，控压钻井对井眼的精确控制可解决80%的常规钻井问题，减少非生产时间20%~40%，从而降低钻井成本。

随着控压钻井技术的发展，逐渐形成了系统的工艺理论，形成了不同控压钻井的工艺技术和方法，如井底恒压控压钻井技术（CBHP）、微流量控制钻井技术（MFC）、加压泥浆帽钻井技术（PMCD）、双梯度钻井技术（DGD）、HSE（健康、安全、环境）控压钻井技术等。目前，国际上Schlumberger、Halliburton、Weatherford等公司已进行了相关的精细控压钻井技术研究和现场应用，取得了较好的应用效果。

二、国内精细控压钻井技术发展历程与现状

2008年开始，中国石油集团工程技术研究院有限公司组织科研攻关团队，依托国家科技重大专项项目自主研发，在精细控压钻井成套工艺装备等方面取得重大突破，填补了国内空白，使中国成为少数掌握该项技术的国家。专家评价：该成果在理论技术上有重大创新，整体达到国际先进水平，在欠平衡控压钻井工艺、工况模拟与系统评价方法上达到国际领先。取得的创新点如下：

（1）自主研发国内首套精细控压钻井成套工艺装备，包括自动节流、回压补偿、井下随钻测量、监测与控制软件系统。创新形成多策略、自适应的环空压力闭环监测与优化控制技术，实现了9种工况、4种控制模式和13种复杂条件应急转换的精细控制，井底压力控制精度0.2MPa以内，技术指标优于国际同类技术，形成规范和行业标准。

（2）创新建立集钻井、录井、测井于一体的控压钻井方法，实现了作业现场数据采集、处理与实时控制；独创了井筒压力与流量双目标融合控制的钻井工艺及井筒动态压力实时、快速、精确计算方法。实现了深井井下复杂预警时间较常规钻井提前10min以上，为安全控制赢得时间；成功实现穿越深部碳酸盐岩水平井多套缝洞组合，水平段延伸能力平均增加210%，显著提高了单井产能。

（3）首次突破国际控压钻井采用微过平衡的作业理念，率先开展欠平衡控压钻井应用，创新形成欠平衡精细控压钻井工艺。建立了井筒压力、井壁稳定及溢流控制理论新认识，现场应用证明欠平衡控压优于国际通行的微过平衡控压，更加精细安全，应用领域大幅拓展。通过可控微溢流控压钻井同时解决了发现与保护储层、提速增效及防止窄密度窗口井筒复杂的世界难题，为国际首创。

（4）发明了控压钻井工况模拟装置及系统评价方法。该装置可完成井底与井口压力模式、主备阀切换、高节流压力工作模式、模拟溢流、漏失、溢漏同存的控压钻进等10类测试，属国内外首创，实现了对控压钻井工艺与装备的测试与评价，为产品质量、安全生产和规模应用提供了重要保障。

中国石油集团工程技术研究院有限公司于2010年研发了控压钻井系统PCDS（Pressure Control Drilling System，PCDS），2012年，精细控压钻井装备与技术，获国家重点新产品、国家优秀产品奖、中国石油十大科技进展，2013年，精细控压钻井装备与技术，获省部级科技进步特等奖，2014年，精细控压钻井装备与技术，获中国石油自主创新重要产品，2015年，精细控压钻井装备与技术，获中国专利优秀奖，2016年，精细控压钻井装备与技术，获中国石油"十二五"十大工程技术利器。

中国石油集团工程技术研究院有限公司在精细控压钻井方面取得了以下创新性成果：

（1）首创了控压钻井工况模拟装置及系统评价方法，实现了对控压钻井工艺与装备的测试与评价，为产品质量、安全生产和规模应用提供了重要保障。控压钻井工况模拟装置成为油气钻井技术国家工程实验室重要组成部分。

① 创新形成一种全尺寸控压钻井实验模拟水力模型设计方法，建立了控压钻井室内模拟理论基础。

为了使控压钻井实验模拟更接近钻井现场，攻克深井、复杂井的各种工况模拟技术，如循环钻进、起钻、下钻、接单根、井涌、井漏等实验模拟难题，建立了考虑压力、排量模拟相似性及环空摩阻各要素、井筒弹性效应的水力模型，形成多种工况的模拟方法，实现了复杂工况条件下流量、出入口压力差和节流阀开度控制及优化，获得最佳压力、流量控制方法。

② 创新形成一种全尺寸控压钻井实验模拟系统设计方法，建立了控压钻井室内实验模拟系统，建立了油气钻井技术国家工程实验室的分实验室——控压钻井实验室，如图1-1所示。

图1-1 控压钻井实验室

由于钻井现场条件有限，装备应对井下异常情况无法客观随机存在，因此必须建立一种全尺寸实验模拟系统以方便设备实验、测试及调试，突破传统的"比例模拟"发展成全尺寸的"体积模拟"，建立了变频高压钻井泵组、环空压耗模拟、控制管汇以及中央控制等系统，由硬件系统提供基础工况模拟及参数，软件模拟控压钻井需要的参数，包括井底、设备、钻井及录井信息，以便装备调试、实验。

该实验模拟系统可完成10类测试方法，属国内外首创，包括井底压力模式、井口压力模式、井底模式与井口模式切换、井口模式与井底模式切换、主备节流阀切换、高节流压力下井底与井口工作模式及模拟溢流、漏失、溢漏同存的控压钻进测试，可以实现各参数的自动标定、采集、处理等。

（2）自主研发国内首套精细控压钻井大型成套工艺装备，压力控制精度 0.2MPa 以内，技术指标优于国际同类产品先进水平，填补了国内空白。

① 攻克了井下复杂识别、环空压力随钻测量和压力非线性控制等技术难题，研发具有独立知识产权的精细控压钻井大型成套装备，建立加工及现场操作标准。

自主研制集恒定井底压力控制与微流量控制于一体的精细控压钻井大型成套装备，包括自动节流、回压补偿、监测及自动控制、井下随钻测量、实时水力计算及控制软件等系统。集成了井底压力测量、地面参数监测、控压钻井水力计算模型、设备在线智能监控与应急处理功能，各系统可独立运行，也可组合使用，实现了9种工况、4种控制模式切换、13种应急转化的精细控制，即钻进、接单根、起钻、下钻、换胶心等9种工况，本地手动、自动及远程手动、自动4种控制模式，随钻测压工具、回压泵、自动节流管汇等失效及井口套压异常升高、严重溢流、井漏等13种应急转换的精细控制。

② 创新形成多策略、自适应的环空压力闭环监测与优化控制技术，有效降低控压钻井操作的难度和复杂性，保障了作业安全，提高作业效率。

根据精细控压钻井技术流程的要求，进行数据采集和通信获取实时地面及井下参数，分析钻进、接单根、起下钻等不同工况的变化以及井底压力、钻井液流量和井口压力的改变，建立一套系统的自动控制流程，在此基础上形成自适应控制模型，通过闭环监控系统实现参数采集、计算、分析，给出控制参数，执行闭环监控：反馈—分析决策—控制—反馈，即泵、节流阀、平板阀、仪器仪表等基础测量元件为反馈层，实时高速水力计算模型+工况判别方法+异常处理机制为分析决策层，液气电控制系统为控制执行层，实现了自动、闭环、自适应的井筒压力控制。

（3）创新形成集钻井、录井、测井于一体的控压钻井方法，实现了精细控压作业现场数据一体化采集、处理与实时控制，建立了触发量与状态量警报机制与压力、流量双目标控制技术，在井下复杂预警时间和水平段延伸能力上取得突破。

① 建立了井下压力、温度参数采集和地面钻井液循环系统综合参数通信、处理、决策技术，突破国内外多家录井、工程、井下参数测量公司的不同数据格式、通信协议的技术壁垒，实现了多种形式参数的通信、处理、实时决策，深井井下复杂预警时间较常规钻井提前10min以上，作业安全性极大提高。

井控安全要求分秒必争，常规钻井往往是井下复杂反应到地面才能判断、确定，但已失去最宝贵时机，通过测量分析井下及地面压力、钻井液出入口流量并进行预校正，判断循环体系压力、流量平衡状态，准确判断溢流、漏失量，实现了 $0.1m^3$ 内报警，并根据立管压力、钻压、机械钻速等工程参数及实时水力模型预测开展联合分析，确定井底与地层压力差的变化关系及井下溢、漏性质，实时进行压力、流量的补偿、控制，实现井下压力流量平衡钻井，让井下复杂在井底就开始识别、控制，给井控安全上了一把"安全锁"。

② 独创了融合井筒压力、流量双目标监测控制钻井技术，有效解决了碳酸盐岩水平井

段压力控制难题,水平段延伸能力平均提高210%,显著提高单井产能。

深入分析控压钻井井筒压力传播规律以及井口压力变化,确定压力传播至井底时间及对井底压力大小的影响,井底压力与地层压力差导致循环钻井液总体积发生变化,建立了井底压力变化与钻井液进出口流量差之间的关系,形成一套压力与流量监控结合的双目标控制方法及流程(表1-1)。

表1-1　井筒压力、流量双目标监测、控制钻井技术框架

出入口流量差 ΔQ	策略及目标	压力控制方式
瞬时量(微分量)	根据瞬时量进行信号分析	实时记录流量变化的特征时间及对应工况和参数,根据实时水力模型计算所需井口压力,闭环压力控制,必要时进行人工干预,调整井口回压
平均量(平衡量)	校正钻井泵上水效率	
累积量(积分量)	校正流量计累计量,真实反映溢流、漏失量	

突破了由于碳酸盐岩地层缝洞发育造成的压力分析、实时控制算法及防溢、控漏等多个技术难题,研发了贴近缝洞结构的顶部(压力敏感、易溢漏)"蹭头皮"式控压水平钻井技术,将精细控压钻井与水平井技术有机融合,在现场实践中使水平段延伸能力平均增加210%,显著提高了单井产能。

自主研发的精细控压钻井技术相对国际先进水平,现场应用效果显著(表1-2),取得多项纪录:塔中721-8H井,国内碳酸盐岩储层水平段1561m、目的层钻进单日进尺150m最高纪录,且连续多日进尺过百米;塔中862H井,创造垂深大于6000m、完钻井深8008m的世界最深水平井新纪录。

表1-2　碳酸盐岩地层应用国产PCDS精细控压钻井实施效果

钻井方式	平均漏失量 (m^3)	复杂时间 (h)	平均水平段长度 (m)	平均日进尺 (m)	机械钻速 (m/h)
常规钻井	2429	427.2	215	12.29	2.36
引进国外控压技术钻井	69.98	45.2	466.13	22.02	2.41
国产PCDS精细控压钻井	16.4	0	1272	40.16	3.73

③ 发明了一种井筒动态压力实时、快速、精确计算方法,通过环空压耗和井口回压两种校核方法,解决了溢流或漏失导致气液两相流或多相流计算难题。

传统井筒压力计算通常利用气液两相流或多相流理论,通过划分不同流型,求解气液两相连续性方程和动量方程来实现,误差较大,难以满足压力敏感地层精细控压钻井的需求,因此利用井下随钻压力测量工具测量井底压力,实时水力模型计算预测井底压力;然后通过测量的井底压力以及预测的井底压力自动实时校正钻井井筒压力以实现精确控压钻井,该方法弥补了传统钻井井筒压力计算处理方法与井下实际压力误差较大的不足,可以更加快速精确地实时计算井筒压力,实现在窄密度窗口地层井筒动态压力的准确计算、实时校正与控制,达到良好的井底压力控制要求。

(4)首次突破国际上控压钻井采用微过平衡的作业理念,率先开展欠平衡控压钻井应用,创新形成欠平衡精细控压钻井工艺;建立了井筒压力、井壁稳定及溢流控制理论新认

识，同时解决了发现与保护储层、提速增效及防止窄密度窗口井筒复杂的世界难题，为国际首创。

① 建立欠平衡控压钻井理论新认识，形成可控微溢流控压钻井新方法，为塔里木奥陶系台内礁滩地质发现新增地质储量油 $5000×10^4t$、气 $150×10^8m^3$ 提供了重要的技术支撑。

国际上控压钻井是略过平衡压力控制钻井，在一定程度限制了控压钻井的应用。另外，常规欠平衡钻井技术应对井下压力复杂能力不足，特别是常规欠平衡钻井技术应对窄窗口能力不足。为此，通过对地层压力和坍塌压力进行精确预测，确定一个介于坍塌压力和地层压力之间的合理井底压力值，进行可控微溢流欠平衡精细控压钻井，突破了井眼压力控制技术难题，避免发现溢流即关井，疑似溢流关井观察，实现了有控制的溢流，能最大限度保护和发现储层，提高钻速。

② 创新形成欠平衡溢流与重力置换溢流控制方法，攻克这两种典型溢流的理论分析难点，并建立相应的控制方法及边界条件，保证钻井安全。

对多种溢流发生原因进行分析，如岩屑破碎气、钻井液与地层气密度差进气、欠平衡进气等，建立了含液、气两相连续性方程及动量方程的控压钻井流动方程，根据井底压力、节点压力、节点气体速度等计算欠平衡压力实时控制参数；形成了欠平衡溢流与重力置换溢流判断方法、欠平衡溢流控制方法、重力置换溢流控制方法三种方法；明确了两种典型溢流安全控制范围，欠平衡溢流量在 $1m^3$ 以内，重力置换溢流量 $3m^3$ 以内。该技术在碳酸盐岩储层应用创造了多项新纪录，典型应用如塔中 26-H7 井，实现了目的层持续点火钻进，占总控压钻进时长的 80.4%，全过程"点着火炬钻井"；钻速明显提高，平均为 4.23m/h；平均日进尺与常规钻井提高 103.7%。

第二节　控压钻井的类型、应用范围及特点

一、控压钻井的类型

国际钻井承包商协会欠平衡作业协会(IADC UBO Committee)控压钻井(MPD)子协会将控压钻井技术划分为两大类：被动型控压钻井和主动型控压钻井。

1. 被动型控压钻井(Reactive MPD)

采用常规钻井方法钻井，钻井设计中安装控压钻井设备，钻井时能够迅速应对异常的压力变化，一旦有异常情况发生立即实行控压钻井。因此在钻井程序中至少需要装备有旋转控制装置(旋转防喷器)、节流管汇、钻柱浮阀等，以使该技术能够更加安全有效地控制难以预测的井底压力环境，如孔隙压力或破裂压力高于或低于预测值。

2. 主动型控压钻井(Proactive MPD)

设计确定安装精细控压钻井设备，钻井时能够主动利用控制环空压力剖面这一优势，对整个井眼实施更精确的环空压力剖面控制。

控压钻井技术是为了更好地控制井底压力，其压力控制的目标是在整个钻井作业过程中无论是在钻进、循环钻井液、接单根、起下钻的作业过程中都能精确地控制井底压力，使其维持恒定。根据控压钻井的定义和类型，为了加强技术研究和生产组织，并节约科研和生产

资源配置，笔者将控压钻井技术分为三大类，见表1-3。

表1-3 控压钻井技术及相关配套技术分类

精细控压钻井技术	常规控压钻井技术	控压钻井相关配套技术
井底恒压控压钻井技术； 微流量控制钻井技术； 压力、流量双目标融合精细控压钻井技术	井口连续循环钻井技术； 阀式连续循环钻井技术； 双梯度控压钻井技术； 加压钻井液帽技术； 充气控压钻井技术； 手动节流控压钻井技术； HSE控压钻井技术； 简易导流控压钻井技术； 流量监测控压钻井技术； 降低当量循环密度工具	井身结构优化技术； 膨胀管和波纹管技术； 随钻环空压力测量装置； 地层压力测量装置； 优质钻井液技术； 化学方法提高承压能力技术； 高效防漏堵漏技术； 地层压力预测与实时分析技术； 井筒多相流分析技术； 控压钻井设计与工艺分析软件； 实验检测平台和评价方法

目前，恒定井底压力的动态环空压力控压钻井可以实现井口回压自动控制，并达到0.2MPa的控制精度；微流量控压钻井可在涌入量小于80L时检测到溢流，并可在2min内控制溢流，使地层流体的总溢流体积小于800L。

常规控压钻井技术是指达不到精细控压钻井的控制精度能力和控压钻井效果，但是就目前技术水平而言，可以在现场应用，并达到常规控压钻井目的。关键是任一种常规控压钻井技术都要满足可以独立应用并具有控压钻井作业过程的专有技术。

控压钻井配套技术就是为精细控压钻井技术和常规控压钻井技术进行配套的特殊技术。

二、控压钻井的应用范围

随着海洋勘探开发规模的不断扩大，以及陆地上对更深更复杂地层的勘探开发活动的日益增多，控压钻井技术得到了越来越多的应用，被认为是一项经济上可行的钻井技术。控压钻井技术可适用于窄密度窗口地层、压力枯竭油气田、致密气层、水平侧钻井、井眼不稳定及漏失层段、裂缝性或孔洞性储层、大位移井、小井眼井、高温高压深井超深井、海洋深水井等工况的钻井作业。

三、控压钻井特点及优势

控压钻井不同于常规的敞开式压力控制系统，而是采用封闭的循环系统，更精确地控制整个环空的压力剖面，通过调节井眼的环空压力来补偿钻井液循环而产生的附加摩擦压力。控压钻井技术的重要特征就是使用了封闭的钻井循环压力控制系统，可增加钻井液返出系统的钻井液压力，在钻井作业的过程中，保持适当环空压力剖面。防止了钻井液漏入地层，造成对地层的伤害。以"防溢防漏"为主，这种控制压力变化的工艺有更好地井控能力，能更加精确地进行井眼压力控制，同时能保持对返出钻井液的导流功能，保证钻井顺利，减少复杂情况。

正常情况下，控压钻井是一种平衡和近平衡的钻井方式，不会诱导地层流体侵入，不同于常规过平衡钻井，能消除很多常规钻井所存在的风险。该技术具有以下几个特点：

（1）以低于常规钻井的钻井液密度钻进，避免压裂地层和钻井液漏失；

（2）接单根时需在井口加回压，使接单根时的井底压力接近钻进时的井底压力；

（3）使用闭合、承压的钻井液循环系统，也可使用欠平衡钻井设备，如可回收钻柱浮阀、井下套管阀等，以控制作业中可能出现的流体侵入。

控压钻井技术是从欠平衡钻井技术的基础上发展起来的新技术，是目前最安全的一种钻井方式。控压钻井的目标是解决一系列与钻井压力控制相关的问题，增强钻井作业的可靠性，降低经济成本。在美国的陆上钻井程序中，使用闭合、承压的钻井液循环系统钻井已成为陆地钻井技术的一个发展方向。更少的钻井非生产时间，更低的成本和更强的井控能力使其已经成为陆上钻井程序完美技术的关键标准。对钻井地质情况不清楚的油气井，在钻进的过程中能够根据需要更精确地进行压力控制，增强井控能力，减少调整钻井液密度的次数，减少非生产时间和钻井事故，使复杂井的作业变得更加容易。具体来讲，控压钻井技术主要有以下几方面的优势：

（1）可以精确地控制整个井眼压力剖面，避免地层流体的侵入。

（2）使用封闭、承压的钻井液循环系统，能够控制和处理钻井过程中可能产生的任何形式的溢流。

（3）可以在接单根时加回压，确保关井压力接近循环和钻进时的井底压力，使井底压力恒定。

（4）钻井能顺利通过窄密度窗口层段。

（5）能避免井眼压力超过地层破裂压力，减少发生井漏、井塌等事故，减少处理井下事故的时间。

（6）能解决裂缝性等复杂地层的漏失问题，减少易漏地层钻井液材料损失。

（7）减少不稳定性地层失稳与垮塌问题，避免阻卡发生。

（8）能优化井身结构，减少套管层次。

（9）降低钻井液密度，提高钻速。

（10）能减少井底压力波动，延伸大位移井或长水平段水平井的水平位移，减少对储层的污染与伤害，增加单井产能。

（11）减轻对储层伤害、有利于储层发现；保护油气层、提高单井产量。

（12）大幅度降低非生产时间，缩短钻井周期，从而降低钻井综合成本，提高经济效益。

控压钻井是一项具有精确的维持井底常压、避免当量循环密度超过井眼破裂压力梯度，减少发生井涌、井漏、井塌等事故，降低钻井综合成本，能更好地通过窄密度窗口等优点的技术，必将成为海上、陆上钻井广泛应用的一种安全钻进技术。

第二章 精细控压钻井工艺技术

精细控压钻井的压力控制目标是：在整个钻井作业过程中无论钻进，还是循环钻井液、停钻接单根，都能根据需要精确地控制井底压力，并使其维持恒定。根据不同的地质情况、不同的钻井要求，确定不同的控压钻井方式，采用不同等级应用技术。

第一节 精细控压钻井的基本原理

精细控压钻井通过装备与工艺相结合，合理逻辑判断，控制井口回压保持井底压力稳定，使井底压力相对地层压力保持在一个微过、微欠或近平衡状态，实现环空压力动态自适应控制。控压钻井的核心就是对井底压力实现精确控制，保持井底压力在安全密度窗口之内。井底压力等于静液柱压力、环空压耗和井口回压三者之和。精细控压钻井基本原理如图2-1所示。

在控压钻井设计计算中，既有单相流的计算，又有两相流的计算。其计算参考了环空水力学计算模型中的钻杆流动模型和环空流动模型，进行控压钻井的压力计算。在井口回压控压钻井的计算中，只有一种流体密度，属于单相流的计算模型，通过令两相流模型中的含气率为零，就可以使用两相流的模型进行单相流的计算。

精细控压钻井利用回压来控制井底压力是基于如下公式：

$$p_b = p_m + p_a + p_t$$

式中 p_b——井底压力，MPa；

p_m——钻井液静液柱压力，MPa；

p_a——环空压耗，MPa；

p_t——井口回压，MPa。

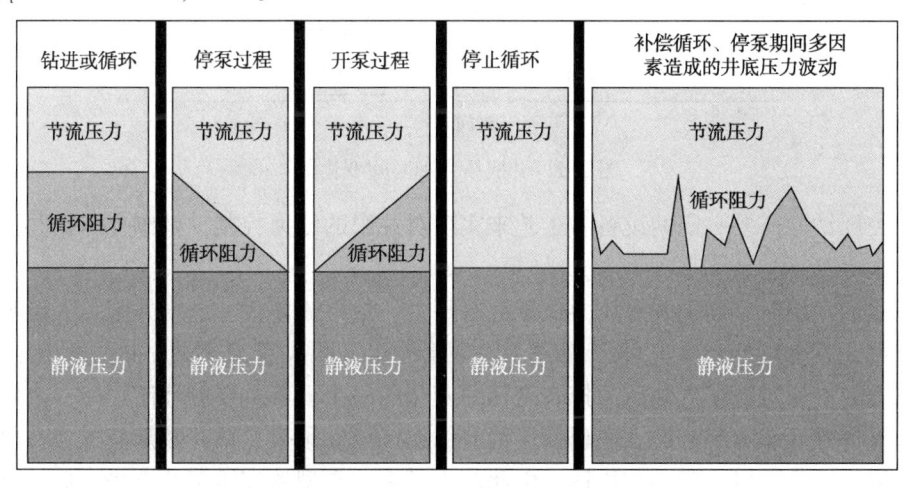

（a）不同阶段压力变化

图2-1 精细控压钻井基本原理示意图

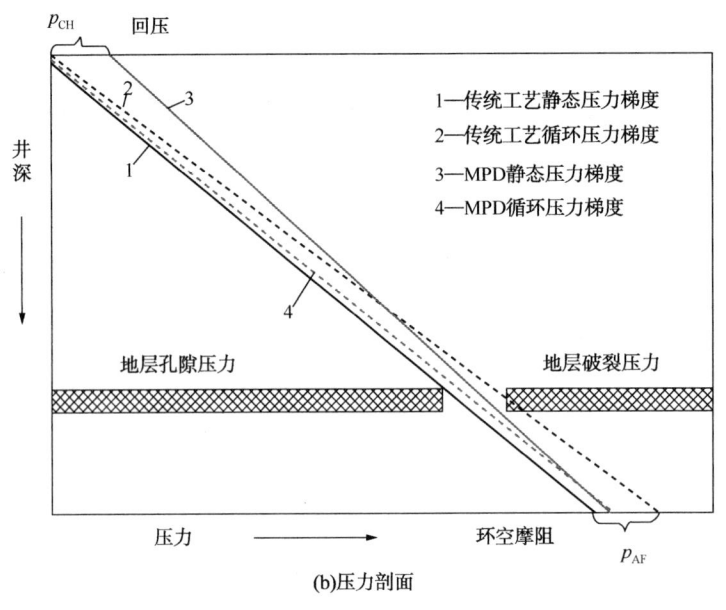

图 2-1 精细控压钻井基本原理示意图(续)

为了保持井底压力为常量,就要改变井口回压 p_t 以补偿环空压力的改变,环空压力的变化主要有以下几个方面的原因:钻井泵的泵速、钻井液密度和其他一些引起压力瞬时改变的因素,如岩屑含量和钻具转速变化等。控压钻井采用的环空水力学计算,其目的是用来计算确定控压钻井所需要的井口回压值,以便在钻井过程中对井底压力进行控制。

为了确保井底压力在钻井作业过程中都能保持恒定,还需要使用自动控制系统,把计算机实时计算出的井口回压控制数据传输到控制系统,以实现井底压力快速自动调整,如图2-2所示。

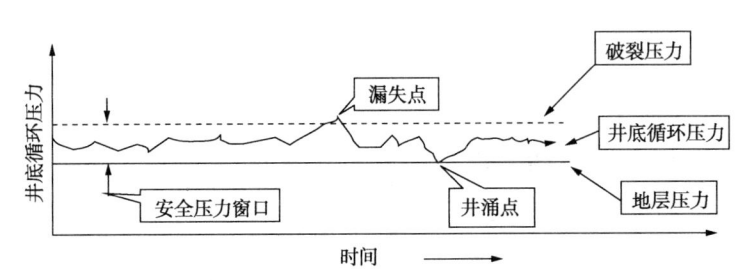

图 2-2 井底压力随时间变化图

精细控压钻井需要一定的设备和工艺来实现对井眼的压力控制,精细控压钻井控制工艺流程如图 2-3 所示。

当钻遇油气层时,如果井底压力低于地层压力,地层流体就会进入井眼。大量地层流体进入井眼后,就有可能产生井涌、井喷,甚至着火等,酿成重大事故。因此,在钻井过程中,采取有效措施进行油气井压力控制是钻井安全的一个极其重要的环节。

为了保持井底压力为常量,实现控压钻井的途径可以是改变钻井液静液压力,也可以是改变井口回压,还可以改变环空压耗,由此产生了不同类型的控压钻井方法。概括起来,控压钻井的压力控制的方法主要表现在两个方面:一方面,通过调节钻井液密度、井口回压、

第二章 精细控压钻井工艺技术

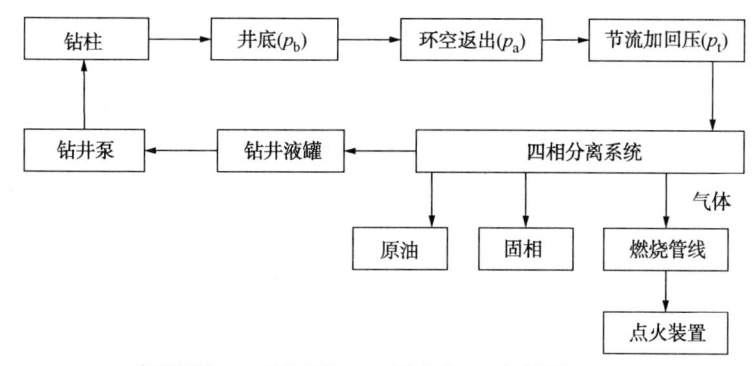

p_b(仪器测量)=p_m(动态变化)+p_a(动态变化)+p_t(自动调节)

图 2-3 精细控压钻井控制工艺流程图

环空压耗等方法使钻井在合适的井底压力与地层压力差下进行；另一方面，在地层流体侵入井眼过量后，通过合理的改变钻井液密度及用井口装置控制的方法，将侵入钻井液中的地层流体安全排出，并在井眼中建立新的压力平衡。

（1）控制井口压力。

当环空钻井液静液压力突然变化时，可以通过旋转防喷器和节流管汇调节井口回压来控制井底压力。

（2）改变环空循环压耗。

① 在开泵循环时，通过改变钻井液流态、钻井液排量和环空间隙（通常是改变钻柱组合的外部直径和长度），可以改变环空循环压耗。

② 改变钻井液密度。可以通过直接改变钻井液密度或者相关联的方式来实现。例如，使用地面节流管汇和旋转防喷器产生的回压来补偿井底压力的不足。采用双密度梯度钻井的方式也是很常见的，例如，在套管外面附加寄生管，向寄生管内注入气体，减轻寄生管以上环空钻井液密度。真正的无隔水导管钻井（海上钻井），钻井液上返到海底，也是双密度梯度钻井的其中一种形式。

③ 改变钻井液温度或者固相含量。这个处理流程是通过改变钻井液温度或者固相含量来达到稳定井眼的目的，以有效地加宽地层孔隙压力和破裂压力之间的窗口，容易实现快速钻进。这种以保持井眼稳定为目的的方法是应用控压钻井技术的一种新形式。

第二节 控压钻井技术的分级

随着控压钻井及其相关工具与测量设备的不断发展，有一整套控压钻井设备可供选择，并且有多种设备的组合方式，可以满足不同钻井条件的要求。根据不同的地层和压力范围，在控压钻井设计过程中需要对其做出进一步的筛选。在某些情况下，某些控压钻井的钻设备与工具可能是不必要的，如果使用，那将会增加钻井费用。相反，对于某些地层来讲，可能需要增加一些控压钻井专用设备，以提高压力控制的精度。

钻井设计中选择哪一种设备的配套更为合适，对于施工的成功是非常关键的，但是某一种类型未必能充分控制所有必要的参数。设计者和作业者必须清楚地理解所钻井的复杂程度，然后选择合适的设备与钻井程序，以便有效地实施控压钻井作业。

一、基本控压钻井(复杂等级1)

属于最初级控压钻井,针对那些钻井压力窗口相对较宽、钻井安全性较高的地层。基本控压钻井只需要一个旋转控制装置(RCD)和引导回流的连通管汇。其应用范围是岩石强度高、渗透率低而导致机械钻速(ROP)较低的区域。由于降低了钻井液密度来通过该地层,机械钻速从线性到指数增加。

在实际钻井液密度和当量孔隙压力之间窗口较窄的控压钻井作业期间,允许较低的溢流和起下钻余量是必要的。通常不需要连续环空压力监测,因为一般在旋转防喷器下没有回压维持。如果发生溢流,依靠防喷器组的启用,常规的井控方法通常是循环出溢流,钻台不会泄漏任何流体或有害气体。

二、增强的溢流/漏失监测控压钻井(复杂等级2)

根据复杂程度,第二级别控压钻井是由于流体测量技术和设备的改进产生的。为了弥补由于孔隙压力与钻井液密度之间的窗口降低带来的风险,控压钻井设备增加了"回流监测",在钻井液返回流上增加流量计以增强早期溢流和漏失监测的能力,并且能够确定流动异常,确定是否真的发生了溢流、漏失或其他现象。

三、手动节流控压钻井(复杂等级3)

"手动节流控压钻井"在返出液流通道上使用液动节流阀作为附加的控制点,可选择采用或者不用增强的溢流/漏失监测。这就提供了一个易于控制的参数"地面回压",通过控制节流阀进行调节。

钻井过程中,手动节流增加了在环空中钻井液环空压耗施加的当量静液压力。其目的就是保持井眼压力在最高的孔隙压力和最低的破裂压力之间。经常通过用小于平衡最高孔隙压力所需的静液梯度钻井来完成作业,它利用循环过程中产生的动态环空压耗以及接单跟与起下钻期间的地面回压来弥补井底压力与静液柱压力的差值。

手动节流进行压力控制的难点是在循环和停止循环之间过度维持平衡的同时,保持环空压力几乎恒定。通过手动在地面逐渐关闭回流管线上的节流阀(直到完全关闭)来控制压力,与此同时减小循环速度至0(直到泵速慢慢停止)。

四、自动节流控压钻井(复杂等级4)

用自动控制系统来控制地面回压。采用控制软件,使用各种数据来自动操纵节流管汇使其保持在计算出的节流阀位置。软件与节流阀的逻辑控制器(PLC)交互,从而控制机械装置来调节节流阀。

设备中有更为复杂的系统监测、预测和保持环空压力所使用的水力学计算模型软件、自动节流阀和地面连续循环系统,有时将其相互联合起来工作。自动操作流程是:操作者输入所需的地面回压,计算机和PLC就会通过控制节流阀的位置以保持所需压力。随着所允许的压力窗口降低,可以使用实时水力学模拟器,该模拟器随着根据实际井眼和地面测量重新计算出的压力窗口做出调整,然后将结果传给节流阀控制算法。

五、增强的控压钻井（复杂等级5）

系统设备和程序通过更高级的预测、监测及环空压力控制来提高控压钻井精度，减少问题的发生和停钻的时间。手动的控压钻井通过地面回压来维持恒定的井底压力，而增强的控压钻井技术使用动态方法来控制井筒压力。

第三节　井底恒压控压钻井技术

井底恒压（Constant Bottom Hole Pressure，CBHP）控压钻井技术又称动态环空压力控制技术（Dynamic Annular Pressure Control，DAPC），属于精细控压钻井技术，通过施加井口回压，保持井底压力恒定。动态环空压力控制系统由 Atbalance 公司开发，主要由旋转控制装置、自动节流管汇、钻柱止回阀、压力溢流阀、钻井液四相分离器（可选）、回压泵、流量计、井下隔离阀及井下压力随钻测量装置等组成，主要用来解决窄压力窗口地层和高温高压地层所出现的钻井问题，曾获 2008 年《E&P》杂志评选的石油工程技术创新特别奖。

一、井底恒压控压钻井技术原理

动态环空压力控制系统于 2003 年全尺寸设备试验成功。2005 年 Shell 公司将该技术用于了墨西哥湾 Mars TLP 区块的海洋钻井，解决钻井过程中的钻井液漏失和井眼失稳问题。其控制工艺流程如图 2-4 所示。

井底恒压控压钻井是通过环空压耗、节流压力和钻井液静液柱压力来精确控制井底压力。设计时使用低于常规钻井方式的钻井液密度进行近平衡钻井，循环时井底压力等于静液柱压力加上环空压耗，当关井、接钻杆时，环空压耗消失，井底压力处于欠平衡状态，在井口加回压使井底压力保持一定程度的过平衡，防止地层流体侵入，理想的情况是停止循环时在井口加的回压等于循环时的环空压耗，其控制压力剖面如图 2-5 所示。

井底恒压控压钻井作业中，无论是在钻进、接单根，还是起下钻时，均保持恒定的环空压力剖面，在钻进孔隙压力与破裂压力梯度窗口狭窄的地层或存在涌漏同存现象时，可实现有效的压力控制。通过综合分析井下测量数据和水力学模型的计算结果，及时调整控压钻井的控制参数（流体密度、流体流变性能、环空液面、井眼几何尺寸、井口回压、水力学摩擦阻力等），从而精确地控制井底压力，使之接近于恒定，避免压裂地层或发生井涌。

在井底恒压控压钻井中，钻井液密度可能低于孔隙压力，但这并非欠平衡钻井，因为总的钻井液当量密度仍高于地层孔隙压力，属于控压钻井技术的范围。液相钻井液进行控压钻井，钻井液密度需要低于地层孔隙压力，在这种情况下，对发生意外侵入的流

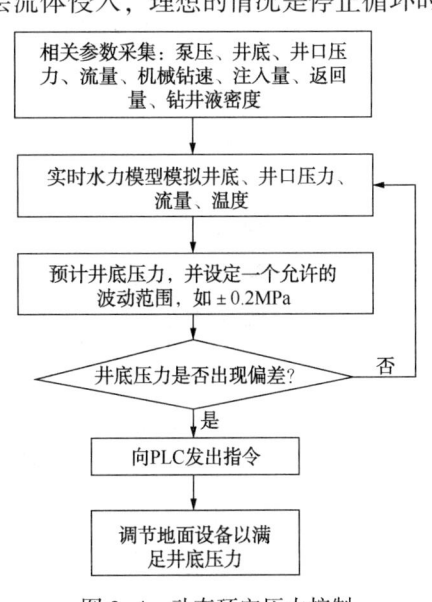

图 2-4　动态环空压力控制系统控制工艺流程

体应当使用专用的井口装置和流体处理设备使侵入流体得到适当控制。

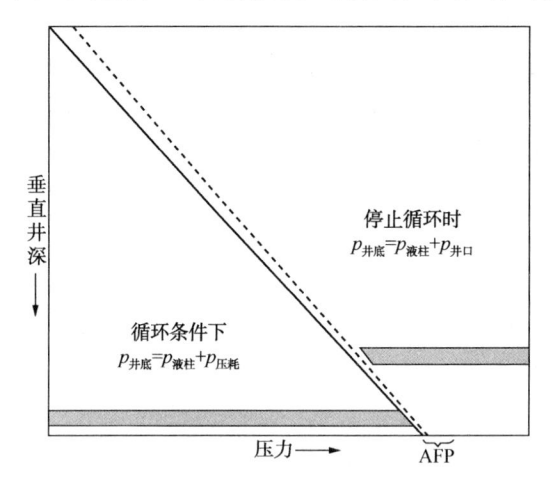

图 2-5　井底恒压控压钻井的压力剖面

井底恒压控压钻井技术能调整环空压力剖面，精确地控制井底压力，非常适合深井超深井窄密度窗口地层钻井。

井底恒压控压钻井工艺流程：在封闭循环系统中，钻井液从钻井液池通过钻井泵到立管进入到钻杆，通过浮阀和钻头上部的环空，然后从旋转控制装置(RCD)下方的环形防喷器流出。再通过一系列的节流阀，到振动筛或脱气装置，最后回到钻井液池。环空中的钻井液压力通过使用 RCD 和节流管汇，被控制在钻井泵出口和节流阀之间。井底恒压控压钻井工艺结构如图 2-6 所示。

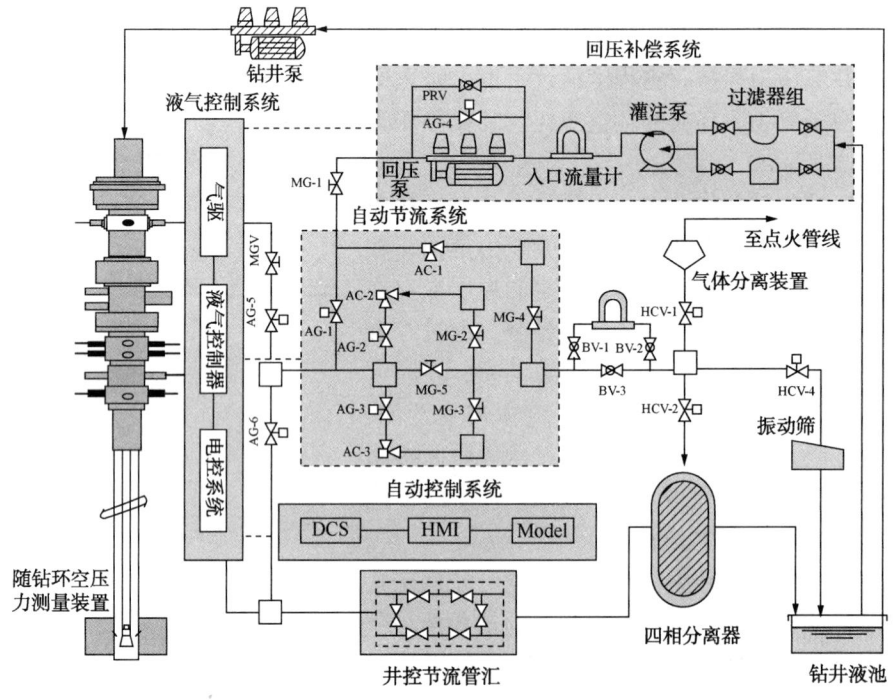

图 2-6　井底恒压控压钻井工艺结构图

井底恒压控压钻井系统通过井的模拟软件来计算数据，该程序能读取和处理包括井身结构和直径、地层数据、钻柱转速、渗透率、钻井液黏度、钻井液密度和温度等数据，然后预测环空压力剖面。

环空任一点的压力由钻井液静液压力、环空压耗和地面的回压三部分组成。由于钻井液的静液压力在给定的期间内基本上是常数，所以，能快速变化的其余两个参数是环空压耗（适当改变钻井泵速度）和地面的回压（通过自动的节流系统控制）。

当决定需要调控压力剖面时，为了达到所需要的环空压力剖面，在模拟控制下，节流阀自动调节以改变因环空的钻井液流速增加或减小而引起的环空压耗的变化。用于井底恒压控压钻井的自动控制压力系统能自动调节节流阀，产生必要的微小调节量来维持所需的环空压力剖面。

井底恒压控压钻井系统中，当钻井泵减速且钻井液流量减少时，由于环空压耗的减小，会出现较低的流动速度，也就会产生较低的环空压耗，环空压耗的减小量一定会同时被节流阀的回压所代替，钻井中的模拟控制程序也就连续不断地送出新的压力校正信号，并且自动控制压力系统就会调节并保持所需的压力。

二、钻进过程

钻进过程中，钻井液由钻井泵经水龙头、立管、钻杆进入到井底，然后再经环空上返到井口，经井口节流管汇和钻井液分离设备回流到钻井液池，完成钻井液循环。在井底，井下压力随钻测量系统在随钻过程中可以实时测量井底环空压力数据，通过专用钻井液脉冲发生器或 MWD 或 EM-MWD 实时将数据传送到地面，在井口地面上，综合压力控制器（IPM）利用装在节流管汇上的压力检测仪器监测回压，使它保持在水力模型实时计算得出的范围内。在 IPM 的控制下，节流阀对回压变化迅速做出调整。如果检测到压力异常，IPM 对节流管汇发出指令，节流管汇迅速做出适当调整。节流管汇管线口径大，配有备用阀并具有自动切换功能，可保证钻井液流动畅通。节流阀的最大内径是 3in。如果岩屑阻塞节流阀，IPM 会自动开大节流阀，泄压并清除岩屑。如果节流阀置于最大位置仍不能泄压，IPM 会自动切换到备用阀，并报警。钻进过程井底恒压控压钻井系统循环流动简图如图 2-7 所示。

三、接单根、起下钻过程

与钻进过程类似，钻井液由钻井泵经水龙头、立管、钻杆进入到井底，然后再经环空上返到井口，经井口节流管汇和钻井液分离设备回流到钻井液池，完成钻井液循环。但是在接单根过程中，钻井泵停止工作，井下由于钻井液的中断造成井底压力下降，环空中产生动态压差，导致地层流体侵入等问题，此时 IPM 自动关闭钻进节流管汇、启动备用回压泵，回压泵在 IPM 的控制下，立刻对井口回压变化迅速做出调整，向节流管汇供钻井液，使它保持在水力模型实时计算得出的范围内。如果检测到压力异常，IPM 对节流管汇发出指令，节流管汇迅速做出适当调整，保持回压，维持井底压力在安全窗口内。接单根过程井底恒压控压钻井系统循环流动简图如图 2-8 所示。

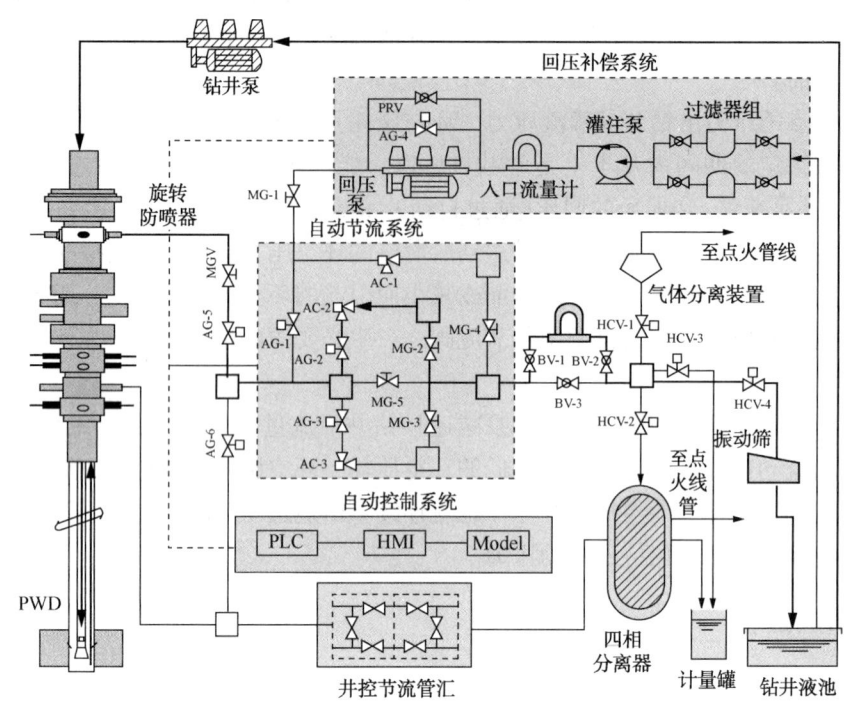

图 2-7 井底恒压控压钻井系统循环流动简图(钻进过程)

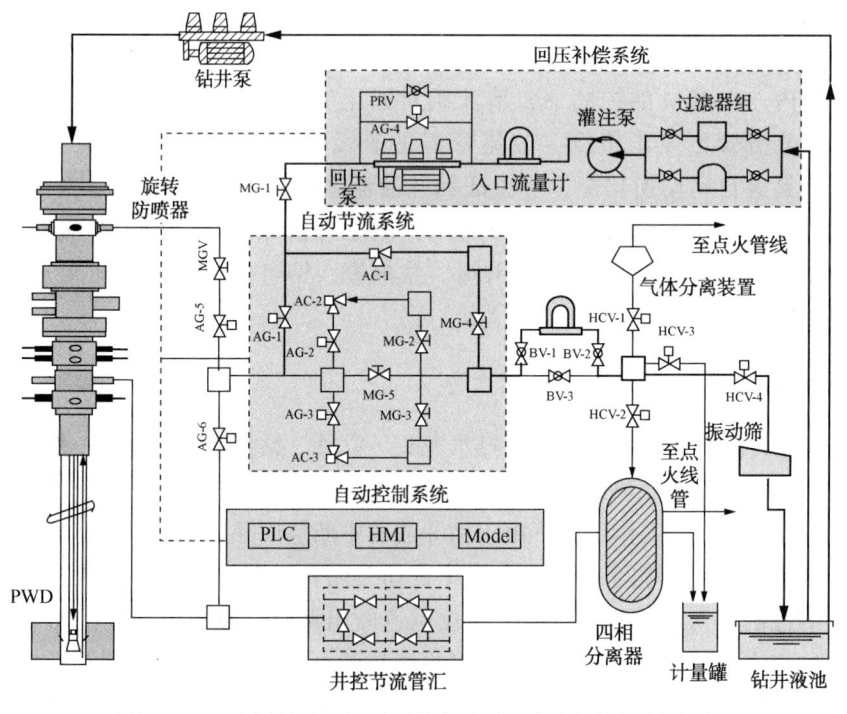

图 2-8 井底恒压控压钻井系统循环流动简图(接单根过程)

第四节　微流量控制钻井技术

微流量控制钻井系统(Microflux™ Control System，MFC)是Weatherford公司开发的，微流量控制是通过施加井口回压，保持井筒流体进入量在允许范围内的控制。于2006年首次应用该技术，并取得了良好的效果。通过高精度流量计精确测量泵入和返回钻井液的流量和密度，判断溢流，若发现溢流及时控制节流管汇，增加井口回压至井底压力大于地层孔隙压力。微流量控制钻井系统可在涌入量小于80L时检测到溢流，并可在2min内控制溢流，使地层流体的总溢流体积小于800L，其控制工艺流程如图2-9所示。

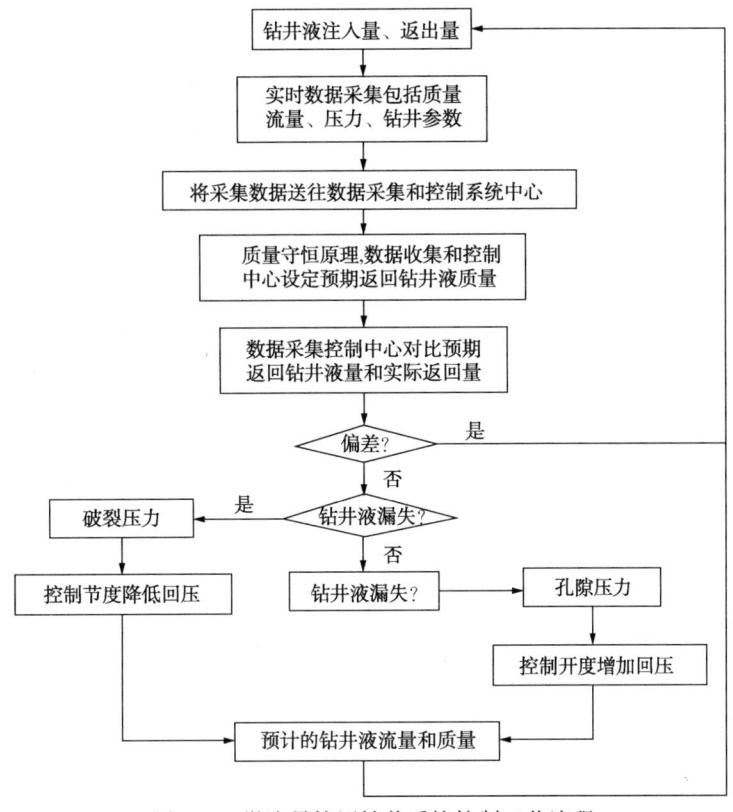

图2-9　微流量控压钻井系统控制工艺流程

微流量控压钻井系统的结构主要包括井口设备(主要是旋转防喷器)、自动节流管汇、回压补偿系统、数据采集与控制系统以及设备之间的连接管线等。其现场连接示意图如图2-10所示。

微流量控压钻井是通过维持井筒内流体的流量平衡来实现控压钻进，由于目的是保持钻井液泵入和返出量维持平衡，所以其直接监测对象是井筒内流体。通过在钻井液出口、入口处安装高精度的质量流量计(泵入量还可通过泵冲计数器来计算)可以实时获得钻井液进口、出口流量值，再监测对比进口、出口流量的变化来判断循环系统是处在不漏不溢，还是漏失或者溢流状态。由于采用了高精度的质量流量计，所以监测精度高，可以很快地发现井下复杂，并及时采取处理措施，能有效地应对窄窗口甚至无安全密度窗口的裂缝性压力敏感地层非溢即漏的钻井难点，实现安全无风险钻进。

图2-10 微流量控压钻井系统现场连接示意图

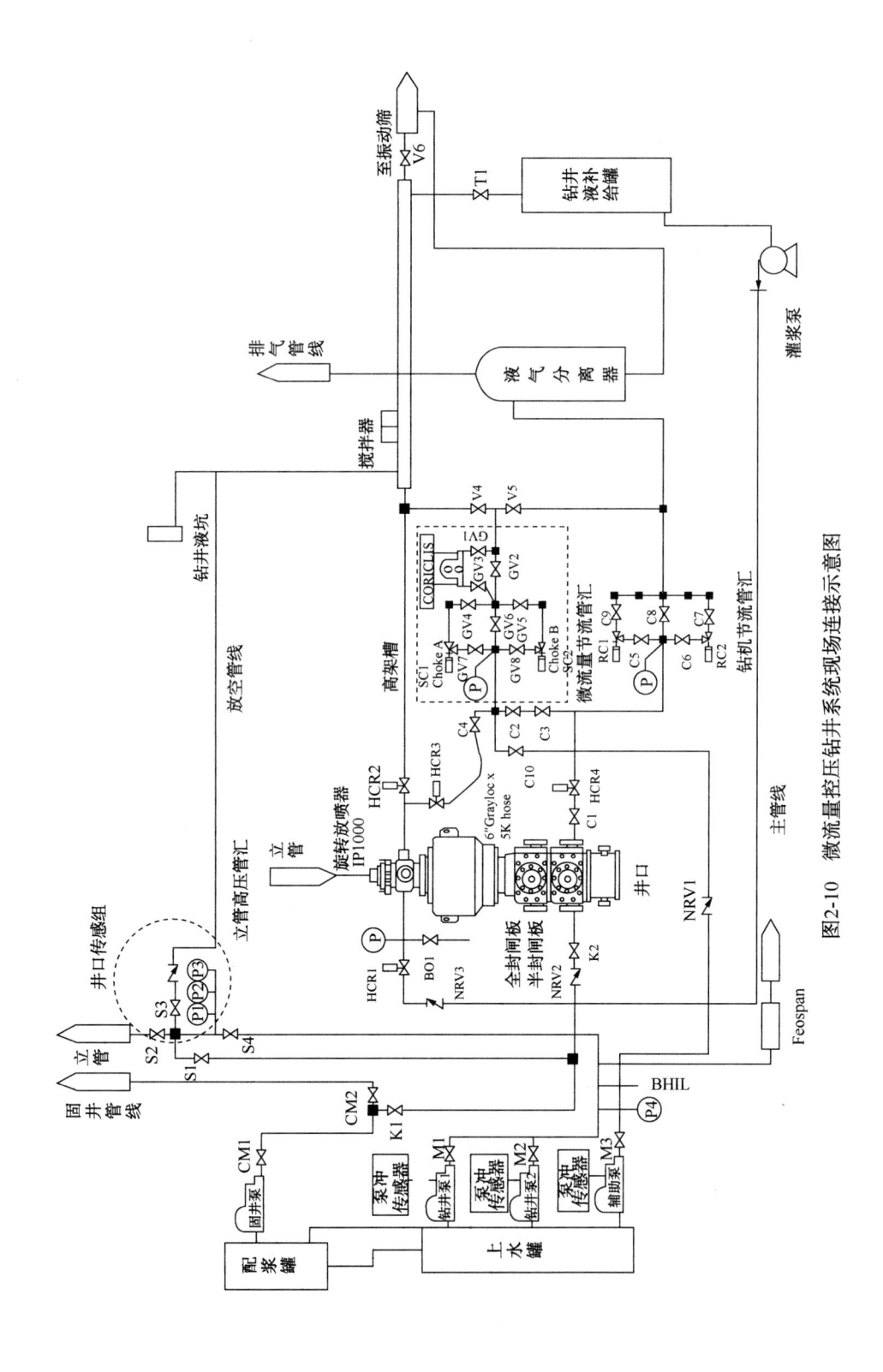

第三章 PCDS精细控压钻井专用装备

精细控压钻井技术尽管有多种不同的作业形式，但要保证该技术成功应用，一般要满足三个条件：一套封闭承压的钻井液循环系统与精细控压钻井装置相连、钻前水力学优化设计和训练有素且熟悉该技术的工程技术人员。其中配套的技术装备是应用精细控压钻井技术的基础，精细控压钻井装备一般包括旋转控制装置（RCD）、自动节流管汇及其控制系统、回压补偿系统、环空压力随钻测量装置、钻井液多相分离装置及其他专用配套设备等。通常自动节流管汇及其控制系统、回压补偿系统提供井口回压，液气控制系统实现控压钻井的手动/自动的本地/远程操作，自动控制软件则类似于控压钻井的大脑，实现远程自动操作，通过装备与工艺的结合，围绕井筒压力控制，实现钻井液循环、钻进、起下钻和接单根等不同工况的平稳衔接。

针对窄密度窗口钻井所面临的钻井工程技术难题，中国石油集团工程技术研究院有限公司自2008年开始，依托国家科技重大专项项目，自主研制了PCDS精细控压钻井系统，经多次重复性室内实验和多地区多口井的现场应用，证明可以满足精细控压钻井作业要求。自主研制的PCDS-Ⅰ、PCDS-Ⅱ、PCDS-S精细控压钻井系列装置集恒定井底压力控制与微流量控制于一体，井底压力控制精度0.2MPa，达到国际同类技术产品先进水平。

（1）PCDS-Ⅰ精细控压钻井装备。

PCDS-Ⅰ精细控压钻井装备由自动节流系统、回压补偿系统、液气控制系统、监测及自动控制系统、精细控压自动控制软件等系统组成，通过控制井口回压，能够自动、精确、自适应地控制井筒压力剖面以及地层流体涌入量的钻井装备。

① 自动节流系统是由节流阀、自动平板阀、手动平板阀、单流阀、管汇、四通、质量流量计等组成，通过反馈、逻辑系统能够对井口返出流体进行自动调节，从而对井口施加回压，并具有流量测量能力。

② 回压补偿系统由回压泵、灌注泵、气动平板阀、手动平板阀、单流阀、空气包、电动机、质量流量计等组成，能够在井筒无流体循环或流量较低的情况下，通过地面管汇形成节流循环，从而对井口施加回压。回压补偿系统包括专用的小功率电动钻井泵系统，带有上水过滤器、入口流量计、电动三缸柱塞泵等。

③ 液气控制系统是一套控制节流阀、自动平板阀、液动平板阀动作的执行系统，由气源、液压、电、气控制装置及管线、各类阀等组成，包括可对自动节流管汇系统和回压补偿系统阀件进行手动/自动控制的液气控制台及控制管线等，能够实现本地手动控制操作和远程自动控制操作。

④ 监测及自动控制系统是用于测量仪表数据采集，接受指令并直接或间接控制相关设备的系统，由控制器、上位控制机、各智能传感仪表等组成。通过传感器、逻辑控制器等实现闭环控制的自动系统，是设备、工艺自动化控制的载体。自动控制系统包括能对精细控压钻井装置进行实时控制的数据采集和控制的自动化系统，具有人机交互式操作等。

⑤ 精细控压自动控制软件用于精细控压钻井水力学及其他相关参数计算，并实时发出

控制指令。主要包括仪表监控模块、自动控制模块、水力学模块、工艺计算模块、安全报警模块、数据处理模块、通信模块等，其中水力学模块是利用实测参数、通过水力学公式计算井口所需施加回压值的模块。

⑥ 控制中心包括正压式防爆房、监控设备、安全设备等。

（2）PCDS-Ⅱ精细控压钻井装备。PCDS-Ⅱ精细控压钻井装备具备模块化施工能力：一是将自动控制中不同分系统参数独立，实现模块化，使系统能够识别不同设备（自有设备或第三方设备），控压钻井工艺转换不受设备约束；二是实现了控制模块化、工艺参数化，能够自动识别外部设备工况，实现工艺工况自动匹配、回压控制和流量补偿分离。

（3）PCDS-S精细控压钻井装备。PCDS-S精细控压钻井装备能够实现高精度、自动欠平衡作业；能够自动调节井口压力施加值，精确维持井底欠压值；具有结构紧凑、操作简单、使用成本低等优势，适用范围广。

第一节　PCDS精细控压钻井装置总体设计

精细控压钻井装备设计时充分考虑以下三个方面的影响：钻井工艺条件、钻井设备状况和钻井人员技术状况。根据以上三个方面进行各分系统设计，包括自动节流控制系统、回压补偿系统、液气控制系统、监测及自动控制系统和精细控压自动控制软件等设计，比如进行自动节流控制系统的工作参数（包括节流流量、井口回压）设计等。

为了实现恒定井底压力及微流量的控制目标，形成自主知识产权的精细控压钻井技术与装备，考虑从工艺技术、装备设计、实验与测试三个方面入手进行总体方案设计：

（1）分析不同精细控压钻井工况流程：正常钻进、微溢流无硫化氢、微溢流含硫化氢、起钻、下钻、接单根、换胶芯和井控作业等工况，建立控制流程图。

（2）建立精细控压钻井装备的三种工作模式：

① 井底压力模式：在能正常取得PWD数据的工况下，以PWD测量数据为依据，自动调节节流阀，以调节井口压力，保持井底压力稳定。

② 井口压力模式：在不能取得PWD数据的工况下，以PWD最后一点测量数据为依据，计算井口回压值，自动调节节流阀，保持井底压力稳定。

③ 手动工作模式：在设备控制系统失效的应急情况下，采用手动方式控制，以保持井底压力稳定。

一、系统总体设计

精细控压钻井的关键在于控制地面节流管汇，从而控制回压，最终达到控制井底压力的目的。考虑到精细控压钻井工艺对控制精度的要求以及安全性、可靠性的要求，总体方案采用以现场总线技术为主体的设计方案，其优点在于采用现场总线技术的智能测量仪表和信号传输方式，以保证控制钻井装备上各测量点参数测量的准确性和可靠性，同时充分利用智能仪表的故障诊断和高级诊断功能，可以将自控设备的运行情况及时反馈到控制系统中，现场设备若出现异常情况将实时提醒操作人员。总体结构采用现场装置-控制器-上位计算机控制的三层递阶控制结构。控制结构框架如图3-1所示。

精细控压钻井装备包括自动节流系统、回压补偿系统和中心控制房。其中在自动节流系统和回压补偿系统上分别安装一个防爆控制柜，在防爆控制柜中，安装现场控制站和卡件，以完成对各自系统参数的采集与控制。在自动节流系统中有液压站，为液动节流阀和气动平板阀提供动力，并能够实现本地/远程操作的切换及本地（液气操作台）的手动控制。在回压补偿系统上有软启动柜，用以实现回压泵、灌注泵、风机的电气控制及与回压补偿控制柜之间的双向通信。在中心控制房中安装一台工程师站（兼有操作员站的功能），实现对两个系统上设备的集中监控。

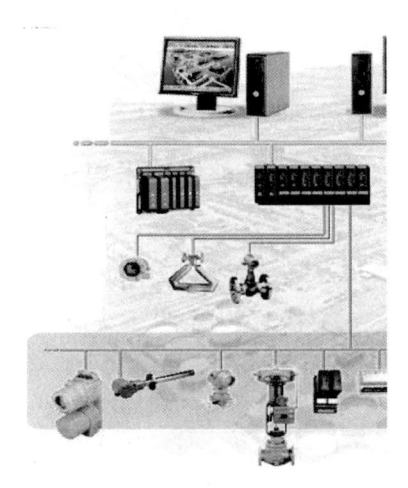

图 3-1 PCDS 精细控压钻井控制系统总体结构框架

现场装置的各个工艺参数通过检测仪表检测后，送入控制柜中的 I/O 卡件和控制器中，进行参数的转换和计算，并通过控制器实现控压钻井系统的不同工艺阶段的顺序与逻辑控制，井底压力的控制、相应的安全连锁保护功能也通过控制器实现。控制器上位计算机为标准的工业用控制计算机，通过总线与控制器相连，上位机中编制有完善的计算机监控界面，所有的参数可以在上位机中进行显示，操作人员可以通过监控界面对整个控压钻井装置进行控制。控制柜为标准的防爆控制机柜，内部安装有控制器模块、总线模块、I/O 模块、继电器、安全栅、隔离栅、接线端子排等电气元件，主要用来实现控制系统中的配电设置，信号的输入、输出、隔离等功能。

PCDS 精细控压钻井控制系统的硬件结构及信号传输方式如图 3-2 所示。

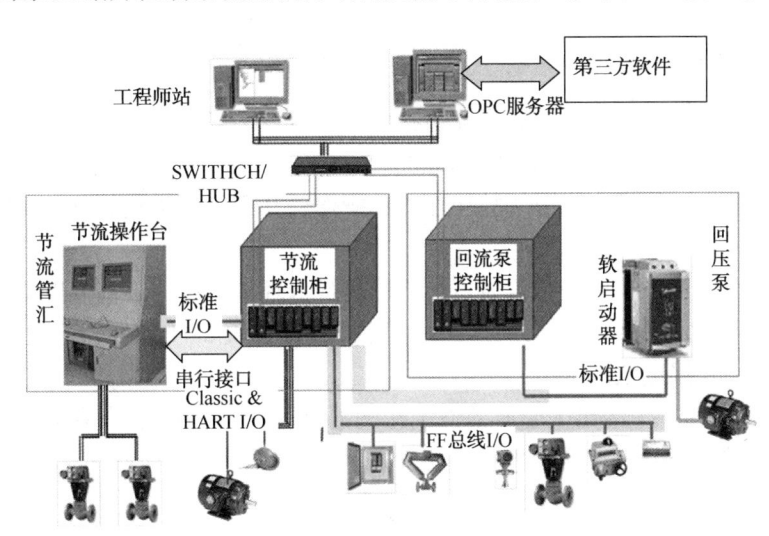

图 3-2 PCDS 精细控压钻井控制系统的硬件结构及信号传输方式

二、HSE 配置要求

HSE 配置有下列要求：
（1）液压系统安全应急装置。
（2）所有外露旋转类设备及零部件防护设施。

(3) 符合 GB 3836.1—2010《爆炸性环境 第1部分：设备 通用要求》和 GB 3836.2—2010《爆炸性环境 第2部分：由隔爆外壳"d"保护的设备》。

(4) 防止硫化氢(H_2S)伤害装置，如正压式呼吸器、硫化氢报警仪等。

三、系统整体技术要求

(1) 所有外购件、标准件、外协件应符合相关国家标准、行业标准的规定，影响安全及整机主要性能的特殊产品和零部件应提供相关的国家或行业认证证书及合格证。

(2) 精细控压钻井系统应符合 SY/T 6228—2010《油气井钻井及修井作业职业安全的推荐作法》中有关的健康、安全、环保规定。

(3) 整体系统的布局应合理，便于操作控制、观测检查及维护保养。

(4) 整体系统所有部件应连接牢固，振动或承载部件应固定在主框架上，在承受振动和冲击的情况下，无变形、脱落。

(5) 所有气、液管线应排列整齐，警示标志明显。

(6) 各旋转连接应有防护装置。

(7) 各部位润滑油箱、油管应定期加注适量的润滑油，各活动关节和摩擦面应定期加注规定的润滑脂。

(8) 管汇不允许采用软管连接，高压管汇采取法兰连接，低压管汇可采取焊接连接。

(9) 电气系统的设计制造应符合 JB/T 7845—1995《陆地钻机用装有电子器件的电控设备》的规定，配套的电气元件、电磁阀件及防爆箱应符合 GB 3836.1 和 GB 3836.2 的防爆要求。

四、工作条件分析

(1) 压力等级。额定压力是与井内流体接触的承压件的静水密闭压力。本书确定的额定压力分为 21MPa（3000lbf/in^2）、35MPa（5000lbf/in^2）两个级别。

控压钻井系统的工作压力取决于控压作业和操作，其最大值由现场旋转防喷器实际动密封压力决定。

(2) 温度等级。最低温度是指设备可能遭受的最低环境温度，最高温度是指流经设备的流体可能的最高温度。控压钻井系统设备所用材料应符合表3-1所示的一种或多种带有最低和最高温度的额定温度范围。

① 金属材料。表3-1给出了金属部件工作的温度等级，控压钻井系统金属零件宜设计在 L 至 U 级的温度范围内工作。

表3-1 额定温度等级

温度级别	作业范围	
	最低温度,℃	最高温度,℃
K	−60	82
L	−46	82
P	−29	82
R	室温	

续表

温度级别	作业范围	
	最低温度,℃	最高温度,℃
S	-18	66
T	-18	82
U	-18	121
V	2	121

② 非金属材料。设备中与井内流体接触的弹性材料应设计在表 3-1 所示的 T 级温度范围内工作。其他弹性密封件应设计在其规定的温度范围内工作。

五、设备规格的设计要求

精细控压钻井系统典型结构与连接方式如图 3-3 所示，其连接界面：入口为旋转防喷器、钻井液循环罐；出口为井队节流管汇、液气分离器。各连接方式、分系统及零部件设计应符合设备规格的设计要求。

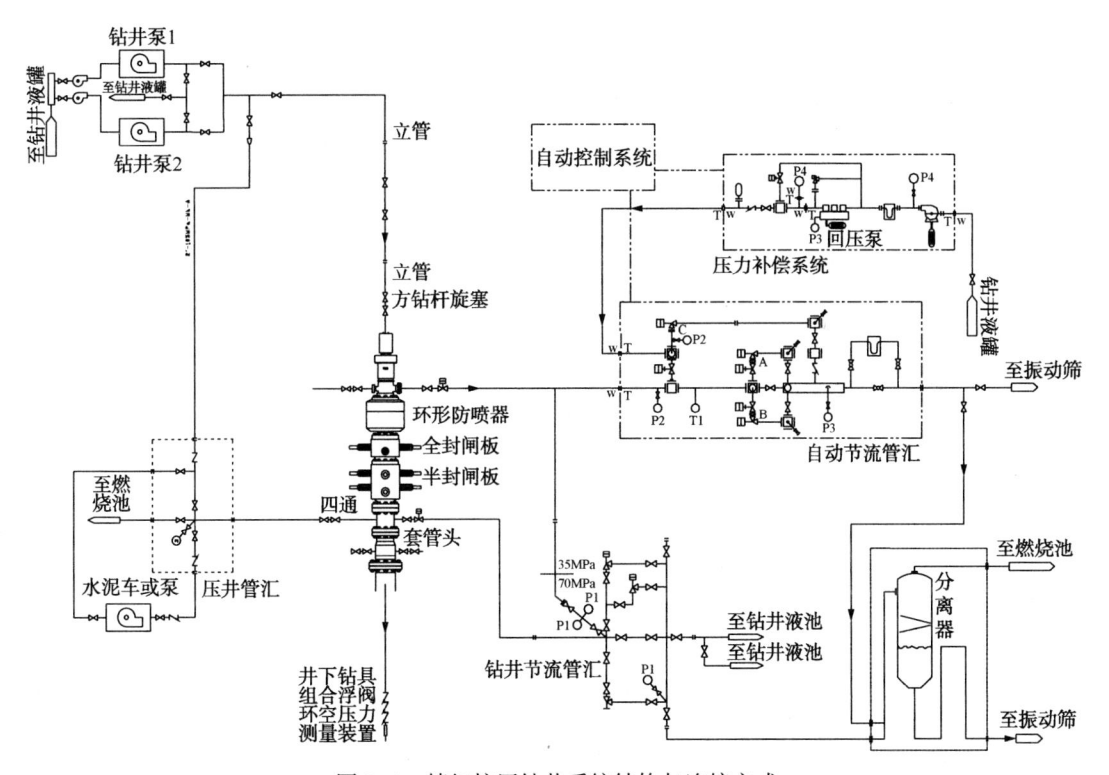

图 3-3 精细控压钻井系统结构与连接方式

1. 连接方式

（1）法兰端部和出口连接。法兰端部和出口连接按照 GB/T 22513—2013《钻井和采油设备 井口装置和采油树》中相应部分规定进行设计。

（2）测量仪表连接。安装在压力管汇上的测量仪表，其连接螺纹推荐使用 ½ inNPT（60 度锥管螺纹）连接，以保证良好的密封效果。

（3）信号线、电缆连接。系统中电器设备的信号、动力线缆连接按照GB 3836.1—2010《爆炸性环境 第1部分：设备通用要求》和GB 3836.2—2010《爆炸性环境 第2部分：由隔爆外壳"d"保护的设备》中防爆要求进行设计。

2. 自动节流系统

自动节流系统每条节流通道应按照自动平板阀、自动节流阀、手动平板阀结构设计，其中自动平板阀是节流通道的开关阀门，自动节流阀通过其开度进行压力调节，且应具备流量监测设备，测量精度达到0.5%以内。自动节流系统中所有各类型远程自动控制阀门都应同时具备本地手动操作功能。按照节流通道的数量和作用可分为三通道型（图3-4）、双通道型（图3-5）。

1）三通道节流系统

图3-4为典型的三节流通道管汇结构简图，设计要求如下：以自动节流阀A、B、C标记各节流通道名称，其中A、B为主控压节流通道，结构相同，互为备份，C为辅助节流通道，与回压补偿系统连接；管汇中阀门、四通、管的连接为法兰连接。

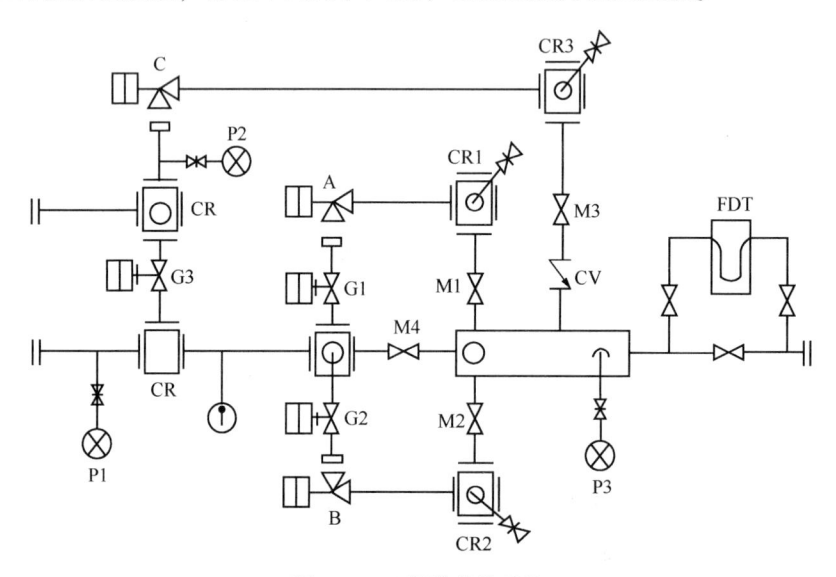

图3-4 三通道节流系统

A、B、C—可远程控制的自动节流阀；CR—四通；G1、G2、G3—可远程控制的自动闸阀；CV—单流阀；M1、M2、M3、M4—手动闸阀；P1、P2、P3—压力变送器；CR1、CR2、CR3—带有滤芯的四通，并装有泄压针阀；FDT—流量测量装置，宜使用测量精度较高的质量流量计

2）双通道节流系统

图3-5为典型的双节流通道管汇结构简图，设计要求如下：以自动节流阀A、B标记各节流通道名称，均为主控压节流通道，其中A通道与回压补偿系统连接；管汇中阀门、四通、管的连接为法兰连接。

3）自动节流阀

自动节流阀为节流系统中压力控制的核心元件，应符合以下要求：

（1）节流压力控制精度：±0.2MPa以内；
（2）节流阀空载时全开至全关时间应≤15s；
（3）阀芯、阀座及其接触流体冲击区域，应采取防固相颗粒冲蚀处理；

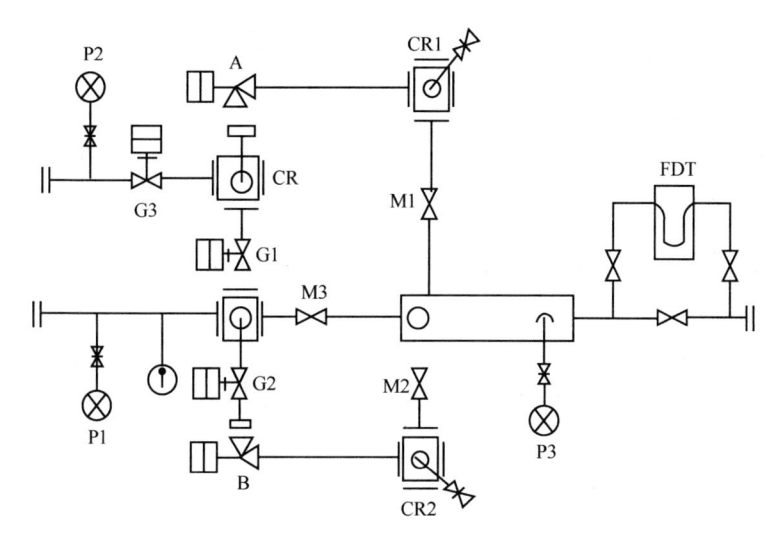

图 3-5 双通道节流系统

A、B—可远程控制的自动节流阀；CR—四通；G1、G2、G3—可远程控制的自动闸阀；P1、P2、P3—压力变送器；
CR1、CR2—带有滤芯的四通，并装有泄压针阀；M1、M2、M3—手动闸阀；
FDT—流量测量装置，宜使用测量精度较高的质量流量计

（4）具备本地手动、远程自动两种动作控制模式。

3. 回压补偿系统

回压补偿系统是一种泵送钻井液装置，典型结构见图 3-6。回压补偿系统应有低压自循环启动管线设计。回压补偿系统应有安全溢流装置，动作压力不大于 14MPa。

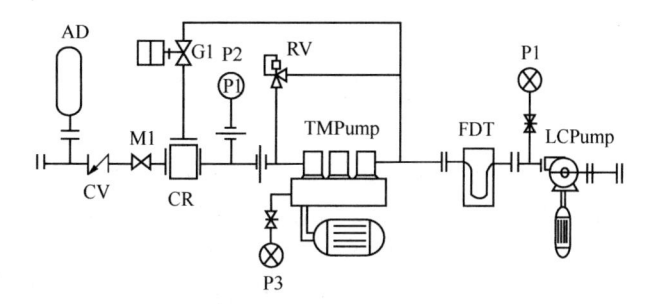

图 3-6 回压补偿系统结构图

RV—安全溢流阀；M1—手动闸阀；G1—可远程控制的自动闸阀；CR—四通；P1、P3—压力变送器；P2—可视压力表；
AD—空气包，消除波动压力影响；CV—单流阀；TMPump—回压泵；LCPump—灌注泵，由电动机提供动力；
FDT—流量测量装置，宜使用测量精度较高的质量流量计

1）回压泵

回压泵为回压补偿系统的主要流体泵送装置，应符合以下要求：

（1）回压泵应符合 GB/T 9234《机动往复泵》，SY/T 6918—2012《钻井和修井设备 钻井泵》中相应规定；

（2）回压泵输出流量 Q_{bp} 根据允许的最大起钻抽吸流量 Q_{sw} 确定，宜 $Q_{bp} > 5 \times Q_{sw}$；

（3）回压泵动力可采用电动机、柴油机两种模式，应具备本地手动、远程自动两种启动模式。

2）灌注泵

为提高回压补偿系统的上水能力，宜使用灌注泵，要求如下：

（1）灌注泵应为容积式泵；

（2）灌注泵宜采用电动机驱动；

（3）灌注泵前宜加装过滤器。

3）电动机

电动机为泵提供动力，应符合下列要求：

（1）电动机功率应与泵匹配；

（2）电动机应符合 GB 3836.1—2010《爆炸性环境　第 1 部分：设备通用要求》和 GB 3836.2—2010《爆炸性环境　第 2 部分：由隔爆外壳"d"保护的设备》中的防爆要求。

4. 控制系统

控制系统分为液气控制系统、监测及自动控制系统。

1）液气控制系统

液气控制系统为控制各种阀门动作的执行机构，并具备远程控制能力，要求如下：

（1）气源：干燥压缩空气，供气压力 0.6~0.8MPa，气体标准流量>150m³/h；

（2）液压工作压力推荐为 10.5MPa；

（3）液压流量不小于 30L/min；

（4）液压系统清洁度需满足 ISO 4406 中 16/13 级所规定的要求；

（5）电磁阀、继电器等电气设备应符合 GB 3836.1—2010《爆炸性环境　第 1 部分：设备通用要求》和 GB 3836.2—2010《爆炸性环境　第 2 部分：由隔爆外壳"d"保护的设备》中的防爆要求。

2）监测及自动控制系统

自动控制系统包括电气设备、自动控制系统、测量仪表等。自动控制系统应有手动应急切断装置。

（1）电气设备。电气设备包括所有控压钻井系统中使用到的强弱电元器件，要求如下：

① 设备中所使用的元器件，均应符合该类元器件各自相应的标准；

② 所有元器件均应在所处环境中全天候 100%负荷下连续工作；

③ 所有电器元件应能在名义电压的±10%范围内正常工作；

④ 设备中所用的导线颜色应符合国家或国际标准的相关规定；

⑤ 导线的额定绝缘电压应与电路的额定工作电压或对地电压相适应。必要时，对用于较高工作电压的导线，应采取绝缘措施；

⑥ 挠性电缆的最小弯曲半径不应小于电缆厂家根据其产品所处环境温度范围所规定的弯曲半径；

⑦ 为了方便现场安装和连接，动力电缆和控制电缆允许分段。在电缆分段处的连接插接装置应具有不低于 IP 67 的防护等级。

（2）自动控制系统。自动控制系统要求如下：

① 控制系统应采用冗余结构设计；

② 对控制的主要参数，如压力、流量，应采取闭环控制模式；

③ 控制上位机应符合井场通信标准，能够与第三方软件进行通信；

④ 控制系统对于工艺过程应具有安全互锁、应急切断等控制功能。

（3）测量仪表。测量仪表包括各种显示仪表和传感器，应符合以下要求：

① 测量仪表满足本安或隔爆的防爆等级，可用于2类危险区域；

② 井口压力仪表最大测量压力不小于70MPa，节流阀下游压力仪表最大测量压力不小于5MPa；

③ 温度仪表最大测量温度不小于200℃。

六、材料要求

规定了承压零件的材料性能、加工及化学成分方面的设计要求。

1）性能要求

承压件材料的性能、加工、成分、鉴定应符合GB/T 22513—2013《钻井和采油设备 井口装置和采油树》的要求。这些材料应满足表3-2和表3-3的要求的夏比V形缺口冲击试验。

表3-2 承压件的材料性能要求

材料代号	屈服强度(0.2%残余量) MPa	屈服强度(0.2%残余量) lbf/in²	拉伸强度 MPa	拉伸强度 lbf/in²	50mm的延伸率 %	断面收缩率 %
36K	248	36000	483	70000	21	未作规定
45K	310	45000	483	70000	19	32
60K	414	60000	586	85000	18	35
75K	517	75000	655	95000	18	35

表3-3 承压件的材料应用

零件	额定工作压力 21MPa (3000lbf/in²)	额定工作压力 35MPa (5000lbf/in²)	额定工作压力 70MPa (10000lbf/in²)
本体	36K、45K、60K、75K		
端部连接	60K		
盲法兰	60K		

2）化学成分

用于制造承压件的材料的化学成分应根据制造商的书面规范逐炉(对重炉材料则是逐锭)确定。表3-4给出了用于制造承压件的碳钢、低合金钢及马氏体不锈钢的化学元素限制。非马氏体不锈钢不要求符合表3-4和表3-5规定的限制。合金元素含量允许的公差范围应符合表3-5的规定。

表3-4 承压件用钢的化学成分限制

合金元素	碳钢和低合金钢限制（质量分数%）	马氏体不锈钢限制（质量分数%）
碳	≤0.45	≤0.15
锰	≤1.80	≤1.00

续表

合金元素	碳钢和低合金钢限制（质量分数%）	马氏体不锈钢限制（质量分数%）
硅	≤1.00	≤1.50
磷	≤0.025	≤0.025
硫	≤0.025	≤0.025
镍	≤1.00	≤4.5
铬	≤2.75	11.0~14.0
钼	≤1.50	≤1.00
钒	≤0.30	未作规定

表3-5 合金元素含量允许变化范围要求

合金元素	碳钢和低合金钢限制（质量分数%）	马氏体不锈钢限制（质量分数%）
碳	0.08	0.08
锰	0.40	0.40
硅	0.30	0.35
镍	0.50	1.00
铬	0.50	—
钼	0.20	0.20
钒	0.10	0.10

注：对于所规定的任何合金元素，这些值是含量允许的变化范围，并且不应超过表中所给的最大值。

七、焊接要求

所有暴露在井内流体中的零件的焊接要求应符合 GB/T 20972.1《油气开采中用于含硫化氢环境的材料 第1部分：选择抗裂纹材料的一般原则》、GB/T 20972.2《油气开采中用于含硫化氢环境的材料 第2部分：抗开裂碳钢、低合金钢和铸铁》、GB/T 20972.3《油气开采中用于含硫化氢环境的材料 第3部分：抗开裂耐蚀合金和其他合金》的焊接要求。

1. 焊缝设计及结构

1）承压构件焊缝

承压并与井内流体接触的构件焊缝，应采用全溶透焊缝；其结构应符合 GB/T 20174《钻井和采油设备 钻通设备》中所规定的全熔透焊缝结构要求。

2）承载焊缝

承受外载且不与井内流体接触的焊缝接头设计应符合制造商的书面程序，其焊接及完成的焊缝应符合 GB/T 20174《钻井和采油设备 钻通设备》中的质量控制要求。当制造商的书面程序标准高于 GB/T 20174《钻井和采油设备 钻通设备》中的要求时，应按照制造商要求进行设计。

3）补焊

修理焊接应按照 GB/T 20174《钻井和采油设备 钻通设备》中补焊要求进行，应对承压件在最初热处理之后进行的所有主要补焊做出标记。

2. 焊接控制

焊接控制应按照 GB/T 20174《钻井和采油设备 钻通设备》中的控制要求进行。

3. 焊接工艺及性能鉴定

所有焊接工艺、焊工及焊机操作工应按照 ASME《锅炉及压力容器规范第Ⅸ卷》所规定的评定和试验方法进行合格性评定，性能鉴定应符合 GB/T 20174《钻井和采油设备 钻通设备》中关于焊接工艺和性能鉴定的要求。

八、试验与检验方法

控压钻井系统定型或产品出厂应按照规定内容进行试验与检验，判定通过后，方视为具备现场作业资格。

控压钻井系统试验包含静水压强度试验、手动控制试验、自动控制试验、整机性能试验、疲劳试验等。

各种试验应在室温下使用模拟的井内流体，并且当所有功能试验完成后应进行一次密封试验。制造商应将试验程序和结果形成书面文件。

1. 试验方法

1）静水压强度试验

静水压强度试验分为整体承压能力测试以及阀门截止承压测试，符合 SY/T 5323《节流和压井系统》中的要求。

2）手动控制试验

（1）液气控制系统调定为额定压力，保压 15min，各液压管线、气压管线、阀件、液缸等不应有渗漏；

（2）气动/液动平板阀活塞动作应稳定，无爬行、抖颤等异常现象；

（3）各阀件开关时间满足技术要求；

（4）节流阀手动全开关动作 20 次以上，不应出现异常；

（5）手动节流至大于 7MPa，系统应无异常；

（6）电动机通电启动正常，无异常声响、无异常振动；

（7）各阀位传感器显示无异常；

（8）各测量仪表应显示正常。

3）自动控制试验

使用自动控制进行各部件动作测试，要求同手动控制试验。

4）整机性能试验

需提供专有测试实验室，以进行性能测试。专有测试实验室能够对以下工况进行测试：井底压力模式测试(控压循环钻进)；井口压力模式测试(起下钻、接单根)；井底模式与井口模式切换测试(钻井停泵过程)；井口模式与井底模式切换测试(钻井开泵过程)；低流量补偿测试；主、备节流阀切换测试；溢流测试；漏失测试；高节流压力(大于 7MPa)下井底、井口工作模式测试。

（1）井底压力模式。每个节流通道分别进行 12L/s、24L/s、40L/s 流量的节流测试，试验参数见表 3-6；实验室设备提供如下条件：

① 10~40L/s 可调节的流量泵送能力；

② 模拟立管压力装置能够提供0~7MPa的压力调节。

表3-6 井底压力模式测试参数表

序 号	测试流量，L/s	模拟立管压力，MPa	节流压力，MPa	节流后压力，MPa
1	12	5	0~5	<0.15
2	24	5	0~5	<0.15
3	40	5	0~5	<0.15

按照以下的测试工况，应至少重复2次，全部符合验收指标后判定为验收通过：

① 当流量、模拟立管压力稳定后，分别设定节流压力为1MPa、2MPa、3MPa、4MPa、5MPa，节流阀响应时间应小于2s，压力波动时间小于60s，节流后压力不应大于0.15MPa。

② 当流量稳定后，维持节流压力为5MPa，模拟立管压力分别设定从1MPa、2MPa、3MPa、4MPa向上调节，节流压力应能根据模拟立管压力的增大变化，自动减小节流压力，维持总管道压力为5MPa，节流阀响应时间应小于5s，压力波动时间小于60s，节流后压力不应大于0.15MPa。

③ 当流量稳定后，维持模拟立管压力为5MPa，节流压力为0MPa，分别设定模拟立管压力从5MPa、4MPa、3MPa、2MPa、1MPa向下调节，节流阀响应时间应小于5s，压力波动时间小于60s，节流后压力不应大于0.15MPa。

（2）井口压力模式。测试内容如下，试验参数见表3-7。

① 每隔10min测试流量由5L/s阶跃变化为2L/s，持续时间5min，然后由2L/s变化为5L/s，持续时间5min，节流阀应能自动响应此变化，维持节流压力稳定。

② 每隔10min测试流量由5L/s阶跃缓慢调节为2L/s，调节时间5min，然后由2L/s缓慢调节为5L/s，调节时间5min，节流阀应能自动响应此变化，维持节流压力稳定。

表3-7 井口压力模式测试参数表

测试流量，L/s	节流压力，MPa	回压补偿流量，L/s
5	5	输出值

注：回压补偿泵输出流量可调时，回压补偿流量的输出值为其最大泵送流量。

按照所列测试内容，应至少重复两次，全部符合验收指标后判定为验收通过：

① 测试内容中第一项，节流阀响应时间小于2s，节流压力波动在0.2MPa内，压力波动时间小于60s。

② 测试内容中第二项，节流阀响应时间小于5s，节流压力波动在0.2MPa内，压力波动时间小于30s。

（3）井底模式与井口模式切换。井底与井口模式切换，应观察系统对流量变化的响应，测试内容如下：

① 测试流量分为12L/s、24L/s、40L/s，节流压力设定在1MPa、3MPa，附加回压设定为2MPa。

② 启动回压补偿系统，辅助节流通道压力为节流压力+附加压力。

③ 测试流量将为0L/s，应能从主节流通道自动切换为辅助节流通道。

按照所列测试内容，应至少重复两次，全部符合验收指标后判定为验收通过：

① 回压补偿系统启动后，辅助节流通道压力调节至设定值时间应不大于3min。

② 测试流量降为零后，节流通道切换时间不大于30s。
③ 切换为辅助节流通道后，压力波动时间小于60s。
④ 辅助节流压力稳定后，与设定值偏差不大于0.2MPa。

（4）井口模式与井底模式切换。井口与井底模式切换，应观察系统对流量变化的响应，测试内容如下：

① 回压补偿系统启动中，节流压力设定为1MPa、3MPa，附加压力设定为2MPa。
② 测试流量分别从0L/s提高到12L/s、24L/s、40L/s，应能自动切换至主节流通道，且压力能够自动调节至设定的节流压力。
③ 停止回压补偿系统，具有自动和人工两种模式。

按照所列测试内容，应至少重复两次，全部符合验收指标后判定为验收通过：

① 按设定值提供测试流量后，节流通道切换时间不大于30s。
② 切换为主节流通道后，压力波动时间小于60s。
③ 节流压力稳定后，与设定值偏差不大于0.2MPa。

（5）低流量补偿模式。测试内容如下：

① 测试流量设定为12L/s，节流压力分别设定为3MPa、5MPa。
② 将测试流量降低为2L/s，启动回压补偿系统。
③ 节流通道自动切换至辅助通道，节流压力维持在设定的3MPa、5MPa。

按照所列测试内容，应至少重复两次，全部符合验收指标后判定为验收通过：

① 自动节流系统能够检测到测试流量的变化，并进行提示，流量检测响应时间小于5s。
② 回压补偿系统启动到稳定输出流量，时间小于3min。
③ 节流通道切换时间小于30s，节流压力波动时间小于60s，压力与设定值偏差小于0.2MPa。

（6）主、备节流通道切换。主节流通道节流压力分别稳定在1MPa、3MPa、5MPa，点击主、备节流通道切换功能按钮，实现主、备通道的切换。

按照测试内容，应至少重复两次，全部符合验收指标后判定为验收通过：

① 主、备节流通道切换时间小于30s。
② 切换前备用通道阀位预调节时间小于15s。
③ 切换后节流压力波动时间小于30s，稳定后节流压力与设定值偏差小于0.2MPa。

（7）溢流测试。测试内容如下：

① 按照表3-8的参数设定，当测试流量、节流压力稳定后，按设定值额外泵入流体模拟溢流发生。
② 系统应能自动检测到溢流流量，并控制节流阀动作提高节流压力，以控制溢流的持续发生。

表3-8 溢流测试参数表

序　号	测试流量，L/s	额外泵入流量，L/s	节流压力，MPa
1	12	1	0~5
2	24	2	0~5
3	40	4	0~5

注：额外泵入流量模拟地层流体侵入。

按照测试内容，应至少重复两次，全部符合验收指标后判定为验收通过：
① 额外泵入流体时，质量流量计能够测量、识别，并进行报警。
② 节流阀动作响应时间应小于60s。
（8）漏失测试。测试内容如下：
① 按照表3-9的参数设定，当测试流量、节流压力稳定后，按设定值打开泄流阀门模拟漏失发生。
② 系统应能自动检测到漏失流量，并控制节流阀动作减小节流压力，以控制漏失的持续发生。

表3-9 漏失测试参数表

序　号	测试流量，L/s	泄漏流量，L/s	节流压力，MPa
1	12	1	0~5
2	24	2	0~5
3	40	4	0~5

注：泄漏流量模拟井筒流体漏入地层。

按照测试内容，应至少重复两次，全部符合验收指标后判定为验收通过：
① 打开泄流阀门时，质量流量计能够测量、识别，并进行报警。
② 节流阀动作响应时间应小于60s。
（9）高节流压力井口、井底模式。将节流压力调节至>7MPa，测试内容按照井底压力模式和井口压力模式试验的规定执行。
验收指标可按照井底压力模式和井口压力模式试验的验收指标。
5）功能试验。控压钻井系统功能试验内容及要求如下：
（1）每个节流通道按照1MPa、3MPa、5MPa、7MPa节流压力进行试验，每级压力测试时间不小于180min，节流压力波动在±0.2MPa内为合格。
（2）节流阀从全开到全闭再至全开为一测试行程，每个节流阀连续测试20次行程，阀芯动作平稳、无异常声响为合格。
（3）回压补偿泵按照额定输出流量，按照1MPa、3MPa、5MPa、7MPa输出压力进行试验，每级压力测试时间不小于180min，节流压力波动在±0.2MPa内为合格。
（4）主、备节流阀连续切换20次，无异常为合格。
6）密封试验
将控压钻井系统与井内流体接触的管汇部分的出口、入口用试压塞封闭，在室温下泵入清水保持压力在3.5MPa和24MPa各15min，压力降小于0.7MPa，并且无泄漏，视为密封试验合格。

2. 检验规则
1）出厂检验
控压钻井系统应进行出厂检验，并经质量检验部门检验合格后，签发产品合格证方能出厂。出厂检验包括以下内容：
（1）静水压强试验；
（2）手动控制试验；

(3) 自动控制试验；
(4) 整机性能试验；
(5) 密封试验。

2) 型式检验

有下列情况之一时，应进行型式检验：

(1) 新产品试制定型时；
(2) 正常生产后，在结构、材料或制造工艺有重大改变，可能影响产品性能时；
(3) 出厂检验结果与上次型式检验结果有较大差异时。

生产线前三台控压系统都应进行型式试验，该检验应包含以下试验项目：

(1) 静水压强试验；
(2) 手动控制试验；
(3) 自动控制试验；
(4) 整机性能试验；
(5) 功能试验；
(6) 密封试验。

3) 检验判定规则

型式检验，内容有一项不合格时，则认为型式检验不合格。出厂检验，内容有一项不合格时，则认为该产品不合格。

九、标志、贮存与运输

1. 标志

产品应用铭牌或其他方法(如低应力字头打印、在构件铸字等)进行标志，标志文字应清晰可见。产品标志的内容可包括：

(1) 产品名称及型号；
(2) 制造厂名称；
(3) 产品的主要技术参数；
(4) 各个承压设备应标出压力额定值；
(5) 产品编号；
(6) 主承载件及承压件的追溯号；
(7) 产品制造日期。

2. 30天以上的贮存

(1) 试验后排水。在试验完毕和贮存前，应将所有设备体内的水排尽。
(2) 防锈。贮存前，零件和设备的外露金属表面应进行防锈处理，所用的保护方法在温度50℃(125°F)以下应不熔化。
(3) 连接表面的保护。所有连接表面和密封垫环槽应用经久耐用的覆盖物加以保护。
(4) 液压控制系统。根据制造商的书面程序，液压控制系统应用防冻防腐液进行冲洗。端口在贮存前应封堵。
(5) 橡胶密封件。橡胶密封件应根据制造商的书面程序进行储存。
(6) 密封垫环。散装密封垫环在储存或运输时应打包或装箱。

3. 运输

应按标示吊装位置吊装，运输时应平放，所有设备应根据制造商的书面文件进行运输。

第二节　PCDS-Ⅰ精细控压钻井专用装置

PCDS-Ⅰ精细控压钻井专用装置是三通道精细控压钻井装备，该装置集恒定井底压力与微流量控制功能于一体，主要由自动节流管汇系统、回压补偿系统、自动控制系统、控压钻井软件等系统组成。

自动节流管汇系统由高精度自动节流阀、主辅节流管汇、高精度液控节流控制操作台等部分组成。具备多种操作模式、安全报警、出口流量实时监测等功能。

回压补偿系统由三缸柱塞泵、交流变频电机及高精度质量流量计等部分构成。可在钻井液循环停止或停泵的作业中进行流量补偿，以维持节流阀最佳功能。

精细控压钻井系统与现场钻机的钻井液循环系统形成闭环控制回路，随钻环空压力测量装置(PWD)实时采集地层压力信号传输至地面控制中心，水力计算模块分析井口所需回压值，并通过在线智能监控的自动控制软件，实时精确调节井口补偿压力，确保在钻进、接单根、起下钻等不同钻井工况下，井底压力均在最佳的设定范围内。当钻进过程中发生井下溢流时，精细控压钻井系统可自动检测并实时控制、调节自动节流管汇节流阀开度，及时控制溢流。可适用于过平衡、近平衡及欠平衡状态下的精细控压钻井作业。

一、设备的组成、功能及技术指标

精细控压钻井系统总体技术指标为：

(1) 额定压力 35MPa；

(2) 工作压力 12MPa；

(3) 节流精度 ±0.2MPa。

三通道精细控压钻井装备由自动节流管汇橇、回压泵橇、控制中心及配件房等主体部分组成。

1. 自动节流管汇橇

1) 自动节流管汇组成

自动节流管汇橇主要由自动节流管汇、高精度液控节流控制操作台以及控制箱组成，如图 3-7 所示。

图 3-7　自动节流管汇橇

自动节流管汇有三个节流通道，备用通道增强了系统的安全性。
（1）主节流通道，钻井液流经节流阀 A；
（2）备用节流通道，钻井液流经节流阀 B；
（3）辅助节流通道，钻井液流经节流阀 C。

每个通道由气控平板阀、液控节流阀、手动平板阀、过滤器组成。气控平板阀适用于切换节流通道，节流阀用于调节井口回压，手动平板阀用于关闭通道，在线维护维修时使用，过滤器用于过滤大颗粒物体，防止流量计堵塞整压而损坏。

节流阀 A、B 为大通径的节流阀，供正常钻井大排量时使用，A 为主节流阀，正常钻井时使用；在节流阀 A 工作异常或堵塞时，才自动启动节流阀 B，并通过平板阀关闭节流阀 A 的通道。节流阀 C 为辅助节流阀，通径较小，在钻井小排量或钻井泵停止循环时，启动回压泵，节流加回压使用。

自动控制的气动平板阀，在不同钻井工况下转换时，用于切换节流通道。其他阀门在管汇中正常工作时均处于常开或常关状态。

流量计可以精确测量钻井出口流量，用于测量排量变化，为实时计算环空压耗，及时调整回压提供实时数据；流量计的另一个作用是微流量判断，判断井下是否存在微量的溢流和漏失。

2) 自动节流管汇技术参数
(1) 高压端额定压力：35MPa；
(2) 低压端管汇压力等级：14MPa；
(3) 管汇通径：主、备 $4\frac{1}{16}$in，辅助 $3\frac{1}{8}$in；
(4) 加工标准：API16A。

3) 节流阀技术参数
节流阀作为完成节流控压的核心部件，主要技术参数为：
(1) 额定压力：35MPa；
(2) 最佳节流控制压力：0~14MPa；
(3) 钻井液密度、流量范围：0.8~2.4g/cm³、6~45L/s；
(4) 主、备节流通径：2in，通道通径 $4\frac{1}{16}$in；
(5) 辅助节流阀通径：$1\frac{1}{2}$in，通道通径 $3\frac{1}{8}$in；
(6) 节流压力控制精度：±0.2MPa；
(7) 控制方式：液压马达驱动；
(8) 执行标准：全部阀门、法兰、管线、连接器加工标准按 API16A 执行。

4) 自动节流管汇控制模式
(1) 节流阀控制：液压马达驱动，自动控制/本地；
(2) 自动平板阀：气缸驱动，自动控制/本地。

另外，由于自动节流橇是 PCDS-Ⅰ精细控压钻井系统的压力控制部分，所以必须经过严格的压力测试，在出厂时要完成规定的静水压力测试，运到现场后要完成现场规定的静水压力测试。

2. 回压泵橇
1) 组成
回压泵橇主要由一台电动三缸泵、一台交流电机驱动、一条上水管线和一条排水管线组成。交流电机采用软启动器控制启动，由系统自动控制；上水管线装有过滤器、入口流量计；排水管线有空气包、截止阀、单流阀，如图3-8所示。

图3-8 回压泵橇

回压泵是一个小排量的电动三缸泵，交流电机驱动、采用软启动器，由系统进行自动控制。回压泵的主要作用是流量补偿。它能够在循环或停泵的作业过程中进行流量补偿，提供节流阀工作必要的流量。它也能在整个工作期间，排量过小时，对系统进行流量补偿，维持井口节流所需要的流量。其目的是维持节流阀有效的节流功能。回压泵循环时是地面小循环，不通过井底。自动控制的回压泵系统采用动态过程控制，能快速响应，在钻井工况需要时有自动产生回压的功能。

回压泵与自动节流管汇连接，在控制中心的控制下工作。其主要作用就是在控压钻井过程中，在需要时以恒定排量提供钻井液，钻井液流经辅助节流阀，控制中心通过调整节流阀位置，控制回压。正常钻进时，自动节流管汇由钻井泵供钻井液，控制回压。当钻井泵流速下降(如接单根时)，井眼返出流量无法满足节流阀的正常节流，控制中心会自动启动回压泵，回压泵向自动节流管汇供钻井液，流经节流阀，使节流阀工作在正常的区间内，以保持回压，维持井底压力在安全窗口内。为了保证安全，回压泵的管路中设计泄压阀、单流阀，防止压力过高和井口回流。

2) 基本功能
(1) 流量补偿；
(2) 自动或手动控制；
(3) 软启动；
(4) 入口流量监测；
(5) 安全泄压、防回流。

3) 回压泵主要技术参数
(1) 输入功率：160kW；
(2) 额定压力：35MPa；
(3) 工作压力：最大12MPa；
(4) 工作流量：12L/s。

3. 控制中心及配件房

控制中心房是精细控压钻井系统的大脑，可实现数据采集的资料汇总、处理，实时水力计算以及控制指令的发布；配件房则用于存放精细控压钻井系统配备的工具和配件。PCDS-Ⅰ精细控压钻井系统控制系统的框架结构如图 3-9 所示。

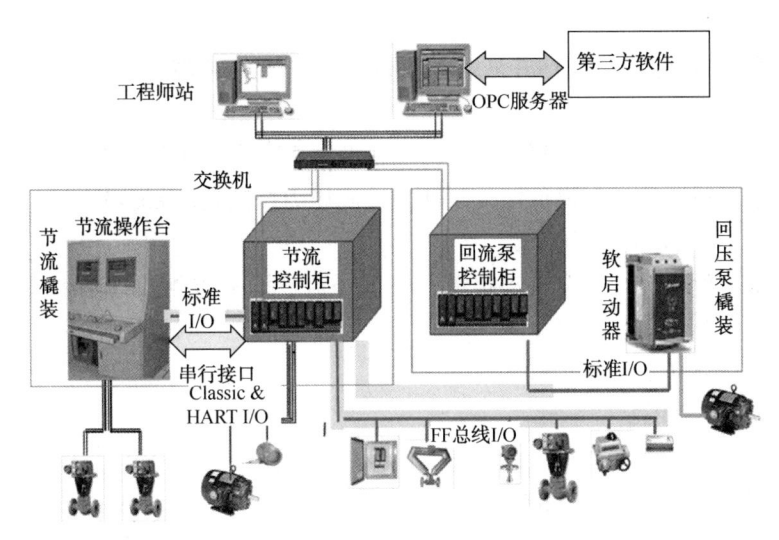

图 3-9　PCDS-Ⅰ精细控压钻井系统控制系统网络结构和硬件配置图

自动节流管汇橇装和回压泵橇装分别安装一个现场控制站(置于防爆控制柜中)，以实现对自动节流管汇和回压泵的分别控制，在控制中心房放置一台工程师站(兼有操作员站和 OPC 通信的功能)，实现对两个橇装上的设备的集中监控。在节流橇装上，节流操作台和现场控制站进行互连和通信；在回压泵橇装上，现场控制站和软启动器进行互连和通信。

二、设备设计与制造工艺

1. 系统的结构设计

精细控压钻井系统可以在有旋转防喷器的条件下独立工作，当配有井下测量、止回阀工具后可进行恒定井底压力控压钻井作业。

精细控压钻井系统构成：自动节流系统、回压补偿系统、液气控制系统、自动控制系统、工艺及控制软件、辅助设备及工具等。

(1) 自动节流系统：包括由一个主节流阀、一个备用节流阀、一个辅助节流阀组成的三个节流通道，带有直流通道和出口流量计的节流管汇。

(2) 回压补偿系统：专用的小功率电动钻井泵系统，带有上水过滤器、入口流量计、电动三缸活(柱)塞泵。

(3) 液气控制系统：可对节流管汇系统和回压泵系统阀件进行控制的液气控制台及控制管线。

(4) 自动控制系统：能对地面压力控制装置进行实时控制的数据采集和控制的自动化系统，具有人机交互式操作。

(5) 工艺及控制软件：用水力学模型进行实时采集计算，有控压钻井设计功能，适用于上述自动控制硬件系统，并能实时控制的软件。

(6) 辅助设备及工具：发电机、备用气源、应急备用气瓶、手动节流阀、止回阀卸压工具、法兰连接管线、活接头(由任)连接管线、软管、维修房、库房等。

2. 分系统设计

1）节流管汇系统设计

（1）设计依据：

① 工作介质：钻井液（含气钻井液、加重剂的高密度钻井液钻屑、H_2S、CO_2等强腐蚀的酸性气体），冲蚀性强；

② 工作温度：设备长期处在野外作业，能在低温下保存，工作温度在0~100℃；

③ 工作精度：适应窄密度窗口钻井条件，井底压力控制精度±0.2MPa；

④ 井眼条件：ϕ311mm以下井眼；

⑤ 安全要求：设备运行安全自动报警，井下溢流、漏失监测，管汇堵塞报警和节流通道自动切换；

⑥ 压力等级：35MPa；

⑦ 节流压力：12MPa；

⑧ 压力控制精度：±0.2MPa；

⑨ 钻井液密度：0.8~2.4g/cm³；

⑩ 工作温度：0~100℃。

（2）系统组成：

节流管汇设计如图3-10、图3-11所示。

图3-10 节流管汇三维设计图

（3）传感器、数据采集与控制安装：

自动节流管汇由一个控制器集中控制，全部采集和控制信号均由控制器来处理。

① 主节流通道：节流前压力传感器、温度传感器、压力指示器。

② 辅助节流通道：节流前压力传感器。

③ 三个节流通道后：压力传感器、压力指示器、流量计（质量流量、密度、温度）。

④ 三个液控节流阀装有阀芯位置传感器；三个气控平板阀装开关位置传感器。

⑤ 液控节流阀通过两根液压管线与控制台相连接，气控平板阀通过两根气管线与控制台相连接。

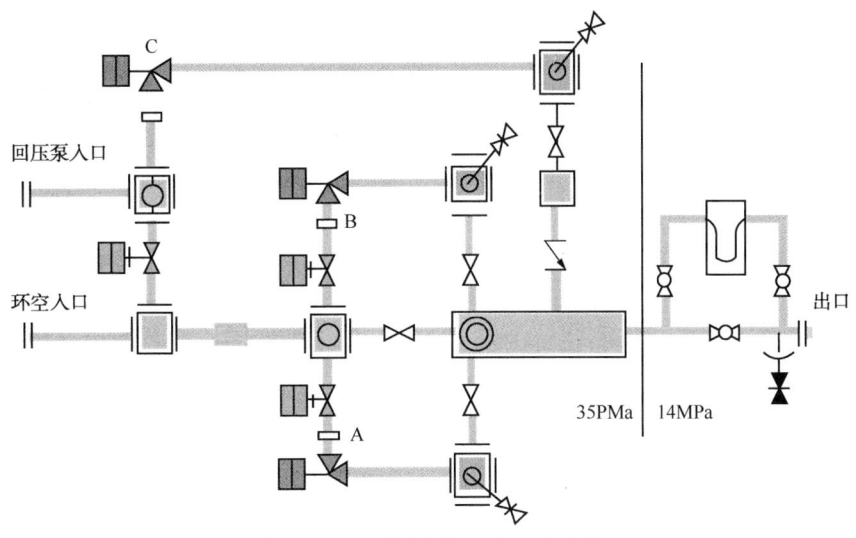

图 3-11　主要控制阀门连接流程图

2）回压泵系统设计

如图 3-12 所示，电动三缸泵由交流电动机驱动，采用软启动器，由系统进行自动控制；上水管装有过滤器、入口流量计；排出口有空气包、截止阀、单流阀等。

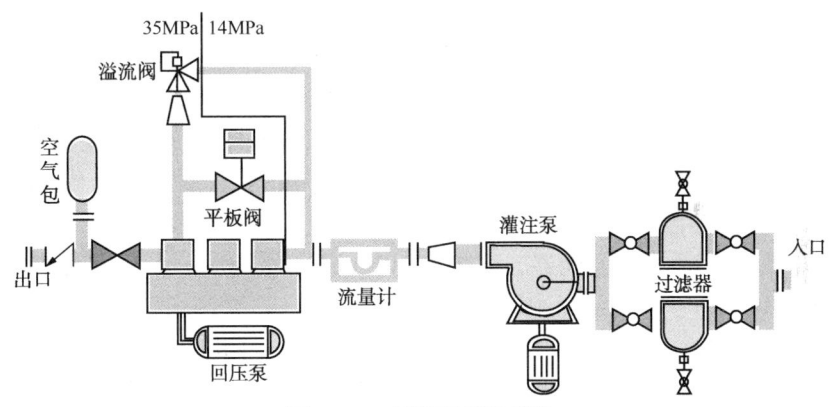

图 3-12　回压泵系统设计

回压泵两个主要参数为排量和压力。排量由节流阀的节流特性决定，回压泵的压力大小取决于所需补偿的环空压耗的大小等。井越深，流动阻力越大，所需要的压力越高。回压泵结构设计如图 3-13 所示。

图 3-13　回压泵三维设计图

3）液气控制系统设计

（1）液气控制单元的组成：

液气控制单元是精细控压钻井系统的核心部分之一。液气控制单元由三部分组成：气源、液气控制柜及控制管汇、电控系统。其中，气源采用压缩空气站供气，供气站应满足液气控制柜的气源供应。

气源规格参数：压力 0.8MPa；流量 150m³/h。

通过总线，电控系统实现对液气控制柜的液气数据显示、远程中央控制及电控安全设定。

（2）液气控制单元工作原理：

① 动力源技术参数：

气源压力：0.8MPa；

液压压力：10.5MPa；

液压流量：30L/min；

液压工作介质：ISO VG32 液压油；

工作温度范围：+10℃ ~ +60℃；

环境温度范围：+10℃ ~ +45℃。

② 动力源功能：包括油液储存、压缩空气处理、将压缩空气动力转化为液压能、手动应急能源提供、油液过滤、数据采集。

a 油液储存。有两个油液储存装置：油箱及蓄能器。

油箱：油箱为开式油箱，无压，容积为75L，采用304不锈钢制成，设有液气泵和手动泵吸油接口及系统回油接口，油箱顶部设加油口及空气过滤器及液位继电器（本安型），继电器可在液位低至报警位时开关点接通报警。为观察油箱液位，油箱侧壁上设2个目测液位计，油液温度则通过热电阻检测将电阻信号输出给中控。油箱还设有排污口及油液检测口。

蓄能器：蓄能器为活塞式蓄能器，容积为20L，压力级30MPa，活塞蓄能器需充氮气，充氮压力为5.5MPa。

b 压缩空气处理。压缩空气站提供的气源压力为0.6~0.8MPa，向液气控制柜及补压站供气，经过外接空气过滤器过滤进入液气控制柜压缩空气回路，先接入设在面板上的截止阀，该阀是液气控制柜压缩空气回路的总开关，开关打开，气体进入控制柜内管道，面板上的压力表（机械指针式）显示气源压力，同时压力传感器通过FF总线向中控实时输出压力信号，供中控数显及控制。为设备安全，该气路设气体安全阀，设定压力为1.0MPa；之后气路分三路：

第一路：提供液气泵气源回路：该回路进口设总开关截止阀，设在面板上，液气泵的启/停由该阀控制，打开阀门，气体进入气体减压阀，通过调节设定减压压力可控制液气泵输出的液压压力至10.5MPa。

第二路：AP1 提供节流阀控制模式转换回路。

第三路：AP2 提供平板阀开/关控制回路。

c 将压缩空气动力转化为液压能。由于精细控压钻井环境条件要求设备良好的防爆性能，液气泵的无火花及不发热性能满足这方面要求，故系统采用了HASKEL的GW-35液气泵，其特点：压缩比1∶35，它由气体驱动部分液压部分及换向控制阀组成，气体驱动部分的活塞与液压驱动部分的柱塞连在一起,由换向阀控制自动做往复运动,大面积的活塞与小面积的柱塞将作用在活塞上的驱动气体压强传递给柱塞,从而提高液体的出口压力。

为稳定泵口压力及应急供油,泵口设20L活塞蓄能器,应急供油量为8L。泵口还设有液压安全阀,设定压力为12.5MPa。为便于设备维修,设有维修系统前切断蓄能器路及释放系统压力的截止阀。为便于系统压力调节,在面板上设显示系统压力的压力表(机械指针式),同时压力传感器通过FF总线向中控实时输出压力,供中控数显及控制。

d 手动应急能源提供。系统除设计液气泵源外,还设计有一套人工为动力的液压泵,该泵的原理为:人工驱动手柄上下摆动(作用力20kgf),手柄带动柱塞往复运动,将人工动力转换为液体压力(10.5MPa)。

该泵设置与液气泵并联,在液气泵回路失效时应急使用。

e 系统过滤。系统过滤分为两类:气体过滤和液压过滤。

气体过滤:对进入液气控制柜的压缩空气进行过滤,减少气动回路中阀的故障,延长使用寿命。

液压过滤:设油箱空气过滤器精度10μ,泵吸油过滤精度30μ及系统回油过滤精度10μ。过滤器的设置可保持液压油的清洁度,减少液压回路中阀的故障,延长油液及控制阀的使用寿命。

f 数据采集

由于设中央控制,系统的压力、温度及关键工作模式需要中控操作人员掌握或自动控制点设定。本系统设计的各元件数据见表3-10。

表3-10 各元件数据表

项 目	检测元件名称	测量范围	测量精度	输出信号
气源压力	压力传感器	-14.7~+150psi	±0.075%	FF总线
液压压力	压力传感器	-14.7~+4000psi	±0.075%	FF总线
油箱温度	热电阻	PT100		
中控/本地	压力继电器	0~+200psi	1%	无源开关点

检测元件防爆级别:EEx DIICT6。

4)自动控制系统设计

(1)设计的基本思路:

以满足设备功能为原则,要求性能可靠,抗干扰能力强,现场系统全部采用防爆设计。以采用FF现场总线为主体构建系统的总体框架,控制器、输入输出模块、电源采用冗余配置本安防爆等级。

(2)系统总线:

① 全数字、双向传输、多点通信、总线供电用于连接智能仪表和自动化系统的通信链路,FF总线可以视为一种基于现场的局域网;

② 信号传输的数字化,使FCS更具实用性,可大幅度减少电缆用量;

③ 数字信号传输精度较模拟信号高得多(10倍左右),抗干扰能力强,因此控制质量更好;

④ 总线仪表可以提供更多的关于仪表的运行信息,具备故障诊断和高级诊断功能,可

以将自控设备的运行情况及时反馈到控制系统中；

⑤ FF 总线的优势：

a 总线：现场基金会总线(Fieldbus Foundation)；
b 信号：数字化双向通信；
c 速度：HSE 高速现场总线通信速率为 100Mbit/s；
d 网络：开放式的数据网络；
e 多站：一条总线挂接多台设备；
f 互换性：即插即用，任何厂商设备只要符合总线标准即可使用；
g 方便：多个设备只需一个安全栅和一根电缆；
h 直观：现场总线视野扩展到现场仪表；
i 抗干扰：数字信号采集传输抗干扰能力强。

5）软件系统设计

控压钻井软件系统分为控制软件与应用软件，控制软件是为硬件工作服务，应用软件是现场工程师工作使用的软件，它们的主要功能不一样，如图 3-14 所示。

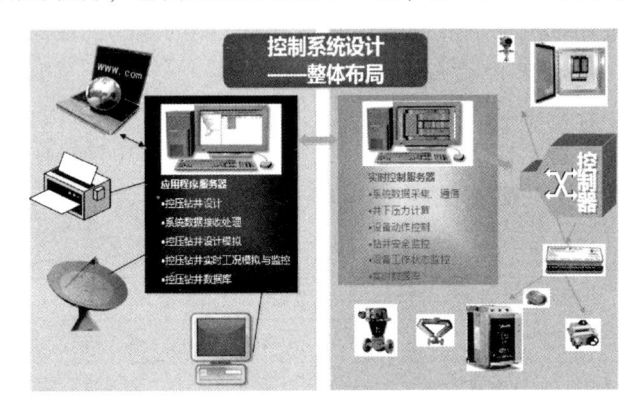

图 3-14 自动控制系统设计

(1) 设计原则：

作为控压钻井技术成套装备的一部分，控压钻井软件及其控制部分犹如这一系统的大脑神经中枢，在整体的协同作业中扮演着十分重要的角色。软件如果按照运行环境来分，主要分为控制器和 PC 两大部分。其中控制器上主要表达一些实时性要求较强，反应工况和流程的简单控制逻辑；PC 上的软件行使实时采集、人机交互、复杂算法模型描述、表格图形输出等功能。

PC 中的系统基于 Windows 平台，软件设计必须确保软件既可以无差错地行使采集—判断—控制的职能，又可以兼顾现场的调试改造。在对系统的初步调研后，提出以下几点设计原则：

① 稳定性原则。稳定性无疑是首先必须考虑的，作为一个日夜运转的系统，软件必须有 24h×7d 的稳定性级别。为了尽可能提高系统稳定性，必须细心编码，充分测试，多次现场试验，多阶段保障系统足够强健。

② 易维护原则。过于复杂的组织结构并不适合对实时性要求较强的工控系统，架构的设计应做到功能定义明确，模块接口简洁，有利于在现场的维护工作，让模块间的耦合度尽

可能降低。

③ 直观性原则。图形化的界面表达是 PC 上开发软件的优势之一，多采用图表的形式，以反应数据的变化，达到所见即所得的视觉效果。

④ 高性能原则。提高性能的方法有很多，在系统设计的各个环节都有优化的可能性。因此应采用多线程、高压缩、异步通信、优化数据结构、优化算法流程等手段，尽可能提高软件的性能。

⑤ 易用性原则。从用户使用的角度出发，充分考虑一线录入的便捷性和使用的高效性。这将在系统的培训和推广中产生直接的效益。

⑥ 安全原则。多种授权方式，角色管理保证数据的访问安全；必要的用户口令保证软件的使用安全；记录操作日志保证事后的分析处理。

（2）软件系统的架构：

构建用于监测、分析的数据平台，是本系统的关键。

针对井场数据不同类型、不同格式、不同来源和采集量大、采集时间长等特点，需要建立专门的数据接口对各种来源数据进行转换处理，才能供实时监测系统使用。

（3）数据管理：

① 数据操作功能：

a 可以根据不同数据类别进行添加、修改、删除、恢复和保存等基本操作；

b 具有增加行、删除行、自动统计功能；

c 对于缺省状态数据具有自动计算功能；

d 提供数据复制、剪切和粘贴功能。

② 数据导入与导出：

a 可将数据库中的全部或部分数据取出来以文件的形式保存；

b 将存放文件的内容重新引入数据库以达到恢复和添加数据的目的。

③ 数据查询功能：

a 数据查询：对系统中包含的各种数据进行查询，查询结果可在屏幕上预览和输出到 word 文件及打印机上；

b 知识查询：可通过关键字或定义各种查询条件，查询特定客户需求结果，支持模糊查询，查询结果可输出到屏幕、word 文件和打印机上。

④ 数据统计分析功能：

可按客户定义的各种条件，进行统计汇总分析，查询数据可生成饼图和直方图。

⑤ 单位转换功能：

a 用户自动定义缺省单位；

b 支持国际单位、油田单位和客户缺省单位的转换。

（4）工程设计与计算：

① 控压钻井设计模块：

a 地层孔隙压力预测，包括地震层速度法、声波时差法、dc 指数法、RFT 测井等多种预测方法，和已有的孔隙压力数据导入。

b 地层破裂压力预测，包括 Eaton 法、Staphen 法、Anderson 法、声波法、液压试验法。

c 地层坍塌压力预测,运用测井资料和实测岩石力学性能综合资料预测地层坍塌压力。

d 优化井身结构设计,包括传统井身结构设计方法(自下而上,套管层次最少)、优化井身结构设计方法(平衡压力,确保钻遇成功)、合理套管下入区间确定与设计。

e 钻井液合理密度确定与设计,包括钻井液合理密度设计、钻井液合理密度确定。

f 井控评价与基准设计,包括井控余量设计、正常钻井、井涌过程、井漏过程的不同钻进过程设计与计算。

g 压井参数计算,包括主要压井液密度、黏度、流变特性等一些基础参数的计算。

h 常规压井方法,包括常规压井计算方法:工程师压井法、司钻压井法、综合压井法,非常规压井方法:体积控制/置换法、压回法(直推法)、反循环压井法、顶部压井法、动力压井法、超重钻井液压井法、低节流压方法。

i 特殊工艺井控压钻井设计,包括水平井控压钻井设计、定向井控压钻井设计、大位移井控压钻井设计。

② 水力参数计算模块:

a 钻井液流变参数优选。

b 流变模式选择,包括牛顿、宾汉、幂率、赫巴、卡森、四参数。

c 范氏黏度计参数直接输入,包括简易计算方法(2参数)、回归分析方法(多参数)、流性指数 K、稠度系数 n、动切应力 YP、塑性黏度 PV 等。

d 非牛顿流体水力学计算模块,包括非牛顿流体同心环空水力学计算、非牛顿流体偏心环空水力学计算。

e 小井眼水力学计算。

f 钻头水力学计算模块(音速和亚音速流动),包括波动压力计算模块、稳态波动压力计算、瞬态波动压力计算。

g 两相流体水力学计算模块。

h 垂直井常规多相流计算,包括 Okisiki、Beggs-Brill、Hagdorn-Brown、Duns-Ros、Hasan-Kabir、Aziz。

i 倾斜井常规多相流计算,包括 Ferria、Beggs-Brill。

j 水平井常规多相流计算,包括 Dukler、Baker、Lockhart-Martinelli。

k 多相流数值计算模型,包括非常规 ZNLF 多相流理论。

l 环空携岩计算模块,包括环空返速和合理排量设计、岩屑浓度计算分析、特殊工艺井环空携岩计算、岩屑自重静压力。

m 井筒温度计算模块,包括测量数据直接输入、井筒动态传热计算、钻进时温度分布、停钻温度分布、接单根过程温度分布、异常温度工矿判断。

n PVT 参数计算模块,包括相态选择(油、气、水)、经验公式计算、泡点压力 P_b、原油黏度、溶解气油比 R_s、体积系数 FVF、表面张力等实测数据输入与拟合、混合流体 PVT 参数计算。

(5) 钻前检测、钻时监测和决策:

① 钻前试压模拟检测;

② 钻井实时监测与决策;

③ 不同工况钻井作业选择,包括钻井过程、接单根过程、起钻过程、下钻过程、换胶

芯、钻井液帽压井、压井作业、井涌、井漏和降密度；

④ 异常情况报警处理；

⑤ 常规井控处理。

（6）报表及文档生成：

① 树型数据列表结构展开；

② 根据客户需要可输出 word 或 Excel 报表；

③ 自动生成控压钻井设计与计算报告。

（7）图形显示与绘制：

① 井下 PWD 数据实时监测与显示；

② 井底压力、井口压力、立管压力、出口流量、入口流量、上水罐液面、节流前压力、节流压力、节流后压力；

③ 录井数据实时监测与显示；

④ 地面节流控制系统参数显示。

（8）系统安全维护：

① 权限管理模块；

② 口令密码输入；

③ 用户类别选择；

④ 用户权限管理；

⑤ 管理人员、技术人员、操作人员。

（9）帮助模块：

① 系统版本信息；

② 系统操作说明；

③ 相关标准与手册；

④ 石油天然气行业标准；

⑤ 钻井施工常用数据手册；

⑥ 甲方手册；

⑦ 操作规程手册；

⑧ 复杂事故处理程序。

（10）数据接口处理：

建立公共数据来源处理模块，使多方面的数据能够相互校正、相互补充，更精确的监测井眼状况。实时监测数据来源主要包括以下几个方面：

① 录井数据接口。录井数据由两大部分组成：一是由传感器连续采集的 20 余项参数和由此派生的 500 余项地质数据和工程数据；二是由作业者定点采集的观测数据和分析化验数据。

公共数据源模块对各种录井数据根据需要提取所需的数据项，然后进行转换和抽取，统一数据格式，以供实时监测系统使用，从而为及时、准确的决策分析提供数据基础。

② PWD 数据接口。PWD 数据是井下近钻头处的测量数据，其实时数据对井下情况的分析具有非常重要作用。

软件系统预留 PWD 数据接口。在具备试验条件的情况下，尝试对 PWD 数据应用进行探讨性的研究,从中提取所需的数据项,可供公共数据源使用。

③ 井底压力实时计算数据。分别由环空内计算和实测数据计算井底循环压力,对这两个压力值进行对比分析,实时判断井下情况,其计算、判断结果传递给公共数据源模块,以统一分析、处理。

第三节 PCDS-Ⅱ精细控压钻井专用装置

PCDS-Ⅱ精细控压钻井系统是在原有三通道精细控压钻井系统基础上,研发的一种新型的 PCDS 系列产品,该新型装置结合了现场试验应用情况以及实际作业要求,优化了设计及加工方案。

一、自动节流系统设计

1. 自动节流管汇

(1) 主体框架:分为双节流通道、直通通道及测量通道。

① 节流 A 通道由气动平板阀(4in)、自动节流阀(2in)、过滤方通、手动平板阀(4in)构成,节流通径分为 2in,备有可更换为 1½in 的阀座。

② 节流 B 通道既可作为 A 通道的备用通道,又需作为回压补偿的辅助通道,由汇流方通、气动平板阀(2in)、气动平板阀(4in)、自动节流阀(2in 或 1½in)、过滤方通、手动平板阀(4in)构成,节流通径分为 2in,备有可更换为 1½in 的阀座。

③ 直通通道由手动平板阀(4in)与测量通道直接相连。

④ 测量通道由 3 个手动平板阀(4in)与质量流量计构成。

⑤ 单流阀为 4in 法兰通径。

(2) 管汇:在低压区八通侧面安装旋塞阀,便于泄压和排污。2in 管线的活接头(由壬)规格统一定为 1502,4in 管线活接头(由壬)规格为 602,方便现场配套。橇上安装专用接地螺栓、接线杆,橇内安装两个防爆照明灯,功率不低于 100W/只。其框架如图 3-15 所示。

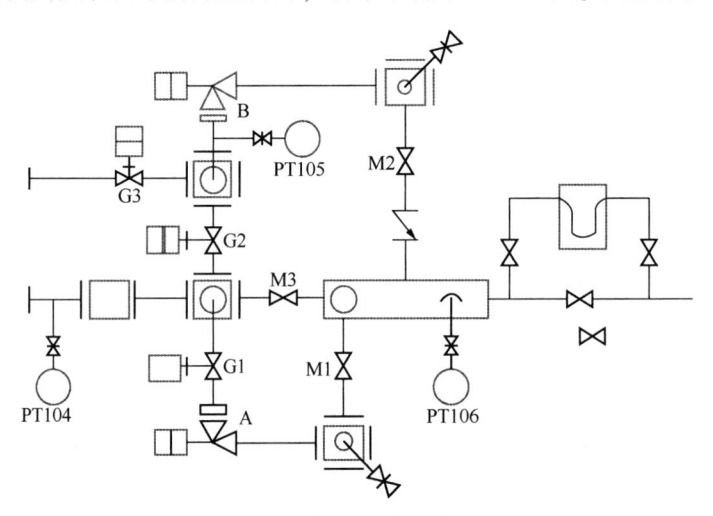

图 3-15 自动节流管汇框架图

2. 液气控制台

(1) 液气控制对象：

① 节流阀执行马达 2 台；

② 气动平板阀开关气缸 3 台；

③ 液动平板阀开关液缸 1 台。

(2) 控制模式：

① 节流阀执行马达，自动/手动；

② 气动平板阀开关气缸，自动/手动；

③ 液动平板阀开关液缸，自动/手动；

设一个总的远程/本地(即自动、手动)转换开关。

(3) 技术要求：

① 液压工作压力：10.5MPa；

② 气源压力：0.6~1MPa；

③ 环境温度：-25~50℃；

④ 防爆要求：符合 2 类防爆区域国家标准；

⑤ 液压流量：40L/min；

⑥ 液、气压管线：304 不锈钢。

液气控制台面板布置，如图 3-16 所示。

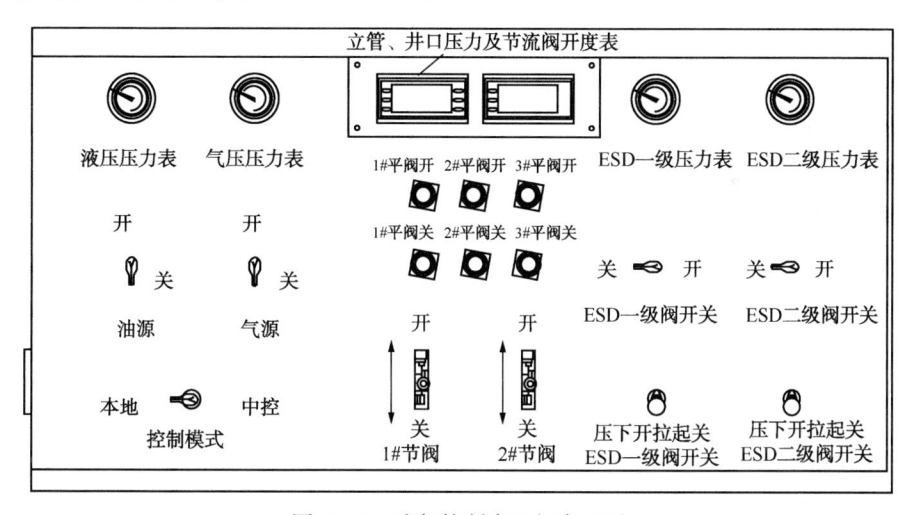

图 3-16 液气控制台面板布置图

(4) 外形尺寸的加工：

① 气动平板阀供气管线通径加大，提高阀门开关速度。

② 电磁换向阀信号线尺寸应与其防爆卡箍尺寸相匹配，防止进水、进气，做到真正意义上的防爆。

③ 提高油、气管线的装配精度，减少因装配导致的漏油、漏气现象。

3. 自动控制系统

自动控制系统采用数字总线模式，采用 DCS 控制系统。

自动控制系统节流橇 3D 设计见图 3-17。

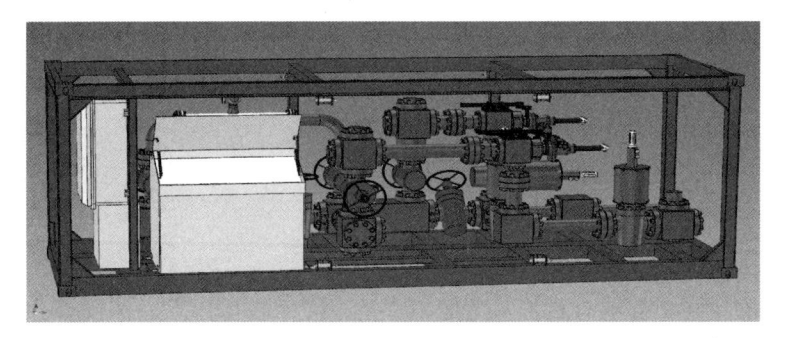

图 3-17　自动控制系统节流橇 3D 图

二、回压补偿系统设计

1. 三缸柱塞泵

(1) 液力端润滑管线进行改造，装汇流块、调节开关，使三个柱塞润滑均匀；

(2) 液力端底部回油池和回油管线进行改造，使回油更为顺畅；

(3) 柱塞尺寸选择 125mm，冲次不高于 120 冲/min，理论排量不低于 10L/s；

(4) 安全阀保护动作压力不高于 15MPa，复位压力不低于 8MPa，通过现场使用来看，能够有效保护泵与电动机。

2. 灌注泵

(1) 灌注泵电动机采用地脚螺栓方式固定，地脚螺栓使用减振胶垫，减少振动；

(2) 严格要求灌注泵安装精度，避免运转产生振动，以防对流量计产生影响。

3. 传动电动机

(1) 采用防爆 8 级电动机，功率 160kW；

(2) 电动机与泵采用直连方式；

(3) 采用软启动器，并对软启动器进行设置，优化电动机启动方式。

4. 空气包

将空气包更换为活塞式。

5. 气动平板阀

柱塞泵出口安装 2in 气动阀门；提高阀杆加工精度，避免阀门开关时出现卡、钝现象。

6. 质量流量计

在质量流量计前后加装可曲挠弹性接头，阻止管线振动的传递，以免影响流量计测量精度和使用寿命。

7. 管汇

(1) 回压橇上水口处安装蝶阀、过滤器，过滤器要便于拆开清理；

(2) 回压橇管线低处安装排污、放空接口(安装旋塞阀封闭)，便于排污和放空。

8. 橇装

(1) 橇上安装专用接地螺栓、接线杆；

(2) 橇内安装两个防爆照明灯，功率不低于 100W/只。

回压补偿系统 3D 设计见图 3-18。

图 3-18　回压补偿系统 3D 图

三、控制中心设计

1. 正压防爆房

供电线截面积符合电器功率要求。

2. 24V 电源

节流橇和回压橇 DCS 系统 24V 供电电源，改为采用单独供电模式，并考虑功率冗余，各供电回路安装指示灯。

四、控压钻井井筒压力控制软件设计

采用传统软件开发的结构化生命周期的方法，将软件开发分为问题的定义、可行性研究、软件需求分析、系统总体设计、详细设计、编码、测试和运行、维护等阶段。

1. 总体结构设计

开发的软件主要由前处理模块、计算模块(稳态计算模块、瞬态计算模块、实时预测控制模块)和后处理模块构成。

2. 主要模块及其功能

1) 前处理模块

前处理模块主要是基础参数的录入模块、井筒网格离散处理模块和所有参数的初始化模块。主要采用人机对话的方式录入基础数据(如井身几何结构参数、轨迹数据、流体物性数据、地层特性数据、控压施工参数)，并检查数据合理性，保存至标准数据库中；同时根据井筒的几何结构和轨迹数据(设计轨迹数据处理、实钻轨迹数据处理以及随钻预测轨迹数据处理)处理相关数据，并保存到标准数据库中；同步对要计算的所有参数进行初始化处理，特别是各个节点或单元的特性参数进行初始计算或者给定初始值。

2) 计算模块

计算模块主要包括稳态计算模块、瞬态计算模块、敏感性分析模块、动态预测控制模块、净零液流计算模块等主要模块，主要是根据实时监测的工况，计算各自工况下的井底压力和井筒实时特性参数。几大模块还调用了工况方式自动判别、动网格划分、流体物性参数计算、流型识别和特性参数计算、各个时刻节点求解及结果文件保存模块，主要处理相应计

算过程。

3）后处理模块

后处理模块主要包括绘图模块、数据输出到 Word 或者 Excel 模块，主要是从数据库中读出计算结果，并显示为相应的可视化图和数据表，可以实时模拟计算和实时显示各种工况过程井筒内压力分布、速度、密度、持液率等参数的变化以及井底压力波动情况。

3. 软件运行界面

精细控压钻井压力控制系统设计包括实时在线的压力控制监测系统设计和相应的软件开发。主要包括实时压力控制要监测的数据、数据传输与存储、计算分析和决策等方案，并开发了井筒压力等参数计算的核心计算模块等，组成了控压钻井控制软件，同时，经过大量数据的计算和验证表明，该软件稳定性好、精度高，能满足精细控压钻井的工程应用需要，并具有进一步升级的价值。软件运行界面如图 3-19 所示。

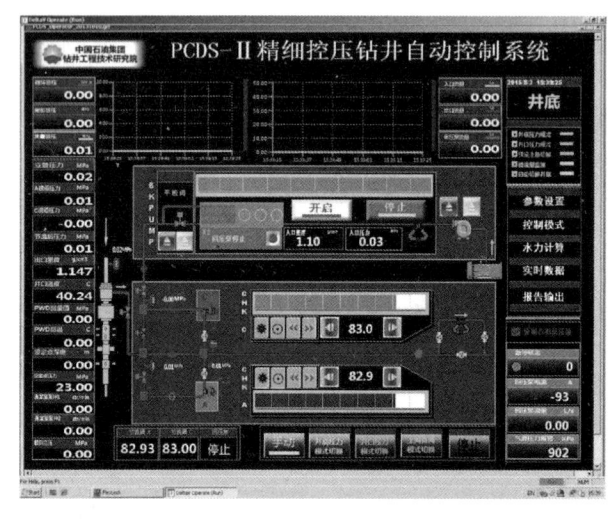

图 3-19　PCDS-Ⅱ精细控压钻井系统自动控制软件主界面

PCDS-Ⅱ精细控压钻井系统实物如图 3-20 所示。

图 3-20　PCDS-Ⅱ精细控压钻井系统实物图

第四节　PCDS-S 精细控压钻井专用装置

PCDS-S 精细控压钻井系统配备了一个自动节流橇，包含一条主节流通道以及流量测量装置，不配备回压补偿装置，可实现高精度、自动欠平衡作业，如图 3-21 所示。

图 3-21　PCDS-S 自动节流系统

PCDS-S 精细控压钻井系统是在 PCDS-Ⅰ及 PCDS-Ⅱ精细控压钻井系统的基础上研制成功，既继承了其优点，又有所创新和突出，可实现高精度、自动欠平衡作业，能够自动调节井口压力施加值，精确维持井底欠压值，并具有结构紧凑、操作简单、使用成本低等优势，适用范围广。相对已研发的 PCDS-Ⅰ及 PCDS-Ⅱ精细控压钻井系统，PCDS-S 精细控压钻井系统添加了自动平衡立压的欠平衡模块及异常工况紧急处理的专家模块，并进一步完善水力学模拟、计算软件模块，实现了 PLC 系统、录井、井下仪器、中控机多平台数据通信、数据处理，拓展了软件功能，增强复杂工况适应性，实现了"新思路、新装备、新工艺"研发理念。

PCDS-S 精细控压钻井系统与 PCDS-Ⅰ及 PCDS-Ⅱ精细控压钻井系统的不同具体表现在以下两个方面：

（1）PCDS-S 精细控压钻井系统的节流通道去除了冗余通道和辅助通道，并重新优化设计了自动节流控制系统，从而降低精细控压钻井作业费用；

（2）PCDS-S 精细控压钻井系统加强了模块化设计和自动控制软件功能设计，既可以与自带回压泵配合，也可以使用钻井队的钻井泵进行控压起下钻和接单根等作业，并开发井口憋压接单根的专家模式，以及进行欠平衡控压钻进作业的欠平衡模式。

一、装备组成与工作原理

1. 装备组成

PCDS-S 精细控压钻井系统包括四大系统：自动节流控制系统、液气控制系统、监测及自动控制系统、精细控压自动控制软件等，采用 PLC 控制器和 FF 数字总线仪表，具备在线自诊断功能，系统工作可靠性高。

自动节流控制系统由四部分组成(图3-22):
(1) 直通通道:非节流状态下应急通道;
(2) 节流通道:对井口节流施加回压;
(3) 过滤测量通道:过滤大块物体,监控测量井口流量;
(4) 检修通道:当过滤方通堵塞或流量计故障检修时,作为临时通道使用。

节流通道由气控平板阀、液控节流阀、手动平板阀、过滤器组成。气动平板阀适用于切换节流通道,节流阀用于调节井口回压,手动平板阀用于关闭通道、在线维护、维修时使用,过滤器用于过滤从井下返出的钻井液中携带的大颗粒返出物或其他杂物,防止流量计堵塞而造成憋压和损坏。自动节流管汇结构如图3-23所示。

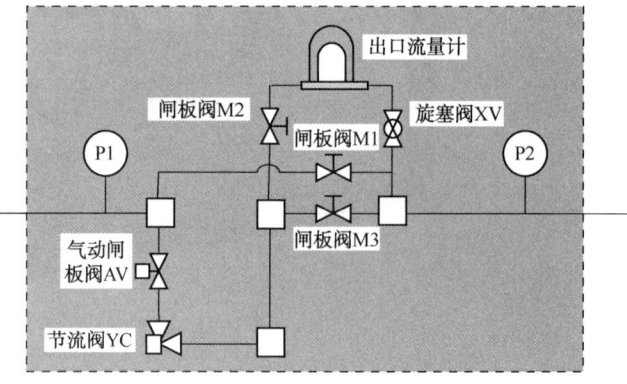

图3-22 PCDS-S精细控压钻井系统

图3-23 自动节流管汇结构图

节流阀YC为大通径的节流阀,供正常钻井时使用,当节流阀工作异常或堵塞时,开启直通,关闭气动平板阀AV及闸阀M3,检修节流阀通道,清理滤芯,接触工作异常,保障节流通道通畅。

自动控制的气动平板阀,在正常工作时均处于常开状态,禁止关闭。流量计可以精确计量钻井液出口流量,用于测量钻井泵排量变化,为实时计算环空压耗,及时调整回压提供实时数据;流量计的另一个作用是微流量判断,判断井下是否存在微量的溢流和漏失。

1) 自动节流管汇技术参数
(1) 高压端额定压力:35MPa;
(2) 低压端管汇压力等级:14MPa;
(3) 管汇通径:$4\frac{1}{16}$in;
(4) 加工标准:API 16A。

2) 节流阀技术参数
节流阀作为完成节流控压的核心部件,主要技术参数为:
(1) 额定压力:35MPa;
(2) 最佳节流控制压力:0~14MPa;
(3) 钻井液密度、流量范围:0.8~2.4g/cm^3、6~45L/s;
(4) 节流通径:2in,通道通径$4\frac{1}{16}$in;
(5) 节流压力控制精度:±0.2MPa;
(6) 控制方式:液压马达驱动;

(7) 执行标准：全部阀门、法兰、管线、连接器加工标准按 API 16A 执行。

3) 自动节流管汇控制模式

节流阀控制：液压马达驱动，自动控制/本地。

自动平板阀：气缸驱动，自动控制/本地。

PCDS 精细控压钻井系统控制中心房是地面压力控制装置的大脑，可实现数据采集、汇总、处理，实时水力计算以及控制指令的发出；配件房用于存放地面压力控制装置配备的工具和配件；PCDS-S 精细控压钻井系统将控制中心房与配件房合二为一。

PCDS-S 精细控压钻井系统核心部分，即自动控制系统放置在控制中心房内。节流管汇橇安装有一个现场控制站（置于防爆控制柜中），以实现对节流管汇的控制，在控制中心房放置一台工程师站（兼有操作员站和 OPC 通信的功能），实现对节流管汇橇上的设备的集中监控。在节流橇上，节流操作台和现场控制站进行互连和通信，其系统架构如图 3-24 所示。

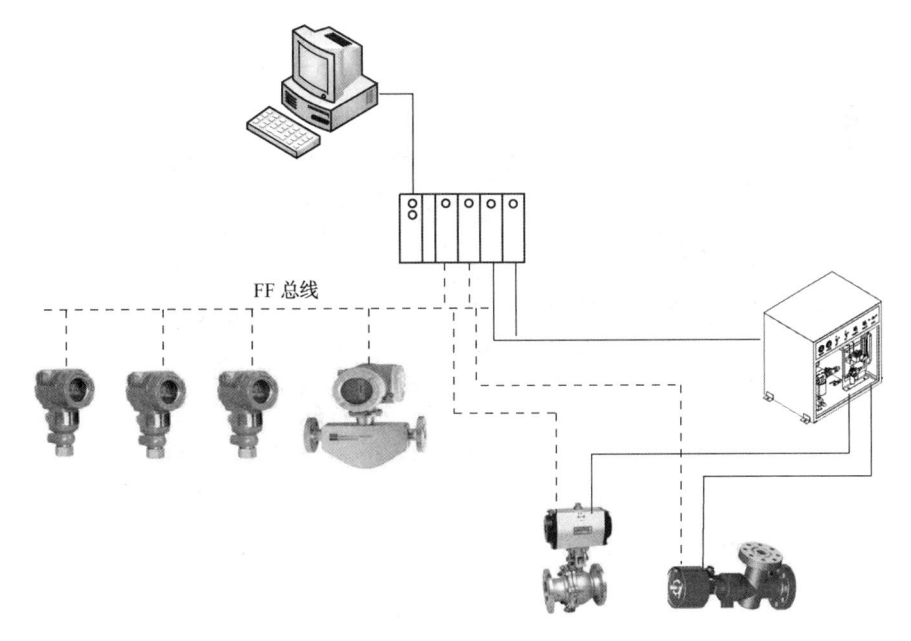

图 3-24 自动控制系统构架图

(1) 控制系统的硬件结构及信号传输方式：

① 控制系统包括工作站（位于中控室），一个现场控制站（位于节流橇）；

② 现场控制站与工作站通过网线和 HUB 进行通信；

③ 节流橇上放置一个 PLC 控制柜，内置节流橇现场控制站的控制器、I/O 卡件、继电器、接线端子等。

(2) 与节流操作台的互连与通信：

节流操作台的主要参数和执行机构，包括液压站温度、压力、气源压力和液压站开关电磁阀。

① 节流操作台的两位式旋钮实现液压站手动控制节流阀和中控室控制的切换；

② 现场控制站对液压站的监控通过 4~20mA 或开关量信号实现；

③ 通过标准的 4~20mA 和开关量信号进行交互。

2. 工作原理

在精细控压钻进、起下钻及接单根等不同钻井工况条件下，PCDS-S 精细控压钻井系统能够对井底与井口压力、钻井液泵入与返出流量等钻井与工程参数进行实时采集和监控，通过自动控制软件的单通道压力控制策略、方法进行系统自动判断，进而实时、自动调节节流管汇对井口施加回压，有效实现单通道控压钻井系统对井筒压力和微流量控制，从而有效解决窄密度窗口、涌漏同存等井下复杂问题，形成一套系统的压力控制工艺。

该装备具有以下特点：结构紧凑、操作简单、使用成本低；自动控制，压力控制精度高；可实现钻井过程欠平衡/近平衡/过平衡作业。

二、PCDS-S 精细控压钻井系统压力控制方法

PCDS-S 精细控压钻井系统的自动控制软件共有四种工作模式，分别为井底压力模式、井口压力模式、专家模式、欠平衡模式，其中专家模式、欠平衡模式是 PCDS-S 精细控压钻井系统新开发的功能。通过上述几种压力控制方法，PCDS-S 精细控压钻井系统可以完成控压钻进、控压起下钻、控压接单根、控压换胶芯等精细控压钻井工艺（图 3-25）。

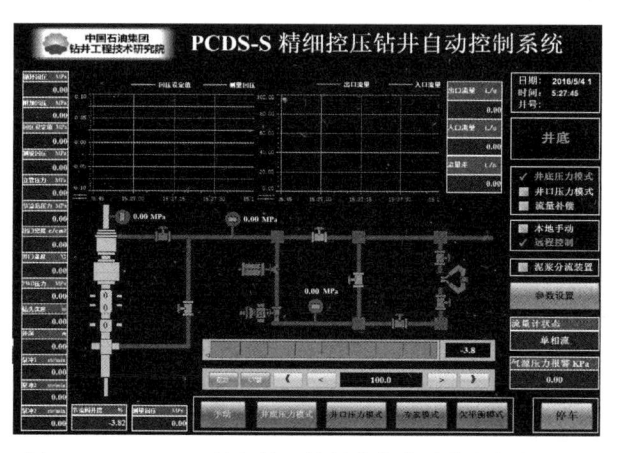

图 3-25 PCDS-S 精细控压钻井装备自动控制软件界面

1. 井底压力模式

图 3-26 为 PCDS-S 精细控压钻井系统井底压力模式工艺流程图。在 PCDS-S 精细控压钻井系统井底压力模式下，可实现正常控压钻进、微漏失控压钻进和微溢流控压钻进等控压钻进工艺。通过井口节流实时控制井口压力，实现精确控制井筒压力，采用方法包括：压力追踪、开度追踪方式。在正常钻进过程中，钻井液从钻井泵进入钻杆，并从井眼环空返回地面，从旋转防喷器泄流通道进入节流管汇中，然后经液气分离器、振动筛等固控设备，最终返至钻井液罐。

2. 井口压力模式

在 PCDS-S 精细控压钻井系统井口压力模式下，可实现控压起下钻、控压接单根和控压换胶芯等精细控压钻井工艺。图 3-27 为 PCDS-S 精细控压钻井系统井口压力模式工艺流程图。

1）精细控压起下钻

在精细控压起下钻作业时，钻井液从钻井泵经过压井管汇、井口四通进入套管环空，经

第三章　PCDS精细控压钻井专用装备

旋转防喷器泄流通道进入 PCDS-S 精细控压钻井系统的节流管汇，通过节流阀的调节进行压力控制，然后经液气分离器、振动筛等固控设备，最终返至钻井液罐。流程如图 3-27 所示。

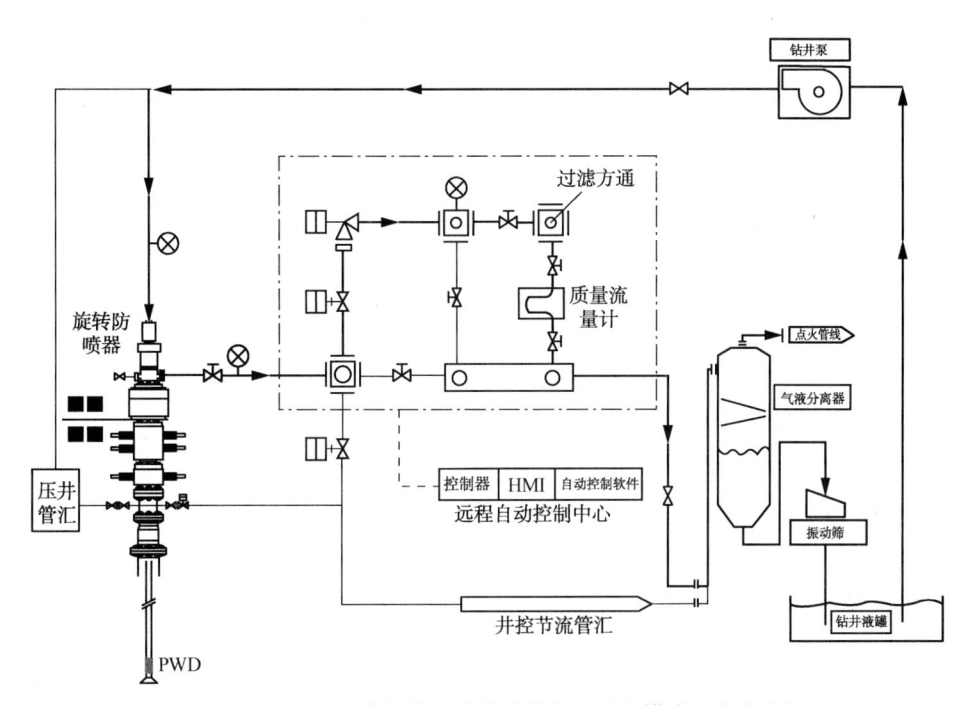

图 3-26　PCDS-S 精细控压钻井系统井底压力模式工艺流程图

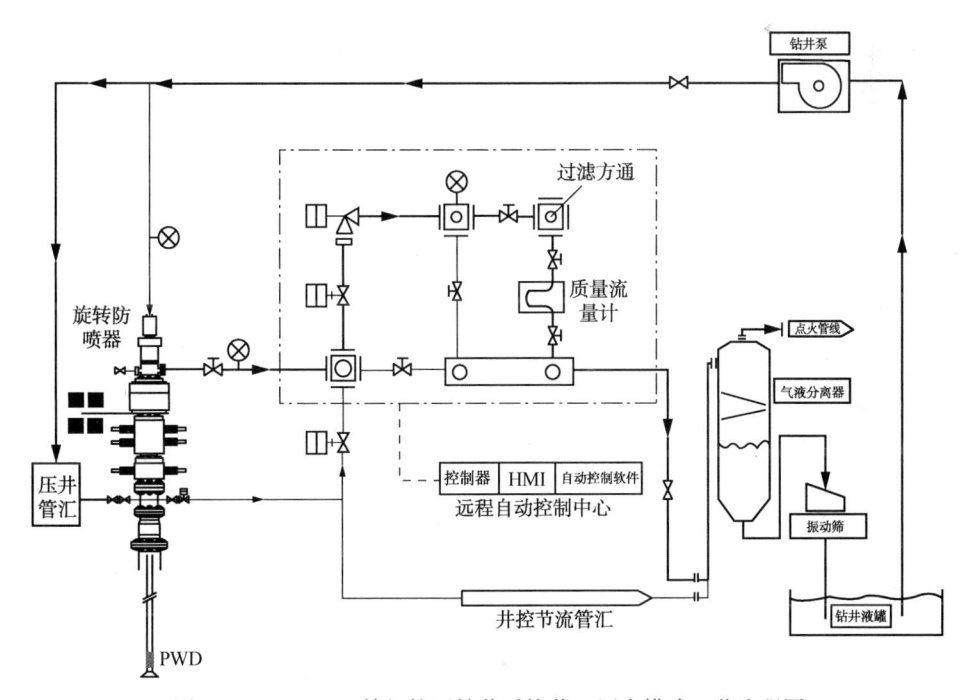

图 3-27　PCDS-S 精细控压钻井系统井口压力模式工艺流程图

2) 精细控压接单根

通过使用 PCDS-S 精细控压钻井系统的回压泵(可选配置)或钻井队的钻井泵,可实现精细控压接单根工艺,其压力控制方法和流程与精细控压起下钻作业类似。但由于 PCDS-S 精细控压钻井系统只有一个节流通道,精细控压接单根时的压力控制方法与以往的三通道控压钻井装备、双通道控压钻井装备有所不同,不能提前进行井口压力模式准备。在由正常精细控压钻进的井底压力模式切换到精细控压接单根的井口压力模式时,井口压力会有短时间的波动。

3) 精细控压换胶芯

在精细控压换胶芯作业时,环形防喷器关闭,钻井液由钻井泵经压井管汇进入套管环空,后从井口四通,经图 3-27 中的管路,进入 PCDS-S 精细控压钻井系统的节流管汇,通过节流阀的调节进行压力控制,然后经液气分离器、振动筛等固控设备,最终返至钻井液罐。

3. 专家模式

专家模式只能由有权限的控压钻井工程师进行操作。控压钻井工程师可以手动调节节流阀开度到需要的开度,不受节流阀最低开度限制,必要时还可以手动操作平板阀的开关。

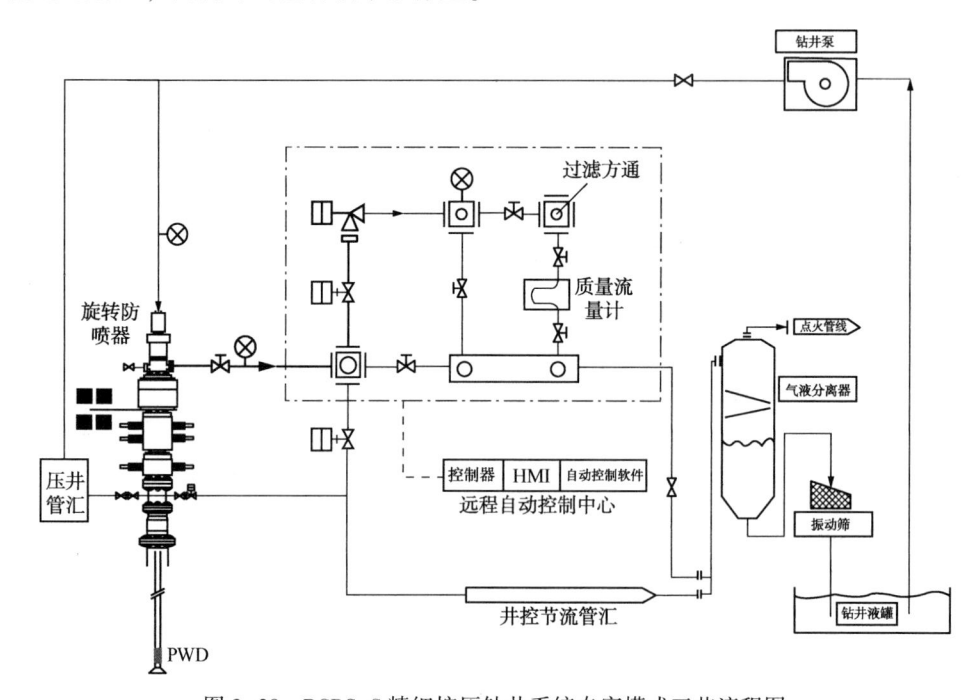

图 3-28 为 PCDS-S 精细控压钻井系统专家模式工艺流程图。在 PCDS-S 精细控压钻井系统没有自带回压泵,也不能使用钻井队的钻井泵时,精细控压接单根工艺可通过专家模式进行井口憋压接单根操作来实现。当准备进行精细控压接单根作业时,先降低钻井泵的泵冲和排量,直到可调节的最低值,同时调节节流阀的开度,使井口压力达到需要的压力值。当井口压力稳定后,将钻井泵停止,并立即将节流阀开度关到最小,同时关闭气动平板阀,关闭节流通道憋压,而后即可进行接单根作业。

图 3-28 PCDS-S 精细控压钻井系统专家模式工艺流程图

4. 欠平衡模式

欠平衡模式只能由有权限的控压钻井工程师进行操作，实现欠平衡控压钻进工艺。在 PCDS-S 精细控压钻井系统欠平衡模式下，以立管压力恒定为压力控制目标。根据水力学计算软件计算的结果，设置立管压力控制目标值，然后自动或手动调节节流阀进行追压，使测量的立管压力达到设置值，并保持稳定。欠平衡模式的难点在于水力学计算软件计算的立管压力设置值的准确度，特别是环空存在气液两相流时。欠平衡模式的工艺流程与井底压力模式类似。

相对于常规欠平衡钻井，通过 PCDS-S 精细控压钻井系统进行控压欠平衡钻井，能够连续精确地控制井筒压力，保持井底压力与地层压力之间的欠压值的稳定，有效提高欠平衡钻井能力，达到安全快速的钻进目的。进入储层后，根据 PWD 测量或水力学计算的井底压力，实时动态控制井筒压力，使储层中进入井筒的油气量保持稳定，不超过井口设备承压能力范围；同时避免进入井筒气体过多，在井筒上部剧烈膨胀造成井控风险，保证环空排气的安全。

5. 安全保护

(1) 在井底压力模式、井口压力模式下，节流阀有最低开度限制(最低开度限制可由控压钻井工程师进行设置)，无论是手动调节节流阀开度还是自动调节节流阀开度时，都不能低于最低开度。但在专家模式下，节流阀调节没有最低开度限制，但只能由控压钻井工程师进行手动调节节流阀开度。

(2) 井口回压极限保护：在有排量的情况下，当测量井口回压大于 7MPa 时，自动控制软件将启动安全保护功能，自动将节流阀开度打开到最大，并打开平板阀。该功能可避免人员误操作引起的安全隐患，并且能避免设备问题或其他原因引起的压力异常，确保钻井安全。

三、应用范围与推广前景

PCDS-S 精细控压钻井系统具有三通道控压钻井装备的主要功能，可以完成控压钻进、控压起下钻、接单根以及换胶芯等精细控压钻井作业，用于解决窄安全密度窗口及复杂地层钻井难题。另外，PCDS-S 精细控压钻井装备还可与井下作业、固井完井作业结合，实现全过程的控压作业。控压井下作业采用压井泵车和自动节流管汇配合，建立地面循环。起下油管过程中，自动控制系统可自动、快速、高精度调节井口回压，有效保持井底压力不变，最大程度地维持原压力系统；实时监测出入口流量和井口压力，保障作业安全；控压井下作业可将上下半封作为应急系统，关闭环形防喷器进行起下油管作业，既可减少对上下半封的操作工序，又可减少充压泄压过程，大幅提高井下作业速度。与常规带压井下作业相比，控压井下作业优势明显。发现溢流异常，需要压井时，可将自动节流管汇关闭，按照带压井下作业压井工艺流程进行压井作业。

控压井下作业需要增加的配套设备与工具：

(1) 液气分离器：气井需要配套液气分离器对循环液体进行液气分离处理；
(2) 循环系统：包括压井泵车和循环罐，循环液体可采用清水；
(3) 内防喷工具：该工具是常规带压井下作业的配套工具，油管可以使用堵塞器；
(4) 稳定的气源：自动控制系统需要稳定的气源提供动力，额定气源压力为 0.8MPa；

（5）泵冲传感器或者流量计：需要在泵车上安装泵冲传感器或者入口流量计，对泵车流量进行监测。

PCDS-S精细控压钻井系统能够完成精细控压钻井作业，并具有结构紧凑、操作简单、使用成本低等优势，适用范围广，在目前低油价环境下，具有广泛的应用和推广前景。

第五节　精细控压钻井配套专用设备及工具

精细控压钻井配套专用设备及工具主要有旋转防喷器、随钻环空压力测量装置（PWD）、套管阀等。

一、旋转防喷器及其控制系统

在控压钻井地面专用设备中，旋转防喷器及其控制系统是关键的组成部分。在钻井作业中，旋转防喷器在井眼环空与钻柱之间起密封作用，以提供安全有效的压力控制。同时，还能将井眼内的返出流体导离井口，另外，密封胶芯还能随钻杆或方钻杆旋转。承压钻进时，靠旋转防喷器胶心封住方钻杆或钻杆，在井口有一定压力的情况下，钻井液不能喷上钻台，只能沿旁侧出口流出，实现带压钻进作业，从而可以在地面控制环空回压，使井底压力精确地保持在一定范围内，避免发生井喷。

国际上先进的旋转防喷器主要有Weatherford公司的Williams型旋转防喷器和NOV Varco公司的Shaffer型旋转防喷器。另外还有Sea-Tech型和RP Msystem型旋转防喷器，这两个公司研制的旋转防喷器的胶芯都是胶囊式的。国内先进的旋转防喷器是中国石油集团川庆钻探工程有限公司研制和生产的KX型旋转防喷器。表3-11为国内外主要旋转防喷器的性能指标对比。

表3-11　国内外主要旋转防喷器的性能指标对比

型号	产地	动压 MPa	静压 MPa	最大转速 r/min	高度 mm	轴承润滑	轴承冷却	缩紧装置	胶心数量
Williams 9000型	美国	3.5	7	100	927	低压脂润滑	无	手动锁紧卡箍	1
Williams 7000型	美国	10.5	21	100	1600	高压油润滑	水冷	单液缸液动卡箍	2
Williams 7100型	美国	17.5	35	100	1764	高压油润滑	水冷	双液缸液动卡箍	2
Shaffer 低压型	美国	3.5	7	200	914	低压脂润滑	无	丝扣圈、锁销	1
Shaffer 高压型	美国	21.0	35	200	1244	高压油润滑	水冷	丝扣圈、锁销	1
Sea-Tech型	美国	10.5	14	100	1447	高压油润滑	风冷	手动丝扣锁紧	胶囊
RP Msystem 300型	加拿大	14.0	21	100	1016	高压油润滑	水冷	液动锁紧	胶囊
35-10.5/21型	中国	10.5	21	100	1560	连续润滑	水冷	手动锁紧卡箍	2

1. Williams 旋转防喷器（被动式）

1）类型

Williams 旋转防喷器（Rotating Control Head，RCH）为被动式旋转控制，靠胶芯与管柱之间的过盈配合实现密封，而无压力补偿功能。这种结构的旋转防喷器在接单根时，先在钻杆接头上接一个引导头，通过密封胶芯后再接钻头。产品型号有：7100 型、7000 型、IP-1000 型和 8000/9000 型，目前国内外使用的基本上都是 7100 型旋转防喷器，如图 3-29 所示。其胶芯的性能处于国际先进水平，可以实现动密封 17.5MPa，并有较高的使用寿命。

（a）外观　　（b）胶芯

图 3-29　Williams 旋转防喷器

2）主要技术参数

总高度：1764mm；

工作静压力：35MPa；

底法兰尺寸和压力：$13\frac{5}{8}$in-35MPa；

回转半径：513mm；

工作动压力：17.5MPa。

3）结构及工作原理

旋转防喷器主要由旋转总成、壳体、上下密封胶芯、卡箍、液缸、旁通、方钻杆驱动器等部分组成，如图 3-30 所示。

当钻杆下入井内后，上下密封胶芯紧紧地抱在钻杆上形成密封，防止井内的压力通过胶芯与钻杆之间喷到钻台上。钻进时，通过方钻杆驱动器驱动旋转总成，带动胶芯与钻杆一起进行旋转，井内带压流体通过四通进入节流管汇，得到合理的控制，从而实现带压钻井作业。

4）性能特点

（1）结构简单，外形尺寸小，质量轻；

（2）换胶芯容易；

（3）运输方便，安装方便；

（4）适合距离远、地层压力低的井。

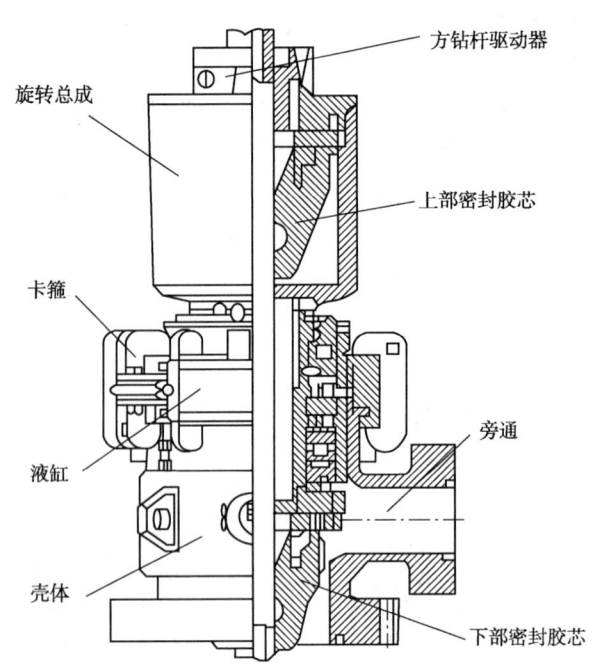

图 3-30 Williams 旋转防喷器结构示意图

该旋转防喷器整体设计非常紧凑，结构独特，轴承尺寸小，胶芯密封可靠性高，有一套专门的冷却润滑控制系统始终向工具内注入冷却液和润滑液，提高工具轴承和密封胶芯的寿命。Williams 旋转防喷器的易损部件是胶芯和轴承，从现场应用情况看，换胶芯较容易。

2. Shaffer 旋转防喷器（主动式）系统

旋转防喷器系统（Pressure Control While Drilling，PCWD），即随钻压力控制系统。包括旋转控制器、液压泵站、司钻控制盘及连接的液压管线，如图 3-31 所示。

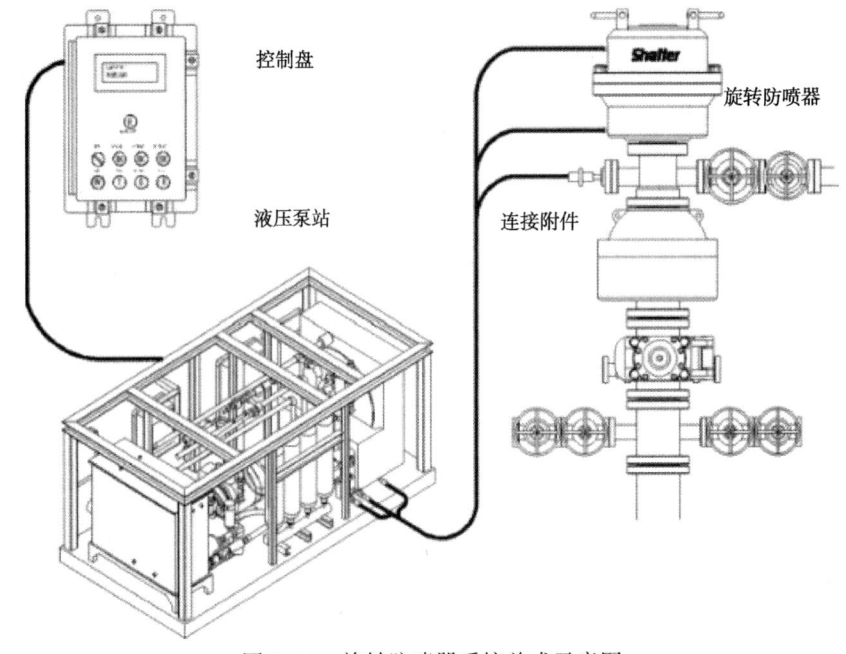

图 3-31 旋转防喷器系统总成示意图

其工作原理是：先将液压泵站启动运行，进入状态后，通过司钻控制盘对液压泵站进行控制，打开或关闭旋转防喷器。控制压力系统主要由两部分组成：一部分为液压系统，由变量泵供压，直接控制旋转防喷器的密封压力；另一部分是 PLC 电控制系统，PLC 是一种可编辑控制器，使防喷器密封压力随井下压力的波动而同步变化。辅助系统中有一个电加热器，冬天使油温始终保持在 46℃。液压缸采用双道动密封，动密封为 Kasil 密封，密封表面为正弦曲线，这种动密封圈性能可靠且寿命长。在司钻的控制盘上设有液晶显示器，显示器上有四行文字，分别显示油温、井口压力、打开压力和关闭压力。此外，报警时也有文字显示。通过调节控制键可以增加压力。防喷器内的胶芯很厚，不但补偿量大，而且密封能力强。

1）旋转防喷器（RSBOP）

旋转防喷器（Rotating Spherical Blowout Preventer，RSBOP），主要作用是在整个钻井过程中始终密封钻具与井口装置的环隙，即使在井筒具有一定压力的情况下也不能使钻井液从井口环隙喷出，能按预定的井口有序流出，保持正常钻进。Shaffer 旋转防喷器是在万能防喷器的基础上经过改进，增加了旋转和动密封，逐渐发展和完善成目前具有在钻井过程中控制压力的球形旋转防喷器。

(1) 结构及工作原理：

图 3-32 为 Shaffer 旋转防喷器结构示意图。主要由上下壳体、上下动密封、内衬套、轴承、活塞、胶芯、液流阻尼环等部件组成。

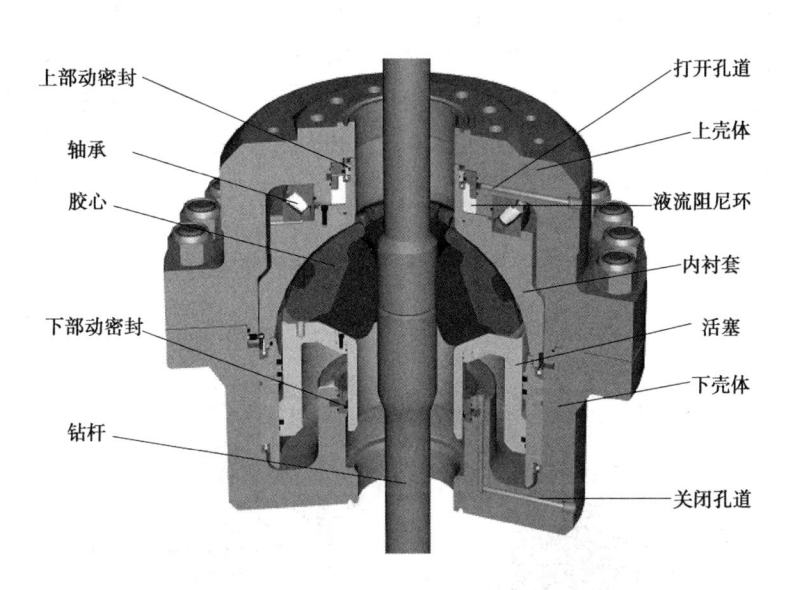

图 3-32 Shaffer 旋转防喷器

下完钻具后，关闭旋转防喷器，液压油从关闭孔道进入活塞的液压腔，液压力上顶活塞，活塞上行，推动胶芯沿着内衬套的球形面上移，使胶芯逐渐向中心收拢，紧紧地抱住钻杆，密封井筒压力，防止井筒压力喷向钻台，钻杆带动胶芯与钻杆一起进行旋转，井内带压流体通过四通进入节流管汇，得到合理的控制，从而实现带压钻井作业。

(2) 主要技术参数：

总高度：1244mm；

最大静密封：35MPa；

底法兰尺寸和压力：13⅝in-35MPa；

最大外经：1321mm；

最大动密封：21MPa；

通孔：280mm。

（3）性能特点：

随着胶芯的磨损，胶芯下面有一个活塞推动胶芯，使胶芯紧紧抱住钻杆，使胶芯的密封压力始终高于井内压力一定数值，这个数值在设计时给出，一般为500~1000psi（3.5~7MPa），如果这个数值太高，则密封胶芯磨损严重，寿命短。Shaffer旋转防喷器具有如下特点：

① 11in通径可使各种钻头及井下工具通过，而不需要其他辅助工作；

② 密封胶芯可密封任何截面形状的钻柱；

③ 旋转防喷器为主动式旋转防喷器，在钻井过程中，它可以自动补充密封胶芯的橡胶量，从而保持良好的密封性能；

④ 液压系统的压力始终大于井筒压力，以保证井筒中的钻井液不会侵入液压系统；

⑤ 液压系统的压力可以手动进行调节，使设备达到最佳的密封及最小的胶芯磨损量；

⑥ 适合欠平衡井段长或井口压力高、要求胶芯寿命长的欠平衡井。

2）液压控制系统（HCU）

液压控制系统（Hydraulic Control Unit，HCU）是旋转防喷器系统的重要组成部分，是旋转防喷器的控制中心。液压控制系统为旋转防喷器提供动力，能够实现旋转防喷器的关闭、打开、冷却、润滑、压力控制、处理和净化液压油等功能。包括液压流体调整系统、动力控制系统、静态动力制动系统、先导液压控制系统。Shaffer旋转防喷器的液压控制系统如图3-33所示。

主要部件包括：两个液压油箱、四个电驱动泵、两个远程控制阀、五个先导电磁阀、四个高压储能瓶、四个过滤器、一个交换器，所有部件都固定在底座上。

图3-33 Shaffer旋转防喷器的液压控制系统

(1) 液压流体调整系统。该系统对于保持旋转防喷器系统液压油的清洁和黏度至关重要。在油箱上装有加热器,可以用来给油加热,经温度传感器将信号传给 PLC,PLC 来控制加热器,这一温度在司钻控制盘上有显示。如果油温超出给定的范围,将会报警。在 PCWD 工作过程中该系统的循环泵始终运转,负责将杂质污物及热量带走。系统一启动,液压油就被抽汲到循环泵。循环泵是一个内齿轮定量泵,由一个定转速(1000r/min)的电动机驱动。该循环泵在压力为 150psi 时排量约为 189L/min。系统有一个调定的泄压阀,当循环泵出口压力超过 150psi 时,泄压返回油箱。

(2) 动力控制系统。动力控制系统给旋转防喷器提供液压动力,打开、关闭防喷器。该压力成为控制压力,由一个变量泵提供,它的大小随井筒压力和操作者设定压力的变化而变化。控制压力等于井筒压力与设定压差之和。

动力控制系统还有一个远程控制阀,叫做开关阀,控制旋转防喷器的打开与关闭方向选择。在司钻控制盘上按下旋转按钮,给 PLC 一个信号,PLC 控制一个线圈,依次激发先导阀和开关阀。

控制泵为一个变量泵,由一个 75hp 的电动机驱动。该泵设置最大输出量 760L/min,最高压力 4200psi。在线路上安装有一个泄压阀,目的是当反馈压力超过 4620psi 时,泄压回油箱。

(3) 静态动力制动系统。当井筒压力达到或超过 3000psi 时,操作者必须将系统状态通过开关转移到静态。静态迅速使压力升高,静态动力制动系统将高压传递到关闭线路。静态泵由 10hp 电动机驱动,电动机又由 PLC 控制,PLC 已设定了程序,当压力为 5000psi 或低于 5000psi 时启动电动机,当压力达到 5500psi 时关闭电动机。静压泵的输出量都存储在四个 38L 的储能器瓶中,瓶内的氮气预充压为 2250psi。当状态选择阀(远控激动阀)被激发打开后,液压油便通过该阀进入到旋转防喷器的关闭路线。选择静态后,先导控制单向阀返回线路被截止,不允许返回线路上的液体流动,使旋转防喷器活塞两边保持最大的关闭压力。

(4) 先导液压控制系统。先导液压控制系统为七个遥控功能的驱动提供动力,附带为井筒压力传感器系统提供油液。先导系统是一个专用的系统,它有自己的油箱、泵和蓄能器。每一种功能都有一个电磁阀,由 PLC 来控制,然后电磁阀驱动由先导泵和蓄能器提供液压的滑阀。

3) 国产旋转防喷器

中国石油集团川庆钻探工程有限公司研制和生产了 XK 型旋转防喷器,已形成系列配套装备及技术,已有 3.5MPa、5MPa、7MPa、10.5MPa 等产品。

(1) 第一代 10.5MPa 的旋转防喷器采用双胶芯,结构形式与 Williams 的 7100 型旋转防喷器的结构基本相同,工作方式及换胶芯的操作过程与 7100 型旋转防喷器是相同的,但没有润滑冷却系统,并且用手动拆卸。图 3-34 为 XK 型旋转防喷器。

主要技术参数:

XK28/10.5B 旋转防喷器、XK 35/10.5B 旋转防喷器:动密封压力 10.5MPa、静密封压力 21MPa;

公称通径:230mm、280mm、350mm。

(2) 第二代 10.5MPa 的旋转防喷器是在第一代的基础上进行设计改进的,与第一代相比增加了完备的控制、润滑、冷却循环系统,用液动卡箍替代手动卡箍,上部胶芯设计为卡

(a)第一代　　　　　　(b)第二代

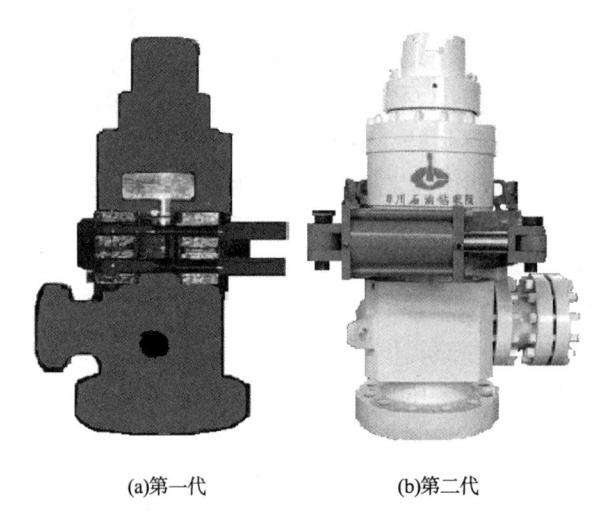

图 3-34　XK 型旋转防喷器

扣筒连接，便于现场更换胶芯(图 3-44)。

(3) 研制与现场试验了动密封压力 17.5MPa、静密封压力 35MPa、通径为 350mm 和 280mm 的 XK35(28)-17.5/35 旋转防喷器。

XK 型旋转防喷器主要技术参数见表 3-12。

表 3-12　XK 型旋转防喷器主要技术参数表

型　　号	主要技术参数
XK66(54)-3.5/7	动密封压力 3.5MPa，静密封压力 7MPa(通径为 660mm 和 540mm)
XK35(28)-3.5/7	动密封压力 3.5MPa，静密封压力 7MPa(通径为 350mm 和 280mm)
XK35(28)-10.5/21	动密封压力 10.5MPa，静密封压力 21MPa(通径为 350mm 和 280mm)
XK35(28)-17.5/35	动密封压力 17.5MPa，静密封压力 35MPa(通径为 350mm 和 280mm)

二、随钻环空压力测量装置

随钻环空压力测量装置(PWD)是控压钻井系统中一个重要的组成部分。在直井、定向井、水平井及大位移井的钻井过程中，由于地层压力预测不准确，经常导致出现钻井液漏失、地层流体侵入、井壁坍塌、压差卡钻及井眼不清洁等井下复杂情况，这些情况又常常导致钻井作业时间延长及钻井成本的大量增加。因此，钻井成功的关键，就是要使钻井液密度和当量循环密度保持在地层孔隙压力、地层坍塌压力和地层破裂压力的安全作业极限以内。PWD 可以随钻测量井下压力并传输给实时水力计算软件，从而校正控压钻井系统的水力计算模型。

国际上的随钻井下压力测量工具，最具代表性的是 Schlumberger 公司的 Stetho Scope 系统、Halliburton 公司的 Geo-Tap 系统、Baker Hughes 公司(Inteq)的 TesTrak 系统等。国内中国石油集团工程技术研究院有限公司、中国石油大庆钻探工程公司钻井工程技术研究院等分别开展了技术攻关，并自主研发了随钻环空压力测量装置。这些随钻环空压力测量装置可以提供实时井下压力数据，为欠平衡钻井、控压钻井技术的实施提供了随钻井筒数据，使钻井工艺得到优化，还可以早期检测高压地层，确定地层压力梯度和流体界面，实时调整钻井液密度，使钻井作业、下套管和完井作业得到优化。国外典型随钻井下压力测量工具见表3-13。

表3-13 国外典型随钻井下压力测量工具

名　　称	公　　司	技术特点
Stetho Scope 系统	Schlumberger 公司	作业灵活可靠
		优化预测试设计
		实时的高质量数据
		多种作业模式
Geo-Tap 系统	Halliburton 公司	精确测量多种压力
		高精度压力测量传感器
		灵活的数据存储及传输系统
TesTrak 系统	Baker Hughes 公司（Inteq）	测试类型分为基本测试和优化测试
		通过钻井泵脉冲发送指令，传输井下测量数据，实现地面与井下的双向通信

1. 国际几种典型的随钻井下压力测量工具

1）斯仑贝谢公司随钻压力测量工具

斯仑贝谢公司的StethoScope675、StethoScope825多功能地层压力随钻测量工具，可以在钻井过程中准确有效地测量地层压力，直接提供孔隙压力和流体流度数据，用于确定流体类型及进行油藏压力管理，控制和优化钻井液密度。技术特点如下：

（1）作业灵活、可靠。StethoScope仪器的灵活性体现在提供了开泵和停泵两种工况下的测量选项。如果担心卡钻或需要实时监测数据，则可以在开泵循环的情况下进行测试。在这种情况下，可以随时中断作业，避免在无地层流体情况下进行测试，或在密封失效情况下进行测试。停泵情况下进行测量则不受任何影响，从而降低了致密地层因钻井液循环引起明显的增压效应。

StethoScope仪器的可靠性主要体现在三个方面：

① 仪器使用的动力既可以来自电池组，也可以来自随钻测量仪器的涡轮发电机。正常情况下，电池组能提供多达150次预测试所需的动力。仪器的动力管理器能保存足够的电量用于紧急情况下仪器的自动回收。

② 仪器有两个主要压力计，即一个应变压力计和一个具有极高可靠性与精度的高级ACQG石英晶体压力计，可在恶劣的钻井环境中使用。

③ 仪器的探针通过一个机械坐封活塞顶到地层上，这种结构可以防止在探针坐封和采集压力数据时仪器的移动，确保了密封的完整性，无须钻铤压力来建立和维持探针与地层的密封，仪器可以在任何井眼方位安放，垂直或倾斜均可。

（2）优化预测试设计。仪器中的井下控制和智能解释能够根据地层特性对预测试体积和压降速率进行优化。预测试体积可以调节，最高为$25cm^3$，而压降速率设定范围为$0.1\sim 2.0cm^3/s$。StethoScope仪器提供了两种预测试选项，预测试可以采用自定义设置，也可以采用完全自动的智能预测试模式进行。

（3）获取实时高质量数据。实时数据可以通过三种不同的详细程度传送到地面，以便提供标准、中等和高级解释。数据也可以储存在存储器中，在地面下载后可做进一步分析处理。实时获得的详细数据可以用于校正地层压力模型、进行预测试分析、计算最终压力恢复速率和测量误差。

（4）多种作业模式。StethoScope仪器设置了三种作业模式（即休眠、待命和打开），通过地面输入指令即可将仪器从一种作业模式转变为另一种作业模式。当启动打开模式后，仪器自动就位，进行压力测试，经过设定的时间后收回，然后返回到待命模式，准备进行下一次预测试，这一过程大约需要5min，如有必要可以通过快速下行启动下一次测量，通过开泵循环即可取消打开模式。

2）哈里伯顿公司随钻压力测量工具

哈里伯顿Sperry-Sun公司的随钻压力测量传感器，通过提供有助于更快更好地进行钻井决策的实时井下压力信息，提高了钻井效率。技术特点如下：

（1）精确测量多种压力。随钻压力测量传感器可以精确测量环空压力、钻具内压力和井下温度等多项参数。由于传感器可以在井下测量，因此比其他传统地面测量能更早发现这些压力变化，避免溢流、井涌、井漏等复杂情况的发生。

（2）高精度压力测量传感器。随钻压力测量传感器使用高精度石英表，依靠电池能量测量数据。在特殊钻井环境中，如高压或高温、大位移井和深海钻井，该传感器也能保证测量精度。

（3）灵活的数据存储及传输系统。压力数据可以实时传输并记录在井下存储器中。在停泵模式下，测得的最小、最大和平均压力，当循环重新开始后通过钻井液脉冲传输到地面。这些测量结果可以提供大量信息，从而避免出现井漏，及早发现溢流或井涌，减少意外压裂和坍塌引起的事故。

3）贝克休斯公司随钻压力测量工具

在钻井过程的短暂中断期间，贝克休斯公司研发的随钻压力测量仪器伸出一个橡胶密封元件，紧贴井壁并与储层建立压力联系，智能泵控制系统通过综合流量分析以闭环控制方式在井下操纵仪器，进行一系列压降测试和压力恢复测试。压力测试期间保持钻井液循环，为仪器提供动力。

（1）技术优点：

① 利用随钻压力测量仪器提供的实时井下压力数据，可以优化钻井液密度和当量循环密度，避免井下事故的发生，还可以帮助校正压力模型。

② 钻井效率受地层和井眼之间压差的影响，维持最小压差，或者是欠平衡钻井，有助于提高机械钻速，减少卡钻风险。

③ 在随钻地层压力测量中，可使用压力梯度法进行碳氢化合物的检测、识别。

（2）技术特点：

① 测试类型分为基本测试和优化测试。基本测试是以固定的抽汲量、抽汲速率及固定的压力恢复时间进行测试；优化测试是验证测试结果、减少测试时间。

② 通过钻井液泵脉冲发送指令、传输井下测量数据，实现了地面与井下的双向通信。

2. 随钻地层测试仪

随钻地层测试（Formation Testing While Drilling，FTWD）是在钻井过程中对储层实施实时测量的一种新技术。其最大好处是节省钻机时间，特别适合海上钻井平台，降低费用。正如前述,该技术由斯伦贝谢公司首创,将原有的 MDT 技术与 LWD 有机结合,研制出 StethoScope 随钻地层压力测试仪;于 2005 年 1 月商业化服务,取得良好效果。

中国石油大庆钻探工程公司钻井工程技术研究院研制了具有自主知识产权的随钻地层压力、温度测试工具(表 3-14),改变了 RFT/MDT 电缆式测试方式,是实现地层压力测试的一项新的技术手段,填补了国内此项技术的空白。随钻地层压力、温度测试工具由井下测试和地面信息接收处理两部分组成,可以随钻获取地层压力、流度(有效渗透率/流体黏度)、井下环空压力和温度,可以有效地封隔井壁,形成负压抽汲地层流体,实现地层压力的获取,并将测试的数据随钻上传至地面。

表 3-14 大庆随钻地层压力、温度测试工具主要参数

测压量程,MPa	0~140
测压精度,MPa	±0.0035
适应井眼尺寸,mm	210~250
最大扭矩,kN·m	32
最大钻压,kN	3000
最大提升载荷,kN	4900
环境温度,℃	-40~150

该随钻地层压力、温度测试工具在井下大功率整流电子电路、随钻仪器地面模拟检验、井下测试仪器机电液一体化等方面取得了创新,其钻柱式机械结构、液压原理、电子电路和软件程序的设计均属国内首创。该技术的研发成功提高了国内随钻地层压力测试仪器的整体技术水平,为系列化、产业化奠定了基础,有力地支持国内随钻地层压力测试技术的发展。

该随钻地层压力、温度测试工具共完成了 31 口井的现场试验与应用,单只仪器在井下累计工作时间达到 860h,采集地下环空压力、温度数据 52830 多组,井下测试最高压力 47.02MPa、最高温度 109.7℃,在 89 个深度点成功进行了 122 次地层压力测试。随钻上传的测试数据可以随钻及时调整钻井液密度,防止井涌、井喷和地层侵害。根据地层压力测试曲线,随钻辨别干层、高渗层和低渗层,为后期确定油气开发方案提供重要依据。

3. DRPWD 随钻环空压力测量装置

中国石油集团工程技术研究院有限公司自主研发了 DRPWD 随钻环空压力测量装置。

1)构成

DRPWD 随钻环空压力测量装置由随钻压力测量仪器 PWD、无线随钻测量仪器 MWD 和地面处理系统等组成,如图 3-35 所示。

(1)随钻压力测量仪器 PWD 由压力传感器组件、信号检测电路、数据存储电路、电池和上数据连接器等部件组成,所有的部件均配置在一根短钻铤中。将仪器短节部分的温度和压力传感器及测控电路安装到相应的位置,然后装配数据连接部分并处理好线路连接,最后装配扣型转换钻铤,即完成了工具的整体组装工作。

在工作中,压力传感器组件感知环空压力及温度的变化并将其转换为电信号,信号检测电路通过放大、滤波、AD 转换、标度变换等环节将该信号转换为表示所测压力及温度大小的数字信号,数据存储电路将该信号储存在井下存储器中供数据回放用。同时,当数据连接器接收到 MWD 仪器的命令后,会将当时的环空压力及温度测量值发送给 MWD。

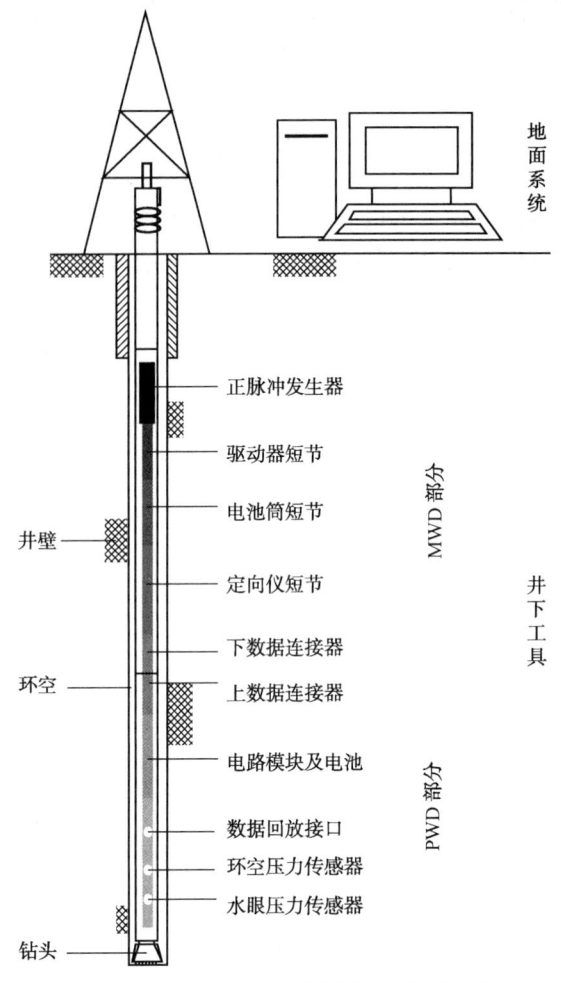

图 3-35　DRPWD 环空压力随钻测量装置结构组成

(2) 无线随钻测量仪器 MWD 由下数据连接器、定向短节、电池短节、驱动器短节和正脉冲发生器组成,所有的部件均配置在一根无磁钻铤中。

无线随钻测量仪器 MWD 通过数据连接器向 PWD 仪器发送控制命令并接收 PWD 的测量数据,所接收的数据随同定向短节的测量参数(井斜、方位和工具面等)经驱动器短节编码并驱动后,由正脉冲发生器产生相应的钻井液脉冲信号。

(3) 地面处理系统由地面传感器(压力传感器、深度传感器、泵冲传感器等)、仪器房、信号处理前端箱、工业控制计算机外围设备和相关软件组成。

地面传感器感知钻井液脉冲信号并将其转换为电信号,信号处理前端箱对其进行相应的处理后送至工业控制计算机,由后者进行滤波、解码以还原井下测量信号,并通过数字和曲线的方式将测量结果显示在屏幕上,同时配套的应用软件对测量结果进行分析和处理。地面处理系统软件界面如图 3-36 所示。

2) 工作原理

随钻环空压力测量装置的测量原理如图 3-37 所示,环空、柱内压力传感器和温度传感器分别将环空、柱内压力和温度转换为电信号,同时舱体温度传感器也将舱体温度转换为电信号；这三路电信号经各自的放大器处理后接入多路开关，在 CPU 的控制下，这三路电信号分时接入模数转换器，在转换成数字信号后被 CPU 读入；经 CPU 进一步处理后存入 EEPROM 存储器。

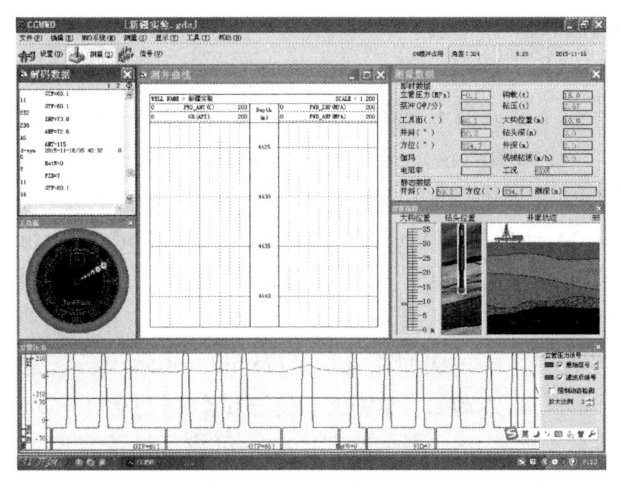

图 3-36　DRPWD 随钻环空压力测量装置地面处理系统界面

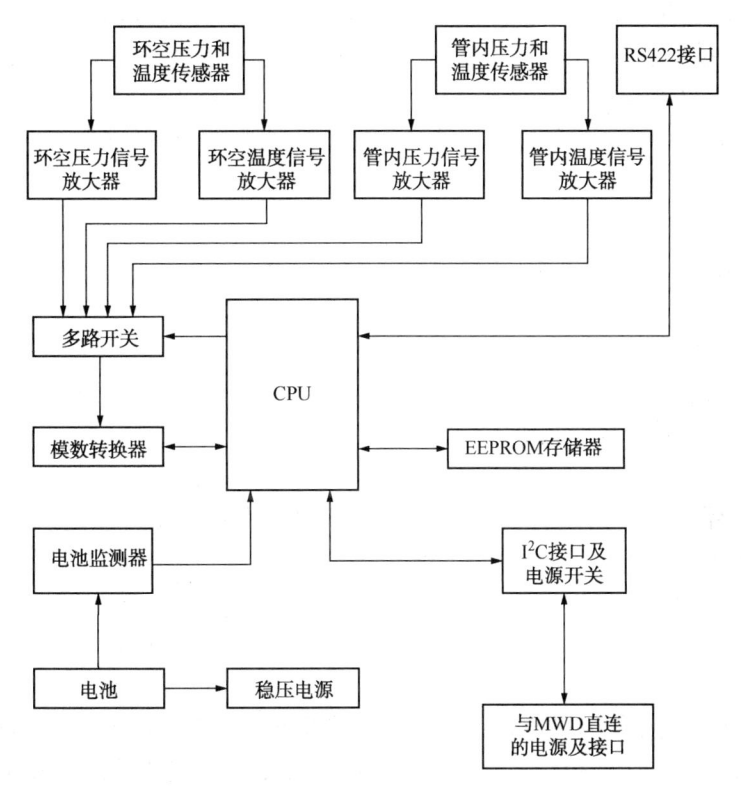

图 3-37　系统工作测量原理

整个电路电子部分靠电池供电，电池经稳压后为系统提供电源；同时在 CPU 的控制下，对电池的工作电流及工作按时进行监测，以保证电子部分可靠工作。

电路中设置有 RS422 接口，它是一高速双向通信口，当随钻环空压力测量装置在地面时，地面计算机可通过该接口读取工具所存储的数据或向工具发送控制命令或控制参数。

以上的配置结构可实现井下实时存储式压力测量功能。而另一个 I2C 接口及电源开关是专为与 MWD 直连而设置的，根据 MWD 的接口要求配备一块相应的接口转换电路板，就实现了 PWD 仪器与 MWD 仪器的连接通信。

3）DRPWD 随钻环空压力测量装置现场试验应用

中国石油集团工程技术研究院有限公司研制的 4¾inDRPWD 随钻环空压力测量装置"十二五"期间共进行了 7 口井现场试验，现场试验主要结果如下：

(1) 第一口井塘 12C 井现场试验：

2012 年 7 月 5 日—14 日，在塘 12C 井，现场试验了 4¾inMWD+伽马随钻测量装置样机综合性能，包括考察工具在恶劣的钻井过程中的工作稳定性，验证工具能否正常实时检测井斜、方位及自然伽马等参数并准确传输至地面，地面系统能否快速接收信号并准确解码。

共下钻测试两次，其中，第一次使用井段 2771.48~3058.02m，总进尺为 286.54m。工具井下工作时间 64h，最高温度 79℃，MWD 工具测试数据与电子多点测量数据对比，试验结论是 MWD 工具在井下工作安全，测试数据准确、可靠，性能稳定，数据传输速率快，真实地反映了井眼轨迹实际情况，满足了该井的应用需求，为定向施工提供了依据。

(2) 埕 64X1 井现场试验：

2012 年 8 月 21 日—9 月 15 日，在埕 64X1 井，进行了 4¾inMWD+伽马随钻测量装置现场试验，使用井段 3452~4438m，总进尺为 986m，工具井下工作时间 324h，最高温度 110℃。试验结论：MWD 工具在井下工作安全，测试数据准确、可靠，性能稳定，数据传输速率快，真实地反映了井眼轨迹实际情况，测试得到的自然伽马真实地反映了地层的实际情况，满足了该井的应用需求，为定向施工提供了依据。

(3) DPHT-38-3 井现场试验：

2012 年 11 月 27 日—12 月 4 日，在 DPHT-38-3 井，进行了 4¾in 随钻环空压力测量装置（PWD+MWD）系统整体性能现场测试。使用井段 2887.07~3845m，共下钻 2 次，第一次钻水泥塞，第二次水平段钻进，累计进尺 957.93m，井下工作时间 154h，测试最高环空压力 29MPa，最高温度 74℃。试验过程中定向参数、井底压力/温度、自然伽马测量数据准确，数据实时上传无误，地面解码正确。

试验结论：工具在井下工作安全，测试数据准确、可靠，性能稳定，数据传输速率快，实时传输了井底环空压力情况，真实地反映了井眼轨迹实际情况，满足了该井的应用需求，为定向施工提供了依据。

(4) 青 2-76 井现场试验：

2015 年 8 月 12 日—20 日，在青 2-76 井，进行了 4¾inMWD+伽马+PWD 随钻测量装置现场试验。

青 2-76 井为一口充气欠平衡井，工具现场试验下井两次，试验井段 4443~4500m，总进尺 57m，工具在井下时间 178.5h，循环时间 92h，钻进时间 81h，在井深 4430m 时实测数据：井斜 14.8°、方位 79.5°（与定向井公司测得该井数据一致），测得充气状态下环空压力 43MPa/4430m、温度 90℃（地层压力 45.15MPa/4400m，环空当量密度 0.95~0.96g/cm³）。试验表明该工具测量数据完整、准确，数据传输及时，为欠平衡钻井和定向钻井作业提供了基础数据，达到了现场试验目的。实时伽马及压力曲线如图 3-38 所示，存储压力及当量密度曲线如图 3-39 所示。

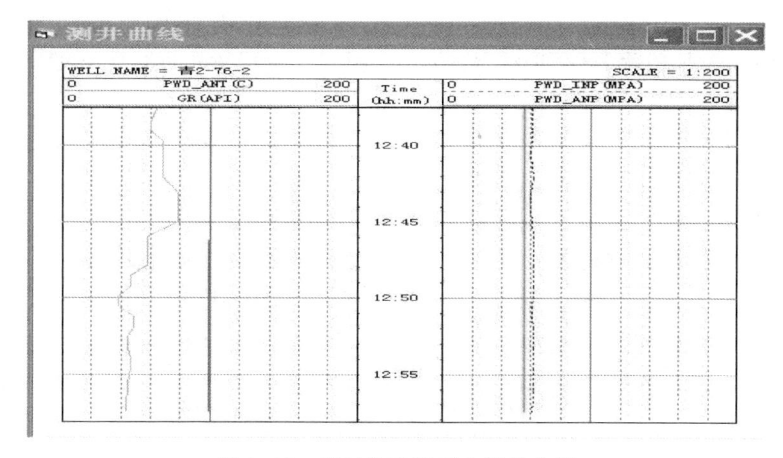

图 3-38 实时伽马及压力测量曲线

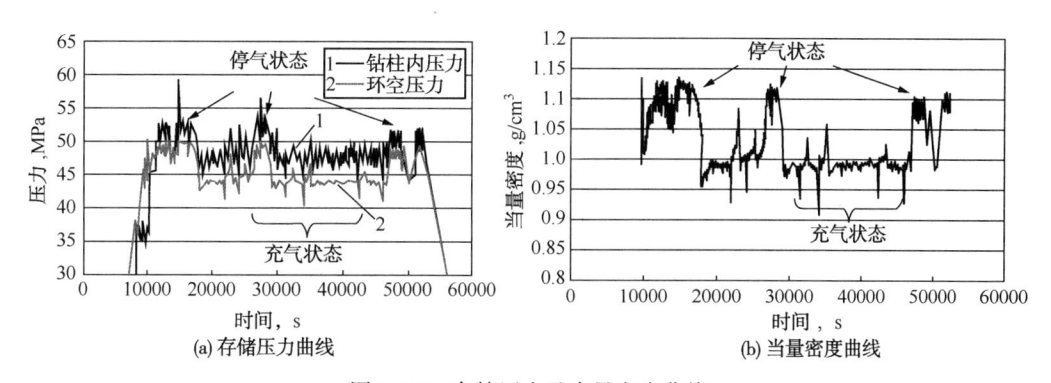

图 3-39 存储压力及当量密度曲线

（5）中古 301H 井现场试验：

2015 年 11 月 14 日—17 日，在中古 301H 井，进行了 4¾inDRPWD 随钻环空压力测量装置现场试验，试验最大井深 7380m，井下工作时间 78h，实测最大环空压力 75.34MPa，最高工作温度 147.56℃，测量数据完整，传输解码正确。DRPWD 随钻环空压力测量装置经受了井下高温高压复杂工况的考验，工作正常，安全可靠，起下钻顺利。

PWD 现场试验存储压力曲线如图 3-40 所示。试验表明能够在井深 7000m 以上、温度 150℃以下正常工作。

三、井下套管阀

井下套管阀（Downhole Deployment Valve，DDV）是一种用于全过程欠平衡钻井的井下封井工具，安装在技术套管上，由地面控制系统实现开启和关闭，能确保在欠平衡状态下起下钻和下入完井管串等作业，可结合常规欠平衡钻井装备实现全过程欠平衡钻井，与传统的起下管柱的强行起下钻装置相比更具实用性、可靠性、安全性、经济性等，节约了钻井时间和成本，并有效地减少油层伤害，提高钻井效益。

1. 套管阀结构及功能

井下套管阀是安装在井下套管柱上的单向承压阀，可暂时隔绝井下压力，是实现欠平衡钻井、测井、完井施工作业的一种专用井下工具，也是实施控压钻井技术的配套装备之一。井下套管阀由地面控制系统、控制管线、井下单向阀、卡箍等组成（图3-41~图3-45）。

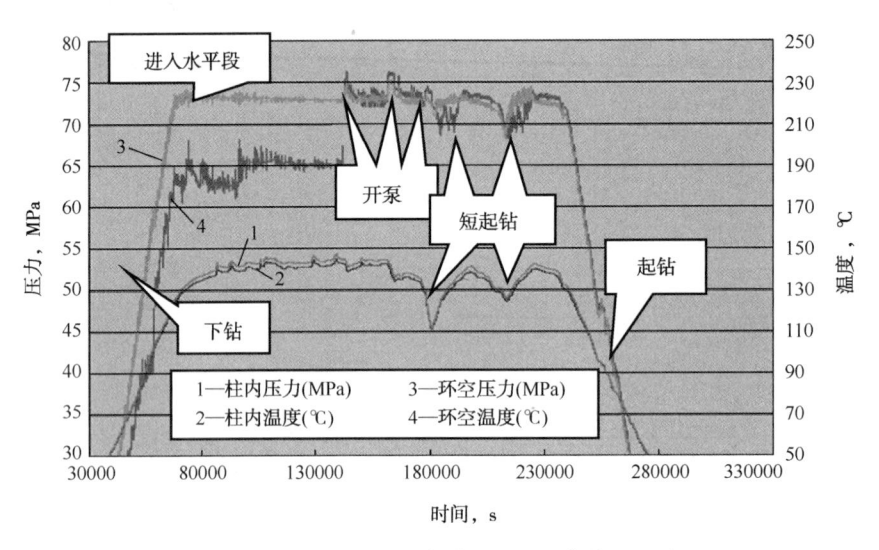

图3-40 PWD存储压力测量曲线

图3-41 井下单向阀

图3-42 地面控制系统   图3-43 液压控制管线

图 3-44 导线器　　　　　　　　　图 3-45 卡箍

2. 几何参数及技术参数

（1）几何参数见表 3-15。

表 3-15　TGF-245 套管阀几何参数

规格，mm	最大外径，mm	最小内径，mm	总长，mm
φ245	310	220	2700

（2）技术参数见表 3-16。

表 3-16　TGF-245 套管阀技术参数

密封压力 MPa	开关压力 MPa	开关次数	抗内压强度 MPa	抗外挤强度 MPa	抗拉强度 kN	最大下深 m
35	0.75	<75	66	61	6732.6	1000

3. 套管阀设计标准

井下套管阀的设计、制造和检验执行 SY/T 6869《石油天然气工业井下工具井下套管阀》的标准规定。

4. 套管阀现场工艺技术

1）技术准备要求

（1）井眼稳定，井身质量满足钻井工程设计要求，井下套管阀外环空间隙应不小于 3mm。

（2）套管头宜采用卡瓦式套管头，且侧口通径应不小于 60mm。

（3）井下套管阀地面控制系统液压泵额定压力不低于 32MPa。

（4）固井时，应采取以下施工措施：

① 过胶塞试验。下套管前，在地面泵送固井胶塞通过井下套管阀，胶塞有遇阻、挂卡现象，应更换合适的固井胶塞。

② 固井应使用清水替浆，清水替量应不少于从井口到套管阀以下 100m 的套管内容积，以充分清洗井下套管阀。

2）套管阀现场安装方法

（1）记录并掌握套管柱下入的长度、时间，待套管柱下至井下套管阀设计安装位置时，开始安装作业。

（2）将滑轮固定在井架上二层台左侧，液压控制管线由导线器引出后穿过滑轮并牵引至钻台面，倒线器、滑轮、井口三处的方向应确保液压控制管线下入顺畅，不打扭。

（3）检查井下套管阀的开关状态，确保井下套管阀处于开启状态，吊上钻台，接在套管柱上。

（4）连接液压控制管线。

（5）井下套管阀在井口测试开送一次，检验工具在承受载荷条件下能否正常开关。

（6）继续下套管作业。液压控制管线与套管同步下入，井下套管阀以上每个套管接箍处安装一个卡箍，直至最后一根套管。

（7）下至最后一根套管时，装好卡箍，根据预先计算的长度位置截断液压控制管线，并装上油嘴接头，连接两根引出管线。

（8）两根引出管线装上丝堵，固定在套管上，引出管线接头的位置不应高于闸板防喷器闸板。

（9）缓慢下放套管柱至钻台面上坐好，按照井下套管阀固井工艺要求进行固井施工。

（10）固井候凝结束后，甩防溢管，吊防喷器组时，将两条引出管线先后从套管头侧口处穿出。待安装完井口，连接地面控制管线。

（11）连接地面控制管线与液压泵，试开关井下套管阀一次。

井下套管阀安装状态和井口管线如图3-46、图3-47所示。

图3-46 井下套管阀安装状态示意图

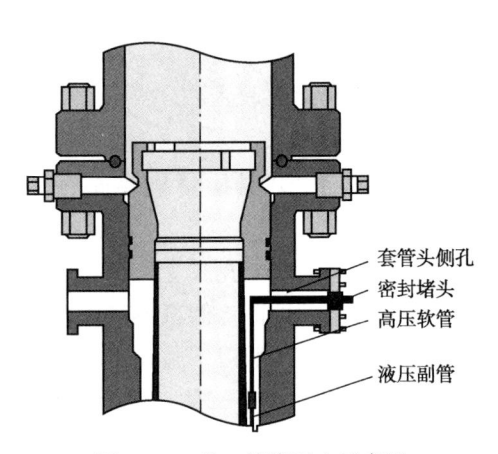

图3-47 井口管线引出示意图

3）使用方法

（1）起钻作业：

① 带压起钻前，应做好井下套管阀关闭操作的准备工作。记录起出钻柱的数量，钻头

通过井下套管阀时应平稳缓慢。

②按带压起钻要求起至井下套管阀以上30~50m的位置时，停止起钻作业，准备关闭井下套管阀。

③将关闭管线与液压泵连接，开启液压泵向关闭管线打压。开启管线同时计量返出的液压油体积。

④打压过程中，逐步调高输出压力，至液压油开始返出并呈连续流态时即停止调高压力。当返出油量达到设计值时停止返出，缓慢调高液压泵输出压力至关闭控制压力15 MPa，稳压1 min，无压降，则表明井下套管阀已经关闭。

⑤调节调压阀，逐步降低输出液压压力至零。

⑥打开泄压阀泄压。

⑦记录返出的液压油量和作业时间。

⑧卸下关闭管线，并用丝堵堵住各个接头。

⑨井下套管阀关闭操作完毕，继续起钻。

（2）下钻作业：

①下钻时，计量下入钻柱的数量。当钻头下至井下套管阀以上30~50m的位置时，停止下钻作业，安装带压下钻井口装置，准备开启井下套管阀。

②连接开启管线与液压泵，开启液压泵向开启管线打压，关闭管线同时计量液压油的量。

③打压过程中，逐步调高输出压力，至液压油开始返出并呈连续流态时即停止调高压力，宜采用低泵压操作。当返出油量达到设计值时停止返出，缓慢调高液压泵输出压力至开启控制压力15MPa，稳压1min，无压降，表明井下套管阀已经开启。

④调节调压阀，逐步降低输出液压压力至零。

⑤打开泄压阀泄压。

⑥记录返出的液压油量和作业时间。

⑦从液压泵卸下关闭管线，并用丝堵堵住各个接头。

⑧井下套管阀开启操作完毕，按带压操作要求下钻。

（3）管内憋压辅助开启作业：

①出现液压泵输出压力急剧上升，返出油量远小于设计值时，表明井下套管阀阀板下已经憋压。

②启动液压泵向开启管线憋压13~15MPa。

③关半封闸板防喷器，开钻井泵向环空憋压，初始值为2MPa，每次增加1MPa。

④当井下套管阀关闭管线开始返出液压油、液压泵所憋压力下降时，环空泄压。

⑤按正常程序继续向井下套管阀开启管线打压，完成井下套管阀开启操作。

5. 现场应用效果及所创造指标

截至目前，井下套管阀已先后在新疆油田、西南油气田、华北油田以及玉门油田等应用了50多井次，应用效果良好。

（1）最大入井深度：781.8m(中石化华北分公司大牛地气田DP5井)；

(2) 最长井下工作时间：160d(新疆油田 DX1416 井)；

(3) 最长下部技术套管：4048m(新疆油田新光 1 井)；

(4) 最大井下负压差：22MPa(新疆油田夏 X7202 井)；

(5) 最多开关次数：18 次(新疆油田金龙 1 井)；

(6) 最大钻井进尺：2447m(辽河油田安 1-H8 井)；

(7) 最多起下钻次数：53 次(辽河油田安 1-H8 井)。

第四章　精细控压钻井工程设计

精细控压钻井工程设计主要内容包括精细控压钻井作业现场中设备的选择及要求、施工参数的设计、作业流程、应急预案、安全环保要求、数据记录以及设备的维护保养等，对实施精细控压钻井作业具有重要的指导意义。

第一节　精细控压钻井工程设计主要内容

精细控压钻井设计是钻井工程设计的补充设计，精细控压钻井作业过程中，与钻井工程设计中要求的常规钻井工艺技术措施不一致之处，以精细控压钻井设计为准。精细控压钻井设计未涉及的内容，仍按钻井工程设计执行。

一、主要设计原则

（1）满足地质设计要求；
（2）满足安全、健康和环保（HSE）要求；
（3）地层选择合理；
（4）控压钻井方式合理；
（5）设备配套布局合理；
（6）控压钻井相关参数设计合理；
（7）以最佳成本完成勘探、开发和钻井生产目标。

二、主要设计步骤

（1）收集准备施工井的区块或邻井的地质、工程、测井和试油等方面资料；
（2）利用收集的资料分析地层复杂情况、预测地层压力和出油气量、了解施工队伍的设备配置及存在的问题；
（3）进行控压钻井方式设计；
（4）提出控压钻井配套方案、布置方案和设备改进措施，制定现场设备及管线连接方案；
（5）根据地层压力、地层稳定性、地层产量、摩阻等参数确定井底欠压值（或近平衡的过压值，一般为1~2MPa）和钻井液密度窗口；
（6）设计钻井机械参数、水力参数、钻井液体系和性能参数；
（7）根据地层参数和设备能力等参数设计井口回压值；
（8）设计钻具组合（含内防喷工具），钻具组合要考虑保护胶芯；
（9）设计井口设备组合；
（10）制定现场施工压力控制、钻井工艺、钻进、接单根、起钻、下钻、安全等技术措施。

三、设计书主要内容

(1) 井基础数据。
(2) 精细控压钻井井口装置及地面流程图:
① 井口装置;
② 井口装置图;
③ 地面流程图。
(3) 钻具组合及要求。
(4) 精细控压钻井水力参数模拟:
① 操作窗口水力模拟;
② 模拟结果分析;
③ 模拟结论。
(5) 精细控压钻井前的准备工作:
① 设备准备及安装要求;
② 设备安装;
③ 设备调试及试压;
④ 技术交底;
⑤ 风险分析及控制措施;
⑥ 其他准备工作。
(6) 精细控压钻井正常作业程序:
① 控压钻进;
② 控压接单根;
③ 控压换胶芯;
④ 控压起下钻。
(7) 精细控压钻井应急操作程序。
(8) 精细控压钻井终止条件。
(9) 精细控压钻井作业人员岗位职责。
(10) 施工现场临时改动设计操作办法。
(11) 健康、安全、环境管理。
(12) 精细控压钻井主要设备。
(13) 附件:精细控压钻井现场图:
① 地面设备流程图;
② 地面设备布局示意图;
③ 装备连接示意图。

四、精细控压钻井技术工艺设计

1. 设计依据及内容
1) 设计依据
(1) 油气藏类型,油气水层分布及性质,实施控压钻井裸眼井段地质分层及岩性、理化特性和矿物组分，地层破裂(漏失)压力、孔隙压力和坍塌压力剖面以及地层温度。

(2) 本井上部井段地质和工程资料。

(3) 根据邻井地质、钻井、测试等资料，需对储层含硫情况进行分析，并根据储层含硫情况对控压钻井操作做出针对性设计。

2) 设计内容

(1) 对井身结构的要求，控压水力参数、钻井参数、钻具组合设计及钻井液类型选择。

(2) 精细控压钻井井口和地面设备选择及配套。

(3) 精细控压钻井工艺流程，包括重钻井液帽顶替方案、钻进、接单根、起下钻的作业程序以及发生异常情况的处理措施。

(4) 精细控压钻井健康、安全与环保要求。

2. 精细控压钻井水力参数设计

(1) 根据地质资料设计合理水力参数，控制当量钻井液密度在安全密度窗口内。

(2) 钻井液密度及控制套压设计时，应考虑地层压力的不确定性及井口装备承压能力，最大套压值的设计不宜超过旋转防喷器动密封压力的50%。

(3) 水平井水力参数设计时，应考虑窄窗口下水平段长度和水平段压耗关系，确保环空压力和泵压在安全范围内，设计合理钻井液密度及控制套压。

(4) 精细控压值设计应确保井底压力处于地层孔隙压力和地层破裂(漏失)压力之间。

(5) 宜采用多相流专用软件进行钻井参数设计。

(6) 转盘转速不宜超过旋转防喷器允许范围。

3. 钻具组合设计

(1) 钻具、井口特殊工具配备要求见表4-1。

表4-1 钻具、井口特殊工具配备要求

序号	名　称	单位	数　量
1	六方方钻杆①	根	1
2	六方方钻杆补心①	套	1
3	18°斜坡钻杆	米	视具体情况定
4	18°斜坡钻杆吊卡	只	≥3
5	旋塞	只	视具体情况定
6	钻具止回阀	只	视具体情况定
7	旁通阀	只	视具体情况定
8	PWD	套	1

① 仅当使用转盘钻时应用。

(2) 方钻杆应使用上、下旋塞。

(3) 钻具底部应至少接一个钻具止回阀。

(4) 使用旁通阀时，安装位置应在底部钻具止回阀之上。

(5) 使用转盘钻时，宜使用六方方钻杆，并符合 SY/T 6509《方钻杆》的规定。

(6) 通过旋转总成的钻杆应为一级钻具标准的18°斜坡钻杆，使用前应进行探伤和通径。

(7) 钻具上端要求带钻杆滤子，防止止回阀失效和钻具内堵。

(8) 选用与钻杆匹配的 18°斜坡吊卡。

(9) 宜在钻柱近钻头处接一套随钻环空压力测量装置(PWD)。

(10) 使用随钻环空压力测量装置(PWD)时,安装位置应在底部钻具止回阀之上。

(11) 钻柱宜不安装钻杆保护器和减摩减扭接箍。

4. 钻井液及材料设计

(1) 应执行井控设计中关于重钻井液和加重材料储备相关规定,宜加大重钻井液和加重材料的储备量。

(2) 含硫地层,应在钻井液中加入除硫剂,维持钻井液的 pH 值为 9.5~11,控制钻井液中硫化氢的含量在 50mg/m³ 以下,并储备足够的除硫剂。

(3) 应配备重钻井液,用于重钻井液帽。

1) 设计原则

控压钻井起钻到一定深度后,宜注入一段高密度钻井液形成"重钻井液帽",平衡地层压力。重钻井液帽与下部钻井液产生的静液柱压力应大于地层孔隙压力小于地层破裂(漏失)压力。

2) 设计要点

(1) 确定地层压力。

(2) 确定环空"重钻井液帽"流体密度。

(3) 确定环空"重钻井液帽"长度。

(4) 重钻井液帽设计应满足下式:

$$0.00981\rho_1(h - h_1) + 0.00981\rho_2 h_1 = p_p + c \tag{4-1}$$

式中 ρ_1——井筒内原控压钻井液密度,g/cm³;

ρ_2——重钻井液帽密度,g/cm³;

h——井筒垂深,m;

h_1——重钻井液帽在环空段的垂深,m;

p_p——地层压力,MPa;

c——允许压力波动值,MPa。

(5) 计算钻杆注入排量,始终保持井底压力处于地层孔隙压力和地层破裂(漏失)压力之间。

五、精细控压钻井设计对现场施工的主要要求

1. 精细控压钻井准备

1) 技术交底

(1) 控压钻井技术人员应掌握:

① 施工井段分层地层压力数据、地层流体类型和产量;

② 旋转防喷器旋转总成与转盘面之间的高度;

③ 各协作单位的负责人、带班队长的姓名和联系方式;

④ 周边居民和公共民用设施管理人的联系方式。

(2) 控压钻井技术人员与井队、地质及其他施工协作单位的技术交底:

① 精细控压钻井工艺技术的基本原理;

② 精细控压钻井工艺的工艺流程；
③ 精细控压钻井钻进、接单根、起钻、下钻、循环的工艺要求；
④ 精细控压钻井参数的要求及井筒压力控制；
⑤ 精细控压钻井井控要求及防喷、防 H_2S 演习的要求；
⑥ 钻开油气层坐岗制度。

（3）精细控压钻井井口及地面设备安装需要井队和相关方配合的要求。

（4）精细控压钻井施工的其他注意事项。

2）设备安装准备

（1）旋转防喷器按井口装置的安装要求执行，应使天车、转盘、井口三中心在同一垂直线上，偏差小于 10mm。

（2）旋转防喷器安装到位后，旋转总成的顶面与转盘底面应留有空间，便于井口操作。

（3）井场留有足够的空间用于安装自动节流系统和回压补偿系统，设备距井口的距离应符合 SY/T5225《石油天然气钻井、开发、储运防火防爆安全生产技术规程》。

（4）按规定悬挂警示牌，高压管线区域设立警戒线。

（5）其他方面按 SY/T5466《钻前工程及井场布置技术要求》中的规定执行。

3）工具准备

（1）准备好与旋转防喷器旋转总成匹配的六方方钻杆及六方方钻杆补心（或匹配顶部驱动装置）、18°斜坡钻杆、18°斜坡吊卡、PWD、钻具内防喷工具（包括方钻杆上部旋塞和下部旋塞、钻具止回阀）等。

（2）对新方钻杆棱角和钻杆接箍进行打磨处理。

（3）安装现场数据采集系统，并对其进行测试，确保运行正常。

（4）连接并下入控压钻井钻具组合，并对工具进行浅层测试，连接前应确保 PWD 运转正常。

（5）钻台上应至少准备 2 只与钻具尺寸匹配的止回阀，1 只旋塞阀和 1 根防喷单根。

4）设备试压

（1）旋转防喷器的试压，在不超过套管抗内压强度 80% 和井口其他设备额定工作压力的前提下，静压用清水试压到额定工作压力的 70%，动压试压不低于额定工作压力的 70%。稳压时间不少于 10min，压降不超过 0.7MPa。

（2）井口至精细控压钻井自动节流系统连接管线和自动节流管汇试静压至 24.5MPa，先打压至 3.5MPa、稳压 5min，然后打压至 24.5MPa、稳压 15min，压降不超过 0.7MPa。

（3）精细控压钻井自动节流系统各节流通道及阀门，应按照本节规定进行截止试压。

5）系统试运行

（1）所有精细控压钻井设备安装和试压完成后，应按照精细控压钻井循环流程试运行。要求运行正常，连接部位不刺不漏，正常运行时间不少于 10min。

（2）液气分离器试运行 10min 不漏不刺为合格。

6）应急演练

（1）精细控压钻井作业实施前，应进行防喷、防 H_2S 中毒等应急演练，明确现场第一指挥负责人。

（2）精细控压钻井作业实施前，应进行岗位演练，包括控压钻进、接单根、起下钻等工况条件下操作程序的演练。

2. 精细控压钻井主要作业程序

1）精细控压钻进程序

精细控压钻进作业宜采用如下程序：

① 记录井口套压和井底压力，通过自动节流系统保持所需的井口套压，开始精细控压钻进作业；

② 通过精细控压钻井自动节流系统控制井口套压，保持井底压力高于地层压力；

③ 精细控压钻进过程中，记录井口套压、立管压力、钻井液排量、钻井液性能等参数，填入精细控压钻井工况记录表中（见表4-2）；

④ 精细控压钻井过程中，若发生井涌或井漏，应按照异常处理措施的规定执行；

⑤ 确定实际地层压力后，控压钻井技术人员和钻井工程师重新确定精细控压钻井液密度和井口套压，优化精细控压钻井井底压力操作窗口。

表4-2 精细控压钻井工况记录表

时间	工况	井深 m	钻头位置 m	钻井液密度 g/cm³	套压 MPa	立压 MPa	钻井液排量 L/s	钻压 kN	环空压耗 MPa	节流阀开度 %	实测井底压力, MPa	理论井底压力, MPa	井底ECD g/cm³	钻时 min/m	备注

2）接单根程序

接单根作业宜采用如下程序：

① 钻完一根单根后，停转盘，活动钻具，循环保证井眼清洁；

② 上提到接单根位置，准备接单根，同时记录循环立压、井口套压以及井底压力等参数；

③ 启动套压补偿系统，司钻缓慢降低钻井泵排量至0L/s，通过自动节流管汇控制井口套压，保持井底压力稳定；

④ 卸掉钻杆和立管内的圈闭压力，确定立压为0MPa后，坐好吊卡，准备接单根；

⑤ 关闭方钻杆旋塞，进行接单根作业；

⑥ 打开方钻杆旋塞，缓慢开启钻井泵，逐渐增加钻井泵排量至钻进排量，同时，控制

节流阀降低井口套压至精细控压钻进时的套压值;

⑦ 关闭回压补偿系统,循环钻井液保持井口套压和立压处于接单根前的水平,保持PWD读数稳定;

⑧ 保持稳定的井底压力,开始精细控压钻进。

3) 更换胶芯程序

更换胶芯作业宜采用如下程序:

① 发现胶芯刺漏,停止钻进、上提钻具、停泵;

② 启动回压补偿系统,提高套压补偿环空压耗,保持井底压力稳定;

③ 打开自动节流系统与井队节流管汇之间阀门;

④ 打开井队节流至钻井四通间所有阀门,并关环形防喷器,关井口阀门;

⑤ 卸立压为零,打开旋转防喷器卡箍,拆卸旋转总成,更换新胶芯(将旋转防喷器旋转总成提出转盘面、坐吊卡、卸钻杆扣、更换胶芯);上钻杆扣,下放旋转总成到位,关闭旋转防喷器卡箍;

⑥ 打开井口阀门后再打开环形防喷器;

⑦ 缓慢开启钻井泵,逐渐增加钻井泵排量至钻进排量,同时若有已经启动的回压泵、则慢慢关闭回压泵,节流控制套压,恢复正常钻进。

4) 起钻程序

起钻作业宜采用如下程序:

① 起钻前,钻井液工程师准备一定量的重钻井液作为重钻井液帽,控压钻井工程师计算需要的重钻井液帽体积和密度;

② 充分循环钻井液,井眼应保持清洁,按照接单根停泵程序,停止循环;

③ 按照接单根程序,卸掉方钻杆;

④ 通过旋转防喷器旋转总成控压起钻至预定井深,严格控制起钻速度,避免产生过大的抽吸压力;

⑤ 连接方钻杆,准备替入重钻井液;

⑥ 替入重钻井液前宜先注入一段隔离液;

⑦ 精细控压起钻至隔离液段顶部,按照顶替方案注入重钻井液;

⑧ 替入重钻井液帽后,井口套压应为0,全开自动节流阀,检查是否存在溢流;

⑨ 确认井口套压降为0且不存在溢流后,拆卸旋转总成,安装防溢管,进行常规起钻;

⑩ 当钻头起至全封闸板防喷器以上时,关闭全封闸板,重新组合钻具。

5) 下钻程序

下钻作业宜采用如下程序:

① 组合精细控压钻井钻具组合;

② 确认井口压力为0后,打开全封闸板;

③ 常规下钻至隔离液段底部,每下入15柱,钻柱内应灌满钻井液一次;

④ 拆防溢管,安装旋转防喷器旋转总成,接方钻杆,准备循环精细控压钻井液;

⑤ 按照顶替方案泵入精细控压钻井液,替出重钻井液,此过程应按照顶替方案,相应增加井口套压;

⑥ 循环精细控压钻井液,确保自动节流系统运转正常;

⑦ 顶替结束后,停止循环,按照接单根程序卸开方钻杆;
⑧ 通过自动节流系统和回压补偿系统,按照接单根程序保持井底压力;
⑨ 下钻至井底,接方钻杆,按照接单根程序缓慢提高钻井液排量,通过自动节流系统和回压补偿系统保持稳定的井底压力;
⑩ 上下活动钻具,循环钻井液,待井下情况稳定后,重新开始精细控压钻进。

3. 精细控压钻井终止

1) 终止条件

出现以下任何一种情况,应终止精细控压钻井作业:

(1) 地面出气量达到 $14000m^3/d$;
(2) 硫化氢含量达到 $30mg/m^3$;
(3) 发生恶性漏失(失返漏失);
(4) 精细控压钻井系统设备故障,且无法修复;
(5) 已经完成全部精细控压钻井作业。

2) 终止程序

精细控压钻井作业结束宜采用如下程序:

(1) 根据实际使用的精细控压钻井液密度及井口套压,计算井底当量循环密度,设计常规钻井需使用的钻井液密度;
(2) 逐步循环提高钻井液密度(每次 $0.02g/cm^3$),同时逐步降低井口套压;
(3) 待入口钻井液密度达到设计常规钻井需使用的钻井液密度值,出入口密度差小于 $0.01g/cm^3$,且井口套压为0MPa,打开旋转防喷器液动闸板阀,循环路线改走高架槽至缓冲罐;
(4) 拆卸精细控压钻井地面设备,撤离井场。

4. 异常处理措施

1) 套压异常升高

井口套压迅速升高大于5MPa(或由旋转防喷器能力所规定套压值),交与井队控制井口,按照油田井控实施细则执行井控程序。

2) 溢流

(1) 溢流量小于 $0.5m^3$,执行以下应急程序:
① 停止钻进,保持循环;
② 增加套压2MPa,井队和录井加密坐岗观察并及时沟通,每隔5min坐岗观察读取液面一次;
③ 液面保持不变,则由控压钻井工程师根据情况采取措施;
④ 液面继续上涨,则每隔5min增加井口套压2MPa,直至溢流停止;
⑤ 若井口套压大于5MPa,则适当提高钻井液密度以降低井口套压。

(2) 溢流量处于 $0.5~1m^3$ 之间,执行以下应急程序:
① 停止钻进,保持循环;
② 每隔5min增加井口套压2MPa,直至溢流停止;
③ 若井口回压大于5MPa,则适当提高钻井液密度以降低井口套压。

(3) 如果溢流量超过 $1m^3$,交与井队控制井口,按照油田井控实施细则执行井控程序,采用提高钻井液密度等技术措施进行压井处理。

3）井漏

（1）根据井漏情况，在能够建立循环的条件下，逐步降低井口套压，寻找压力平衡点。

（2）如果井口套压降为 0 时仍无效，则逐步降低钻井液密度，每循环周降低 0.01～0.02g/cm³，待液面稳定后恢复钻进。

（3）在降低钻井液密度寻找平衡点时，如果井底循环压力降至实测地层压力或设计地层压力以下、即设计实施欠平衡精细控压钻井作业时仍无效，则转换到常规井控，按照油田井控实施细则进行堵漏处理作业。

4）涌漏同存

如果井漏、井涌同时发生，执行以下程序：

（1）增加井口套压至溢流停止或漏失发生，然后逐步降低井口套压寻找微漏时的钻进平衡点；

（2）保持该井口套压钻进，在钻进和循环时，控制漏失量不大于 50 m³/d，并持续补充漏失的钻井液；

（3）起钻时仍然保持微量漏失精细控压起钻，当替完重钻井液帽后，若仍然漏失，则应连续灌入钻井液，保持井底压力相对稳定。

5）设备异常

（1）节流阀堵塞

发现节流阀堵塞，执行以下程序：

① 发现节流阀堵塞后，自动节流系统转换到另一个节流阀，应保证此操作的连续流畅，确保操作参数恢复到节流阀未堵的状态，继续精细控压钻进作业；

② 关闭堵塞节流阀下游的阀门和上游远程控制阀，将此节流阀隔离，通过泄压阀泄压，泄压时应采取硫化氢预防措施；

③ 泄掉压力后，检查维修节流阀；

④ 维修结束后，关闭泄压阀，校正节流阀开度；

⑤ 打开下游隔离阀，测试并检查是否泄漏；

⑥ 关闭节流阀，打开上游的远程控制阀，进行整体检查；

⑦ 关闭上游阀门，并将此节流阀调整到自动控制状态，备用；

⑧ 提交节流阀堵塞原因和处理报告。

（2）PWD 失效

发现 PWD 失效，执行以下程序：

① PWD 失去信号，决定是否根据水力参数计算模型得出的井底压力继续钻进或者起钻；

② 若根据水力参数计算模型继续控压钻进，应实时计算井底压力；

③ 若决定起钻，应按精细控压起钻程序起钻，维修 PWD。

（3）回压泵失效

发现回压泵失效，执行以下程序：

① 接单根停泵前通过适当提高套压值进行压力补偿；

② 精细控压起钻时用钻井泵通过自动节流系统进行回压补偿。

(4) 钻具止回阀失效

① 接单根时,如果钻具内持续返出钻井液,判定钻具止回阀失效,在接单根时接一个新的钻具止回阀;

② 起钻过程中,如果钻具止回阀失效,停止精细控压起钻,按照控压替浆程序替入重钻井液,平衡地层压力;

③ 下钻过程中,如果钻具止回阀失效,视现场具体情况,决定接入一个新的钻具止回阀或起钻更换下部失效的钻具止回阀。

六、精细控压钻井设计 HSE 主要要求

(1) 应制定有毒有害气体和井控的应急预案,发现 H_2S 应及时启动应急预案。

(2) 在钻台、振动筛、井场、燃烧口等位置设立风向标。

(3) 井场应设置危险区域图、逃生路线图、紧急集合点及两个以上的逃生出口,并有明显标识。

(4) 应配置有毒有害气体检测仪,安装 H_2S 报警仪。在钻台上下、振动筛、撇油罐等有毒有害气体易聚集场所进行监测,并安装工业防爆排风机,防止有毒有害或可燃气体聚集。

(5) 作业区应设置安全警戒线,禁止非作业人员及车辆进入作业区内,禁止携带火种或易燃易爆物品进入作业区域。

(6) 当班作业人员每人应配备一套正压式呼吸器,另配一定数量的公用正压式呼吸器,员工应接受培训,做到人人会用。

(7) 应与消防队、医院保持联系,以备紧急情况时调用。

(8) 井场所有电器的安装应符合 SY/T 5957《井场电器安装技术要求》的相关规定。

(9) 井场所有电器及电控箱应符合 GB 3836.1《爆炸性气体环境用电气设备-第 1 部分:通用要求》的规定。

(10) 井场的照明、设备颜色、联络信号应符合 SY 5974《钻井井场、设备、作业安全》中的规定。

(11) 防火、防爆按 SY/T 5225《石油天然气钻井、开发、储运防火防爆安全生产技术规程》及 SY/T 6426《钻井井控技术规程》中的标准执行。

(12) 防 H_2S 按 SY/T 5087《含硫油气井安全钻井推荐作法》中的标准执行。

(13) H_2S 监测仪及 H_2S 监测和人身安全防护用品的配备应符合 SY/T 6277《含硫油气田硫化氢监测与人身安全防护规程》中的规定。

(14) 施工人员作业安全按照 SY/T 6228《油气井钻井及修井作业职业安全的推荐作法》的规定执行。

第二节 精细控压钻井作业规程

一、作业前准备

1. 作业队伍准备资料

精细控压钻井施工前,应按照 QHSE 体系完成相关文件和资料。

(1) 精细控压钻井设计书；
(2) 精细控压钻井 HSE 作业计划书；
(3) 精细控压钻井应急预案；
(4) 精细控压钻井设备、管汇及配件清单；
(5) 精细控压钻井作业人员相关证件。

2. 设备安装

(1) 按照设计书要求，以安全、不影响井队正常施工为原则进行合理摆放精细控压钻井设备。

(2) 旋转防喷器至自动节流系统入口端之间的连接管线应安装手动平板阀。

(3) 自动节流系统钻井液返出端至液气分离器之间连接管线上应安装手动平板阀。

(4) 钻井液罐至回压补偿系统上水端的连接管线应至少有一个蝶阀和一个过滤器。

(5) 精细控压钻井系统与井口钻井液返出管线之间应连接出一条管线与井队节流管汇（或压井管汇）相连并安装手动平板阀，在旋转防喷器被环形或闸板防喷器隔离的时候（如更换旋转防喷器密封件），仍然可以实施精细压力控制。

3. 设备试压和调试

1）单元测试

精细控压钻井系统连接完成后，应进行系统的单元测试。单元测试包括：

(1) 节流阀及阀位传感器测试，要求工作正常，阀位数据准确，无滞后；
(2) 平板阀开关测试，要求动作迅速、平稳，阀位显示准确；
(3) 质量流量计、压力变送器、温度变送器等传感器测试，要求工作正常；
(4) 灌注泵、风机、回压泵测试，要求启停正常；
(5) 部件动作与计算机系统测试，要求通信正常；
(6) 在自动控制状态下各工作部件功能测试，要求达到设计要求、工作正常。

2）试压

试压是检验设备及连接管线安全性的重要依据，应严格按照各承压设备试压标准进行试压：

(1) 旋转防喷器应按 SY/T 6543《欠平衡钻井技术规范》的规定试压。

(2) 地面流程高压区管汇及自动节流系统高压区试压：主要包括整体试压、截止试压和管线试压三个部分；用试压泵先打低压至 3.5MPa，稳压 5min，压降小于 0.7MPa 为合格；低压试压合格后打高压至不低于精细控压钻井设备额定压力的 70%，稳压 15min，压降不大于 0.7MPa 为合格。

(3) 精细控压钻井系统及连接管线安装和试压合格后，应按精细控压钻井钻井液循环流程试运转。要求运转正常，连接部位不刺不漏，正常运转时间不少于 10min。

(4) 试压完成后，出试压合格报告并存档。

3）联调测试

精细控压钻井系统各流程及功能进行逐项测试，并验收合格，保证其满足工作要求。

4. 技术交底和培训

精细控压钻井技术人员应对甲方、安全监督、井队、地质及其他施工协作单位人员进行技术交底和培训，内容包括：

(1) 精细控压钻井工艺技术的基本原理；
(2) 精细控压钻井工艺的工艺流程；
(3) 精细控压钻井钻进、接单根、起钻、下钻、循环的工艺要求；
(4) 精细控压钻井参数的要求及井筒压力控制；
(5) 精细控压钻井井控要求及防喷、防硫化氢(H_2S)演习的要求；
(6) 钻开油气层坐岗制度。

5. 应急演练

精细控压钻井作业实施前，应进行防喷、防硫化氢中毒等应急演练。具体演练内容根据所钻井的实际工况确定。

二、精细控压钻井作业程序

1. 精细控压钻进

(1) 录入井身结构、井眼轨迹、现场钻具组合和钻井液性能参数等。将钻井液密度调整至设计范围之内，然后钻井泵排量为 1/3～1/2 的钻进排量时测一次低泵速循环压力，并作好泵冲次、排量、立压记录；当钻井液性能或钻具组合发生较大改变时应重作上述低泵冲试验。便于回压控制和为后期作业提供依据。

(2) 按照控压钻井工程师的指令、使用数据采集系统采集的随钻环空压力测量装置(PWD)数据和地面实时数据，对水力参数模型、回压泵和自动节流控制系统进行校正调试。

(3) 通过精细控压钻井自动节流系统按设计精细控压值开始控压钻进。司钻准备"开关泵"前要通知控压钻井工程师，在得到答复后才能操作，控压钻井工程师接到通知后调整井口控压值以保持井底压力稳定。司钻上提下放钻具要缓慢，避免产生过大的井底压力波动。钻井液要严格按照精细控压钻井工程设计要求进行维护，保持性能稳定，防止因为性能不稳定造成井底压力的较大波动。

(4) 精细控压钻井期间，要求坐岗人员和地质录井人员连续监测液面，每 10min 记录一次液面，发现液面变化±0.2m³以上，立即汇报控压钻井工程师，并加密监测。控压钻井工程师通过微流量监测装置和数据采集系统，连续监测钻井液动态变化，通过井队、录井、精细控压钻井三方的联合监测做到及时发现溢流和井漏。

(5) 发现液面上涨量在 1m³ 以内，停止钻进，保持循环，按以下程序处理：控压钻井工程师首先增加井口压力 2MPa，井队坐岗人员和录井加密至 2min 观察一次液面。如液面保持不变，则由控压钻井工程师根据情况采取措施；如果液面继续上涨，则井口压力应以 1MPa 为基数增加，直至液面上涨停止。若井口压力大于规定值(如 5MPa)，则转入井控程序。

(6) 液面上涨量超过 1m³，应立即采用常规井控装备，直接由井队控制井口，实施井控作业程序。

(7) 当钻遇有油气显示后，在确保环空钻井液没有油气侵的前提下，可按照以下方法求取地层压力：

关井求取地层压力，地层压力＝环空静液柱压力+井口套压。

在正常精细控压钻进时井口精细控压值长时间超过 3MPa，要请示甲方提高钻井液密度，以降低井口套压，保证井口安全。

(8) 精细控压钻井的目标是保持井口处于可控状态，要求地面出气量不超过

14000m³/d。否则停止精细控压钻井作业，转换到常规井控进行处理。

（9）实施精细控压钻井作业过程中，现场工作人员应密切注意精细控压设备处于完好状态，一旦发现设备异常，无法进行正常精细控压作业，应立即转入常规井控装备。

（10）精细控压钻井所有阀门的开关必须由精细控压钻井工作人员操作，井队的节流管汇、压井管汇由井队人员操作。正常精细控压钻进时，井控设备的待命工况必须满足井控细则的规定。一旦旋转防喷器失效，立即关闭环形防喷器，不需要等指令。

2. 精细控压接单根或立柱

（1）钻完单根或立柱，停转盘（或顶驱），按照精细控压钻井排量循环5~10min，上提到接单根或立柱位置坐吊卡，准备接单根或立柱。告知控压钻井工程师准备接单根或立柱。上提钻具要缓慢，避免产生过大的井底压力波动。

（2）控压钻井工程师根据地层压力预测值或实测值设定合理的井底压力控制目标值，确定停止循环状态下需要补偿的井口压力；按设定排量启动回压补偿系统，进行压力补偿。

（3）控压钻井工程师通知司钻关钻井泵后，司钻缓慢降低泵排量至0 L/s。

（4）泄掉方钻杆或钻杆和立管内的圈闭压力，确认立压为0 MPa后再卸扣接单根或立柱。

（5）单根或立柱接完后，司钻通知控压钻井工程师准备开泵，得到确认后缓慢开泵，逐渐增加钻井泵排量至钻进排量。控压钻井工程师相应调整井口压力，停回压泵。

（6）用锉刀或砂轮机将接头上被钳牙刮起的毛刺磨平，直到肉眼不见毛刺，以免旋转防喷器胶芯过早损坏。

（7）循环下放钻具，恢复钻进。下放钻具要缓慢，将井底压力波动控制在0.2MPa以内。

3. 精细控压起钻

（1）重钻井液帽设计原则：重钻井液帽设计应满足式（4-1）。

（2）控压钻井工程师和井队工程师共同确定重钻井液密度和替入深度、计算需要的重钻井液体积、替入时井口压力降低步骤表。

（3）循环充分，保证井眼清洁。在此期间活动钻杆时，工具接头通过旋转防喷器的速度要低于2m/min。

（4）控压钻井工程师启动自动节流系统和回压补偿系统，在井口压力控制模式下，保持井底压力稳定。

（5）司钻通知控压钻井工程师准备停泵，控压钻井工程师调节井口回压，保持稳定的井底压力。泄钻具内压力为0 MPa之后，卸方钻杆或立柱。

（6）通过回压补偿系统精细控压起钻至预定深度，期间起钻速度按照控压钻井工程师的要求操作，钻井液工核实钻井液灌入量，保证实际钻井液灌入量不小于理论灌入量，否则应适当提高回压控制值。

（7）连接方钻杆或立柱，准备打入隔离液。启动钻井泵，然后停止回压补偿系统，控压钻井工师调节井口回压，保证井底压力大于地层压力。

（8）隔离液顶替至预定深度，启动回压补偿系统，停泵，卸钻具内压力为0 MPa之后卸方钻杆或立柱，精细控压起钻至隔离液段顶部。

（9）连接方钻杆或立柱，准备重钻井液。启动钻井泵，然后停止回压补偿系统，控压钻井工程师确定井口压力降低步骤和顶替排量,保持井底压力连续稳定。如作业需要,精细控压钻井操作人员手动操作回压泵和自动节流系统。

(10) 按照顶替方案注入重钻井液返至地面,井口回压降为 0 MPa。要求返出的钻井液与设计的重钻井液密度偏差为 0.01g/cm³,然后观察 30min 井口无外溢之后,拆掉旋转防喷器总成,装上防溢管。

(11) 按照常规方式起完钻,关闭全封闸板。常规起钻期间钻井液工核实钻井液灌入量,发现异常立即报告司钻。

4. 精细控压下钻

(1) 下钻之前,钻井液工程师和控压钻井工程师核实回收重钻井液体积。控压钻井工程师计算顶替钻井液时井口压力提高步骤表和顶替体积量。钻井液工准备钻井液罐回收重钻井液。

(2) 打开全封闸板防喷器。

(3) 根据控压钻井工程师和定向井工程师的指令,连接并下入下部钻具组合,必要时,对井下工具进行浅层测试。

(4) 常规下钻至隔离液段底部。按照控压钻井工程师要求的速度下钻,以减少激动压力。

(5) 接上方钻杆或立柱,拆防溢管,安装旋转防喷器总成,准备循环重钻井液。

(6) 按照顶替方案泵入精细控压钻井用钻井液替出重钻井液,顶替期间按照计算的井口压力提高步骤表和顶替体积量的关系,逐渐提高井口回压。

(7) 顶替结束后,启动回压补偿系统,停止循环,保持合适的井口压力,泄钻具内压力为 0 MPa 之后卸方钻杆或立柱。

(8) 通过回压补偿系统及自动节流系统精细控压下钻至井底,接方钻杆或立柱,启动钻井泵,停止回压补偿系统,将自动节流系统转换到井底压力控制模式。

(9) 常规下钻期间,按井控实施细则规定,灌满重钻井液,钻井液工记录钻井液的返出量,要求钻井液实际返出量不大于理论返出量,发现异常立即向司钻报告。

(10) 装入旋转防喷器总成之后,用锉刀或砂轮机将接头上被钳牙刮起的毛刺磨平滑,以免过早损坏旋转防喷器胶芯,并在胶芯内倒入润滑剂润滑旋转防喷器胶芯。

5. 精细控压换胶芯

(1) 精细控压钻进期间如发现胶芯刺漏较严重,司钻可直接停泵,打开自动节流系统至井队节流(压井)管汇闸门到多功能四通的全部闸门,关闭环形防喷器,关闭自动节流系统与旋转防喷器间的闸阀。根据作业井的具体情况立即更换胶芯或者起钻至安全井段再更换胶芯。

(2) 打开卸压阀卸掉旋转防喷器内的圈闭压力,然后将环形防喷器的控制压力调低至 3~5MPa,拆旋转防喷器的锁紧装置及相关管线,打开旋转防喷器液缸,缓慢上提钻具,将旋转防喷器总成提出转盘面。

(3) 更换旋转防喷器总成,缓慢下放总成到位并安装好,关闭旋转防喷器卸压阀,打开自动节流系统与旋转防喷器间的闸阀,使环形防喷器上下压力平衡,然后打开环形防喷器,关闭井队节流(压井)管汇至自动节流系统的通道。

(4) 精细控压下钻至井底,启动钻井泵,停止回压补偿系统,将井口控压模式调整至井底控压模式，恢复精细控压钻进。

（5）正常情况下换胶芯作业期间不需要关闭闸板防喷器，井口不需要接内防喷工具，异常情况下根据井控实施细则进行作业。

三、精细控压钻井作业应急程序

1. 井口套压异常升高

井口套压迅速升高（5min 内套压上升超过规定值，如 3MPa）时，转入常规井控程序。

2. 溢流

（1）如果能够确认液面上涨是由于单根峰、后效气和短暂欠平衡，气体进入井筒并在上移过程中膨胀造成，钻井液池液面上涨小于 1m³，能够通过增加井口压力保持所需要的井底压力，继续由控压钻井工程师控制井口。

（2）发现溢流，停止钻进，提离井底，控压钻井工程师首先增加井口压力 2MPa，井队和录井加密监测并及时相互沟通，钻井液工实时汇报液面变化。如液面保持不变，则由控压钻井工程师根据情况采取措施；如果液面继续上涨，则井口压力应以 1~3MPa 为基数，连续增加，直至溢流停止。

（3）若液面上涨大于等于 1m³ 或者井口压力超过规定值（如 5 MPa），井内压力失衡时应停止精细控压钻井，关井并按溢流汇报程序报告，确定压井方案并准备到位，在不溢流状态下节流循环压井，恢复精细控压钻井。

（4）精细控压钻进期间如需要关井，按关井程序执行，以减少溢流量。

3. 井漏

（1）井漏的处理：首先由控压钻井工程师根据井漏情况，在能够建立循环的条件下，逐步降低井口压力，寻找压力平衡点。如果井口压力降为 0 时仍无效，则逐步降低钻井液密度，每循环周降低 0.01~0.02g/cm³，待液面稳定后恢复钻进。在降低钻井液密度寻找平衡点时，如果当量循环压力降至实测地层压力或设计地层压力时仍无效，转换到常规井控程序实施作业。

（2）出现放空、失返、大漏（漏速大于 10m³/h）时，应立即上提钻具观察，监测环空液面，测漏速，采取适当反推、注凝胶段塞、投球堵漏等综合措施，控制到微漏状态，将钻具起钻至套管鞋以上 10~20m，方可循环压井回到微过平衡状态，恢复钻进。

（3）如采取了各种技术措施，经过反复堵漏，仍无法建立循环，用环空液面监测仪进行定时液面监测，吊灌起钻至套管鞋，并上报至有关部门，不再继续钻进，考虑是否提前完井。

4. 涌漏同存

（1）存在密度窗口：在保证井控安全的条件下，寻找微漏条件下的钻进平衡点。具体步骤是先增加井口压力至溢流停止或漏失发生，然后逐步降低井口压力寻找微漏时的钻进平衡点，保持该井口压力钻进，在钻进和循环时，控制漏失量不大于 50 m³/d，并持续补充漏失的钻井液；起钻时仍然保持微量漏失精细控压起钻，如果替完重钻井液帽后，起钻时仍然继续漏失，可以根据现场情况灌入控压钻进用钻井液，以减缓漏速，保持井底压力相对稳定。

（2）无密度窗口：转换到常规井控程序，按照井控实施细则进行下步作业。

5. 硫化氢

硫化氢浓度超过 30mg/m³，转换到常规井控程序，按照井控技术规范与油田井控实施细则进行下步作业。

6. 其他应急程序

1）自动节流系统节流阀堵塞

（1）发现节流阀堵塞后，自动节流系统转换到备用通道，确保操作参数恢复到正常状态，继续精细控压钻进作业。

（2）检查并清理堵塞的节流阀。

（3）清理完毕并将此节流阀调整到自动控制状态，将此通道备用。

2）随钻环空压力测量装置（PWD）失效

（1）随钻环空压力测量工程师向控压钻井工程师报告压力测量工具失效，失去信号。

（2）按照随钻环空压力测量工程师的指令进行调整，以重新得到信号。

（3）若无法重新得到信号，使用水力参数模型，预计井底压力，继续精细控压钻进。控压钻井工程师每 15min 用水力参数模型，计算一次井底压力。

3）回压泵失效应急程序

（1）接单根停泵前通过适当提高回压值进行压力补偿。

（2）精细控压起钻时用钻井泵通过自动节流系统进行回压补偿。

4）自动节流管汇失效

转入手动节流阀，用手动节流阀进行人工手动精细控压。

5）控制系统失效应急程序

精细控压钻井控制系统失效后，应立即转入相应手动操作，控压钻井工程师排查控制系统故障。

6）液压系统失效应急程序

精细控压钻井液压系统失效后，应立即转入相应手动操作，控压钻井工程师排查液压系统故障。

7）测量及采集系统失效应急程序

精细控压钻井数据测量及采集系统中的一个（或几个）采集点（测量点）失效后，应根据现场情况转入相应手动操作，控压钻井工程师排查系统故障点。

8）出口流量计失效应急程序

出口流量计失效后，应立即转入相应手动操作，控压钻井工程师排查流量计故障。

9）内防喷工具失效应急程序

（1）接单根时内防喷工具失效：将井口套压降为 0MPa，然后在钻具上抢接回压阀，用回压补偿系统对井口进行补压，保持井底压力的稳定，进行接单根作业。

（2）精细控压起下钻时内防喷工具失效：进行压井作业，满足常规起下钻的要求，然后起钻更换内防喷工具。

四、精细控压钻井作业终止条件

（1）如果钻遇大裂缝或溶洞，井漏严重，无法找到微漏钻进平衡点，导致精细控压钻井不能正常进行。

(2) 精细控压钻井设备不能满足精细控压钻井作业要求。

(3) 实施精细控压钻井作业中，如果井下频繁出现溢漏复杂情况，无法实施正常精细控压钻井作业。

(4) 井眼条件不能满足精细控压钻井正常施工要求。

五、健康、安全与环保要求及应急程序

1. 健康、安全与环保要求

(1) 精细控压钻井作业区应设置安全警戒线，禁止非作业人员及车辆进入作业区内，禁止携带火种或易燃易爆物品进入作业区。

(2) 值班人员配备不少于两套正压式呼吸器，完整的急救器械及药品，每人应配备硫化氢检测仪，作业员工应接受培训，做到人人会用。

(3) 控压钻井作业人员作业安全应符合 SY/T 6228《油气井钻井及修井作业职业安全的推荐作法》的规定。

(4) 按照 SY/T6283《石油天然气钻井健康、安全与环境管理体系指南》的规定执行。

2. 应急程序

1）火灾应急措施

(1) 发现火情立即发出火灾报警，通知各合作单位及人员，执行相关程序。

(2) 在允许的情况下，首先要救助受伤人员，然后采用设备、设施控制事态；在不允许的情况下，迅速撤离到安全区。

(3) 若火灾对工程影响较大，精细控压钻井 HSE 现场负责人及时向相关部门汇报，并将处理情况通报相关部门。

2）人员伤亡应急措施

(1) 发现伤者立即发出求救信号，就近人员通知卫生员和井队长。

(2) 卫生员赶到现场对伤者检查，根据情况进行急救处理。

(3) 根据卫生员的决定落实车辆、路线、医院和护理人员。

(4) 如果伤势较重，将伤者送往就近医院。同时向医院急救室通报伤者情况：姓名、性别、年龄、单位、出事地点、出事时间、受伤部位、伤情以及能够到达的大致时间等。精细控压钻井 HSE 现场负责人同时向相关单位汇报情况。

(5) 送走伤员后，立即查找原因。必须落实整改或采取防范措施后，方可恢复生产。

3）硫化氢应急程序

(1) 接到硫化氢报警后，应立即向上风处、地势较高地区撤离，切忌处于地势低洼处和下风处。

(2) 若需要协助控制险情或危险区抢救中毒人员，则必须正确佩戴上正压式呼吸器，并在正压式呼吸器报警前撤离。

(3) 当大量硫化氢出现时，断电停机后迅速撤离人员，人员紧急疏散时应有专人引导护送，清点人数。

(4) 精细控压钻井 HSE 现场负责人同时向相关单位汇报情况。

4）硫化氢中毒时紧急救护程序

(1) 急救组迅速实施救援，急救人员在自身防护的基础上，控制事故扩展恶化，救出伤

员，疏散人员。

(2) 立即将患者移送至上风处，注意保暖及呼吸畅通。

(3) 一般中毒病员应平坐或平卧休息。

(4) 神志不清的中毒病员侧卧休息，以防止气道梗阻。

(5) 尽量稳定伤员情绪，使其安静，如活动过多或精神紧张往往促使肺水肿。

(6) 脸色发紫，呕吐者和呼吸困难者立即输氧。

(7) 窒息的患者立即进行人工呼吸。

(8) 心跳停止者立即实施胸外心脏挤压复苏法。

(9) 切勿给神志不清的患者喂食和饮水，以免食物、水和呕吐物误入气管。

(10) 眼部伤者应尽快用生理盐水冲洗。

(11) 对重度中毒患者进行人工呼吸时，救护者一定要将由患者肺部吸出的气体吐出，然后自己深深吸气，再继续人工呼吸，避免救护者自己中毒。

(12) 立即送往就近医院，精细控压钻井 HSE 现场负责人同时向相关单位汇报情况。

第三节　精细控压钻井井控

一、精细控压钻井井控设计

精细控压钻井中心控制房应采用正压防爆系统，其与井口距离不应小于25m。

根据地质资料及本构造邻井和邻构造的钻探情况，提供实施控压钻井井段地层孔隙压力、地层坍塌压力、漏失压力以及地层破裂压力剖面，计算钻进钻井液密度窗口。如存在断层、溶洞、裂缝性地层，设计中应做特别说明并制定相应工艺措施及应急预案。

根据钻井地质设计提供的资料，设计合理钻井液密度，采取欠平衡、近平衡或过平衡控压钻井方式。采取欠平衡或近平衡控压钻井方式时应制定确保作业安全、防止井喷、井喷失控以及预防硫化氢等有毒有害气体伤害的安全措施。在已经明确含有硫化氢储层进行控压钻井，采用过平衡方式。

开发井实施精细控压钻井，现场至少储备 1.5 倍以上井筒容积、密度高于设计地层压力当量钻井液密度 0.2g/cm³ 以上的钻井液；探井实施精细控压钻井，现场至少储备 2.0 倍以上井筒容积、密度高于预计地层压力当量钻井液密度 0.2g/cm³ 以上的钻井液；现场应储备足够的加重材料和处理剂。

1. 井控装置配套

(1) 在井队常规井控装备的基础上，应安装旋转防喷器及控压钻井管汇。压力级别选择，应以控压钻井控制最大井口压力不应超过旋转防喷器额定动密封压力和控压钻井设备额定工作压力的 80% 为原则。

(2) 绘制精细控压钻井井口装置及精细控压钻井管汇示意图，并对其中旋转防喷器及精细控压钻井管汇的安装、试压做出明确要求。

(3) 旋转防喷器胶芯准备充足，如遇损坏或达到使用时间，应及时更换。

(4) 精细控压钻井管汇中平板阀应处于有效工作(或待命)状态。

(5) 有抗硫要求的旋转防喷器及控压钻井管汇应符合 SY/T 5087《含硫油气井安全钻井

推荐作法》中的相应规定。

（6）实施精细控压钻井前，应对精细控压钻井装备进行整体试压，确保处于正常状态。

2. 钻具

（1）转盘钻进时使用六方方钻杆。

（2）钻具应使用达到一级钻具标准的18°斜坡钻杆。

（3）在近钻头位置至少安装一只常闭式钻具止回阀。

二、精细控压钻井井控要求

（1）旋转防喷器及控压钻井管汇的安装、试压、使用及管理应按照SY/T 6426《钻井井控技术规程》中的规定执行。

（2）旋转防喷器及控压钻井管汇中平板阀应符合SY/T 5127《井口装置和采油树规范》中的相应规定。

（3）控压钻井作业人员应明确岗位、职责及权限。施工前，现场负责人组织所有作业人员进行技术培训和技术交底，落实施工作业各项准备工作、技术要求等。

（4）精细控压钻井施工中，一个迟到时间内溢流 $1m^3$ 以内，属于精细控压钻井井控工况。

（5）精细控压钻井施工中，控压钻井工程师向井队工程师下达精细控压钻井施工指令，但该指令必须经现场钻井监督同意。

（6）精细控压钻井施工中，如遇异常情况，转入常规井控程序后，控压钻井工程师指挥关闭精细控压通道，退出精细控压钻井流程。

（7）精细控压钻井施工中，控压钻井工程师对地层溢流、漏失情况判断准确，并在起下钻前进行充分循环后，可下达指令进行精细控压起下钻，无须进行短程起下钻。

三、精细控压钻井应急处理

精细控压钻井出现异常工况时，应在第一时间通知当班司钻及井队值班干部。当达到精细控压转入常规井控作业条件时，井队应按油田井控实施细则的规定实施下一步作业。

1. 井口套压异常升高工况

井口套压迅速升高（大于旋转防喷器能力的规定值、如5MPa）时，控压钻井工程师立即通知司钻，司钻应根据现场情况，转入井控程序，按照油田井控实施细则的规定进行下一步作业。

2. 溢流工况

（1）一个迟到时间内，溢流量在 $1~m^3$ 以内：停止钻进，保持循环，控压钻井工程师增加井口压力2MPa，井队和录井坐岗人员加密至2min观察一次液面，并及时通知精细控压钻井工程师；如液面保持不变，则由控压钻井工程师根据情况采取措施；如果液面继续上涨，则井口压力应以1MPa为基数，直至溢流停止。若井口压力大于规定值（如 5 MPa），控压工程师立即通知司钻，转入井队常规井控。请示甲方提高钻井液密度以降低井口控压压力。

（2）一个迟到时间内，溢流量超过 $1~m^3$：控压工程师立即通知司钻，转入井队常规井控程序，直接由井队采用常规井控装备控制井口。

（3）精细控压钻井作业时，监测到 H_2S 浓度 $\geqslant 30mg/m^3$，立即启动硫化氢应急预案，转入井队常规井控。

3. 井漏工况

(1) 能够建立循环：逐步降低井口压力，寻找压力平衡点；如果井口压力降为 0 时仍无效，则逐步降低钻井液密度，每循环周降低 $0.01\sim0.02\text{g/cm}^3$，待液面稳定后恢复钻进。

(2) 无法建立循环：转换到常规井控，按照油田井控实施细则的规定进行下一步作业。

4. 溢漏同存工况

(1) 存在密度窗口：先增加井口压力至溢流停止或漏失发生，逐步降低井口压力寻找微漏时的钻进平衡点，保持该井口压力钻进，在钻进和循环时，控制漏失量在 $50\text{m}^3/\text{d}$，并持续补充漏失的钻井液量。

(2) 无密度窗口：转换到常规井控，按照油田井控实施细则的规定进行下一步作业。

四、精细控压钻井终止条件

(1) 如果钻遇大裂缝或溶洞，井漏严重，无法找到微漏钻进平衡点，导致精细控压钻井不能正常进行。

(2) 精细控压钻井设备不能满足精细控压钻井要求。

(3) 实施精细控压钻井作业中，如果井下频繁出现溢漏复杂情况，无法建立平衡，实施正常控压钻井作业。

(4) 井眼、井壁条件不能满足精细控压钻井正常施工要求。

五、HSE 管理

1. 井控操作证制度

凡直接参与精细控压钻井现场作业的工作人员都应经过培训考核合格取得井控操作证。

2. 精细控压钻井设备的安装、检修、试压制度

(1) 精细控压钻井人员应该按精细控压钻井设计进行设备安装，并试压合格后方可作业。

(2) 精细控压钻井人员应定岗、定人、定时对精细控压钻井装备、工具进行检查、维修保养，并填写保养、检查记录。

(3) 精细控压钻井各岗位负责人在监督、巡检中一旦发现装备存在安全隐患，应立即组织处理，确保装备随时处于正常工作状态。

3. 钻开油气层的验收制度

进入油气层前，按照油田井控规定，控压钻井队伍应在自检自查的基础上，经过甲方验收和审批工作后，才能进行精细控压钻井作业。

4. 精细控压钻井技术交底制度

(1) 在设备验收合格后，精细控压钻井技术负责人应对钻井队现场作业班组进行精细控压钻井作业技术交底。

(2) 技术交底内容应至少包括：精细控压钻井原理、正常钻进程序、接单根程序、起下钻程序、更换旋转防喷器胶芯程序以及转入常规井控条件。

(3) 技术交底完成后，钻井队工程师和配合单位人员在技术交底书上签字，保存原件。

5. 配合钻井队防喷演习制度

(1) 控压钻井技术服务队伍应按照钻井队工作安排,配合完成钻进、起下钻铤、起下钻杆以及空井状态下的防喷、防硫演习。

(2) 配合防喷演习过程中应该严格遵守所在油田的井控实施细则。

6. 井控工作分级责任制度

(1) 成立井队现场井控管理小组,确定第一责任人和成员。

(2) 制定井控工作内容和相应管理制度,明确相关人员的职责。

第四节 精细控压钻井系统现场使用与维护

一、精细控压钻井相关配套设备基本要求

精细控压钻井系统相关配套设备包括旋转防喷器、钻具内止回阀、随钻环空压力测量装置(简称PWD)、液气分离器、发电机、录井系统、气源设备、六方钻杆及方补心或顶驱、钻井液循环罐等。精细控压钻井系统相关配套设备要求:

(1) 旋转防喷器应符合SY/T 6543《欠平衡钻井技术规范》的规定,旋转防喷器承压能力不小于控压钻井设备最大工作压力。

(2) 钻具止回阀符合SY/T 6426《钻井井控技术规程》和SY/T 6543《欠平衡钻井技术规范》的规定。钻具止回阀级别应与钻井现场闸板防喷器级别一致。

(3) 随钻环空压力测量装置应符合SY 5974《钻井井场、设备、作业安全》的规定。依据预测井底压力、温度选取大于该量程范围且测量数据精确的仪器。

(4) 液气分离器应符合SY/T 6543《欠平衡钻井技术规范》和液气分离器现场使用技术规范的规定。

(5) 发电机应符合SY5974《钻井井场、设备、作业安全》的规定,且额定电压、频率、功率应与控压钻井设备匹配。

(6) 其他应符合SY/T 5466《钻前工程及井场布置技术要求》、SY/T 7018《控压钻井系统》、SY/T 5323《节流和压井系统》、SY/T 6283《石油天然气钻井健康、安全与环境管理体系指南》、AQ 2046《石油行业安全生产标准化工程建设施工实施规范》等标准的规定。

二、精细控压钻井系统现场使用条件及前期准备

1. 现场使用条件

(1) 根据设备金属材料、非金属材料及柔性管线的温度等级确定精细控压钻井系统的温度使用范围,最低温度为设备使用期间可能遇到的最低环境温度。最高温度为设备使用期间可能流过设备的最高流体温度,见表4-3。

表4-3 控压钻井系统温度使用范围

等级	温度范围,℃(℉)	等级	温度范围,℃(℉)
A	−20~82(−4~180)	P	−29~82(−20~180)
B	−20~100(−4~212)	U	−18~121(0~250)
K	−60~82(−75~180)		

(2) 精细控压钻井设备可以用于可能遇到酸性流体的地方。与井内流体接触的金属材料应满足 NACE MR 0175 油气开采中用于含硫化氢环境的材料的要求。若遇到严重腐蚀性、磨蚀性、高温或高含硫气体，用户与制造商应共同提出要求，确定适用的产品。

(3) 根据精细控压钻井系统电器部分防爆柜类型及等级，按照 GB3836.2《爆炸性气体环境用电气设备第1部分：隔爆型"d"》，根据不同爆炸性环境及不同湿度环境进行控压钻井系统的使用。

2. 前期准备

根据所钻井基本资料选择控压钻井系统及配套设备。钻井基本资料包括：地理位置，周边环境，井型，井身结构，目的层岩性描述，压力窗口（坍塌压力、地层压力、破裂压力），含油、气、水及有毒有害气体情况，上层套管固井，防喷器组合，地层破裂压力试验，套管阀安装位置，邻井复杂情况提示等。

三、设备安装

整体系统的布局应满足不干扰钻机地面系统而又可以和钻机地面系统有机融合的原则。系统及系统管线的布局与连接应以满足油田井控实施细则的要求为原则，安装应规范合理、便于操作控制、观测检查及维护保养等。

1. 布置要求

(1) 井口及井控装置按照 SY/T 6543《欠平衡钻井技术规范》的要求选择。

(2) 由于不同井场面积及布置不尽相同，根据井场实际情况，以安全、不影响井队正常施工为原则进行合理摆放控压钻井设备。

(3) 旋转防喷器至自动节流系统入口端之间的连接管线应安装液控平板阀以及一个手动平板阀，液控平板阀可通过防喷器控制装置遥控。

(4) 自动节流系统钻井液返出端至液气分离器之间连接管线上应安装手动平板阀。

(5) 钻井液罐至回压补偿系统上水端的连接管线应至少有一个蝶阀和一个过滤器。

(6) 井队节流管汇（或压井管汇）与精细控压钻井系统井口钻井液返出管线之间应连接出一条管线通道并安装手动平板阀。在旋转防喷器被环形防喷器（或闸板防喷器）隔离的时候（如更换旋转防喷器密封件），仍然可以精细实施控压作业。

2. 安装要求

(1) 精细控压钻井设备井场管线连接，如图 4-1 所示。

(2) 旋转防喷器应符合 SY/T 6543《欠平衡钻井技术规范》的规定。

(3) 设备照明、保温等电器设备的安装符合 SY/T 5957《井场电器安装技术要求》的规定。

(4) 整体系统所有部件应连接牢固，振动或承载部件应固定在主框架上，在承受振动和冲击的情况下无变形、脱落。

(5) 管汇高压区域应设立明显警示标志。

(6) 管线应用硬管或高压软管与硬管相结合方式连接，管线转弯处，应采用整体铸（锻）钢弯头，连接管线按照要求用基墩固定。

(7) 安装应按 AQ 2046《石油行业安全生产标准化工程建设施工实施规范》执行。

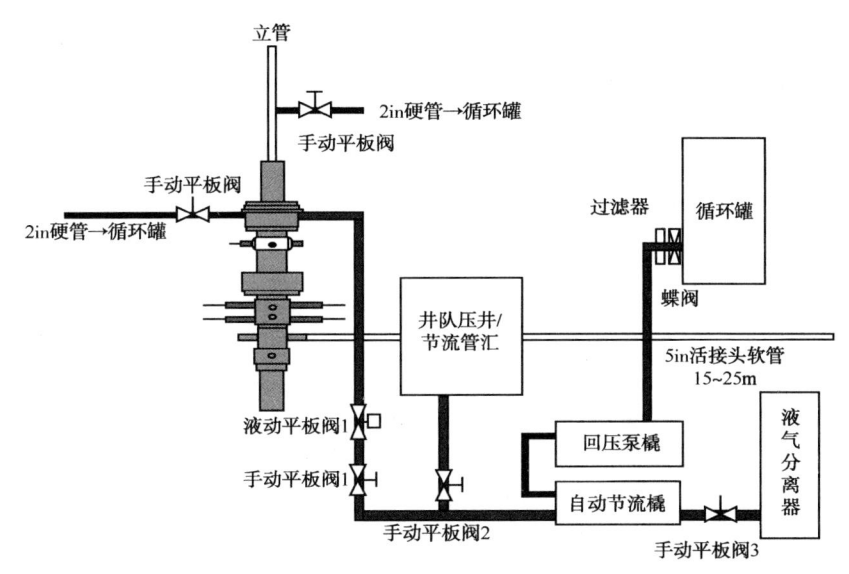

图 4-1 精细控压钻井设备井场管线连接图

3. 安装步骤

控压钻井系统安装前检查应包括：检查阀门、管线外观无损伤，若有损伤，应修理或者更换；检查电缆、信号线和气管线无损伤，必要时应进行更换；检查快接接头连接稳固，必要时应进行更换。

安装步骤为：

（1）连接管线。

连接管线安装包括：旋转防喷器与环形防喷器（或闸板防喷器）的连接、旋转防喷器与精细控压钻井自动节流系统的连接、井队节流管汇或压井管汇与控压钻井系统井口钻井液返出管线连接、回压补偿系统与钻井液循环罐的连接、精细控压钻井自动节流系统出口管线与液气分离器的连接、自动节流系统与回压补偿系统之间连接等。

精细控压钻井装备与旋转防喷器及井队钻井液罐、压井管线、液气分离器等装备连接均是硬管线连接，5~10m 放置一个水泥基墩，因此必须事先规划装备之间的距离，由吊车配合微调装备之间距离，注意人员与吊车的配合，与旋转防喷器连接管线的安装必须佩戴安全带作业，全体安装人员劳保护具必须穿戴整齐，硬管线的抬动必须足够人手、统一指挥，活接头（由壬）连接部分最后统一加固。

（2）连接信号线。

连接信号线包括：自动节流系统及回压补偿系统控制网线、立管压力数据线、随钻环空压力数据线、录井数据线等。

（3）连接电源线。

连接电源线包括：控制中心电源、回压补偿系统动力电、回压补偿系统和自动节流系统控制系统电源、照明线路等。

（4）连接气管线。

连接气管线包括：井队储气罐气源出口与自动节流系统、回压补偿系统气源进口连接等。

（5）冬季设备防冻安装。

设备在环境气温低于零度必须进行保温，保温宜在设备完成试压之后执行。保温工作做到关键部件保温良好,保持液气控制系统温度在正常范围内,达到自动节流系统及回压补偿系统橇内气温在零度以上的基本要求。保温工作为:

① 外围管线的保温;
② 自动节流系统、回压补偿系统内的管线、阀件、质量流量计的保温;
③ 自动节流系统、回压补偿系统的整体保温。

四、调试与试压

1. 调试前检查

(1) 检查系统上电是否正常:
① 控制中心房输入电压显示380V,频率在50Hz;
② 24V电源柜工作正常,UPS电源工作正常;
③ 回压补偿系统控制柜380V电源指示灯显示正常,24V电源指示灯显示正常。

(2) 检查气源压力是否正常,油压是否正常:
① 观察气源压力在0.6~0.9MPa之间,油压在10.5MPa左右;
② 液压流量30L/min、供气量大于150m³/h,可满足要求。

2. 单元测试

精细控压钻井系统连接完成后,应进行系统的单元测试。单元测试(表4-4)包括:

(1) 节流阀及阀位传感器工作正常;
(2) 平板阀开关动作迅速、平稳,阀位显示准确;
(3) 质量流量计、压力变送器、温度变送器等传感器工作正常;
(4) 灌注泵、风机、回压泵起停正常;
(5) 部件动作与计算机系统通信正常;
(6) 在自动控制状态下各工作部件功能达到设计要求、工作正常。

表4-4 精细控压钻井装备单元测试内容

名 称	编 号	测试内容
自动节流阀	A	开度、响应速度
	B	开度、响应速度
	C	开度、响应速度
气动平板阀	G1	开关动作
	G2	开关动作
	G3	开关动作
质量流量计	1#	读数、显示
	2#	读数、显示
压力变送器	P1	读数、显示
	P2	读数、显示
	P3	读数、显示
	P4	读数、显示
	P5	读数、显示

第四章 精细控压钻井工程设计

续表

名　称	编　号	测试内容
温度变送器	T1	读数、显示
回压补偿系统	风机	启停动作
	灌注泵	启停动作
	回压泵	启停动作
	系统急停	启停动作

3. 回压泵初次运行测试

回压泵系统上电后，380V 动力电源和 24V 控制电源显示正常后，手动启动回压泵测试工作状态及上水情况，要求回压泵工作平稳，流量达到额定流量。若上水存在问题，则可打开一个排水阀，通过顶阀器完成上水管线的排气，灌入适量的水后盖上压盖重新测试。

4. 装置试压

1）相关连接装置及管线的试压要求

井口装置、节流管汇、压井管汇、井场装备、管线等的安装、调试，按 SY/T 5964《钻井井控装置组合配套、安装调试与维护》和 SY/T 5323《压井管汇及节流管汇》的规定验收。

2）装备试压前准备

（1）精细控压钻井地面装备安装完毕，对其进行调试，确保信号传输通畅、阀门灵活可靠、各控制系统运行正常，对应阀门统一编号并挂牌标识。

（2）通知甲方准备进行精细控压钻井系统试压，精细控压钻井技术服务方提供试压方案，甲方提供配套条件。

3）装备试压要求

试压是检验设备及连接管线安全性的重要依据，应严格按照各承压设备试压标准进行试压，其中试压过程包括：

（1）旋转防喷器应按照 SY/T 6543《欠平衡钻井技术规范》的规定试压。

（2）地面流程高压区管汇及自动节流系统高压区试压：主要包括整体试压、截止试压和管线试压三个部分；用试压泵先打低压至 3.5MPa，稳压 5min，压降小于 0.7MPa 为合格；低压试压合格后打高压至不低于精细控压钻井设备额定压力的 70%、即 24.5 MPa，稳压 15 min，压降小于 0.7MPa 为合格。

（3）精细控压钻井设备及连接管线安装和试压完后，应按精细控压钻井循环流程试运转。要求运转正常，连接部位不刺不漏，正常运转时间不少于 10min。

（4）试压完成后，出试压合格报告并存档。

试压过程参数记录见表 4-5~表 4-7。

表 4-5　精细控压钻井装备及连接管线整体试压表

名称	低压 MPa	稳压时间 min	压降 MPa	高压 MPa	稳压时间 min	压降 MPa	结论
节流高压管汇							
A 通道							

续表

名称	低压 MPa	稳压时间 min	压降 MPa	高压 MPa	稳压时间 min	压降 MPa	结论
B通道							
C通道							
直通通道							

表4-6 精细控压钻井装备及连接管线截止试压参数表

名称	低压 MPa	稳压时间 min	压降 MPa	高压 MPa	稳压时间 min	压降 MPa	结论
A气动平板阀							
B气动平板阀							
C气动平板阀							
A手动平板阀							
B手动平板阀							
C手动平板阀							
直通手动平板阀							
井口手动平板阀							
井口液动平板阀							
压井管汇手动平板阀							

表4-7 精细控压钻井装备及连接管线试压参数表

名 称	低压 MPa	稳压时间 min	压降 MPa	高压 MPa	稳压时间 min	压降 MPa	结论
井口4in管汇							
橇间2in管汇							

5. 钻前装备联调测试

精细控压钻井系统各流程及功能进行逐项测试，并验收合格，保证其满足工作要求。

1) 联调测试内容

（1）对自动节流系统进行基本动作测试，检验节流管汇各部件的基本功能，测试自动节流系统是否能按控制系统指令实现自动控制动作；

（2）对回压补偿系统进行基本动作试验，检验回压补偿系统各功能部件的动作，测试该装备是否能按给定指令进行开停泵的基本动作；

（3）监测与控制系统功能试验，测试该系统关键装备的系统监测、远程自动控制。

2) 测试要求

（1）平板阀开关动作迅速、平稳；平板阀阀位显示准确；

（2）液控节流阀开度调节，工作平稳、调节性能好，节流阀阀位传感器响应速度快、测量准确；

(3) 质量流量计等仪器仪表显示清晰、正常；

(4) 灌注泵、回压泵启停正常；

(5) 部件动作与计算机系统通信正常；

(6) 在自动控制状态下各工作部件功能达到设计要求、工作正常。

6. 装备与随钻环空压力测量数据、综合录井仪数据传输通信对接测试

保证随钻环空压力测量数据、综合录井数据通信达到实时性、准确性和稳定性的要求。

五、使用

精细控压钻井系统应满足精细控压钻井条件时，方可进行精细控压钻井系统的功能使用。如遇井口套压迅速升高并预计大于规定值(如 5 MPa)、溢流量超过 1m³、井漏无法建立循环、涌漏同存无密度窗口时，精细控压钻井系统应终止使用。

(1) 井底压力模式：在能正常取得 PWD 数据的工况下，以 PWD 测量数据为依据，自动调节节流阀来调节井口压力，保持井底压力稳定。

(2) 井口压力模式：在不能取得 PWD 数据的工况下，以 PWD 最后一点测量数据为依据，计算井口回压值，自动调节节流阀，保持井口压力稳定。

(3) 微流量控制模式：在不能取得 PWD 数据的工况下，使用水力参数模型预计井底压力进行控压钻进，控压钻井工程师每 15 min 运行一次水力参数模型，计算井底压力；自动调节节流阀，保持井口微流量与井底压力稳定。

(4) 手动工作模式：在装备控制系统失效的应急情况下，采用手动方式控制，以保持井口压力稳定。

1. 常规使用

(1) 循环工况能取得真实 PWD 数据时，以 PWD 测量数据为依据，自动调节节流阀，以调节井口压力，保持井底压力稳定。

(2) 循环工况不能取得真实 PWD 数据时，以 PWD 最后一点测量数据为依据，使用水力参数模型预计井底压力继续控压钻进。控压钻井工程师每 15 min 运行一次水力参数模型，计算井底压力；自动调节节流阀，保持井口压力稳定。

(3) 循环工况不能取得真实 PWD 数据时，按照微流量控压钻井方式进行精细控压钻井作业，使用水力参数模型预计井底压力进行精细控压钻进。控压钻井工程师每 15 min 运行一次水力参数模型，计算井底压力；自动调节节流阀，保持井底压力稳定。

(4) 非循环接单根工况下，停泵接单根前，应提前开启回压补偿系统，当停泵接单根/接立柱时，通过开启回压补偿系统提供补压介质，计算系统计算出回压补偿值，调节自动节流阀，维持井底压力平衡。

(5) 非循环起下钻工况下，起下钻前应充分循环，不少于一个循环周，起下钻时通过回压补偿系统提供补压介质。计算系统计算出实时回压补偿值，调节自动节流阀，维持井底压力稳定。起钻时起钻至一定高度注入重钻井液帽后，进行常规起钻；下钻时下钻至重钻井液帽深度，驱替钻井液开始控压下钻。

(6) 非循环更换、维修旋转防喷器工况下，关闭环形防喷器，启动回压泵系统，通过节流或压井管汇、井口四通向井内提供补压介质。计算系统计算出回压补偿值，调节自动节流阀，维持井底压力稳定。

2. 应急使用

（1）自动节流系统节流阀堵塞或失效。自动节流系统节流阀堵塞或失效时，自动节流系统转换到备用通道，确保操作参数恢复到正常状态，继续控压钻进作业；检查、维修堵塞的节流阀；维修完毕并将此节流阀调整到自动控制状态，将此通道备用；如自动节流系统节流阀全部失效时，应用手动节流阀，人工手动调节节流阀，进行手动控压。

（2）接单根回压泵失效。接单根回压泵失效时，应抢接单根并及时进入循环工况，控压钻井工程师排查回压补偿系统故障、维修回压补偿系统，回压补偿系统运行正常后，开始正常接单根流程。

（3）起下钻回压泵失效。起下钻回压泵失效时，控压钻井工程师应通知井队，并开启井队钻井泵通过反循环通道提供补压介质，自动节流系统进行压力控制；控压钻井工程师排查回压补偿系统故障、维修回压补偿系统，回压补偿系统运行正常后，切换到正常起下钻流程。

（4）接单根时内防喷工具失效。接单根时内防喷工具失效时，将井口套压降为零，在钻具上抢接回压阀，用回压补偿系统对井口进行补压，保持井底压力的稳定，进行接单根作业；控压起下钻时内防喷工具失效，进行压井作业，满足常规起下钻的要求，然后起钻更换内防喷工具。

（5）出口流量计失效。出口流量计失效时，应立即转入手动操作，控压钻井工程师排查流量计故障、维修出口流量计，出口流量计运行正常后，切换到正常自动操作流程。

（6）控制系统失效。控制系统失效时，应立即转入相应手动操作，控压钻井工程师排查控制系统故障、维修控制系统，控制系统运行正常后，切换到正常自动操作流程。

（7）液压系统失效。液压系统失效时，应立即手动人工打压，控压钻井工程师排查液压系统故障、维修液压系统，液压系统运行正常后，切换到正常自动操作流程。

（8）精细控压钻井数据测量及采集系统失效。精细控压钻井数据测量及采集系统中的一个（或几个）采集点（测量点）失效后，应根据现场情况转入手动操作，控压钻井工程师排查系统故障点、维修或协助维修系统故障点，系统运行正常后，切换到正常自动操作流程。

（9）随钻环空压力测量装置失效：

① 随钻测压工程师向控压钻井工程师报告随钻环空压力测量装置失效，失去信号；

② 按照随钻测压工程师的指令进行调整，以重新得到信号；

③ 若无法重新得到信号，使用水力参数模型，计算井底压力，继续控压钻进。控压钻井工程师每15min运行一次水力参数模型，计算井底压力；

④ 起钻后，维修随钻环空压力测量装置。

3. 复杂工况应急程序

（1）井口套压异常升高应急程序。井口套压迅速升高（大于规定值，如5MPa）时，司钻应根据现场情况，转入井控程序。

（2）溢流应急程序：

① 溢流量在$1m^3$以内：停止钻进，保持循环，控压钻井工程师增加井口压力2MPa，井队坐岗人员和录井加密至2min观察一次液面。

a. 液面保持不变，则由控压钻井工程师根据情况采取措施；

b. 液面继续上涨，则井口压力应以1MPa为基数进行增加，直至溢流停止；

c. 井口压力大于规定值（如 5MPa），则请示甲方提高钻井液密度以降低井口控压值。

② 溢流量超过 1m³：直接由井队采用常规井控装备控制井口，按照油田井控实施细则的规定实施关井作业。

（3）井漏应急程序：

① 能够建立循环：逐步降低井口压力，寻找压力平衡点。如果井口压力降为 0MPa 时仍无效，则逐步降低钻井液密度，每循环周降低 $0.01 \sim 0.02 \text{g/cm}^3$，待液面稳定后恢复钻进。

② 无法建立循环：转换到常规井控，按照油田井控实施细则的规定进行下步作业。

（4）涌漏同存应急程序：

① 存在密度窗口：先增加井口压力至溢流停止或漏失发生，逐步降低井口压力寻找微漏时的钻进平衡点，保持该井口压力钻进，在钻进和循环时，控制漏失量在 $50\text{m}^3/\text{d}$，并持续补充漏失的钻井液量。

② 无密度窗口：转换到常规井控，按照油田井控实施细则的规定进行下步作业。

六、装备检修

1. 自动节流系统的故障检修

1）井口至节流系统堵塞

检查自动节流系统入口压力表与井口套压表显示的差异，若是井口套压过高，而自动节流系统入口压力表压力过低，则可能发生井口至节流管汇堵塞，需停止钻井泵循环，处理管道堵塞。

2）自动节流管道堵塞

检查主、备节流阀以及辅助节流阀的压力控制模式，若是在相似钻井液循环条件下，节流阀开度控制大大低于节流特性曲线显示的开度，则可能发生自动节流管道堵塞，需通过关闭节流阀前的气动平板阀和节流阀后的手动平板阀隔离该通道进行维护检查。首先检查过滤器处是否发生堵塞，若无问题再检查节流阀是否发生堵塞，最后检查流量计处是否发生堵塞，即按照以下顺序检查：节流通道过滤器→节流阀→质量流量计。

3）节流阀故障

（1）节流阀阀门无法打开或者关闭故障：

① 检查操作台的气源及液气管线连接是否正常；

② 检查齿轮箱是否有足够的润滑油，并松开方头管塞检查润滑油脂状况；

③ 必要时用注脂枪加注润滑脂，直至堵头处有润滑脂流出为止；

④ 检查所有的快接接头是否正常、有无泄漏。

（2）节流阀的液压控制失常故障：

① 将流入、流出液压马达的液压管线短路。

② 使用手轮开关阀门：

如果手轮操作力矩小，可自由转动，表明问题出在操作台内；

如果手轮转动困难，请按以下步骤解决：松开 2 个马达紧固螺栓，拆下 2 个马达紧固螺栓；

若手轮可以轻松转动，表明可能是液压马达故障，需要更换；

若手轮转动仍困难，按以下步骤解决：

第一步：用专用扳手将阀盖活接头（由壬）盖拆下，通过在线维护支架将执行机构和阀门本体分离（此时应确保上下游两个平板阀已关闭，泄压针阀已打开，管路内没有残余压力）；

第二步：当阀门完成打开后将阀芯拆下；

第三步：检查阀芯及阀杆有无划痕、损伤或挤压变形；

第四步：若阀芯及阀杆有划痕、损伤或挤压变形，则更换零件，并更换新的压盖密封，重新组装，再检查手轮是否可以轻松转动；

第五步：若仍不能轻松转动，则可能是液压马达的齿轮箱故障，需更换液压马达的齿轮箱。

（3）节流阀的阀位无法显示全开或者全关故障。检查线路连接，开关阀门，观察阀位传感器行程杆是否能完成最小到最大开度的移动，没有问题再重新校准开度。

（4）避免节流阀出现空穴或气蚀损害，对节流阀造成损害。

4）气动阀门故障

若不能正常显示开关状态，则说明气动平板阀阀位传感器松动，要求安装调试时，上电通气测试检查、校核。若不能及时切换关闭该备用阀门，则切换到另一回路。

2. 液压系统故障及排除方法

由于节流阀堵塞或者节流压力过大，又突然解堵，压力降低，造成液体压力突然下降，然后又堵又降，造成液体压力较大范围急剧波动，对液压系统的冲击，造成系统故障。当然还存在其他造成对液压系统压力冲击的可能因素，如执行机构的惯性力和某些元件反应动作不灵敏等。

另外，常见的液压系统故障还包括噪音、压力损失等，解决方法见表4-8。

表4-8 常见液压系统故障及解决方法

故障	故障范围	原因	解决方法
产生噪声	泵	泵的吸入管和滤油器中有杂质	检查并用高质量清洗油和清油清洗
		泵的吸入管线或接头漏气	用油脂涂抹接头处并观察声音如何变化，如声音变小，上紧接头或更换密封垫即可
		泵轴密封垫处漏气	用油脂涂抹轴的外端，如声音变小，更换密封垫即可
		泵的安装螺栓松动	上紧螺栓
	安全阀	活塞卡住或运转不正常	拆卸并检查，如磨损较小，磨光后重新装上并观察结果
		针阀的非正常磨损	更换针阀并清除油污，更换液压油
		弹簧盘弯头与空气共振	从管路中排出空气，检查空气可能进入的部位
	其他	部件连接螺栓松动	上紧螺栓
		管支撑固定件松动	检查并上紧
		冲击压力引起管系共鸣	检查阀的特性，管径、接头等

续表

故障	故障范围	原因	解决方法
压力损失	泵	油箱中的油量不足	检查油位并立即按需要注油,要使管的入口边远低于油面
		泵的输入管和过滤器堵塞	经长期使用后,油中的氧化沉淀物引起阻塞,冲洗过滤器及油箱,严重时要更换液压油
		空气从吸入管进入	用油脂涂抹轴的外端,检查并修理
		泵的工作状态恶化	上述各项无异常,应检查泵
	安全阀	活塞卡住或运转不正常	拆卸并检查,如磨损较小,磨光后重新装上,如损坏则更换新的
		针阀的非正常磨损	更换针阀
		弹簧盘永久变形	更换
		阀座损坏	更换
		活塞孔堵	清洗
	其他	管路损坏	检查并更换
		零件的密封垫损坏	检查并更换
		压力表损坏	检查并更换
		电磁阀运行故障	检查并更换线圈和阀

3. 回压泵的检修

常见回压泵故障及排除方法见表 4-9。

表 4-9 常见回压泵故障及排除方法

故障	原因	排除方法
泵动力端有异常声响	紧固件松动	旋紧紧固件
	轴承失效	更换轴承
	装配不良	重新拆装
泵液力端有水击声	吸入高度过高	减小吸入高度
	泵阀系统失效	修复或更换
	阀箱内有硬质异物	取出硬质异物
柱塞发烧	密封压得太紧	松动密封压帽
	润滑油路堵塞	消除油路内异物
	润滑油箱油位太低	加足润滑油
	柱塞偏磨	调整柱塞位置

七、日常维护与保养

按照定期维修的内容、日常检查项目以及针对日常检查发现的问题,部分拆卸零部件进行检查、修理、更换或修复少量磨损件,系统使用时不拆卸设备的主体部分。通过检查、调整、紧固机件等技术手段恢复设备的使用性能。

1. 基本要求

精细控压钻井系统维护与保养基本要求包括：

（1）所有设备都必须严格按照设备操作规程、维护制度和标准进行使用与维护，贯彻设备使用与维护相结合的原则；

（2）要严格执行日常维护和定期保养制度，确保设备经常保持整齐、清洁、润滑、安全经济运行；

（3）定期进行精度、性能测定，发现效能降低或精度超限时应进行调整维护；

（4）使用中的设备必须保持完好状态，安全保护装置齐全，动作灵敏可靠；并应定期检查、试验，做好记录，不合格的不准使用；

（5）要做好设备检查，对重点设备关键部位要进行日常、定期的维护保养并做好记录；

（6）精细控压钻井设备每班应不少于三次巡回检查，精细控压钻井设备巡回检查表及精细控压钻井设备运行表，见表4-10、表4-11。

2. 节流阀总成维护与保养

节流阀总成的维护与保养应包括：

（1）根据钻井液的腐蚀性和冲蚀程度，定期打开阀门检查油嘴座表面的腐蚀和冲蚀情况。如果腐蚀或冲蚀较严重，将油嘴座旋转一定角度，将受损表面从正对入口处移开。如果油嘴座冲蚀厚度大于3.2mm，需要更换新的油嘴座；

（2）检查油嘴密封及油嘴有无受损，检查密封件，如已有损坏应及时更换；

（3）检查阀座受损情况，如需要，将阀座调转方向安装，延长使用寿命；

（4）检查出口防磨套，必要时更换新的防磨套；

（5）检查液压油是否干净，污浊或有杂质的液压油会损坏液压马达；

（6）检查齿轮箱是否有足量的润滑油，并松开方头管塞检查润滑油脂状况；

（7）每月检查一次润滑脂，视工作量大小缩短或延长检查周期，积累经验定期注脂；

（8）必要时用注脂枪加注润滑脂，直至堵头处有润滑脂流出为止。

3. 手动平板阀、气动/液动平板阀、单流阀维护与保养

手动平板阀、气动/液动平板阀、单流阀的维护与保养应包括：

（1）保持阀门外观清洁、卫生；

（2）阀门在使用过程中，每操作30次或使用3个月，需向阀腔加入密封脂；

（3）阀门在使用过程中，每操作30次或使用1个月，需向轴承座加入润滑脂；

（4）阀门在使用过程中，如出现阀门失效或因易损件而泄漏，应及时更换；

（5）阀门内部维护保养中，应慢慢卸掉阀腔体内的压力后，再进行维护保养；

（6）阀门储存停用期间，应将闸板处于关闭位置，长期存放应置于通风干燥处，定期检查保养；

（7）气动/液动阀门在使用过程中，每天对气动/液缸及气动/液管线进行检查，如有漏气或漏油现象应及时进行维修。

4. 回压泵维护与保养

回压泵的维护与保养应包括：

（1）定时检查各部件运行状况，每班检查润滑油位、油压等是否符合要求，各密封部位

有无泄漏，并按时记录。

表 4-10 精细控压钻井设备巡回检查表

时间：　年　月　日　　　　　　填写人：　　　　　　班组长：

序号	检查内容	检查内容	检查标准	第一次检查 时间：	第二次检查 时间：	第三次检查 时间：
1	回压补偿系统	泵运转是否有异常振动、响动	泵运转无异常振动、响动			
		流量计显示状态是否正常	流量计显示状态正常			
		泵的上排水是否有可见泄漏	泵的上排水无可见泄漏			
		泵的润滑油箱液位	左侧油标指示超过一半，打开右侧阀门放掉沉淀水			
		泵的齿轮油箱液位	在上下两条刻度线之间			
		泵液力端压力	0.15~0.3MPa			
		泵动力端压力	0.15~0.3MPa			
		动力电源指示灯是否正常显示	电源指示灯正常显示			
		控制电源指示灯是否正常显示	电源指示灯正常显示			
		阀门泄漏	无可见泄漏			
		压盖	无松动			
		紧固螺丝、螺栓	无松动			
2	自动节流系统	气源压力	0.6~0.9MPa			
		液压站压力	10.5MPa			
		液压站油箱液位	在上下两条刻度线之间			
		气压管线泄漏	无可见泄漏			
		液压管线泄漏	无可见泄漏			
		阀门泄漏	无可见泄漏			
		紧固螺丝、螺栓	无松动			
3	高低压连接管线	回压泵上水碟阀是否打开	回压泵上水碟阀打开			
		连接活接头或者法兰是否泄漏	连接活接头或者法兰无可见泄漏			
		管线是否有异常磨损	管线无异常磨损			

109

表 4-11 精细控压钻井系统运行表

本班运行时间：__月__日__小时__分至__月__日__小时_分　　运行情况检查人：_____

自动节流系统

设　备	运行情况	备注

运转时间记录：
设备运转时间：____小时____分
累计运转时间：____小时____分

回压补偿系统

设　备	运行情况	备　注

运转时间记录：
1. 设备运转时间：____小时____分
2. 累计运转时间：____小时____分

说明：（1）运行情况正常√，不正常×；
（2）备注内说明设备具体的问题及设备保养情况；
（3）运转时间记录中设备运行时间为设备在本班的工作时间，累计运转时间为设备在本次上井累计工作时间。

（2）每次起下钻时对阀进行检查，必要时进行更换。

（3）每三个月对润滑油质作一次分析，检查油的黏度、水分、杂质等变化情况。

（4）每月检查一次安全阀、单向阀、压力表和其他仪表装置是否灵敏可靠。

（5）每月检查泵体振动情况，泵体全振幅为 0.10~0.20mm。

（6）动力端夏季宜使用 220 号的中负荷齿轮油，冬季宜使用 180 号齿轮油。

（7）每月检查一次齿轮油液位及油质，视工作量大小缩短或延长检查周期，定期检查。

（8）清洗整机及零部件表面的油污、尘土。

（9）保存期保养，拆下柱塞及密封，擦洗干净，并在缸套、柱塞、阀等工作表面涂上黄油，以防生锈。

(10) 每次使用后维护：
① 泵在工作时，必须注意压力表的读数不应大于 35MPa，泵的安全阀必须可靠；
② 泵各转动件工作正常，有异常现象应立即消除；
③ 泵各处润滑正常，有不通畅、渗漏油处立即消除；
④ 泵液力端阀工作正常，不能有异常响声，如发现不正常响声时，应立即消除，注意缸套和柱塞密封情况，发现有漏液情况时应将压帽旋紧或更换密封件；
⑤ 检查各连接部件有无松动，管路有无漏失；
⑥ 检查柱塞密封，发现有磨损严重或刺破等情况应进行更换；
⑦ 清洗整机及零部件表面的油污、尘土；
⑧ 在寒冷季节，应放净泵液力端及管路内的积水（可通过吸入总管下部的顶阀器放净）。

5. 灌注泵维护与保养

灌注泵的维护与保养应包括：
（1）每班检查各润滑部位的润滑情况；
（2）新换轴承后，运行 100h 应清洗换油；以后每运行 1000~1500h 换油一次，油脂每运行 2000~2400h 换一次；
（3）每班至少三次观察泵的压力和电动机电流是否正常和稳定，设备运转有无异常声响或振动，发现问题及时处理；
（4）每班保持泵及周围环境整洁，及时消除跑、冒、滴、漏，密封符合要求；
（5）泵停用后，应排尽剩液，擦洗干净并在轴承部位涂黄油。

6. 液控系统维护与保养

液控系统的维护与保养应包括：
（1）液压油液位处于油表显示合理区间，低于下刻度线时及时加入液压油；
（2）每周检查除水器及润滑器，发现除水器满或润滑器缺少润滑油应及时处理；
（3）保证各油、气管线无渗、泄、滴漏，如若发现后及时紧固，或更换；
（4）蓄能器应严格按照国家有关标准进行使用和管理，定期进行检测和预防性试验；
（5）夏季，宜使用 L-HL46 等级或以上等级液压油；冬季，根据气温要求选择，一般不低于 10 号航空油。

7. 电控系统维护与保养

每班应检查保持输入电压稳定，突然断电时不间断电源工作正常，保证控制电源、网线、信号线无虚接，且通信正常，电缆无死弯，外表无损坏；同时应保证服务器、工控机、通信设备、卡件、自控元件等确保处于正常状态。如不正常及时维护检修，保证电控系统正常。

8. 仪器仪表维护与保养

设备所有使用的仪器、仪表和控制装置必须按相关标准规定进行校验。

9. 控制中心维护与保养

检查随机附件与工具是否完好，总电源由电缆通过密封件 MCT 输入仪器房，供防爆电源控制箱使用。使用整个系统时首先接通增压通风装置，使房内的正压值达到规定的要求后，指示灯转换为红灯亮，此时为正常工作状态。接通通用配电系统开关、输出二次电源供通用配电系统使用。

八、拆卸

(1) 用清水为介质运转回压补偿系统及自动节流系统,将管线内部钻井液清洗干净,通过液气分离器排污阀将管线内钻井液排出,确保拆卸时管线中钻井液排放干净。

(2) 电源线拆卸:包括回压泵电动机、控制电源、控制中心房和配件房电源线。

(3) 泄掉控压钻井设备带压部分,然后进行气/液管线拆卸。

(4) 立管压力传感器信号线拆卸。

(5) 控制器通信网线拆卸、与录井房通信网线拆卸、与其他设备通信网线拆卸。

(6) 管线拆卸:包括井口至自动节流系统、自动节流系统至回压补偿系统、自动节流系统至液气分离器、回压补偿系统至钻井液循环罐等管线。

(7) 回压补偿系统、自动节流系统中管路内的清洗液排放干净。

(8) 现场拆卸步骤:

① 气管线;

② 立管压力传感器信号线;

③ 24V 电源线;

④ 380V 动力电源,包括回压泵电动机、控制中心房和配件房电源;

⑤ 控制器通信网线;

⑥ 与录井房通信网线;

⑦ 与其他设备通信网线;

⑧ 中低压管线,包括井口至自动节流系统、自动节流系统至回压补偿系统、自动节流系统至钻井液灌或者液气分离器、回压补偿系统至上水罐(注意将管道中剩余钻井液排放干净);

⑨ 回压泵在搬迁时应放净三缸柱塞泵液力端及管路内的钻井液(可通过吸入总管下部的顶阀器放净)。

九、储存

(1) 将设备进行防锈处理,外露接头螺纹涂防锈油,并装护丝防护。

(2) 将设备所有电器接头、气/液管线接头进行清洁处理,并进行防沙、防雨、防锈等措施。

(3) 应存放在干燥通风、无腐蚀性物质的环境中。

十、健康、安全与环保要求

(1) 精细控压钻井作业区应设置安全警戒线,禁止非作业人员及车辆进入作业区内,禁止携带火种或易燃易爆物品进入作业区。

(2) 控压钻井作业人员配备不少于两套正压式呼吸器,完整的急救器械及药品,每人应配备 H_2S 检测仪,员工应接受培训,做到人人会用。

(3) 控压钻井作业人员作业安全应符合 SY/T 6228《油气井钻井及修井作业职业安全的推荐作法》的规定。

(4) 按照 SY/T 6283《石油天然气钻井健康、安全与环境管理体系指南》的规定执行。

第五节 精细控压钻井设计实例

一、实例井基本情况

塔中11#井设计完钻井深8008m，设计造斜点在5740m，井眼采用直—增—稳结构，设计水平段长1557m，最大井斜角85.77°，设计二开中完井深6120m，三开用171.5mm钻头钻进。

该井三开目的层进入良里塔格组良一段~良二段，岩性为泥质条带灰岩、浅灰色中厚层状亮晶砂屑灰岩和砾屑灰岩，可能会钻遇断层、不会钻遇超压层，预测在井深6350m、6600m、7750m可能钻遇小断层。邻井钻至目的层段后油气显示活跃，溢流、井涌、井漏频繁，钻井过程中要注意预防井喷、井漏和保护油气层。某邻井测试过程中H_2S浓度最高为23600g/m³，另一邻井在测试过程中H_2S浓度为8200g/m³；另外，塔中北斜坡下奥陶统H_2S含量普遍较高；因此必须加强H_2S检测与防护，注意防中毒。该井钻探可能存在以下风险：

（1）塔中地区奥陶系碳酸盐岩储层非均质性严重，特别是塔中地区良里塔格组存在缝洞充填的现象，因此能否钻遇优质储层可能存在一定风险。

（2）钻井工程风险：地层压力复杂，且塔中11#井附近断裂多，预测裂缝发育，要注意防漏、防喷；塔中地区上奥陶统油气藏H_2S含量较高，要注意防H_2S工作。

因此，塔中11#井设计三开(6120m)开始应用精细控压钻井钻进，可有效控制溢流、漏失等井下复杂对钻井作业的影响，减少非生产时间损失，有利于碳酸盐岩、裂缝性储层的发现和保护。

二、实例井基础数据

（1）基本数据见表4-12。

表4-12 实例井基础数据

井 号		塔中11#	完钻层位	良二段
井别		评价井	目的层	上奥陶统良里塔格组
井型		水平井	完钻原则	水平段进尺1557m完钻
完钻井深/m	垂深	6325		
	斜深	8008		

（2）地层压力预测：

① 邻井实测压力见表4-13、表4-14。

表4-13 邻井油层中部实测压力

井 号	层 位	油层中部深度 m	地层压力 MPa	地层压力当量密度 g/cm³	备 注
31#	O3l	6249.50	68.51	1.14	试油时静压
32#	O3l	6418.63	72.457	1.15	试油时静压

续表

井 号	层 位	油层中部深度 m	地层压力 MPa	地层压力当量密度 g/cm³	备 注
33#	O3l	6573.31	74.165	1.15	试油时静压
34#	O3l	6324	63.38	1.02	试油时静压

表 4-14 邻井地层破裂压力试验数据

井号	地层	井深 m	套管鞋深度 m	钻井液密度 g/cm³	破裂压力当量密度 g/cm³	备注
35#	R	530	504.43	1.1	1.71	未破
36#	R	525	520	1.06	2.22	未破
37#	R	558.27	506.69	1.05	1.77	未破
38#	R	1580	1502.03	1.10	1.80	未破

② 邻井完钻钻井液使用情况见表 4-15。

表 4-15 邻井完钻钻井液使用情况

井号	层位	井段 m	钻井液密度 g/cm³	钻井液漏斗度 s
39#	R	0~1500	1.08	65~67
	~O3l	1500~6200	1.10~1.30	36~75
40#	R	0~1200	1.15	42~53
	~D	1200~4628	1.12~1.25	46~68
	~O3l	4628~6204	1.24~1.25	42~59
	~O1y	6204~6650	1.05~1.08	50~76

③ 实例井压力预测见表 4-16。

表 4-16 实例井各层系地层压力预测表

地层 地震	地层 地质	底深 m	孔隙压力（井涌临界密度）	坍塌压力（坍塌临界密度）	闭合压力（有裂缝漏失密度）	破裂压力（压裂临界密度）
TE	古近系底	2169	1.08	1.23	1.71	2.34
TK	白垩系底	2566	1.09	1.28	1.72	2.33
TT	三叠系底	3415	1.14	1.27	1.72	2.33
TP	二叠系底	4077	1.13	1.25	1.73	2.36
TC1k-4	石炭系（标准灰岩顶）	4346	1.13	1.26	1.74	2.37

井壁稳定相关压力（当量钻井液密度表示），g/cm³

续表

地层		底深 m	井壁稳定相关压力(当量钻井液密度表示), g/cm³			
地震	地质		孔隙压力(井涌临界密度)	坍塌压力(坍塌临界密度)	闭合压力(有裂缝漏失密度)	破裂压力(压裂临界密度)
TD3b-1	石炭系(生屑灰岩顶)	4477	1.08	1.20	1.74	2.42
TD3d	石炭系(东河砂岩底)	4568	1.10	1.22	1.74	2.38
TD	泥盆系底	4762	1.11	1.25	1.75	2.35
TS	志留系底	5434	1.12	1.26	1.76	2.37
TO3s	上奥陶统灰岩顶(桑塔木组底)	6114	1.13	1.27	1.78	2.38
TO3l	良里塔格组	8008	1.16	1.21	1.87	2.44

(3) 井身结构设计见表4-17、图4-2。

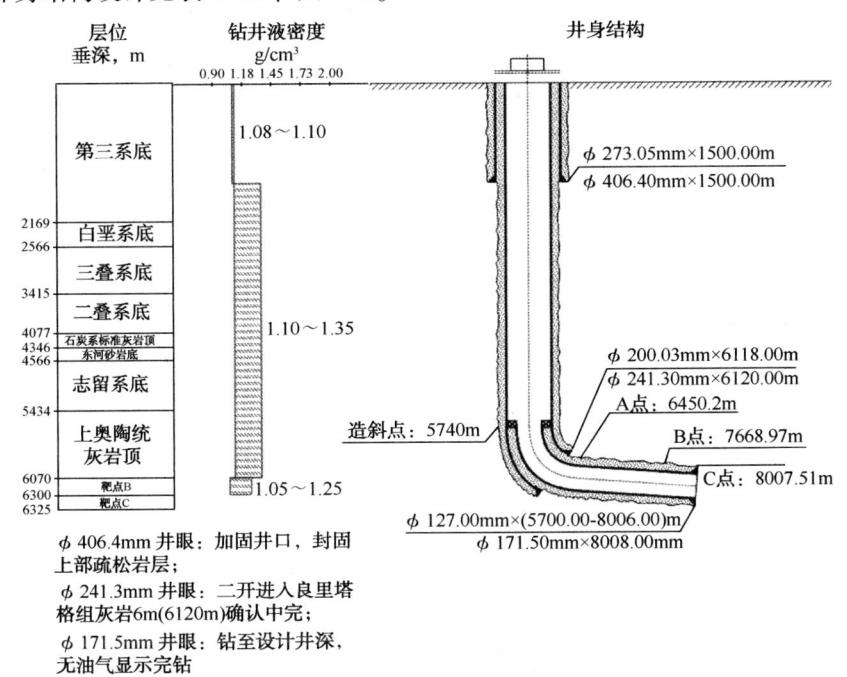

图4-2 实例井井身结构设计图

表4-17 井身结构设计表

开钻次序	井段 m	钻头尺寸 mm	套管尺寸 mm	套管下入地层层位	套管下入井段 m	水泥封固段 m
一开	0~1500	406.4	273.05	第三系底	0~1500	0~1500
二开	1500~6120	241.3	200.03	良里塔格顶	0~6118	0~6120
三开	6120~8008	171.5	127	良里塔格组	5700~8008	5700~8008
备注	表中预测深度按实测补心海拔1043.9m计算(补心高9m),开钻后的各层位深度以复测补心海拔及实际补心高度重新计算值为准					

三、井口装置及地面流程图

（1）井口装置见表4-18和图4-3。

表 4-18 井口装置组合

序号	井口装置名称	规格型号	高度 m	累计高度 m	备注
1	旋转防喷器	Williams7100	1.75	7.11	或 FX 35-17.5/35
2	环形防喷器	FH35-35/70	1.3	5.36	
3	双闸板防喷器	2FZ35-70	1.4	4.06	双4in半封
4	单闸板防喷器	FZ35-70	1.3	2.66	剪切全封一体
5	变径变压法兰	35-70×28-105	0.17	1.36	
6	钻完井一体化四通	28-105×28-70	0.70	1.19	
7	套管头	TF10¾in×7⅞in-70	0.49	0.49	防硫
备注	（1）表中井口装置高度数据仅供参考，现场应以实物高度为准； （2）按要求安装好井口液面监测仪器； （3）三开钻进如选用4in+3½in复合钻杆，根据井控细则、钻具实际使用情况，决定半封闸板封芯组装顺序					

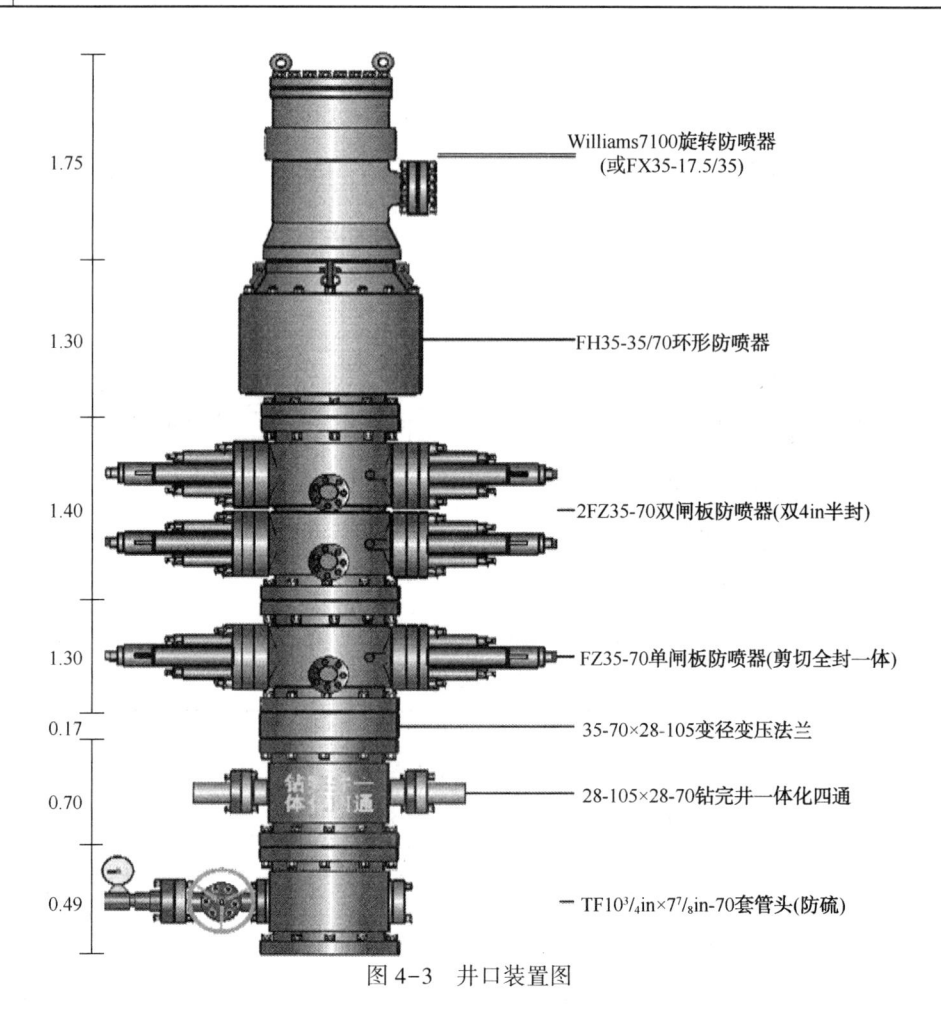

图 4-3 井口装置图

(2) 地面流程见图 4-4。

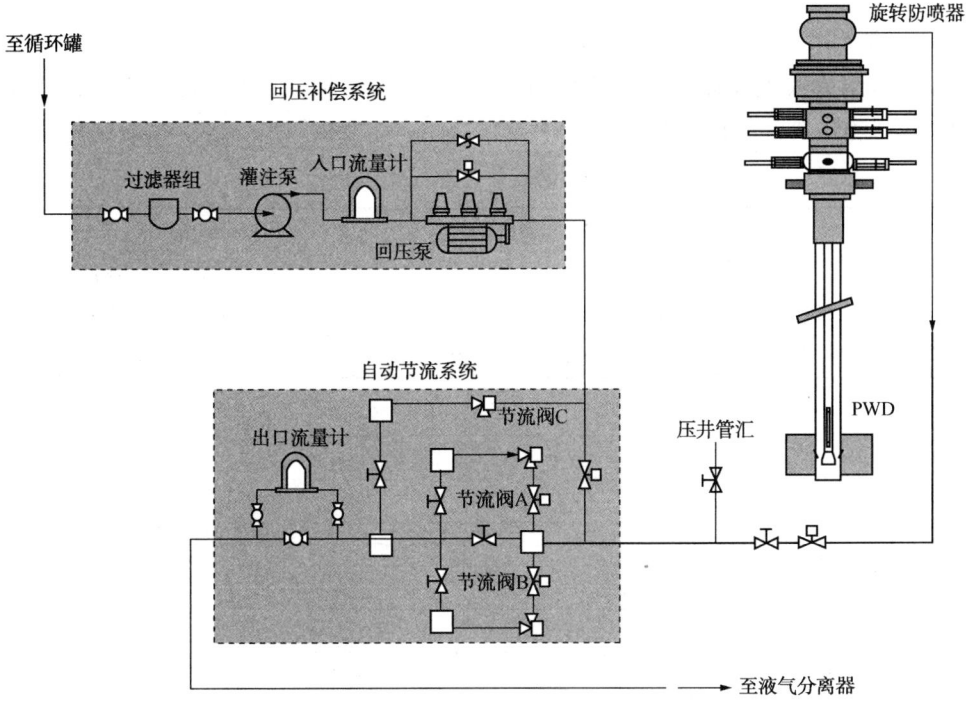

图 4-4 精细控压钻井地面设备及流程图

四、钻具组合设计

三开钻具组合设计见表 4-19，要求为：

（1）钻具下部的止回阀需使用浮阀，在停止循环后能够密封牢靠，确保在接立柱（或单根）、停止循环、带压起下钻过程中补压、精细控压作业的实施。至少备用 6 只以上检验合格的浮阀，每次起完钻检查，有问题及时更换，确保其在下次入井时工作可靠有效。

（2）选用优质高效钻头、螺杆和 MWD，尽量减少带压起下钻的次数。

（3）所有钻杆要求采用 18°斜坡钻杆。钻具达到一级钻具标准，钻杆接头无伤痕，钻杆外表光滑、无应力槽、内部没有覆盖物，使用前全部经过探伤、通径。钻柱上不安装钻杆保护器和减摩减扭接箍。

（4）钻具上端要求带钻杆滤子，并备用 1 个，防止常闭式止回阀失效和钻具内堵。

表 4-19 三开钻具组合设计

开钻次序	井眼尺寸, mm	井段, m	钻具组合
三开	171.5	6120~8008	ϕ171.5mm 钻头×0.24m+ϕ120.7mm 螺杆钻具×5.7m+浮阀×0.5m+PWD+MWD+ϕ120.7mm 无磁钻铤×9m+ϕ120.7mm 无磁悬挂短节×1.96m+ϕ88.9mm 无磁承压钻杆×9m+转换接头 311×HT40（母）×0.5m+ϕ101.6 斜坡钻杆 S135I+ϕ101.6 加重钻杆+ϕ101.6 斜坡钻杆 S135I+ϕ101.6 斜坡钻杆 S135+旋塞+浮阀+ϕ101.6 斜坡钻杆 S135

五、精细控压钻井水力参数模拟

1. 操作窗口水力模拟

操作窗口水力模拟设计见表4-20。钻头分别位于6120m、6450m、8000m进行水力模拟,如图4-5~图4-7所示。

表4-20 操作窗口水力模拟设计

开钻次序	井眼尺寸 mm	井段 m	钻井液性能 密度 g/cm³	PV mPa·s	钻进参数 钻压 kN	转速 r/min	排量 L/s	立压 MPa
三开	171.5	6120~8008	1.05~1.25	4~19	40~80	螺杆	14	22

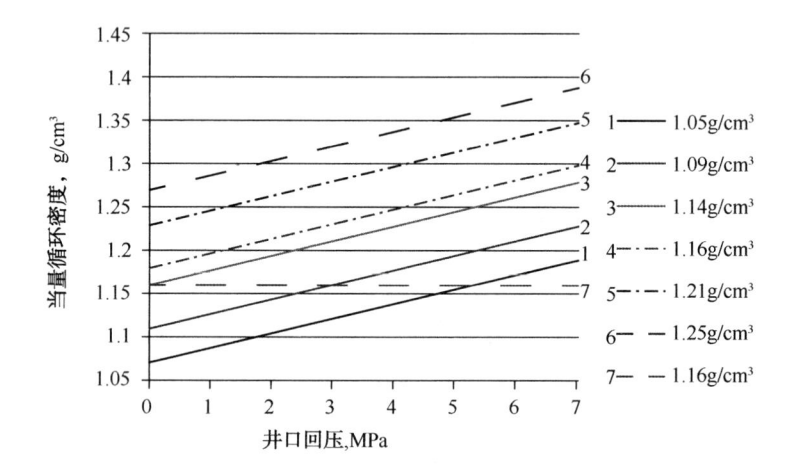

图4-5 操作窗口水力模拟设计(1)
模拟状态:钻头位于6120m,排量为14L/s井口回压区间

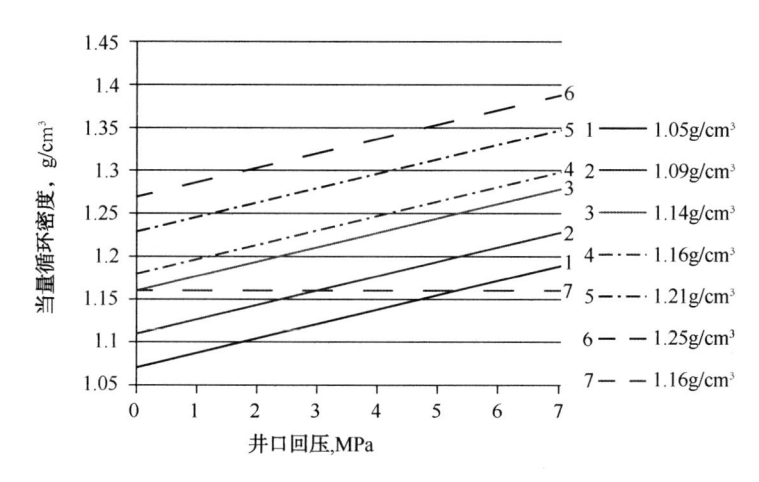

图4-6 操作窗口水力模拟设计(2)
模拟状态:钻头位于6450m,排量为14L/s井口回压区间

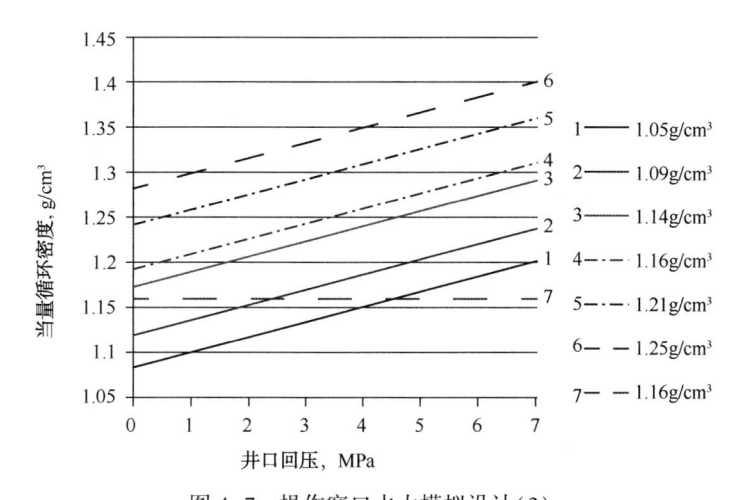

图 4-7 操作窗口水力模拟设计(3)

模拟状态:钻头位于 8000m,排量为 14L/s 井口回压区间

2. 模拟结果分析

钻井液密度与井口控压值的确定原则:

(1) 地层压力的临界约束;
(2) 井深6120m 处开始控压,计算该点最低环空压耗;
(3) 近平衡确保井底压力高于地层压力 0.5~3MPa;
(4) 欠平衡钻井精细控压钻井设计执行欠平衡钻井技术规范;
(5) 井口设备的最大承压能力;
(6) 旋转防喷器最大动压 17.5MPa,取 30% 的安全余量。

综合以上约束条件,确定井口回压最大不超过 7MPa。

3. 模拟结论

钻井液当量密度及控压设计结果见表 4-21。

表 4-21 钻井液当量密度及控压设计结果

井段 m	地层压力当量密度 g/cm³	钻井液密度区间 g/cm³	井底压差 MPa	当量密度区间 g/cm³
6120~8008	1.16	1.05~1.25	0.5~3.0	1.07~1.34

(1) 根据邻井实际钻井液密度的情况,该井三开目的层初始时使用密度为 $1.08g/cm^3$ 的钻井液精细控压钻进,根据现场实际工况、精细控压钻井监测情况调整井口回压和钻井液密度。钻进或循环时,若井口控压值长时间保持 2MPa 左右,钻井液密度提高 $0.02g/cm^3$;钻进或循环时,若井口控压值长时间保持 3MPa 左右,钻井液密度提高 $0.04g/cm^3$。

(2) 精细控压钻井降密度时,要遵循"循序渐进"的原则,确定井下正常时,缓慢降低钻井液密度,具体数值由控压钻井工程师与井队工程师协商确定。

(3) 钻进时,录井观察井底返出情况,看是否有掉块现象;控压钻井作业人员亦通过精细控压钻井设备监测是否有掉块,综合判断确定井下是否异常。根据井下情况,井下没有掉块时,每次以 $0.01~0.02 g/cm^3$ 小幅度降低钻井液密度;井下有掉块时,每次以 0.01~0.02

g/cm³小幅度提高钻井液密度。

（4）发现有漏失或气侵时，可通过精细控压钻井系统调节井口套压或调整钻井液密度。如钻遇油气层，有油气侵入井筒，流量计检测到出口流体连续增加时，立即调节自动节流系统节流阀开度，增加井口套压；采取立即或逐渐增加井底压力的方法，控制地层流体侵入量，进行有控制排污；当溢流量超过预先设计的限制时或井口套压过大时才考虑增加钻井液密度。

（5）流量计检测到有漏失情况时，首先由控压钻井工程师根据井漏情况，在能够建立循环的条件下，逐步降低井口套压，寻找压力平衡点。如果井口套压降为0时仍无效，则需要逐步降低钻井液密度，待液面稳定，循环正常后恢复钻进。在降低钻井液密度寻找平衡点时，如果当量循环压力降至实测地层压力或设计地层压力时仍无效，则转换到常规钻井作业，按照油田钻井井控实施细则的规定进行作业。

（6）该井发生大型溶洞漏失的可能性极大，置换型漏失将产生大量气体快速进入井筒，要保持连续循环、精细控压排污，防止大段连续气柱形成；如果井口失返，要及时转入钻井队井控程序，确保安全。

（7）精细控压钻井过程中出现掉块时，扭矩增大、钻井液出口密度增加、拉力增大、泵压升高、振动筛返出岩屑颗粒变大，此时立即施加稳定的井底压力，套压控制在规定值（如5MPa）之内，如果继续出现掉块，建议每次以0.01~0.02g/cm³小幅度提高钻井液密度。

六、精细控压钻井设计的钻前准备工作

1. 设备准备及安装要求

（1）精细控压钻井作业之前，井口装置、节流管汇、压井管汇、井场设备、管线等设备的安装与调试按照标准SY/T 5964《钻井井控装置组合配套 安装调试与维护》、SY/T 5323《石油天然气工业 钻井和采油设备 节流和压井设备》的规定验收。

（2）井控装置严格试压，按SY/T 5323的规定执行。

（3）各阀门统一编号并挂牌标识。

（4）井口照明采用泛光探照灯，在有足够亮度的情况下，灯源应尽量远一些。

2. 设备安装

1）精细控压钻井设备的安装

（1）井队压井管汇与PCDS精细控压钻井装备辅助钻井液返出管线的连接。在井队压井管汇上安装一个六通，精细控压钻井装备辅助钻井液返出管线要连接到此六通上。辅助返出管线能够在旋转防喷器被环形防喷器（或闸板防喷器）隔离的时候（如更换旋转防喷器密封件），仍然可以实施精细控压作业。

（2）回压补偿系统上水管线与钻井队循环罐的连接。回压补偿系统是用于钻井泵停止时，从循环罐抽取钻井液，在井口建立循环提供套压，保持稳定的井底压力。因此需要将套压泵的上水管线连接到循环罐上。回压补偿系统上水口必须安装过滤器。

（3）精细控压钻井自动节流系统钻井液返出口管线的连接。钻井液返出口管线从精细控压钻井自动节流系统连接到井队的液气分离器上。

（4）精细控压立压、套压传感器连接。在井口管线上安装一个压力传感器，用于观察井口压力。在钻井立管闸门组处安装一个压力传感器，用于观察立管压力。

(5) 井队提供精细控压钻井装备气控使用的气源。

2) 其他设备的安装

井队负责提供对应的六方方钻杆及匹配的滚子方补心，精细控压钻井作业之前，需要把四方方钻杆更换成六方方钻杆，并装上对应的滚子方补心，或者应用顶部驱动装置。

(1) 做好天车、转盘和井口三点一线的校正工作，要求天车、转盘、井口三点一线误差小于 10mm。防喷器用 ϕ16mm 钢丝绳和正反螺丝在井架底座的对角线上绷紧。

(2) 在钻台上下、振动筛、循环罐等部位配备不少于 6 台防爆轴流风机。

(3) 由录井队提供固定式 H_2S 监测系统，至少在圆井、钻井液出口、钻井液循环罐、钻台等处安装监测传感器，另外配 1 套声光报警装置用于发现 H_2S 时发出警示。

(4) 井队负责在井口旋转防喷器下法兰处安装操作台，便于井口装卸旋转总成。

3. 设备调试及试压

(1) 精细控压地面设备安装完毕，对其进行调试，确保信号传输通畅、阀门灵活可靠、各控制系统运行正常。

(2) 防喷器、井控管汇及阀门液体静密封试压。严格按油田井控实施细则的要求试压，确保井控设备安全可靠。

(3) 旋转防喷器壳体、自动节流系统试压：用试压泵先打压至 3.5 MPa、稳压 5min，然后打压至 24.5MPa、稳压 15min，压降小于 0.7MPa 合格。

(4) 旋转防喷器试压：用钻井泵先打压至 3.5 MPa、稳压 5min，然后打压至 12.5MPa，以 60r/min 的转速启动转盘，稳压 10min，压降小于 0.7MPa 合格。

4. 技术交底

精细控压钻井作业前须与甲方、井队等各单位及人员进行技术交底：

(1) 精细控压钻井正常作业程序；

(2) 精细控压钻井应急操作程序；

(3) 精细控压钻井终止条件；

(4) 精细控压钻井转常规井控程序的条件。

5. 风险分析及控制措施

(1) 制定精细控压钻井应急操作程序；

(2) 制定 HSE 作业计划书。

6. 其他准备工作

(1) 在井场入口处、有关的设施设备等地方应设置安全警示标志；在天车、钻台面、振动筛、前场、燃烧筒附近设立风向标。

(2) 开钻前，检查钻井泵上水口滤子，若有杂物清除干净，并清除所有循环罐中的沉淀物。

(3) 录井提供数据接口和终端给精细控压钻井中控房，实现数据的共享。

(4) 按钻井设计配置足够的压井液，储备足够量的加重材料、堵漏材料和除硫剂。

(5) 准备有效体积 120m³ 密度 1.30g/cm³ 重钻井液，用于起钻时重钻井液帽法压井(该井二开套管直径 200.03mm、完钻井深 8008m，井筒容积很大，需要的重钻井液量较多)。

(6) 精细控压作业前需对全体作业人员进行精细控压钻井工艺及施工安全培训，具体培训可分为以下三个阶段：

① 确认井位并且设备到井后，向现场甲方代表与各协作单位及人员进行技术交底。

② 设备安装调试结束后，要在室内对全体作业人员进行精细控压钻井施工工艺及安全培训。

③ 正式接手后根据各个井况不同，施工前在合适的时间对精细控压钻井各种工况进行模拟演练。

（7）进行精细控压钻井作业的现场操作培训。在所有人员都达到作业要求后，才能开始作业。

七、精细控压钻井设计的正常作业程序

1. 精细控压钻进

正常钻进时钻井液循环流程如图4-8所示。当精细控压钻进过程中井口压力超过或预计将超7MPa时，应停转盘、停泵，上提钻具，直接关半封闸板，打开井队标准节流管汇前端闸门，钻井液通过井队标准节流管汇进入液气分离器进行循环排气，根据现场实际情况调整钻井液性能和作业参数，循环流程如图4-9所示。

图4-8 正常钻进时钻井液循环流程

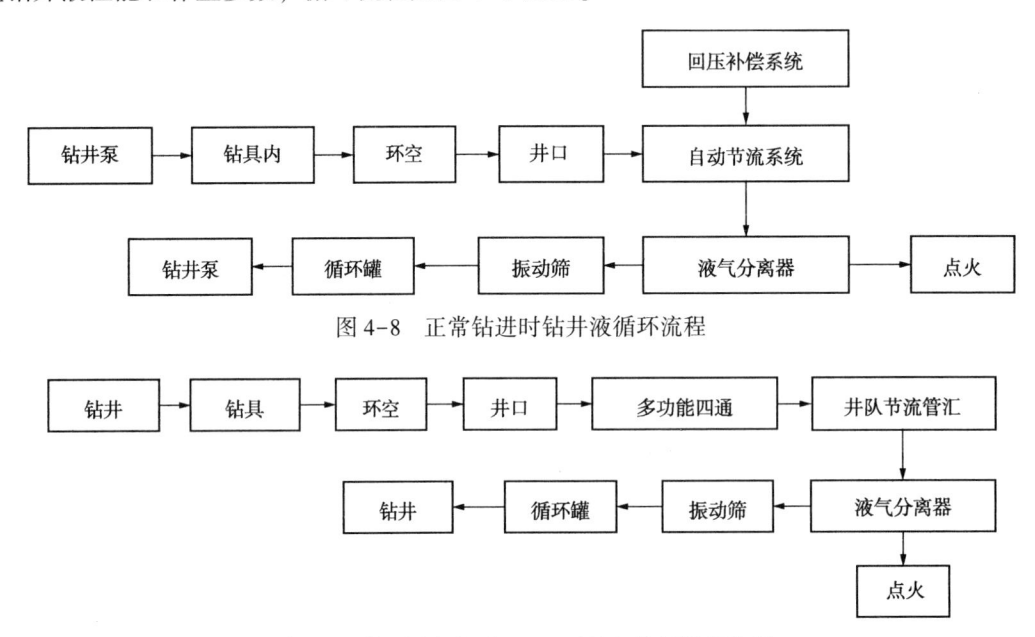

图4-9 井口压力超过7MPa时精细控压钻进流程

精细控压钻进作业程序如下：

（1）在套管鞋处，开始替入精细控压钻井钻井液，套管内全部替出后，常规下钻到井底，替出裸眼段钻井液。

（2）将钻井液密度调整至设计范围之内，然后钻井泵排量为1/3~1/2的钻进排量时测一次低泵速循环压力，并作好泵冲次、排量、循环压力记录；当钻井液性能或钻具组合发生较大改变时应重作上述低泵冲试验。便于套压控制和为后期作业提供依据。

（3）按照控压钻井工程师的指令使用采集的井下PWD数据和地面实时数据，对水力参数模型、回压补偿系统和自动节流系统进行校正调试。

（4）通过精细控压钻井自动节流系统按设计控压值开始精细控压钻进。司钻准备"开关

泵"时要通知控压钻井工程师，在得到答复后才能操作，控压钻井工程师接到通知后调整井口套压以保持井底压力稳定。司钻上提下放钻具要缓慢，避免产生过大的井底压力波动。钻井液要严格按照精细控压钻井工程设计要求进行维护，保持性能稳定，防止由于性能不稳定造成井底压力的较大波动。

（5）精细控压钻井期间，要求坐岗人员和地质录井人员连续监测液面，每5min记录一次液面，发现液面±0.2m³以上，立即汇报控压钻井工程师，并加密监测。控压钻井技术人员通过微流量监测装置和数据采集系统，连续监测钻井液动态变化，通过井队、录井、控压钻井三方的联合监测做到及时发现溢流和井漏。

（6）发现溢流量在1m³以内，停止钻进，保持循环，按以下程序处理：控压钻井工程师首先增加井口压力2MPa，井队坐岗人员和录井加密至2min观察一次液面。如液面保持不变，则由控压钻井工程师根据情况采取措施；如果液面继续上涨，则井口压力应以1MPa为基数，直至溢流停止。若井口压力大于7MPa，则转入井控程序。

（7）溢流量超过1m³，应立即采用常规井控装备，直接由井队控制井口，按照油田井控实施细则的规定实施关井作业。

（8）当钻遇有油气显示后，在确保环空钻井液没有油气侵的前提下，关井求取地层压力：地层压力=环空静液柱压力+井口套压。

（9）井漏的处理：首先由控压钻井工程师根据井漏情况，在能够建立循环的条件下，逐步降低井口压力，寻找压力平衡点。如果井口压力降为0时仍无效，则逐步降低钻井液密度，每循环周降低0.01~0.02g/cm³，待液面稳定后恢复钻进。在降低钻井液密度寻找平衡点时，如果当量循环压力降至实测地层压力或设计地层压力时仍无效，则认为该井处于井控状态，转换到常规井控程序，按照油田井控实施细则的规定作业。

（10）溢漏同时发生的处理：在保证井控安全的条件下，寻找微漏条件下的钻进平衡点。具体步骤是先增加井口压力至溢流停止或漏失发生，然后逐步降低井口压力寻找微漏时的钻进平衡点，保持该井口压力钻进，在钻进和循环时，控制漏失量在50m³/d，并持续补充漏失的钻井液量；起钻时仍然保持微量漏失精细控压起钻，如果替完重钻井液帽后，起钻时仍然继续漏失，可以根据现场情况灌入控压钻进用钻井液，以减缓漏速，保持井底压力相对稳定。

（11）在正常精细控压钻进时井口控压超过3MPa，要请示甲方提高钻井液密度，以降低井口套压，保证井口安全。

（12）精细控压钻井的目标是全井保持微过平衡状态，要求地面出气量不超过14000m³/d，H_2S浓度不超过30mg/m³。否则停止精细控压钻井作业，转换到常规钻井井控程序进行处理。

（13）实施精细控压钻井作业中，如果井下频繁出现溢漏复杂情况，无法实施正常精细控压钻井作业，应立即通知现场甲方代表，由甲方负责制定应急方案，并立即组织实施。

（14）实施精细控压钻井作业过程中，现场工作人员应密切注意，保证控压设备处于完好状态，一旦发现设备异常，无法进行正常精细控压作业，应立即转入常规井控装备。

（15）精细控压钻井所有阀门的开关必须按照控压钻井工程师的指令进行。精细控压钻井设备的阀门由控压钻井技术人员操作，井队的节流管汇、压井管汇阀门由井队作业人员操作。正常精细控压钻进时，在满足精细控压钻井要求的条件下，井控设备的待命工况必须满足油田钻井井控实施细则的规定。一旦旋转防喷器失效，必须立即关闭环形防喷器，不需要指令。

2. 接单根

接单根钻井液循环流程如图4-10所示。作业程序如下：

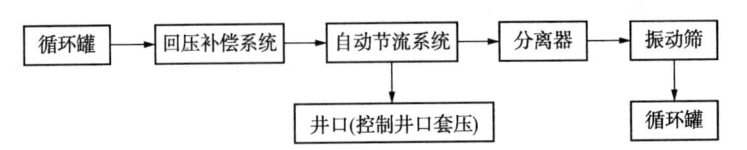

图4-10 精细控压钻井接单根钻井液循环流程

（1）钻完立柱或单根，停转盘，按照精细控压钻井排量循环钻井液5~10min，上提到接单根位置坐吊卡，准备接单根。告知控压钻井工程师准备接单根。上提钻具要缓慢，避免产生过大的井底压力波动。

（2）控压钻井工程师根据地层压力预测值或实测值，设定合理的井底压力控制目标值，确定停止循环状态下需要补偿的井口压力；按设定排量启动回压补偿系统，进行压力补偿。

（3）控压钻井工程师通知司钻关钻井泵后，司钻缓慢降低泵排量至0。

（4）泄掉钻杆和立管内的圈闭压力，确认立压为0 MPa后再卸扣接单根。

（5）单根接完后，司钻通知控压钻井工程师准备开泵，得到控压钻井工程师确认后缓慢开泵，逐渐增加钻井泵排量至钻进排量。控压钻井工程师相应调整井口压力，停回压泵。

（6）用锉刀或砂轮机将钻杆接头上被钳牙刮起的毛刺磨平，以免过早损坏旋转防喷器胶芯。

（7）循环下放钻具，恢复钻进。下放钻具要缓慢，避免产生过大的井底压力波动。

3. 换胶芯

换胶芯钻井液循环流程如图4-11所示。换胶芯作业程序如下：

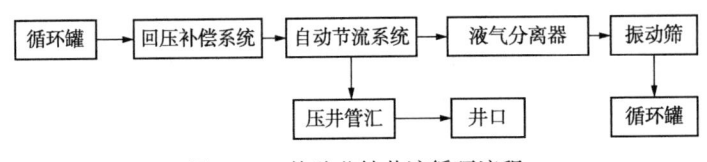

图4-11 换胶芯钻井液循环流程

（1）发现胶芯刺漏，停止钻进，上提钻柱，将回压补偿系统和自动节流系统转换到井口压力控制模式，以保持稳定的井底压力。

（2）司钻告知控压钻井工程师准备停泵，控压钻井工程师通知司钻关钻井泵后，司钻缓慢降低泵排量至0，泄钻具内压力为0之后，卸方钻杆，通过回压补偿系统控压起钻至安全井段。

（3）打开自动节流系统至井队压井管汇闸门到多功能四通的全部阀门，关闭环形防喷器，关闭自动节流系统与旋转防喷器间的阀门。

（4）接方钻杆，打开卸压阀卸掉旋转防喷器内的圈闭压力，然后将环形防喷器的控制压力调低至3~5MPa，拆旋转防喷器的锁紧装置及相关管线，打开旋转防喷器液缸，缓慢上提钻具，将旋转总成提出转盘面。

（5）换旋转总成，缓慢下放旋转总成到位并装好旋转总成，关闭旋转防喷器卸压阀，打开自动节流系统与旋转防喷器间的阀门，使环形防喷器上下压力平衡，然后打开环形防喷器，关闭井队压井管汇至自动节流系统的通道。

（6）精细控压下钻至井底，启动钻井泵，停止回压补偿系统，将井口控压模式调整至井底控压模式，恢复精细控压钻进。

（7）精细控压钻井期间如发现胶芯刺漏较严重，司钻可直接停泵，关闭环形防喷器，再进行下步作业。正常情况下换胶芯作业期间不需要关闭闸板防喷器，井口不需要接内防喷工具，异常情况下按照油田钻井井控实施细则的规定作业。

4. 起下钻

1）起钻程序

（1）控压钻井工程师和井队工程师计算需要的重钻井液帽深度、体积、密度、井口压力降低步骤表。

（2）充分循环，保证井眼清洁。在此期间活动钻杆时，工具接头通过旋转防喷器的速度要低于 2m/min。

（3）控压钻井工程师启动自动节流系统和回压补偿系统在井口压力控制模式下，保持井底压力稳定。

（4）司钻通知控压钻井工程师准备停泵，控压钻井工程师调节井口套压，保持稳定的井底压力。泄钻具内压力为 0 MPa 之后，卸方钻杆。

（5）通过回压补偿系统精细控压起钻至预定深度，期间起钻速度按照控压钻井工程师的要求操作，钻井液工核实钻井液灌入量，保证实际钻井液灌入量不小于理论灌入量，否则应适当提高套压控制值。

（6）连接方钻杆，准备打入隔离液。启动钻井泵，然后停止回压补偿系统，控压钻井工程师调节井口套压，保证井底压力大于地层压力。

（7）隔离液顶替至预定深度，启动回压补偿系统，停泵，卸钻具内压力为 0 MPa 之后卸方钻杆，控压起钻至隔离液段顶部。

（8）连接方钻杆，准备重钻井液。启动钻井泵，然后停止回压补偿系统，控压钻井工程师确定井口压力降低步骤和顶替排量，保持井底压力连续稳定。如作业需要，控压钻井操作人员手动操作回压补偿系统和自动节流系统。

（9）按照顶替方案注入重钻井液返至地面，井口套压降为 0 MPa。要求返出的钻井液与设计的重钻井液密度偏差小于 $0.01g/cm^3$，然后观察 30min 井口无外溢之后，拆掉旋转总成，装上防溢管。

（10）按照常规方式起完钻，关闭全封闸板防喷器。期间钻井液工核实重钻井液灌入量，发现异常立即报告司钻。

2）下钻程序

（1）下钻之前，井队工程师和控压钻井工程师计算所需控压钻井钻井液体积。控压钻井工程师计算顶替钻井液时井口压力提高步骤表和顶替体积量。钻井液工准备钻井液罐回收重钻井液帽。

（2）确认套压为 0 MPa 之后，打开全封闸板防喷器。

（3）按照控压钻井工程师和定向井工程师的指令，连接并下入精细控压钻井和定向井钻具组合，并对工具进行浅层测试。

(4) 常规下钻至隔离液段底部。按照控压钻井工程师要求的速度下钻,以减少激动压力。

(5) 接上方钻杆,准备循环精细控压钻井用钻井液。拆防溢管,安装旋转总成。

(6) 按照顶替方案泵入精细控压钻井钻井液替出重钻井液。期间按照计算的井口压力提高步骤表和顶替体积量的关系,逐渐提高井口套压。

(7) 顶替结束后,启动回压补偿系统,停止循环,保持合适的井口压力,泄钻具内压力为 0 MPa 之后卸方钻杆。

(8) 通过回压补偿系统及自动节流系统精细控压下钻至井底,接方钻杆,启动钻井泵,停止回压补偿系统,将自动节流系统转换到井底压力控制模式。

(9) 下钻期间,每下入 15 柱,灌满精细控压钻井钻井液一次,钻井液工记录钻井液的返出量,要求钻井液实际返出量不大于理论返出量,发现异常立即向司钻报告。装入旋转总成之后,用锉刀或砂轮机将接头上被钳牙刮起的毛刺磨平,以免旋转防喷器胶芯过早损坏,并在胶芯内倒入润滑剂润滑旋转防喷器胶芯。

(10) 每钻进 500m 进行一次定向井测多点作业。

八、精细控压钻井重钻井液帽设计及压力控制

1. 重钻井液帽设计

精细控压起钻过程中,起钻到预定深度后,开始注重钻井液帽,并控制井口套压,直至钻井液返出地面。观察 30min 无溢流后开始常规起钻。由于与原钻井液存在密度差,环空中重钻井液产生附加压力 Δp,大小等于正常循环时井口套压、环空压耗之和。确定附加压力后,可求出重钻井液帽高度 H、开始需要注入的重钻井液体积 $V'_{重}$ 及总的重钻井液体积 $V_{重}$:

$$H = \frac{\Delta p}{\rho_{重} - \rho} \times g \quad (4-2)$$

$$V'_{重} = (V_{DC} - V_{开排}) \times g \times H \quad (4-3)$$

$$V_{重} = V_{DC} \times H \quad (4-4)$$

式中 Δp——环空中重钻井液产生附加压力,MPa;

$V'_{重}$——钻柱在技术套管内需要注入的重钻井液体积,m³;

V_{DC}——单位长度的技术套管的内容积,L/m;

$V_{重}$——总的重钻井液体积,m³;

$V_{开排}$——单位长度的钻杆的开排体积,L/m;

ρ——原钻井液密度,kg/m³;

$\rho_{重}$——重钻井液帽的钻井液密度,kg/m³;

H——钻头深度,即重钻井液高度,m。

2. 压水眼重钻井液参数计算

精细控压起钻前需向井内注入一定量高密度钻井液以防止起钻时原钻井液从钻具内喷出,该部分钻井液称之为压水眼重钻井液。根据精细控压钻井水力学模型计算得到:起钻时井口压力、井下内防喷工具开启压力、安全附加压力相加值,即为压水眼重钻井液需要产生的压力值,则:

$$H_1 = \frac{\Delta p'}{(\rho_2 - \rho)g} \tag{4-5}$$

式中 H_1——压水眼重钻井液在钻具内高度，m；

ρ_2——压水眼重钻井液密度，kg/m³；

ρ——原钻井液密度，kg/m³；

$\Delta p'$——环空中压水眼重钻井液的附加压力，MPa。

3. 井口套压控制原理

注重钻井液前，钻井泵处于停止状态，井筒中钻井液静止，此时由回压补偿系统在井口提供套压。开启钻井泵后，环空中钻井液开始流动，产生环空压耗，井底压力增大，需降低井口套压以保持井底压力不变，即井口压力减小环空压耗的大小。当重钻井液开始沿环空上返时，其在环空中高度不断增加，附加压力增大，井口压力需逐步降低，至重钻井液从井口返出时，井口压力降为零，以此实现重钻井液注入过程中井底压力恒定。则可得：

$$t_1 = \frac{V_{DP} \times H}{Q} \tag{4-6}$$

$$t'_2 = \frac{(V_{DC} - V_{闭排}) \times g}{H} \tag{4-7}$$

式中 Q——钻井泵注重钻井液的排量，L/s；

V_{DP}——单位长度的钻杆内容积，L/m；

$V_{闭排}$——单位长度钻杆的闭排体积，L/m；

H——钻头深度，即重钻井液高度，m；

t_1——从开启钻井泵至重钻井液从钻头水眼返出的时间，s；

t'_2——重钻井液从钻头水眼上返至井口所需要时间，s。

根据以上计算作出井口套压变化曲线如图4-12所示。

由图4-12看出，井队开启钻井泵后需迅速将套压减小为环空压耗的大小，即停止回压补偿系统补压，通过自动节流系统控制井口压力。至t_1期间，保持井口套压不变；t_1之后，开始均匀降低套压。

4. 井口回压控制设计

1) 简易式重钻井液帽套压控制策略

开启钻井泵后，将井口套压降至p_1。重钻井液进入环空后套压均匀降低。

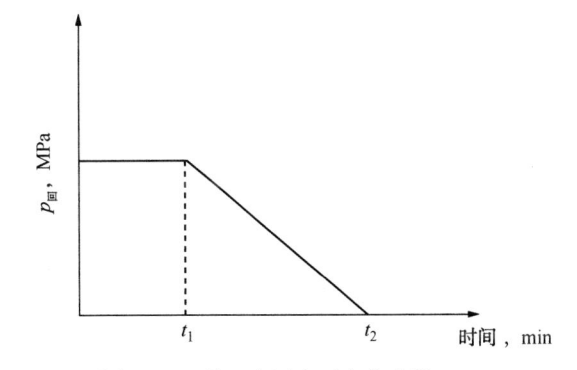

图4-12 井口套压实时变化曲线

注：t_2——开启钻井泵至重钻井液返出井口所需要时间，s。

设t_2为简易式重钻井液帽注入作业总时间，根据式(4-6)、式(4-7)计算t_1和t'_2，则t_2为t_1与t'_2之和。井口套压变化曲线如图4-13所示。

2) 组合式重钻井液帽套压控制策略

压水眼重钻井液密度与重钻井液帽的密度不同，针对不同特性的地层，钻具内需注入的重钻井液量也不同。将该部分重钻井液与重钻井液帽进行组合设计，设计出压力控制"五段论"，即以钻柱内上部灌满重钻井液帽、压水眼重钻井液到达钻头、压水眼重钻井液开始进入环空、压水眼重钻井液全部进入环空、重钻井液帽开始沿环空上返为井口套压控制五个阶段。该设计可规避井控风险，减小重钻井液帽设计高度及重钻井液使用量，提高生产时效。

当起钻至设计钻头深度时，钻具内部钻井液分布为：压水眼重钻井液距井口一定高度，重钻井液底部为原钻井液（图4-14）。开启钻井泵注重钻井液时井口压力保持不变，则：

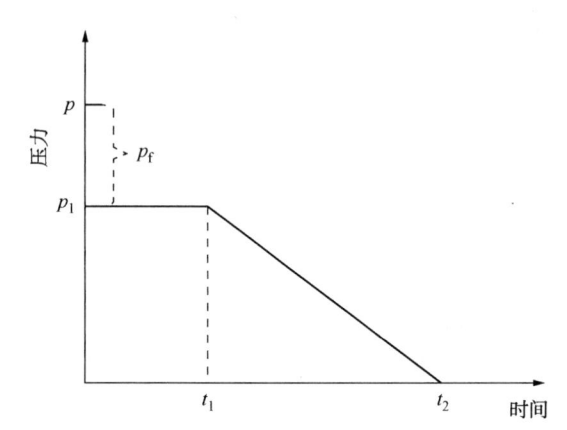

图 4-13 钻井液井口压力变化曲线
p_f——注重钻井液位置环空压耗值，MPa；
t_2——简易式重钻井液帽注入作业总时间，s。

$$t_3 = \frac{H V_{DP} - H_2 V_{DP} - V_1}{Q} \quad (4-8)$$

式中 V_{DP}——单位长度的钻杆内容积，L/m；
V_1——压水眼重钻井液体积，m³；
t_3——钻具内部灌满钻井液需要时间，s；
H——钻头深度，即重钻井液高度，m；
H_2——钻具内原钻井液高度，m。

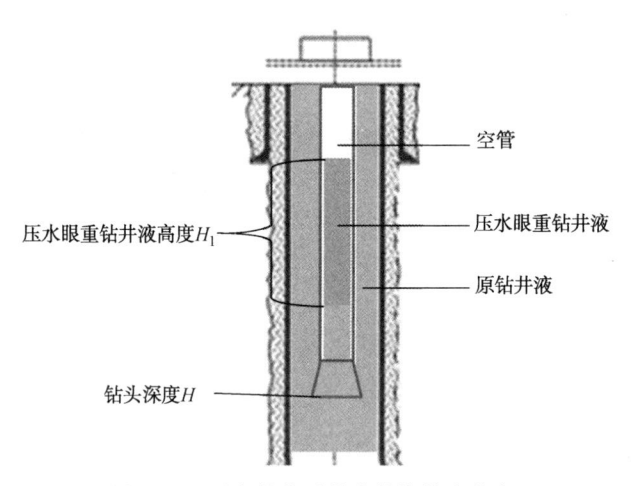

图 4-14 开启钻井泵前井筒钻井液分布

当出口开始有钻井液返出时，说明钻具内部已经灌满，立即将井口压力减少至 p_1，其减小值为环空压耗相应值，并保持 p_1 不变，设从开启钻井泵至压水眼重钻井液到达钻头处所需总时间为 t_4，其中压水眼重钻井液开始流动至到达钻头处所需要时间为 t'_4，则：

$$t'_4 = \frac{(H - H_1) V_{DP}}{Q} \quad (4-9)$$

经过 t'_4 后，压水眼重钻井液开始沿环空上返（图4-15），其在环空也产生附加压力，设从开启钻井泵至压水眼重钻井液完全进入环空所需总时间为 t_5，其中压水眼重钻井液开始沿环空上返至完全进入环空所需要时间为 t'_5，当该部分重钻井液完全进入环空时，井口压力为：

$$H_3 = \frac{V_1}{V_{DC} - V_{闭排}} \tag{4-10}$$

$$p'_3 = g V_1 \frac{\rho_2 - \rho}{V_{DC} - V_{闭排}} \tag{4-11}$$

$$t'_5 = \frac{V_1}{Q} \tag{4-12}$$

$$p_3 = \Delta p - p_f - p'_3 \tag{4-13}$$

式中 H_3——压水眼重钻井液在环空的高度，m；
p_f——环空压耗，MPa；
p'_3——压水眼重钻井液产生的附加压力，MPa；
t'_5——压水眼重钻井液进入环空所需时间，s；
p_3——压水眼重钻井液进入环空时井口压力，MPa；
V_1——压水眼重钻井液体积，m³；
$V_{闭排}$——单位长度的钻杆闭排钻井液量，L/m。

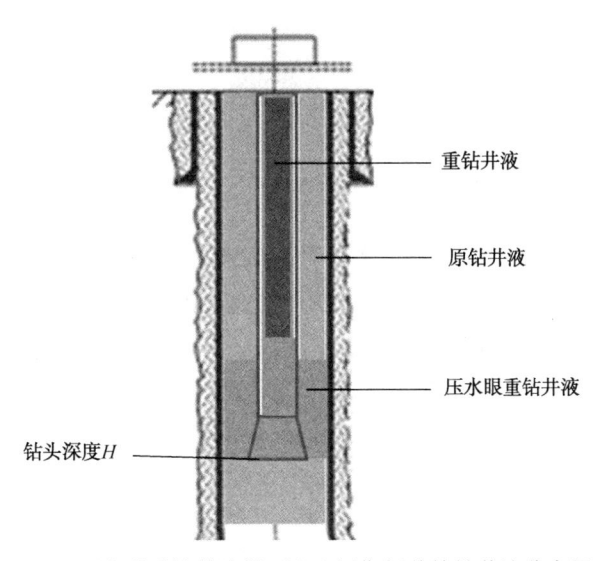

图4-15 压水眼重钻井液沿环空上返期间井筒钻井液分布图

经 t'_5 后，压水眼重钻井液全部进入环空，此时重钻井液开始上返（图4-16）。设重钻井液注入总时间为 t_6，其重钻井液帽沿环空上返需要时间为 t'_6，重钻井液帽需要在环空附加的压力 p'_4，上返高度 H'，则可确定：

$$p'_4 = \Delta p - p_f - p_3 \tag{4-14}$$

$$H' = \frac{\Delta p - p_f - p_3}{g(\rho_重 - \rho)} \tag{4-15}$$

$$t'_6 = \frac{(\Delta p - p_f - p_3)(V_{DC} - V_C)}{gQ(\rho_重 - \rho)} \qquad (4-16)$$

$$H = H' + H_3 \qquad (4-17)$$

式中 Δp——环空中重钻井液产生附加压力，MPa；

p'_4——重钻井液帽在环空附加的压力，MPa；

p_3——压水眼重钻井液进入环空时井口压力，MPa；

t'_6——重钻井液帽在环空上返所需时间，s。

ρ——原钻井液密度，kg/m³；

$\rho_重$——重钻井液帽的钻井液密度，kg/m³；

H_3——压水眼重钻井液在环空的高度，m；

H'——重钻井液帽在环空上返高度，m；

H——钻头深度，即重钻井液高度，m。

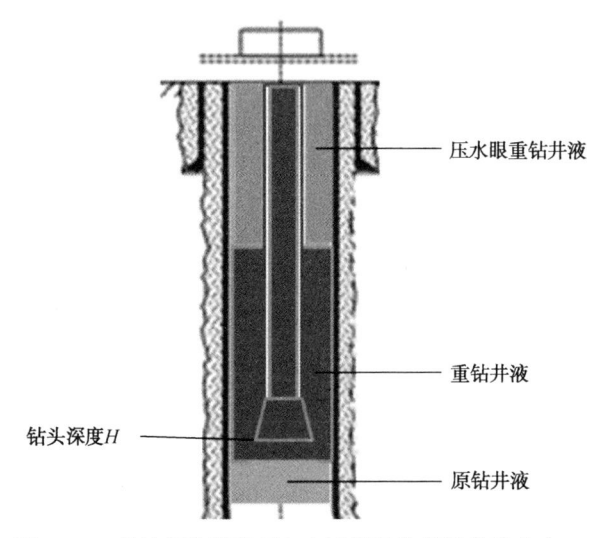

图 4-16 重钻井液帽沿环空上返期间井筒钻井液分布

当出口钻井液密度增加时，即压水眼重钻井液已经到达井口，此时井口压力降为零。至此为完整的重钻井液注入过程，井口压力变化曲线如图 4-17 所示。

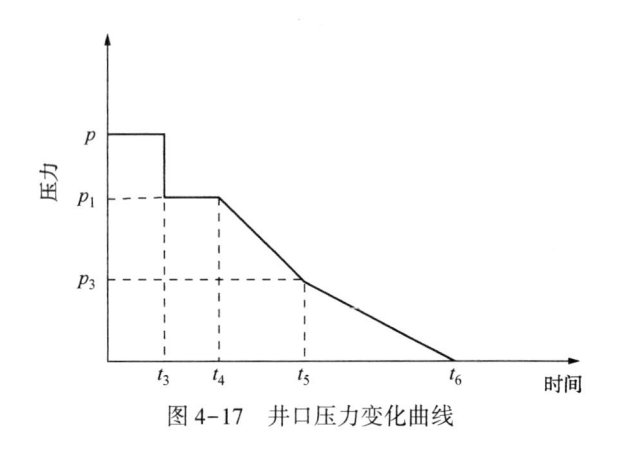

图 4-17 井口压力变化曲线

九、精细控压钻井设计的钻井应急操作程序

1. 自动节流系统节流阀堵塞

（1）发现节流阀堵塞后，自动节流系统转换到备用通道，确保操作参数恢复到正常状态，继续精细控压钻进作业。

（2）检查维修堵塞的节流阀。

（3）维修完毕并将此节流阀调整到自动控制状态，将此通道备用。

2. 随钻环空压力测量装置 PWD 失效

（1）随钻环空压力测量工程师向控压钻井工程师报告 PWD 失效，失去信号。

（2）按照随钻环空压力测量工程师的指令进行调整，以重新得到信号。

（3）若无法重新得到信号，使用水力参数模型，预计井底压力，继续控压钻进。控压钻井工程师每 15min 运行一次水力参数模型，计算井底压力。

（4）起钻，维修 PWD 工具。

3. 回压泵失效应急程序

（1）接单根停泵前通过适当提高套压值进行压力补偿。

（2）精细控压起钻时用钻井泵通过自动节流系统进行回压补偿。

4. 自动节流管汇失效

转入手动节流阀，用手动节流阀进行人工手动控压。

5. 控制系统失效应急程序

精细控压钻井控制系统失效后，应立即转入相应手动操作，控压钻井工程师排查控制系统故障。

6. 液压系统失效应急程序

精细控压钻井液压系统失效后，应立即转入相应手动操作，控压钻井工程师排查液压系统故障。

7. 测量及采集系统失效应急程序

精细控压钻井数据测量及采集系统中的一个(或几个)采集点(测量点)失效后，应根据现场情况转入手动操作，控压钻井工程师排查系统故障点。

8. 出口流量计失效应急程序

出口流量计失效后，应立即转入相应手动操作，控压钻井工程师排查流量计故障。

9. 内防喷工具失效应急程序

（1）接单根时内防喷工具失效：将井口套压降为 0MPa，然后在钻具上抢接回压阀；用回压补偿系统对井口进行补压，保持井底压力的稳定，进行接单根作业。

（2）精细控压起下钻时内防喷工具失效：进行压井作业，满足常规起下钻的要求，然后起钻更换内防喷工具。

10. 井口套压异常升高应急程序

井口套压迅速升高(5min 内套压上升超过规定值，如 5MPa)时，转入井控程序。

11. 溢流应急程序

（1）欠平衡溢流量 1m^3，重力置换溢流量 3 m^3 以内：停止钻进，保持循环，控压钻井

工程师增加井口压力 2MPa，井队坐岗人员和录井加密至 2min 观察一次液面。如液面保持不变，则由控压钻井工程师根据情况采取措施；如果液面继续上涨，则井口压力应以 1MPa 为基数增加，直至溢流停止。若井口压力大于 7MPa，则转入井控程序。

（2）欠平衡溢流量超过 1 m³ 以内，重力置换溢流量超过 3 m³：直接由井队采用常规井控装备控制井口，按照油田井控实施细则的规定实施关井作业。

12. 井漏应急程序

（1）能够建立循环：逐步降低井口压力，寻找压力平衡点。如果井口压力降为 0 MPa 时仍无效，则逐步降低钻井液密度，每循环周降低 0.01~0.02g/cm³，待液面稳定后恢复钻进。

（2）无法建立循环：转换到常规井控，按照油田井控实施细则的规定进行下步作业。

13. 涌漏同存应急程序

（1）存在密度窗口：先增加井口压力至溢流停止或漏失发生，逐步降低井口压力寻找微漏时的钻进平衡点，保持该井口压力钻进，在钻进和循环时，控制漏失量在 50m³/d，并持续补充漏失的钻井液量。

（2）无密度窗口：转换到常规井控，按照油田井控实施细则的规定进行下步作业。

14. 火灾应急措施

（1）发现火情立即发出火灾报警，报告相关单位及人员，执行相关程序。

（2）在允许的情况下，首先要救助人员，然后采用设备设施控制事态；在不允许的情况下，迅速撤离到安全区。

（3）若火灾对工程影响较大，精细控压钻井 HSE 管理小组组长及时向相关部门及人员报告，并将处理情况告知相关部门。

15. 人员伤亡应急措施

（1）发现伤者立即发出求救信号，就近人员通知卫生员和平台经理。

（2）卫生员赶到现场对伤者检查，根据情况进行急救处理。

（3）根据卫生员的决定落实车辆、路线、医院和护理人员。

（4）如果伤势较重，将伤者送往就近医院。同时向医院急救室通报伤者情况：姓名、性别、年龄、单位、出事地点、出事时间、受伤部位、伤情以及能够到达的大致时间等。控压钻井 HSE 管理小组组长同时向有关部门及人员报告情况。

（5）送走伤员后，立即查找原因。必须落实整改或采取防范措施后，方可恢复生产。

16. 发现硫化氢应急程序

（1）接到硫化氢报警后，应立即向上风处、地势较高地区撤离，切忌处于地势低洼处和下风处。

（2）若需要协助控制险情或危险区抢救中毒人员，则必须正确带上正压式呼吸器，并在正压式呼吸器失效前撤离。

（3）当大量硫化氢突出时，断电停机后迅速撤离人员，人员紧急疏散时应有专人引导护送，清点人数。

（4）控压钻井 HSE 管理小组组长同时向有关部门及人员报告情况。

17. 硫化氢中毒时紧急救护程序

（1）急救组迅速实施救援，急救人员在自身防护的基础上，控制事故扩展恶化，救出伤员，疏散人员。

(2) 立即将患者移送至上风处，注意保暖及呼吸畅通。

(3) 一般中毒病员应平坐或平卧休息。

(4) 神志不清的中毒病员侧卧休息，以防止气道梗阻。

(5) 尽量稳定伤员情绪，使其安静，如活动过多或精神紧张往往促使肺水肿。

(6) 脸色发紫、呕吐者和呼吸困难者立即输氧。

(7) 窒息的患者立即进行人工呼吸。

(8) 心跳停止者立即实施胸外心脏挤压复苏法。

(9) 切勿给神志不清的患者喂食和饮水，以免食物、水和呕吐物误入气管。

(10) 眼部伤者应尽快用生理盐水冲洗后，滴入考地松液。

(11) 要密切观察患者有无脑积水和肺积水征象。

(12) 对重度中毒患者进行人工呼吸时，救护者一定要将由患者肺部吸出的气体吐出，然后自己深深吸气，再继续人工呼吸，避免救护者自己中毒。

十、精细控压钻井终止条件

(1) 如果钻遇大裂缝或溶洞，井漏严重，无法找到微漏钻进平衡点，导致精细控压钻井不能正常进行。

(2) 精细控压钻井设备不能满足精细控压钻井要求。

(3) 实施精细控压钻井作业中，如果井下频繁出现溢漏复杂情况，无法实施正常精细控压钻井作业。

(4) 井眼、井壁条件不满足精细控压钻井正常施工要求时。

十一、控压钻井作业人员岗位职责

1. 控压钻井项目经理

(1) 控压钻井作业人员总联系人。

(2) 负责同油田公司联系，提供技术支持、精细控压钻井设计。

(3) 负责同现场控压钻井监督联系，提出相关报告和材料的要求。

(4) 协调控压钻井人员的调配。

(5) 负责处理作业中出现的问题。

(6) 同现场作业负责人员保持联系，改善作业，保证作业的连续性。

(7) 负责执行作业计划。

(8) 负责监督现场油田公司 HSE 政策的执行。

(9) 负责完成油田公司和精细控压钻井的作业目标。

(10) 协助油田公司节约作业成本。

(11) 协助油田公司进行设备搬迁。

(12) 负责后续井作业分析和经验总结。

(13) 总结作业得失、后续井报告、提出改善作业的建议。

2. 控压钻井工程师

(1) 负责确保作业数据的准确性、数据管理和发送。

(2) 负责进行水力参数模拟：作业前要进行水力模拟以提供精细控压钻进操作窗口、作业中要控制排量保持井眼清洁、控制井底循环压力。

(3) 负责预计数据传输延迟时间，保持井底压力。

(4) 负责下步作业指令，向钻井监督汇报。

(5) 负责协助钻井监督进行井队、服务人员培训和下步作业计划。

(6) 负责精细控压钻井的计算。

(7) 负责实时数据和历史数据管理，协助进行后续井作业分析。

3. 控压钻井软件工程师

(1) 调整和测试自动节流系统，确保精细控压钻井控制程序功能正确。

(2) 辅助和支持操作精细控压钻井软件和数据采集系统的维护。

(3) 辅助所有输入精细控压钻井系统的压力、温度、流体性能和流量计等数据的校对。

(4) 辅助设置用户化的精细控压钻井实时显示，所有精细控压钻井数据的监测和控制实时采集，确保控压钻井软件和数据采集系统工作良好。

4. 精细控压钻井设备与技术操作人员

(1) 负责现场操作和监测设备。

(2) 根据作业指令控制井底压力。

(3) 负责精细控压钻井设备的保养、维修和探伤。

(4) 参照设备数据手册，服务和维修并记录。

(5) 协助进行设备的搬迁、安装和拆卸工作。

十二、施工现场临时改动设计操作

由于精细控压钻井设计不可能完全覆盖施工现场所有情况，因此施工中可能会遇到下面状况：甲方根据现场实际情况和在某一区块多年的施工经验做出与精细控压钻井设计不相符或是设计中没有涵盖的指令。为了保证施工安全，将作业风险降至最低，实施该指令之前应执行必要的程序，具体操作如下：

(1) 精细控压钻井技术服务单位及技术人员先进行风险评价和安全分析，向甲方提出合理化建议。

(2) 甲方现场代表或钻井监督组织各相关单位开会讨论，形成具体的技术措施，并提交设计更改申请，按照工作程序审批同意后，方可进行相关作业。

(3) 如果现场不能达成一致，可上报甲方负责人，同意后，甲方现场代表或监督签字认可，可进行相关操作。

十三、健康、安全、环境管理

严格执行 HSE 管理原则与油田健康、安全、环境管理规定。

十四、精细控压钻井主要设备

精细控压钻井主要设备见表 4-22。

表 4-22　精细控压钻井主要设备

序 号	名　　称	规格型号	单位	数量	备注
1	自动节流系统	35MPa	台	1	精细控压钻井技术服务单位
2	回压补偿系统	12L/s	台	1	
3	控制中心房	—	套	1	
4	配件房	—	套	1	
5	防爆手提对讲机	—	个	6	
6	正压式呼吸器	30min	个	3	
7	H_2S 检测仪	—	个	6	
8	液动平板阀	35MPa	只	1	
9	随钻环空压力测量装置	—	套	2	
10	手动平板阀	35MPa	只	2	
11	地面连接管线	35MPa	套	1	
12	旋转防喷器	FX35-17.5/35	台	1	欠平衡钻井技术服务公司
13	胶芯		只	10	
14	柴油发电机	400kW	组	1	钻井队
15	浮阀	70MPa	只	10	
16	下旋塞	70MPa	只	4	
17	手动平板阀	35MPa	只	2	
18	滚子方补心	133mm	套	1	
19	六方钻杆	133mm	根	1	

第五章 精细控压钻井技术应用分析

PCDS精细控压钻井技术与装备的现场试验及推广应用,实现了深部裂缝溶洞型碳酸盐岩等复杂地层的安全高效快速钻井作业,有效解决了溢漏共存的窄密度窗口钻井难题。本章介绍了窄密度窗口控压钻井技术、裂缝溶洞型碳酸盐岩水平井控压钻井技术、低渗特低渗储层控压钻井技术、微流量控制控压钻井技术、近平衡精细控压钻井技术、易涌易漏复杂工况控压钻井技术等典型实例,可供类似钻井工况下实施精细控压钻井技术参考与借鉴,以利于该技术的进一步推广应用,创造更大的经济效益与社会效益。

第一节 概 述

中国石油集团工程技术研究院有限公司研发的PCDS精细控压钻井系统先后在塔里木油田、西南油气田、大港油田、冀东油田、华北油田、辽河油田、致密砂岩气大宁-吉县区块、印度尼西亚B油田等油田现场试验与推广应用40多口井,取得显著效果。创新实现了9种工况、4种控制模式、13种复杂条件应急转换的精细控制,压力控制精度0.2MPa以内,技术指标优于国际同类技术。国际首创可控微溢流欠平衡控压钻井,同时解决了发现与保护储层、提速提效及防止窄密度窗口井筒复杂的世界难题,实现了深部裂缝溶洞型碳酸盐岩、高温高压复杂地层的安全高效钻井作业,有效解决了"溢漏共存"钻井难题,深部缝洞型碳酸盐水平井水平段延长了210%,显著提高了单井产能。提出"欠平衡控压钻井"理念,在保证井下安全的前提下,更大程度地暴露油气层,边溢边钻,储层发现和保护、提高钻速效果明显。在塔中26-H7井目的层全程欠平衡精细控压钻进,实现占钻进总时长80.4%"持续点火钻井"的创举,与常规钻井相比平均日进尺提高93.7%,创当时塔里木油田最长水平段纪录(水平段1345m、水平位移1647m),创目的层钻进单日进尺134m最高纪录。在塔中721-8H井创造了复杂深井单日进尺150m、水平段长1561m(5144~6705m)多项新纪录,刷新塔中26-H7井创造的历史纪录。在塔中862H井创造了垂深大于6000m、完钻井深8008m的世界最深水平井纪录。PCDS精细控压钻井技术与装备的现场试验与应用证明,该技术适用于窄密度窗口地层、裂缝溶洞型碳酸盐岩水平井水平段地层、易涌易漏复杂地层、低渗特低渗储层等。

针对不同井型、不同区块勘探开发难点,研发出能够提供适应不同特点的个性化控压钻井整体解决方案,见表5-1。

表5-1 精细控压钻井技术体系应用优选方案

地质、工程、经济需求	控压钻井应用方式	特征
窄窗口地层	高精度控压	恒定井底压力
压力敏感复杂地层	实时调整井底压力	压力、流量平衡
易漏地层	流量补偿	低密度钻井液、漏失速度恒定

续表

地质、工程、经济需求	控压钻井应用方式	特征
低渗地层	气体监测和低压力控制	低密度钻井液、恒定溢流量控制
含有毒有害气体	气体监测和高压力控制	保持微漏失钻进
密度窗口相对较宽的井	井口自动节流	钻进过程控压，其他工况监测压力

建立了从适应性分析、工程设计到特色工艺实施等一整套精细控压钻井技术体系，包括：精细控压钻井适应性分析与评价技术、精细控压钻井工程设计技术、精细控压钻井现场工艺技术、井底恒压控制技术、微流量控制钻井技术、重钻井液帽控制技术（重钻井液帽起下钻、重钻井液帽钻井）、精细控压欠平衡/近平衡/过平衡钻井技术、窄密度窗口精细控压钻井技术、裂缝溶洞型碳酸盐岩水平井精细控压钻井技术、低渗特低渗欠平衡精细控压钻井技术等。

总之，精细控压钻井通过装备与工艺相结合，合理逻辑判断，提供井口回压保持井底压力稳定，使井底压力相对地层压力保持在一个微过、微欠或近平衡状态，实现井筒环空压力动态、自适应控制。精细控压钻井现场布置及基本配置要求如图 5-1 所示。

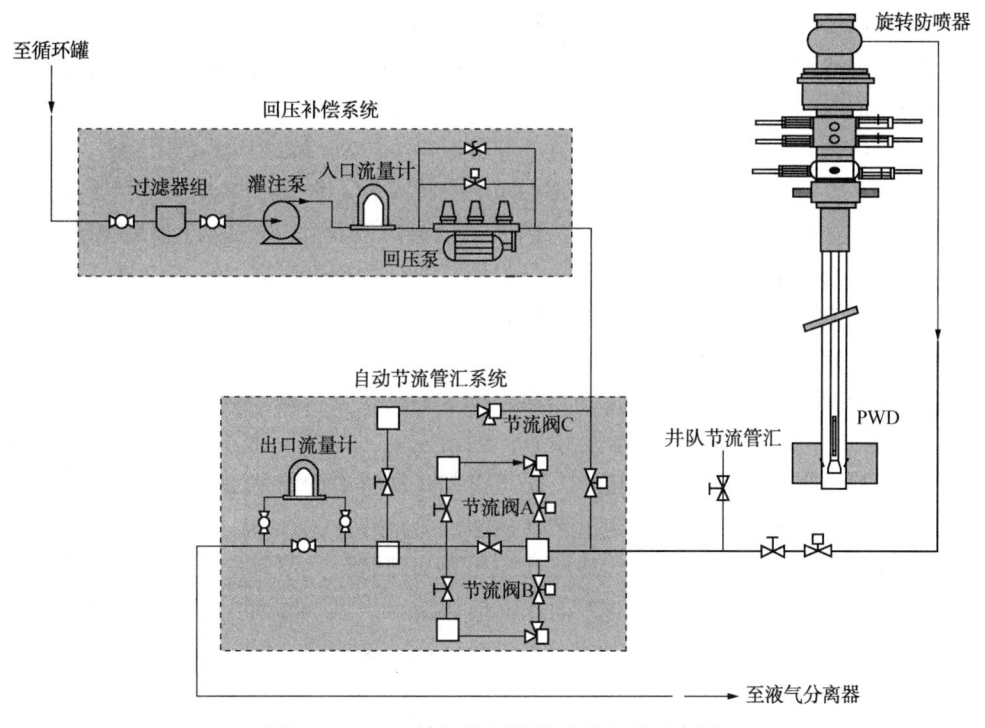

图 5-1 PCDS 精细控压钻井系统组成示意图

精细控压钻井现场应用的工艺核心就是实现对井底压力的精确控制，保持井底压力在安全密度窗口之内。井底压力等于静液柱压力、环空压耗和井口回压三者之和，其中：

（1）在正常循环钻进时，精细控压钻井自动控制系统采用井底压力模式，根据实时采集的排量、套压和 PWD 数据，实时对比井筒实际压力与目标压力，依据差值相应给出节流阀控制信号，自动调节节流阀保持井底压力稳定。

(2)精细控压钻井接立柱作业时，自动控制系统采用井口压力模式，接立柱操作前，控压钻井回压补偿系统确保处于待机状态，井场钻井泵停泵后，井筒内循环摩阻逐渐减少，此时要通过回压补偿系统增加井口回压来弥补井筒环空压耗的降低值，当接立柱作业完毕开泵循环时，井筒环空压耗会逐渐增加，此时要不断减小井口回压来达到井底压力恒定的目标。

(3)精细控压起下钻作业时，回压泵全过程提供压力补偿，通过自动节流管汇的节流阀实时调节井口回压，维持恒定的井底压力。现场钻井泵停泵后，通过旋转防喷器起钻到预定的深度，然后按重钻井液驱替过程替入重钻井液压井，直至井口回压降低为0。值得注意的是，在控压起下钻过程中，抽汲激动压力对压力控制效果影响较大，所以在起下钻时要对起下钻速度进行一定限制，避免产生较大抽汲激动压力，影响精细控压钻井作业效果。

第二节 窄密度窗口精细控压钻井技术应用案例

安全密度窗口是指钻井过程中不造成涌、漏、塌、卡等钻井事故，能维持井壁稳定的井筒压力当量钻井液密度范围。

窄密度窗口是指钻井过程中的环空压耗大于或等于地层破裂(漏失)压力与地层孔隙压力之差，即指由地层破裂(漏失)压力、孔隙压力、坍塌压力决定的井筒压力允许值小于正常压力范围的情况。

窄密度窗口钻井由于其地层情况复杂、安全窗口小，对与之相适应的工艺、手段和技术等条件限制诸多，针对窄密度窗口钻井的不同地质特点和工程要求，开展了窄密度窗口钻井适应性技术研究。确定窄密度窗口区间、扩大安全窗口以及环空压力与ECD控制是解决窄密度窗口钻井问题、改善窄密度窗口钻井作业环境的有效解决方案。

通过地层压力预测或实钻井底压力监测等技术手段，依据精细控压钻井系实时调控井筒压力及流量参数，以克服窄密度窗口导致的涌、漏、塌、卡等井下复杂的钻井工艺实施技术，是解决窄密度窗口钻井问题最先进的钻井技术手段。中国石油集团工程技术研究院有限公司研发的PCDS精细控压钻井技术及装备，创新发展了与国际上不同的理念及应用技术，不再是传统的略过平衡的控压钻井技术，而是控制井底压力低于地层孔隙压力，允许地层流体在一定控制流速下流入井眼环空的欠平衡精细控压钻井工艺技术。

在一定程度上，由于大多数井的地层孔隙压力和破裂压力不是那么准确，欠平衡精细控压钻井技术也可采用流量控制，即一方面允许气体流出，另一方面控制钻井液流量，这是欠平衡控压钻井技术基本理念，也是为了提高机械钻速、保护油气层的需要。通过在塔里木等地区应用的实践结果证明：该新型精细控压钻井装备可以有效控制回流钻井液的压力和流量，欠平衡精细控压钻井技术可克服窄密度窗口问题，取得良好效果。

一、塔里木油田中古105H井

1. 基本情况

中古105H井是一口评价井，也是一口水平井，钻探目的是评价中古10号奥陶系岩性圈闭的含油气规模，为探明中古10井区取得产能、流体性质及物性等资料；扩大北部岩溶斜坡油气勘探成果，加快落实塔中北坡下奥陶统的油气资源潜力。

中古105H井设计完钻井深6813m(图5-2),设计造斜点/侧钻点在5932.5m,井眼采用直—增—稳结构,设计水平段长495.33m,最大井斜角85.95°,设计二开中完井深5902m。三开6⅝in井段先钻直导眼,回填后完成水平井段钻进。设计在进入A点(6317.67m)前50m处开始使用精细控压钻井技术钻进。根据钻井工程设计,不会钻遇断层、超压层。邻井中古10和中古103井钻至目的层段后曾发生井漏,且油气显示活跃,均发生过溢流,因此,该井在进入目的层段后,注意防漏、防喷和保护油气层。

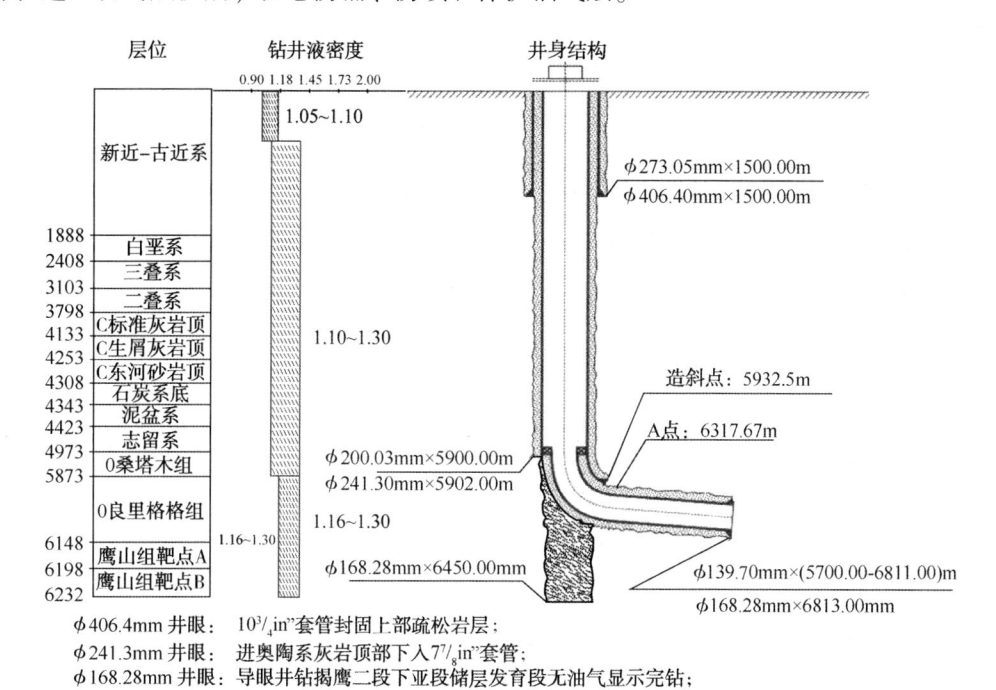

图 5-2 井身结构示意图

2. 施工难点

总的来说,该井的钻探可能存在的风险有:

(1)塔中地区奥陶系碳酸盐岩储层非均质性强,对岩溶储层预测方法还不是很成熟,且该井将钻遇的储层类型为杂乱弱振幅反射,因此能否钻遇优质储层存在一定风险。

(2)钻井工程风险。埋深大,井下地层压力复杂,要注意防漏、防喷;塔中北斜坡下奥陶统鹰山组油气藏 H_2S 含量非常高,还要注意防 H_2S 工作。

3. 技术对策

由于窄密度窗口地层对井筒环空压力十分敏感,务必保持井底压力平稳,要求考虑影响井底压力波动的各种影响因素,并有针对性地制定解决方案。

(1)不同起下钻速度对回压补偿的影响。该井是超深井,钻柱重量很大,起钻速度不会太高,速度为0.4~0.5m/s,抽吸压力一般不会大于1MPa,回压泵正常工作时,井口套压跟踪时间在10s以内,压力波动控制在±0.2MPa之间,能够满足精确控制井底压力的需要。回压控制的重点是控制接单根和起下钻期间下钻速度,严格控制速度在0.5m/s以内,否则瞬时激动压力将超过1.5MPa,井口回压很难消除如此大的激动压力,严重影响压力控制精度。

（2）回压泵上水影响。回压泵上水管线和井队钻井泵的上水管线都是连着一个钻井液罐，注意不要共用一个吸入口，否则可能影响井队钻井泵上水。另外，由于深井超深井钻井的需要，钻井液材料中加入很多含有表面活性剂等起泡材料，造成钻井液中气泡很多，井队若没有真空除气器等有效除气手段，这也导致回压泵上水不好，导致井口回压不稳定，影响精细控压效果。

（3）钻机功率分配对控制回压的影响。钻机绞车和钻井泵使用一台柴油机工作，上提钻具时绞车动作，泵动力严重不足，泵冲迅速降低，立管压力从 20 MPa 下降至 6 MPa，从而导致流量及井底压力的下降，而此时单靠自动节流阀快速开关，不能够迅速提供井底压力变化的控制，因此，最好使用两台柴油机，一台带绞车，另一台带钻井泵。

（4）流量计压力波动。在精细控压钻进过程中，当井筒检测到大股气体窜出，其中全烃最高达到 99.99%，C1 基本在 35% 左右，流量计数据波动非常大，从 7~200L/s 上下跳动，密度测量严重不准，最高达到 $1.25 g/cm^3$（正常密度 $1.16 g/cm^3$），严重影响水力模型的计算，通过试验表明在大量出气条件下不能直接采用流量计测量数据来直接计算，这时直接进行开度控制，保持井口回压稳定。

4. 施工过程

该井精细控压钻进期间井口精细控压值 0.4~1.1MPa，走低限，接单根期间控制井口回压 1.7~3MPa，控压起钻期间控制井口回压 1.74MPa，$1.30 g/cm^3$ 重钻井液帽从 1500m 开始注入，一直至井口。

（1）精细控压钻进时，压力、流量发生变化时的情况如图 5-3 所示。

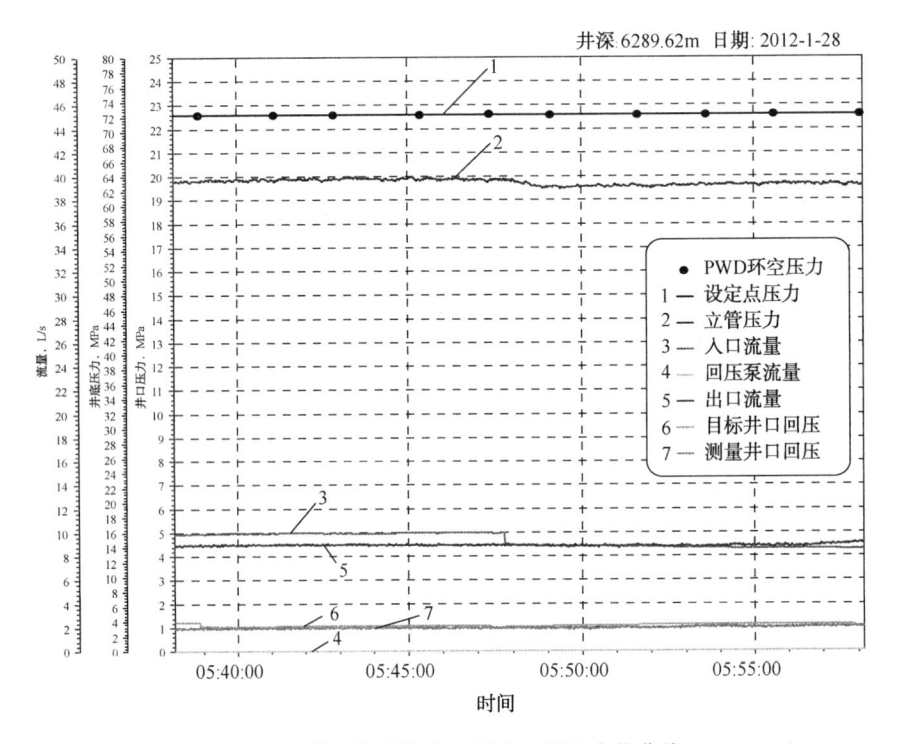

图 5-3 精细控压钻进时压力、流量变化曲线

（2）检测到后效时，压力、流量变化时的情况如图5-4、图5-5所示。

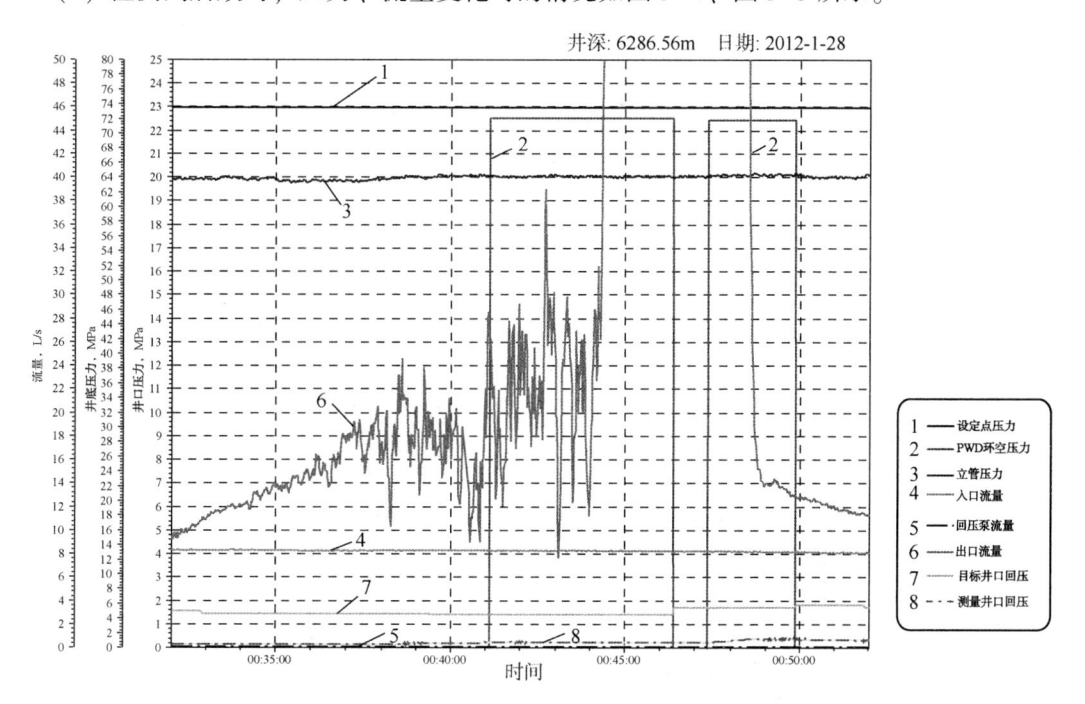

图5-4　检测到后效时压力、流量变化曲线（井深：6286.56m）

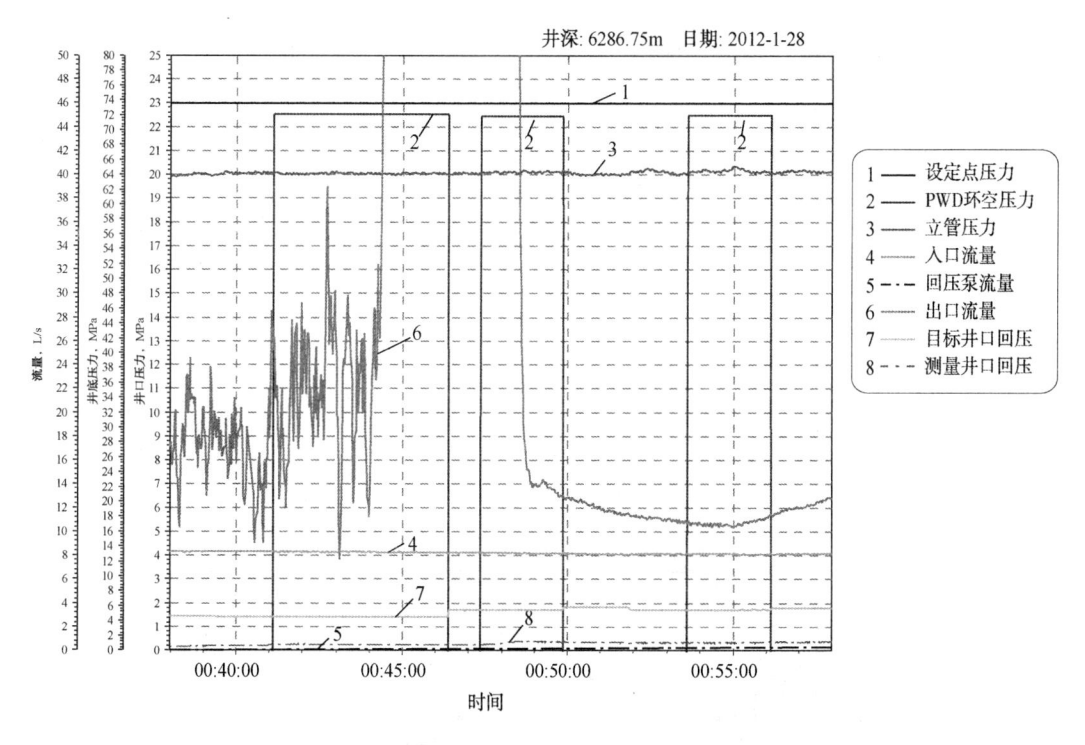

图5-5　检测到后效时压力、流量变化曲线（井深：6286.75m）

（3）接单根时，压力、流量变化的情况如图5-6所示。

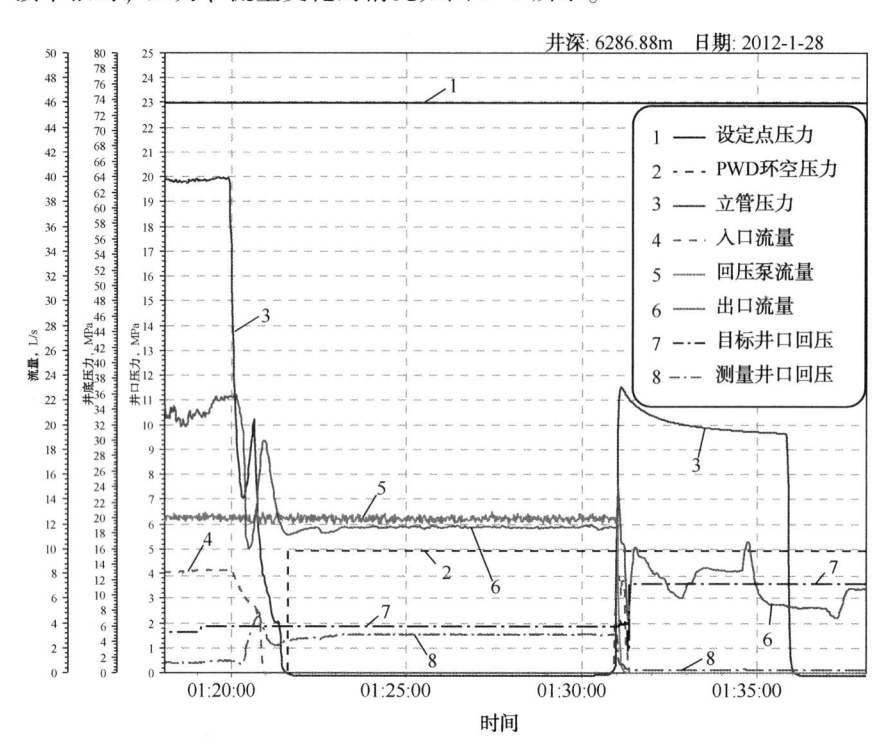

图5-6 接单根时压力、流量变化曲线

（4）精细控压起钻时，压力、流量变化的情况如图5-7、图5-8所示。

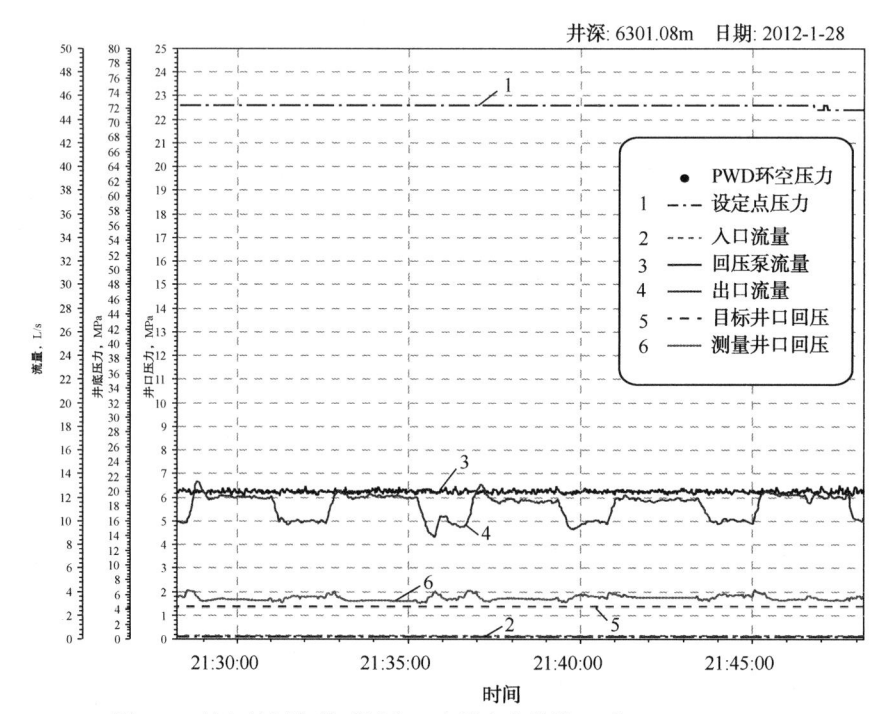

图5-7 精细控压起钻时压力、流量变化曲线（日期：2012-1-28）

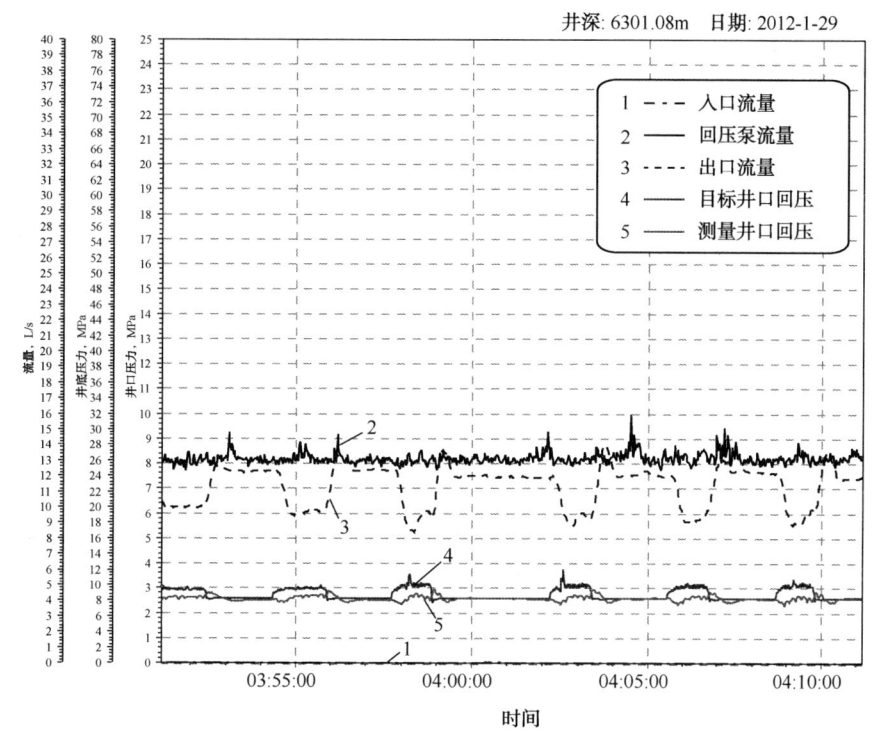

图 5-8　精细控压起钻时压力、流量变化曲线（日期：2012-1-29）

（5）重钻井液注入时，压力、流量变化的情况如图 5-9、图 5-10 所示。

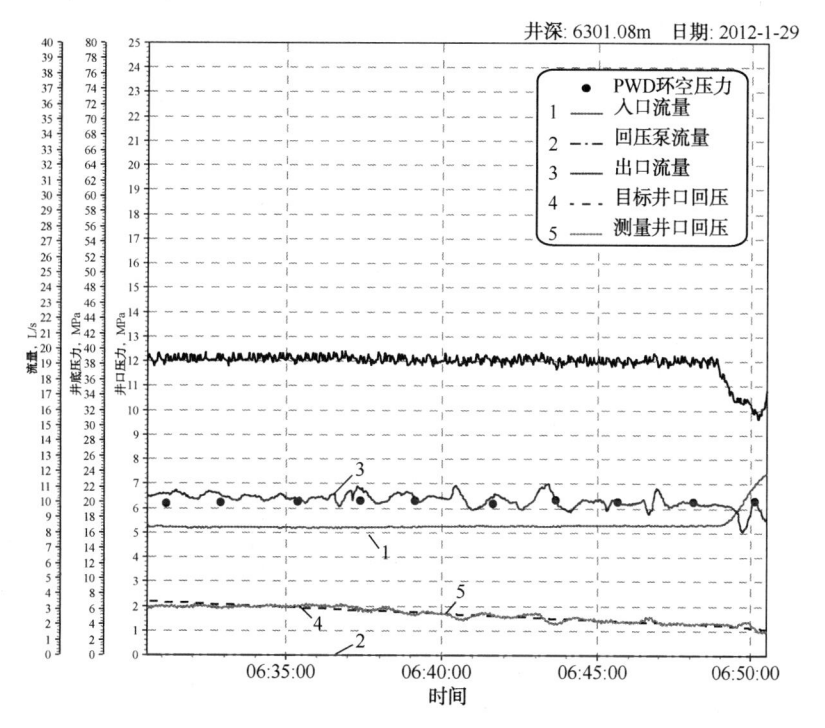

图 5-9　重钻井液注入时压力、流量变化曲线(1)

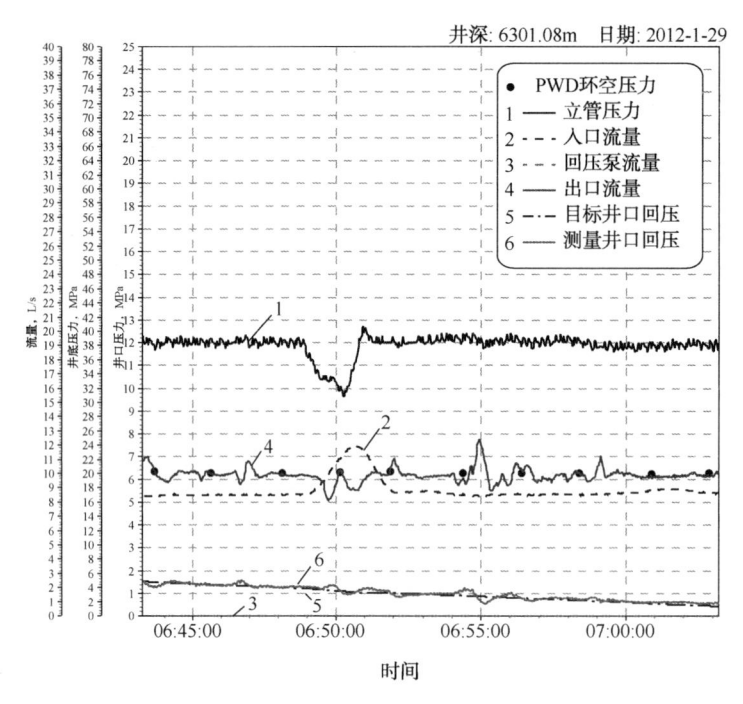

图 5-10 重钻井液注入时压力、流量变化曲线(2)

(6)重钻井液替出时，压力、流量变化情况。精细控压钻进期间，根据实际工况和钻井液池液面情况，井口控压值 0.5~3MPa，走低限，接单根期间控制井口回压 1.7~3MPa，精细控压起钻期间控制井口回压 3.5MPa，1.30g/cm³ 重钻井液帽从 3200m 开始注入，一直返至井口。对应重钻井液替出时，压力、流量变化的曲线如图 5-11 所示。

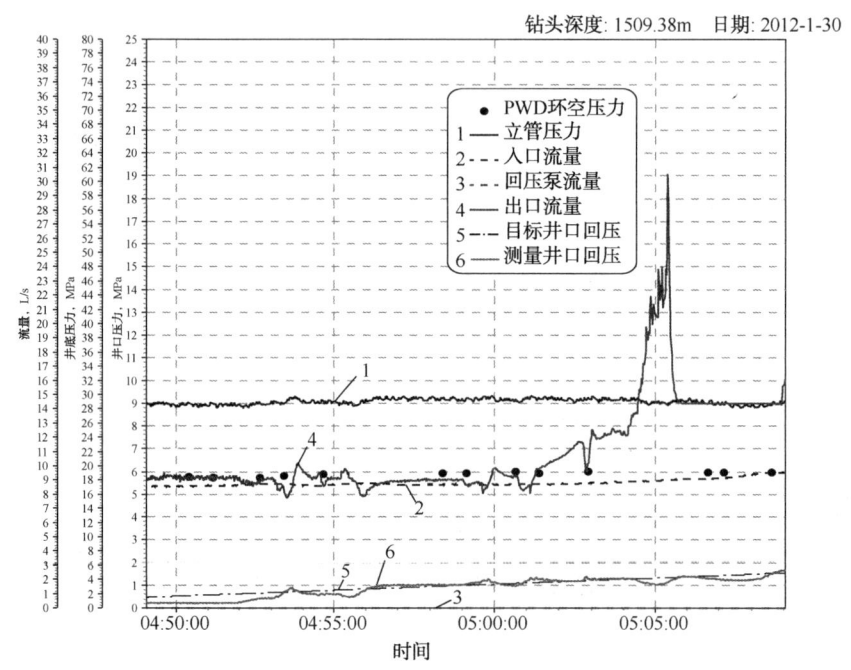

图 5-11 重钻井液替出时压力、流量变化曲线

(7) 精细控压下钻时，压力、流量变化的情况如图5-12、图5-13所示。

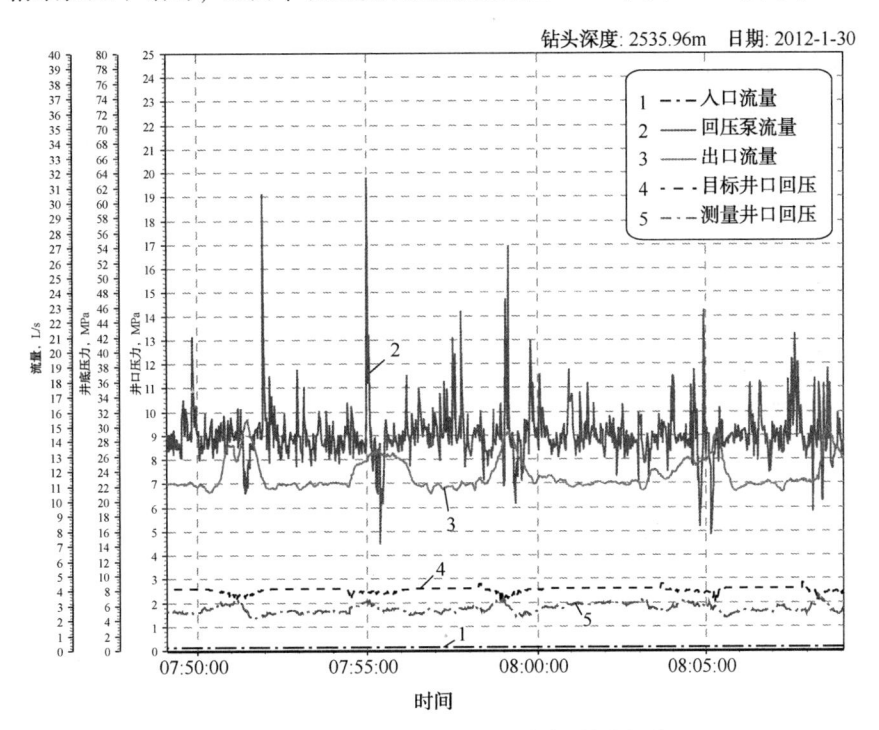

图5-12　精细控压下钻时压力、流量变化曲线(钻头深度：2535.96m)

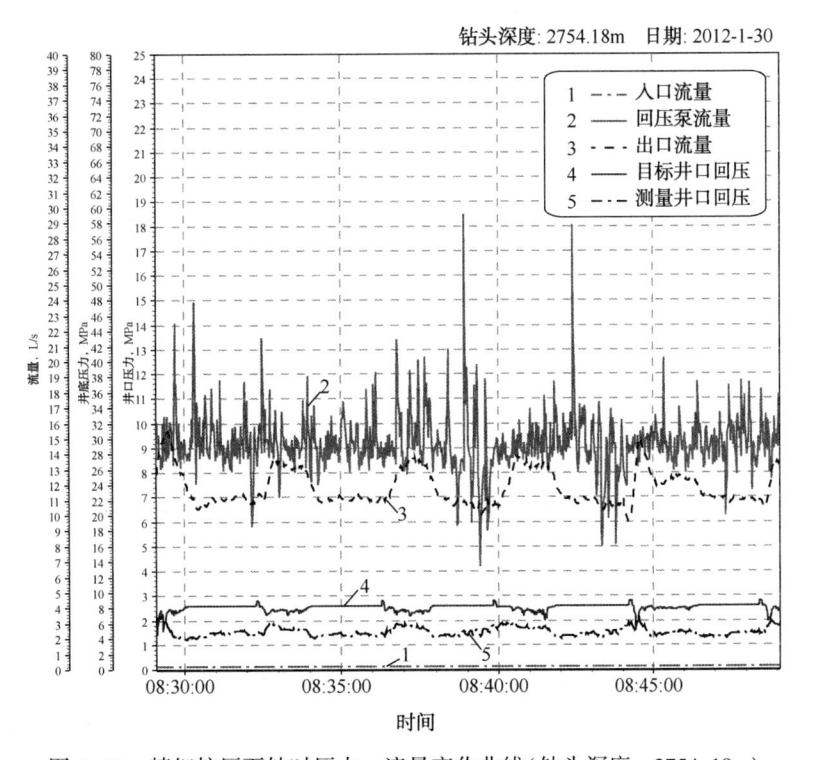

图5-13　精细控压下钻时压力、流量变化曲线(钻头深度：2754.18m)

5. 应用效果评价

PCDS-Ⅰ精细控压钻井设备在塔里木地区成功进行了现场试验与推广应用，压力控制精度达到0.2MPa，系统运行稳定可靠，安全无故障，并完成了9类功能测试，包括：

（1）节流压力控制特性测试。
（2）井底压力模式测试。
（3）井口压力模式测试。
（4）切换模型测试：
① 井底-井口模式。
② 井口-井底模式。
③ 主备节流通道切换。
（5）井溢监测与控制测试。
（6）井漏监测与控制测试。
（7）水力模型测试。
（8）起下钻压力控制测试。
（9）重钻井液注入与驱替测试。

测试结果表明：在钻井液工作条件下系统现场测试与室内实验结果一致，不同级别压力追踪精度控制在0.2MPa内，响应时间小于1s，压力稳定时间不超过20s，可以直接应用于现场作业控制。

该井实钻完钻井深6829.28m，PCDS精细控压钻井系统在中古105H井（井段6285.29~6829.28m）进行精细控压钻井试验，其中496.28m水平段精细控压（6333~6829.28m），钻进过程中共发现气层11个，其时效分析见表5-2。

表5-2 精细控压钻井井段时效分析

项　　目	时间，h	时效，%
纯钻进	188.92	24.0
起下钻	304	38.7
接单根	10.833	1.4
扩划眼	12	1.5
换钻头	3	0.4
循环	148.5	18.9
辅助	118.5	15.1
合计	785.753	100

中古105H井精细控压钻井总共七趟钻，合计785.753h，因为螺杆和MWD出现问题，不能正常钻进，所以每趟钻正常钻进不超过48h，造成频繁起下钻，而且又是超深井，起下一趟钻时间非常长，七趟钻总计达到304h，占总时间的38.7%，纯钻进总计188.92h，占24%，总进尺543.99m，机械钻速2.88 m/h，机械钻速在塔中区块超深井纯钻进中属于较快的，证明精细控压钻井对机械钻速有较大的提高作用。精细控压钻井在中古105H井中多次处理溢流，减少因为溢流而关井损失的时间，为正常钻进节约了大量时间。

中古105H井精细控压钻井试验按照实际精细控压钻井作业要求，完成了全部设计试验内容，证明自主研制的精细控压钻井系统满足塔里木油田钻井现场应用要求，能够实现精细控压钻井相关的工艺过程中的压力控制，保持井底恒定压力。

（1）针对塔中地区特殊地质条件和苛刻的精细控压钻井施工要求，成功完成了自研的精细控压钻井系统各项测试，包括精细控压钻进、接单根、起下钻、重钻井液注入和驱替等各种工况控制，精细控压精度达到了±0.2MPa的国际先进技术水平，实现了恒定井底压力的控制目标。

（2）精细控压钻井系统各分系统硬、软件性能稳定，满足精细控压钻井现场需要，系统连续稳定工作时间785h以上，能够满足实施精细控压钻井现场施工作业的要求。

（3）中古105H井精细控压钻井有效发现和保护油气层，钻进过程中共发现气层11个，气层累积厚度137m。

（4）精细控压钻井在中古105H井中多次处理溢流，减少因为溢流而关井损失的时间，提高了钻井时效。

（5）通过此次现场试验，一方面检验钻进、接单根、起下钻、重钻井液注入和驱替的控制工艺流程，另一方面进一步完善了针对塔中碳酸盐岩地层精细控压钻井的工艺技术措施，积累了国产精细控压钻井技术在塔里木油田应用的经验。

二、塔里木油田中古301H井

1. 基本情况

该井位于沙漠腹地，钻探目的是评价塔中某区"串珠"状反射礁滩体+岩溶储层发育情况及含油气性，井身结构如图5-14所示。

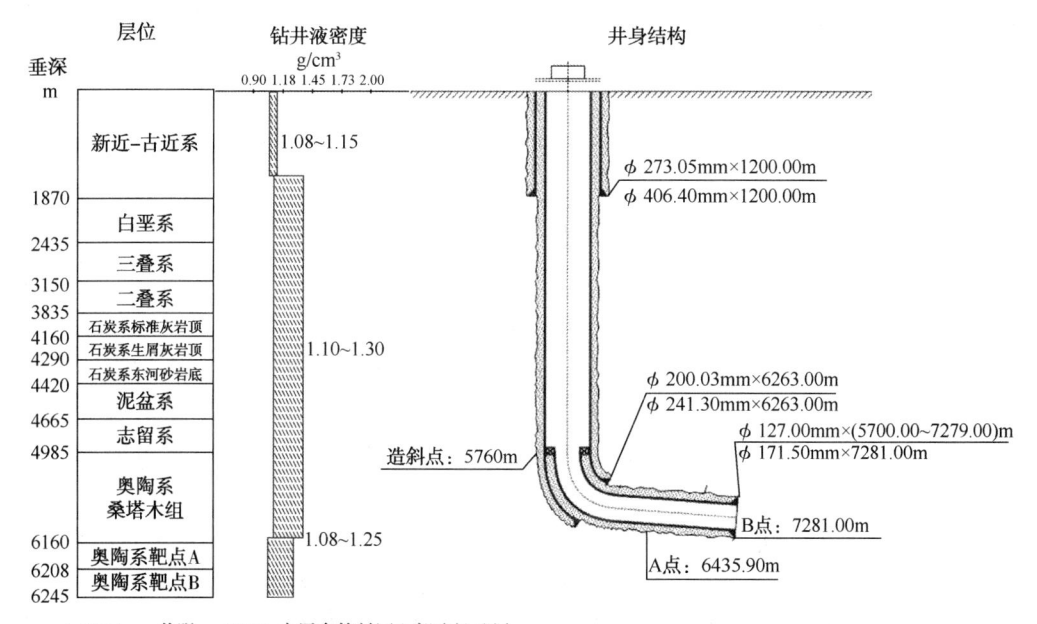

ϕ406.4mm井眼：$10\frac{3}{4}$in表层套管封固上部疏松地层。
ϕ241.3mm井眼：确认进入良里塔格组5m二开中完。现场应加强卡层分析，确保$7\frac{7}{8}$in套管下至设计层位。
ϕ171.5mm井眼：水平段进尺845m完钻，5in套管备用，根据实钻情况确定完井方案。

图5-14 中古301H井井身结构

2. 施工难点

(1) 该井区预测地层孔隙压力梯度均小于 1.20 MPa/100m，属于正常压力系统；水平应力是造成井壁垮塌的主要诱因，该井区坍塌压力梯度预测为 1.20~1.40MPa/100m，实际钻井中坍塌压力还与钻井液性能密切相关，而预测仅从力学角度出发，没有考虑水化学耦合情况；该井地层破裂压力梯度在 2.20~2.45MPa/100m，地层裂缝发育时，漏失压力为闭合压力，闭合压力梯度在 1.80 MPa/100m 左右；如果目的层溶洞发育时，漏失压力将远小于地层破裂压力和闭合压力。由于预测精度受地震、测井资料品质及地质认识等多种因素的影响，预测结果与实际情况可能出现一定偏差。

(2) 窄压力窗口特征明显，且目的层普遍含硫，井控安全风险高；水平钻进穿越多套缝洞单元，钻至设计井深的施工难度大。

3. 技术对策

钻井过程中，精细控压钻井使用较低的钻井液密度，通过回压泵、自动节流系统提供井口回压、保持井底压力稳定，使井底压力相对地层压力保持在一个微过、微欠或近平衡状态。其主要技术特点是利用旋转防喷器、自动节流系统、回压补偿系统、PWD 随钻环空压力测量系统及相关的软件控制技术，将井底压力的波动降到最低，实现井底压力微过、微欠平衡钻进，其核心问题是在钻井过程中保持井底压力在一个合适的范围内。但在实际钻井过程中，由于地层流体的进入、特别是地层气体在井底负压状态下进入井筒，起下钻、活动钻具、以及泵入排量的变化都会造成井底压力的波动，给井底压力控制带来较大的困难。快速、自动化、精确调节就是精细控压钻井的一个技术优势，其通过比较目标压力与测量压力，快速调节节流阀开度，调节井口套压控制井底压力，实现精细控压钻井的目的。

4. 施工过程

在 6227~7380m 作业层段，开展了不同工况下的近平衡和欠平衡精细控压钻井工艺试验与应用。

(1) 该井位于塔中Ⅰ号坡折带，缝隙发育，典型窄压力窗口地层，易漏易喷，井口控压微小的变化就会造成井底压力波动和液面变化，实际钻井地层压力极其敏感。适时调整回压，通过自动节流阀，及早发现溢流，0.2m³ 是一个控制台阶，保证溢流量不要超过 1m³，否则立即转入常规井控，由井队实施关井。观察套压的变化，排除疑似溢流现象，若是确定溢流超过 1m³，井口套压过高则需转常规井控程序处理。如现场施工中曾检测到溢流，经过井口逐步调整控压值由 0.4MPa 调高至 0.6MPa 后液面不再上升，及时有效地处理了溢流，如图 5-15 所示。

(2) 钻进至井深 7369.7m 发生井漏，如图 5-16 所示，排量 15L/s，泵压 20MPa，钻井液密度 1.15g/cm³，漏斗黏度 58s，漏失钻井液 0.1m³。循环测漏速，排量 15L/s、泵压 20MPa，开始降排量循环，排量由 15L/s 降至 10L/s、泵压 15MPa，漏速 1~3m³/h，精细控压值 0~2.5MPa，保持微漏失钻进至完钻井深。

(3) 由于欠平衡精细控压钻井允许气体以一种适合的流速从环空溢出，大量气体通过液气分离器，点火效果如图 5-17 所示。

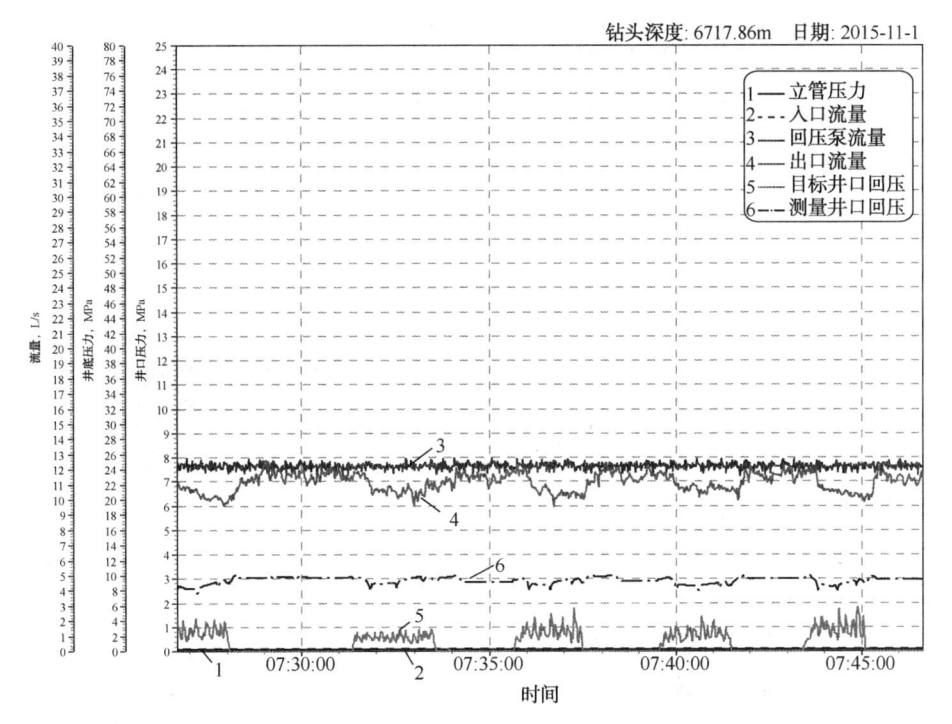

图 5-15 通过自动控制及监测发现溢流曲线图

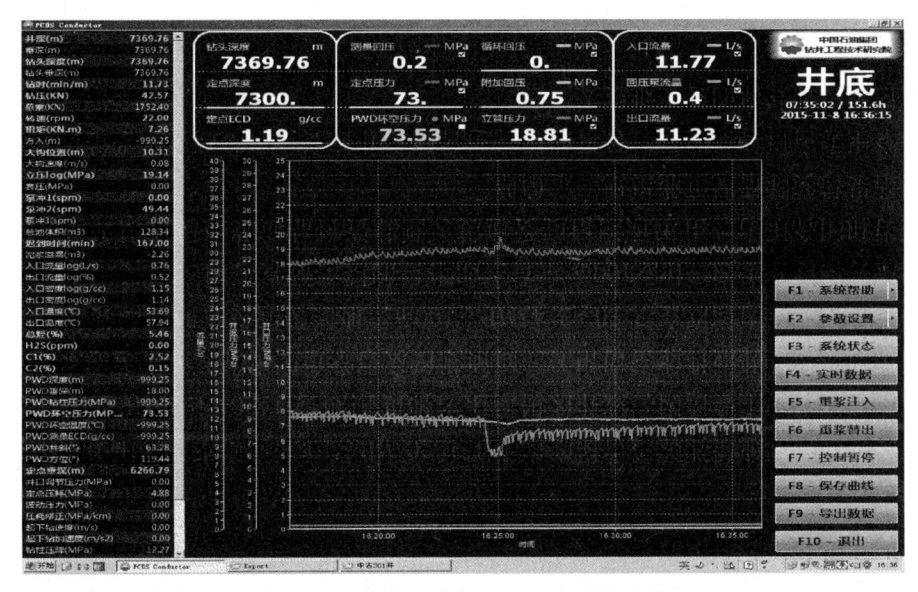

图 5-16 通过自动控制及监测发现漏失曲线

5. 应用效果分析

（1）水平钻进穿越多套缝洞单元，大大减少非生产时间。该井实施了精细控压钻井作业、全过程流量监控，在缝洞系统即保证压稳地层又保证井下安全的情况条件下，钻井液密度走低限，有效防止溢漏，成功实现水平段钻进穿越多套缝洞单元，在施工井段安全顺利钻井无复杂；顺利完成了水平段进尺任务；有效减少了非生产时间，缩短了钻井周期；达到了

149

图 5-17 欠平衡精细控压钻井条件下实现点火

提高水平段钻进能力、安全快速钻井的目的。

（2）减少井下复杂，提高钻进效率。使用精细控压钻井技术创造了一趟钻精细控压钻进 605m 纪录；发现 13 个油气层，点火 13 次，累计时长 8.38h；有效保持了压稳地层流体又降低了钻井液密度，保证了钻井液性能，有效避免了钻井井下复杂，极大地提高了该井钻井安全；在允许微漏的情况下有效地避免了发生恶性漏失，降低钻井液对储层的伤害。

（3）避免储层遭受后期完井作业伤害。该井首次实施精细控压通井、精细控压电测作业，为精细控压条件下的固井、完井作业提供了技术探索，有效避免储层遭受后期完井作业伤害。

第三节 裂缝溶洞型碳酸盐岩水平井精细控压钻井技术应用案例

裂缝溶洞型碳酸盐岩地层经常因窄密度窗口造成不溢即漏，反复实施井控措施而无法进行正常钻进；或钻遇裂缝及溶洞，钻井液失返，即使降低钻井液密度至下限，也无法建立循环，导致无法按照水平井设计施工，甚至被迫完钻。

精细控压钻井技术是解决"裂缝溶洞型碳酸盐岩"引起井下复杂的一把"利器"，能够成功实现"蹭"着缝—孔—洞型非均质储集体"头皮"、穿越多套缝洞单元的长水平段水平井钻进，有利于降低溢漏复杂，增强水平段延伸能力，最大限度地裸露油气层，有效提高单井产能，延长油气井寿命，实现稀井高产、稳产的目标。对于精细控压技术，需将油气田钻井特点、井控工艺要求与其有机结合，科学管理，改进措施，形成具有适合该油气田特色的精细控压优快钻井技术体系，才能最有效地提高勘探开发效益。

针对塔中地区裂缝溶洞型碳酸盐岩易漏易喷、目的层压力系统不一致、高产储层、储层普遍含硫、油气活跃、窄密度窗口、储层普遍超过 5000m、温度大于 135℃ 等钻井难题，以及常规钻井技术无法钻达目标或者水平段进尺短的钻井现状，应用精细控压钻井技术，实现了高效支撑塔中 I 号构造奥陶系水平井开发实施。

塔里木塔中 I 号构造奥陶系水平井应用精细控压钻井，有效解决了碳酸盐岩地层水平井段压力控制难题,穿越多套缝洞组合,水平井段延伸提高210%以上,显著提高了单井产能。

分析取得以上显著效果的原因,包括:

(1)打破了国际上普遍认为精细控压钻井要保持略过平衡的理念束缚,在碳酸盐岩缝洞系统精细控压走低限,采用欠平衡精细控压钻井技术作业,在保障井下安全条件下,允许少量溢流。

(2)充分发挥精细控压设备的优势,当大量后效返出时,适时加压,通过自动节流阀,控制溢流量在1m³以内,实现有效排出,避免关井、压井带来的井下复杂的发生。

(3)保证既不发生严重溢流,也可及时控制井底压力的持续升高而诱发井漏,实现了小溢流量状况下的安全作业,规避了重钻井液压井导致井漏的风险。

精细控压"蹭头皮"钻水平井技术要点:

(1)工程地质一体化,精细雕刻油藏形态,采取"蹭头皮"策略,水平穿越大型缝洞储集体。

(2)为确保"蹭头皮"策略成功实施,将水平井剖面调整为五段制[直—增—稳(调整段)—增—平],靶前位移控制在250~300m,造斜率:20°~25°/100m,并适时进行随钻动态监测,及时调整井眼轨迹,避免直接进洞,始终保持"蹭头皮"作业。待完井时进行大型酸化压裂,有效沟通油气通道。

(3)精细控压钻井技术,避免了压力波动过大压漏储层。

精细控压钻井技术是解决"窄密度窗口"引起井下复杂的一把"利器",有利于降低溢漏复杂,增强水平段延伸能力,有效提高单井产能。对于精细控压钻井技术,需将油气田钻井特点、井控工艺要求与其有机结合,形成具有适合该油气田特色的精细控压钻井技术体系。

对于裂缝性地层,当出现钻井液安全密度窗口较窄甚至为负值、多压力系统处于同一个裸眼井段、或钻井作业造成井筒压力波动较大这三种情况中的某一种时,常会发生"涌漏同存"的情况,这将给井控带来很大困难,并造成井下复杂情况和储层伤害。

① 压差漏失是指地层中的孔隙、裂缝或洞穴发育存在天然的漏失通道,各种工作液在井筒内液柱压力的作用下,克服流动阻力漏失到地层,压差漏失的漏失通道种类较多,包括孔隙、裂缝和孔洞等。

② 压裂漏失是由于井筒中液柱压力过大,压裂地层进而产生人为的地层裂缝导致的漏失现象。

自然漏失的通道种类较多(孔隙、裂缝、孔洞),压裂漏失的漏失通道必然存在人为压裂裂缝,同时可能存在自然通道,而地层的漏失常可分为渗透性、裂缝性、缝洞型、溶洞及地下暗河性、破裂性漏失等。

塔里木地区油气钻探是目前国内发展的一个重点区域,其中塔中区块主要储层是碳酸盐岩,具有典型的"窄窗口"特征,易漏易喷,且高含硫,钻井、井控难度都很大,常规钻井技术难以实现钻探目的。若是采用精细控压钻井技术在钻进、接单根、起下钻等钻井工况及时调整井底压力,精确平衡地层压力,则可有效避免漏、溢及卡钻等井下复杂。

国产精细控压钻井装备在塔里木油田试验、应用多口井,取得了良好的应用效果,其中在塔中26-H7井创造了多项纪录,例如:穿越多套缝洞发育单元的塔里木油田水平井水平段长度新纪录(1345m);突破性地应用了"欠平衡精细控压钻井"理念,目的层欠平衡精细控压钻井提速明显,创目的层钻进日进尺 134m 最高纪录;实现 80.4% 控压时间内"点着火炬钻井"的创举。

一、塔中 26-H7 井

1. 基本情况

该井位于塔中 26 号气田,该区块储层缝洞系统发育且分布无规律,属于典型的窄压力窗口地层,并普遍含有 H_2S 有毒气体。该井原设计完钻井深 5355m,设计造斜点在 3890m(图 5-18),井眼采用直-增-稳-平结构,设计水平段长 998m,最大井斜角 87.99°,设计二开中完井深 4248m,三开 $6\frac{5}{8}$in 钻头钻进。该井于 2012 年 2 月 28 日开钻,二开中进行定向增斜,造斜一段距离后二开结束,三开继续造斜,原设计在进入 A 点(4357m)前 50m(4307m)处使用精细控压钻井技术钻进。

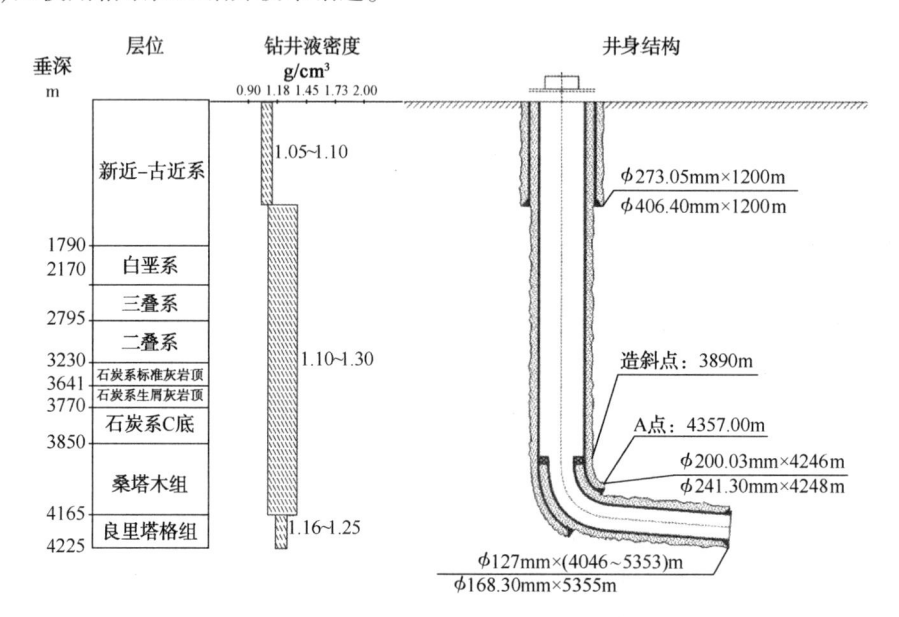

ϕ406.4mm 井眼:$10\frac{3}{4}$in 套管根据设计深度 1200m 下入,封固上部松散地层,加固井口。
ϕ241.3mm 井眼:确认进入良里塔格组灰岩中完。下 $7\frac{7}{8}$in 套管。
ϕ168.3mm 井眼:(1)完钻层位:奥陶系良里塔格组。
(2)水平井完钻原则:①水平段进尺 998m 完钻;②钻进至 B 点无油气显示完钻。
(3)完井方法:视含油气情况而定。

图 5-18 塔中 26-H7 井井身结构

2. 施工难点

存在以下诸多钻井难题:
(1)易漏易喷,属典型窄密度窗口,井控安全风险高;
(2)储层裂缝、洞穴十分发育,缝洞一体;
(3)水平钻进穿越多套缝洞单元,钻井施工难度大;
(4)目的层压力系统不一致,且普遍含硫,施工安全风险大;
(5)常规钻井钻遇复杂情况频发,常未钻至设计井深就被迫完钻。

该井精细控压钻井设计的目的如下:
(1)解决窄密度窗口造成的问题,如井漏、井涌。

(2) 减少非生产时间,缩短钻井周期。
(3) 减少钻井液漏失,减少钻井液对储层的伤害。
(4) 提高水平段钻进能力,最大限度地暴露储层,实现单井高产稳产的目的。

3. 技术对策

针对该井钻井难题,提出"欠平衡精细控压"理念,在保证井下安全前提下,更大程度的暴露油气层,边溢边钻,有利于发现、保护油气层,提高机械钻速,并决定在原设计基础上水平段加深480m。

在操作过程中采用了以下主要技术对策:

(1) 在钻进至目的层后要进行地层压力测试,求得地层压力后,要保持井底压力高于地层压力1~3 MPa,进行精细控压钻进。初始时使用1.18g/cm³钻井液精细控压钻进,根据现场工况调整钻井液密度。

(2) 精细控压钻井降密度时,要遵循"循序渐进"的原则,确定井下正常时,缓慢降低钻井液密度,具体数值由控压钻井工程师与井队协商确定。经计算,4248~5355m井段环空压耗为1.1~1.6MPa之间,因此,确定维持ECD在1.22~1.35g/cm³,见表5-3。

表5-3 当量钻井液密度及控压设计结果

井段 m	地层压力 当量密度 g/cm³	钻井液密度 g/cm³	井底压差 MPa	当量钻井液密度 g/cm³	循环 控压值,MPa	非循环 控压值,MPa
4248~5355	1.19	1.14~1.20	3~5	1.22~1.35	0~2.8	1.8~5

(3) 钻进时,录井观察井底返出情况,看是否有掉块现象;控压钻井作业人员亦通过精细控压钻井设备滤网观察是否有掉块,综合判断确定井下是否异常。根据井下情况,每次以0.01~0.02 g/cm³小幅度降低钻井液密度。

(4) 发现有漏失或气侵时,可通过精细控压钻井系统调节井口回压或井队调节钻井液密度。如钻遇油气层,有油气侵入井筒,流量计检测到有流体侵入量达到一定量时,自动节流管汇开始自动调节节流阀开度,通过增加地面回压立即或逐渐增加井底压力的方法,控制地层流体侵入量;当溢流量超过预先设计的限制时或井口回压过大时才考虑增加钻井液密度。

(5) 流量计检测有漏失情况时,首先由控压钻井工程师根据井漏情况,在能够建立循环的条件下,逐步降低井口回压,寻找压力平衡点。如果井口回压降为0时仍无效,则逐步降低钻井液密度,待液面稳定,循环正常后恢复钻进。在降低钻井液密度寻找平衡点时,如果当量循环压力降至实测地层压力或设计地层压力时仍无效,则认为该井处于井控状态,转换到常规井控,按照油田钻井井控实施细则的规定作业。

(6) 精细控压钻井过程中出现掉块时,扭矩增大、钻井液出口密度增加、拉力增大、泵压升高、振动筛返出岩屑颗粒变大,此时立即施加稳定的井底压力,回压控制在5MPa之内,如果继续出现掉块,应该相应提高钻井液密度。

4. 施工过程

1) 第一阶段(4226~4344m)

钻井液密度1.16g/cm³,正常控压值2MPa左右,环空压耗为1MPa,井底ECD保持在1.26g/cm³;接单根时,控压值控制在4.3MPa左右;起下钻时,控压值是4.3MPa。典型溢流发现过程如图5-19所示，PCDS-Ⅰ精细控压钻井系统检测到井口输出流量的迅速增加，同时总烃值也迅速上升，钻井液池液面上升0.3m³，开始采取控制措施，停止钻进，循环排气，井口回压逐渐增加为3MPa，稳定10min后，钻井液池液面继续上升0.3m³，总烃值达到11.7%，成功点火，火焰高度超过8m，持续3小时20分钟，井口返出钻井液流量稳定，钻井液池液面恢复，总烃值下降基本为零，恢复钻进。在此压力控制钻井过程中，通过使用国产精细控压钻井装备证明：一方面可迅速发现和控制溢流，另一方面也说明了监测钻井液进口和出口流量之间的变化是控制溢流非常有利的手段。

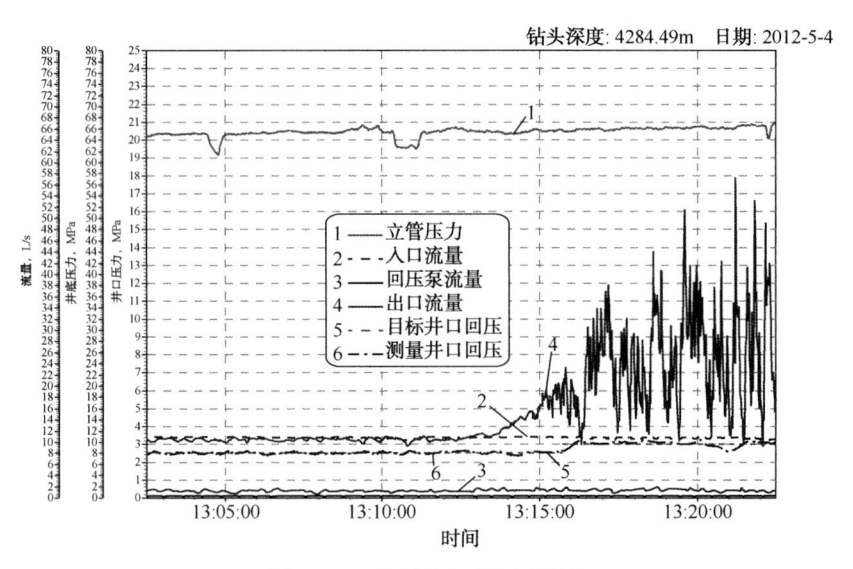

图5-19 发现溢流时特征曲线

2）第二阶段（4344~5166m）

钻井液密度1.18g/cm³，共完成4趟钻的钻进，钻进过程压力控制在2~3.5MPa，环空压耗1~1.5MPa，井底ECD维持在1.28~1.30 g/cm³；接单根时，井口回压控制在4.5MPa左右，典型的接单根控制过程如图5-20所示；起下钻过程中，井口回压控制在4.3~

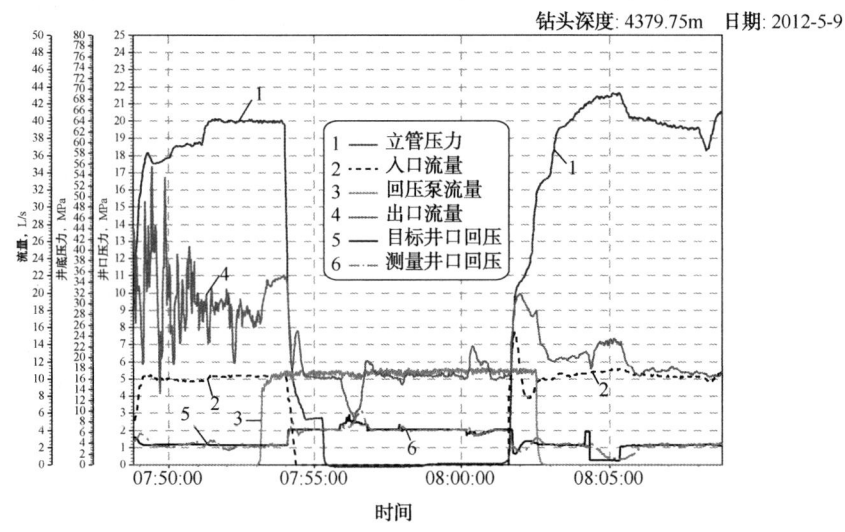

图5-20 接单根时压力控制曲线

4.8MPa。因为随着井深增加,重钻井液注入、驱替的深度越来越大,重钻井液密度为 1.35g/cm³,4 趟钻分别从 3000m、3200m、3200m、4000m 开始注入,重钻井液注入完成后井底 ECD 分别在 1.30g/cm³、1.31g/cm³、1.31g/cm³、1.34g/cm³,成功处理溢流 11 次,点火总时长达 138h,占总钻进时长的 70%。

3) 第三阶段(5166~5832m)

钻井液密度是 1.2g/cm³,共完成 3 趟钻的钻进,钻进过程压力控制在 2.5~3MPa,循环摩阻 1.5~1.6MPa,井底 ECD 维持在 1.26g/cm³;接单根时,井口回压控制在 4.3MPa;精细控压起钻过程中,控压值在 4.3MPa 左右,1.35g/cm³ 的重钻井液从 4100m 开始注入,重钻井液注入完成后井底 ECD 在 1.345g/cm³,成功处理溢流多次,点火总时长达 64h,占总钻进时长的 85%,典型的点火控制钻进过程如图 5-21 所示。

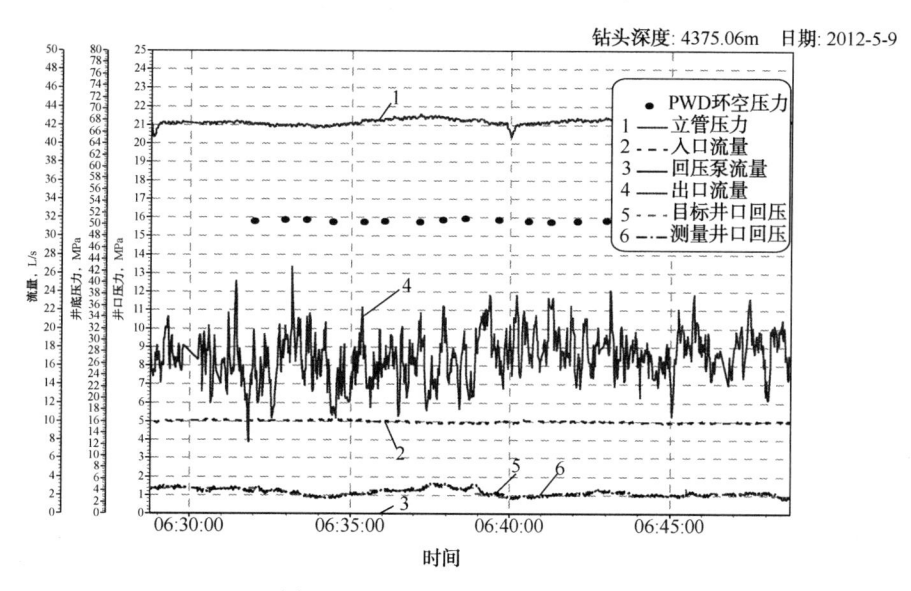

图 5-21 点火钻进时压力控制曲线

5. 应用效果评价

(1) 大幅度提高水平段延伸能力,超额完成水平段设计任务。该井水平段设计 998m,延长水平段至 1349.39m,水平位移 1647m,打破塔中 26-H6 井创下的 1129m 水平段最长纪录,超额完成水平段设计任务,而 2008 年以前塔中碳酸盐岩水平井设计完成率仅为 28.11%。图 5-22 为该井水平段延伸图。

(2) 平均日进尺大幅度提高,创单日进尺最高纪录。大幅度提高了机械钻速,创造目的层钻进单日进尺 134m 最高纪录,与常规钻井相比平均日进尺提高 93.7%(图 5-23),且连续多日进尺过百米。

(3) 目的层全程精细控压欠平衡,实现"点着火炬钻井"创举。应用"欠平衡精细控压钻井"理念,目的层全程欠平衡精细控压钻井,有利于发现储层,最大限度地保护了油气层,提高了储层能力;点火总时长超过 213h,占控压钻进总时长的 80.4%,实现了"点着火炬钻井"创举(图 5-24)。

(4) 水平钻进穿越多套缝洞单元,实现零漏失、零复杂。在缝洞系统保证精细控压钻井工艺安全的条件下走低限,允许微溢实现有效防漏,成功实现长水平段精细控压钻进穿越多

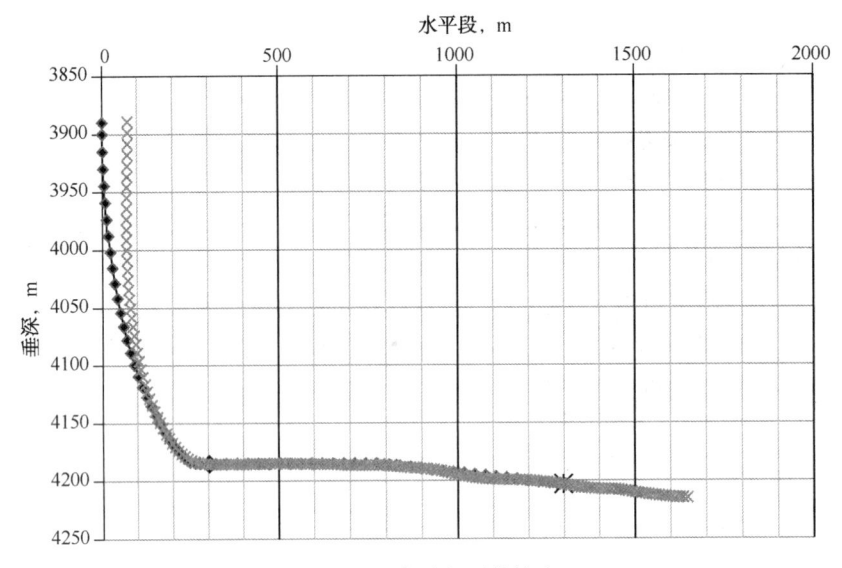

图 5-22 水平段延伸轨迹

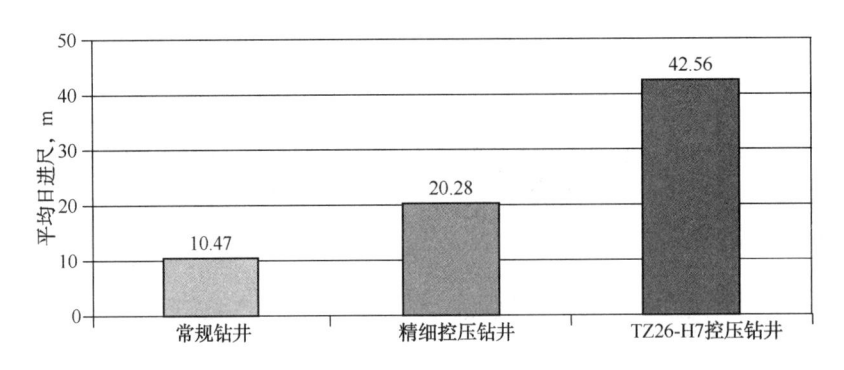

图 5-23 平均日进尺对比图

图 5-24 精细控压欠平衡钻井过程

套缝洞单元，如图 5-25 所示，全程实现零漏失、零复杂。

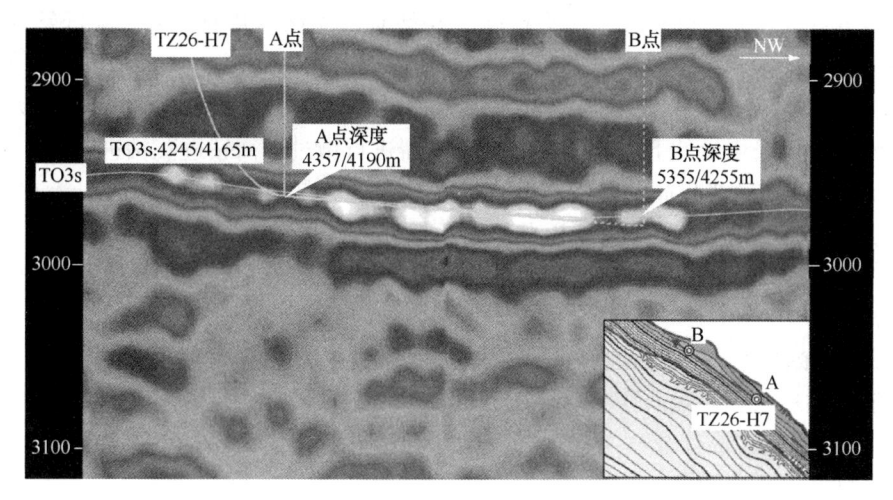

图 5-25 地震剖面图

二、中古 5-H2 井

1. 基本情况

该井是塔里木油田塔中隆起塔中北斜坡塔中Ⅰ号断裂坡折带上的一口重点开发水平井，地层情况复杂，缝洞结构发育良好，油气层活跃，易漏易喷，且存在多套压力层系，普遍含 H_2S，施工安全风险大。采用常规钻井技术井底压力波动大，钻遇复杂情况频繁发生，一旦钻遇大段漏失层，则很难继续钻进下去，给钻井施工造成巨大安全隐患，经常未钻至设计井深就提前完钻。

2. 施工难点

（1）进入奥陶系目的层后有可能钻遇缝洞发育良好的储层，可能出现井漏、井涌等复杂情况，进入油气层后注意防火、防卡、防漏、防喷。

（2）邻井均无地层压力资料，中古 501 井累计产气 $0.0283×10^8 m^3$，累计产油 $0.84×10^4$ t，预计目前地层压力有所降低，钻井过程中注意井漏问题。

（3）该井产层为碳酸盐岩孔洞型和裂缝—孔洞型储层，中古 5 井区鹰一段 1、2 油组发育厚度大，且横向较稳定，但储层非均质性强，目前井区内生产井仅 1 口，尚无法确定储层连通性。

（4）该井区中古 5 井硫化氢含量 $48569mg/m^3$，中古 501 井硫化氢含量 $32200 \sim 106000mg/m^3$，钻井过程中要注意做好防硫安全工作。

3. 技术对策

在"涌漏同层"、油气非常活跃的高含硫井，采用精细控压钻进过程中，最好在地层微漏状态下进行；若是漏失速度不能有效控制，考虑加入随钻堵漏剂，保证不要进入井筒内的含硫油气量太多，否则井口控压值较高，不利于安全作业；若是在地面和井内钻井设备都不防硫的情况下，不宜采用循环压井，容易引起钻具破坏，造成井下事故和地面装备失控，则需采取较高井口回压将含硫油气压回地层。

若是监测没有有毒有害气体溢出，则可考虑采用精细控压钻井技术与以下四种方法结合的综合精细控压与制漏一体化技术：

（1）降低井筒压力。降低井筒压力措施主要是通过优化钻井液性能，降低钻井液密度，减少环空循环压耗，并结合适当的工程措施和井身结构设计来实现。

① 降低钻井液密度：在充分了解和掌握地层孔隙压力、破裂压力和漏失压力情况下，初期钻井液密度可采用设计下限，配合旋转防喷器进行微过平衡钻进。钻进过程中井口回压超过 5MPa 时，考虑适当提高钻井液密度。加重时，可采取循环加重或直接打入重钻井液的方式，每次密度提高值 0.02g/cm³，以此来防止钻井液性能出现大的波动。

② 减少环空循环压耗：在满足携砂要求的前提下，适量降低钻井液黏度和切力，并优化钻井泵排量。

③ 控制机械钻速：在可钻性好的地层钻进时若发生井漏，可通过适当控制机械钻速，减少钻井液中钻屑浓度，降低环空液柱压力；同时使钻井液有充足时间在新井眼井壁上形成优质滤饼，防止井漏。

（2）降低井筒压力激动：

① 严控速度：严格执行油田井控实施细则中起下钻作业规定。

② 柔和启泵：启动钻井泵时严格控制柴油机或电动机转速，尽可能用最低转速缓慢、小排量启泵。有条件时可首先缓慢转动钻具、降低钻井液结构力再启泵，必要时可采用单或双阀进行启泵。待井口返出正常后再逐渐提高循环排量。

③ 分段循环：每下钻 1000m 应开泵循环 15~30min，在下至井深 3000m 左右和套管鞋处要求彻底循环一周以上。下套管时严格执行固井设计及油田相关规定。

④ 简化钻具：在满足井眼设计轨道条件下，尽量简化钻具结构，即尽可能少用钻铤或不使用扶正器来增大环空横截面积，降低环空循环压耗，同时防止起下钻过程中划落漏层滤饼等。

（3）随钻防漏。除通过调整钻井液性能进行防漏外，在发生微、小漏失时，可利用随钻堵漏技术进行防漏。即在参与循环的钻井液中按照循环周加入高效随钻堵漏材料或利用随钻段塞进行有效防漏。随钻堵漏剂必须具备抗高温、酸溶率高（不低于 70%）、加量少（5%以内）、颗粒小（能有效通过井下仪器流道）、封堵能力强等特性，最好是片状材料。在正常钻进及循环时定时、定量补充消耗，或定期注随堵段塞来保证防漏效果。

（4）控防结合。在压力敏感性层段作业时，在随钻防漏基础上，结合应用精细控压钻井技术，综合运用，防止或减轻井漏，最大限度地保护油气层。

4. 施工过程

（1）钻具组合：6⅝in CK406D×0.28+ 1.5°单弯螺杆×6.32+311×310 浮阀×0.51+311×310 定向短节×0.96+120mm 无磁钻铤×9.065+φ89mm 无磁抗压钻杆×8.98+HT40×311 转换接头×0.64+4in 钻杆×655.98m+310×HT40 公转换接头+水力振荡器+振荡短节×3.32+310×HT40 母转换接头+4in 钻杆×944.07m+4in 加重钻杆×437.74m+4in 钻杆×4030.17m+旋塞×0.45+浮阀×0.42+4in 钻杆×1131.5m。

精细控压定向、复合钻进至完井井深，钻进参数见表 5-4，钻进时控制井口回压 1~1.5MPa，接单根时控制井口回压 3~3.5MPa，井底当量密度 1.22g/cm³，精细控压钻井累计进尺 1513m，发现油气层显示 23 个，有效避免了井涌、井漏等复杂情况，油气层发现和保护效果明显，大大减少了非生产时间，大幅度提高水平井水平段的延伸能力。

表 5-4　钻进参数表

泵压，MPa	排量，L/s	钻压，tf	转速，r/min	密度，g/cm³
18~21	10~13	0~9.8	40~50	1.16

（2）精细控压钻进时，压力、流量变化如图 5-26 所示。

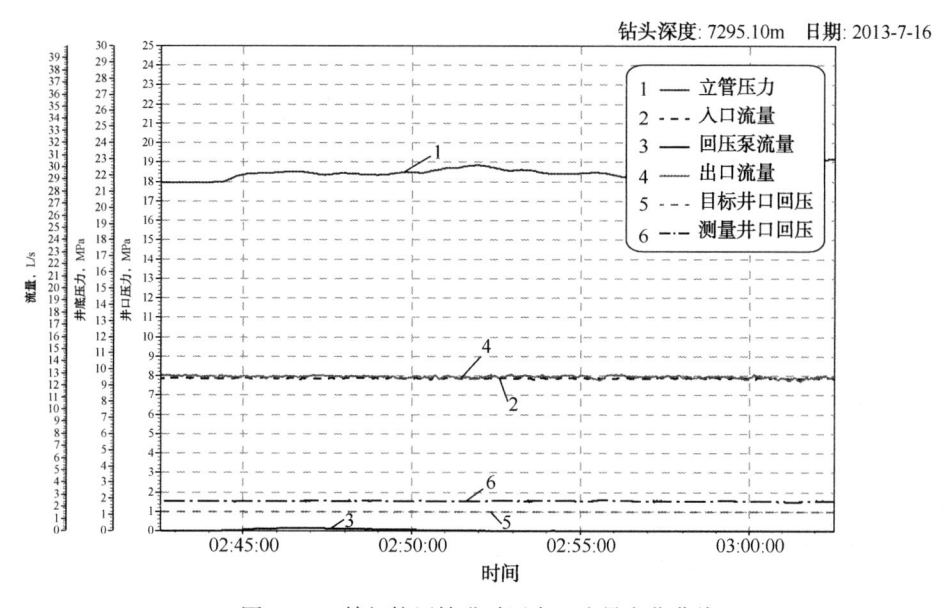

图 5-26　精细控压钻进时压力、流量变化曲线

（3）检测到后效时，压力、流量变化如图 5-27 所示。

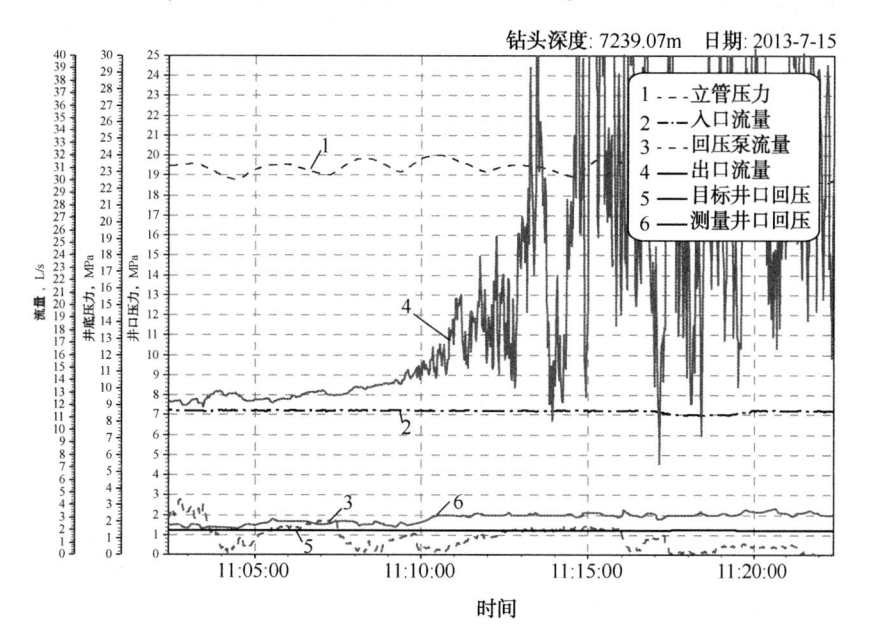

图 5-27　检测到后效时压力、流量变化曲线

（4）排后效结束时，压力、流量变化如图 5-28 所示。

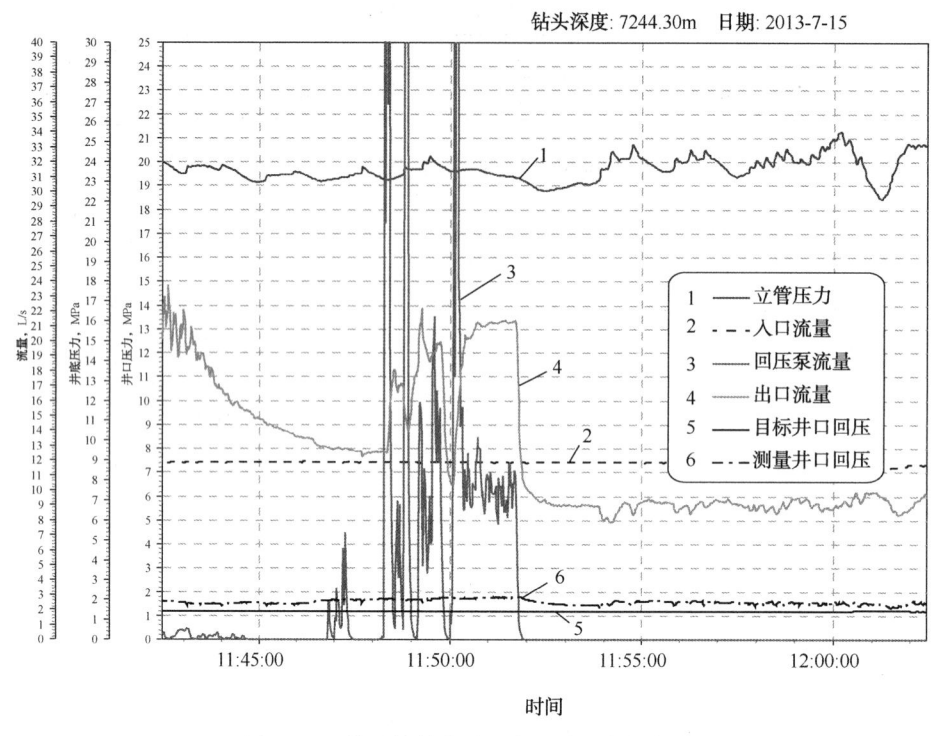

图 5-28 排后效结束时压力、流量变化曲线

（5）接单根时，压力、流量变化如图 5-29 所示。

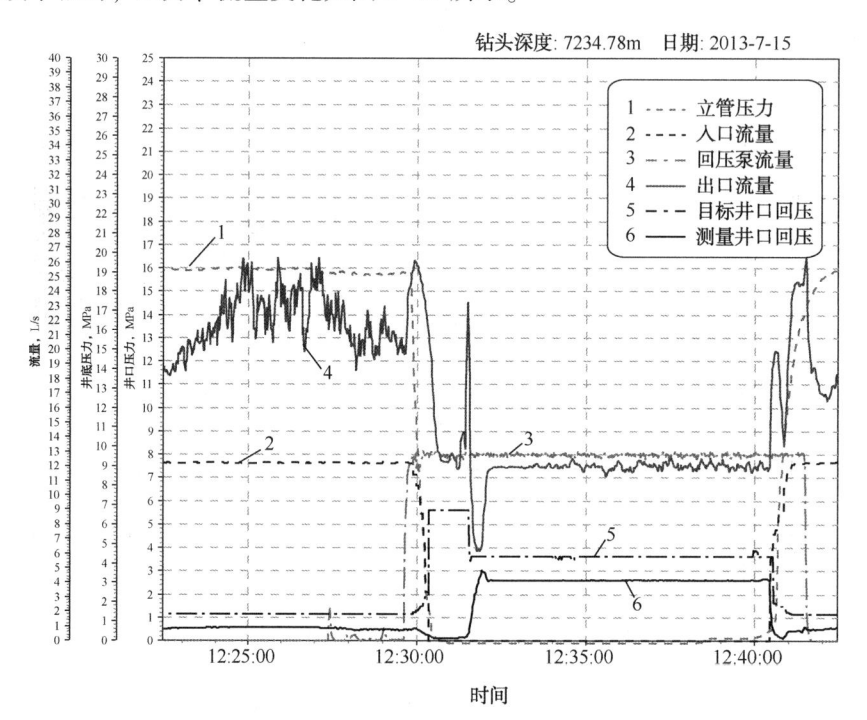

图 5-29 接单根时压力、流量变化曲线

（6）精细控压下钻时，压力、流量变化如图 5-30 所示。

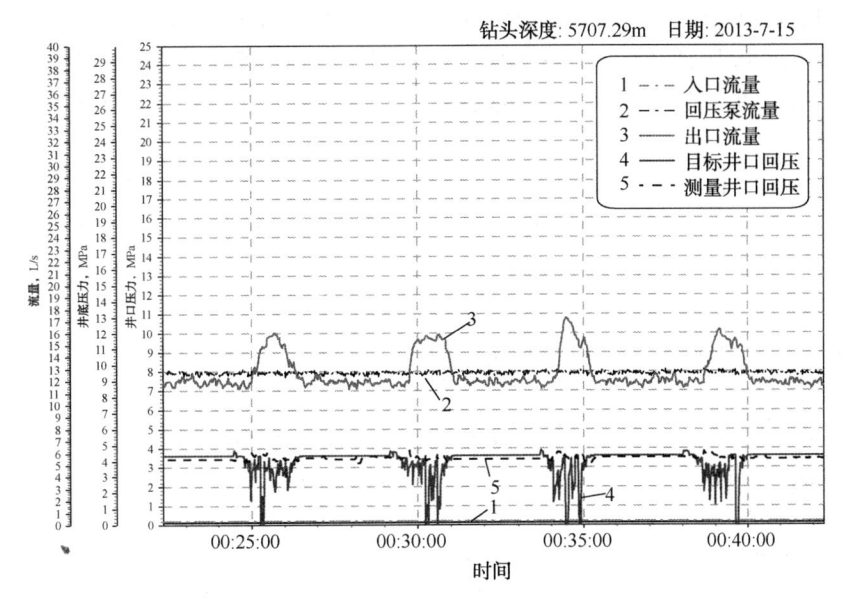

图 5-30 精细控压下钻时压力、流量变化曲线

（7）精细控压起钻时，压力、流量变化如图 5-31 所示。

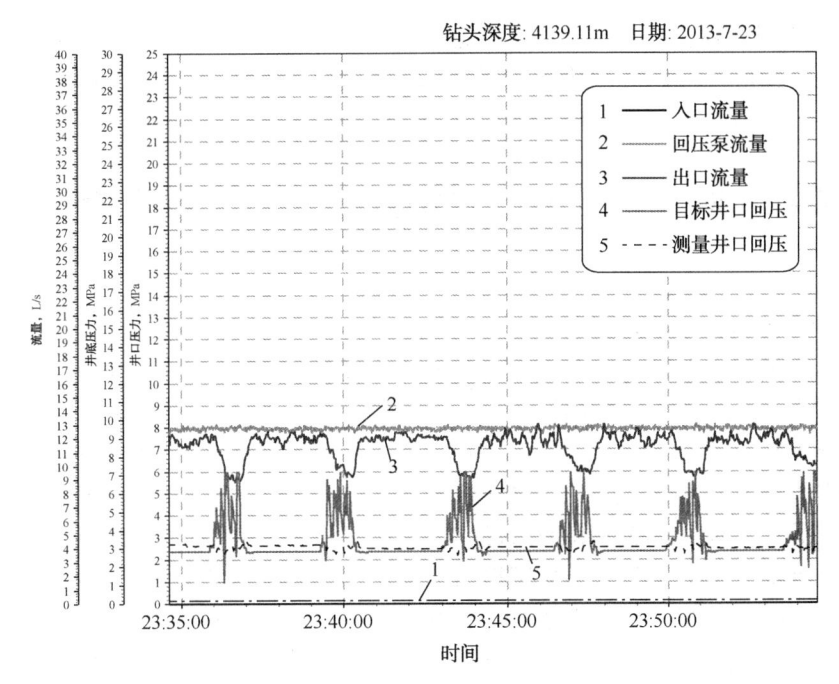

图 5-31 控压起钻时压力、流量变化曲线

5. 应用效果评价

该井于井深 6296m 开始精细控压钻进，走控压值低限，井底控制 ECD 在 1.20g/cm³，随着井深增加、储层的不断暴露，直至钻至完钻井深 7810m，井底控制 ECD 在 1.23g/cm³，精细控压钻进 1510m，水平段长 1389m，井深 7810m，打破当时全国最深水平井纪录。

（1）精细控压钻井作业中，钻进、接单根、起下钻、重钻井液注入和驱替等各种工况控制，控压精度达到了±0.2MPa的国际先进技术水平，实现了恒定井底压力和微流量钻井的控制目标。

(2) 该井精细控压钻井有效发现和保护油气层，钻进过程中共发现油气层19个，期间成功完成多次溢流预测与控制，点火多次，全程实现零漏失、零复杂，节省了钻井周期，提高了钻井时效。

(3) 该井邻井中古5井硫化氢含量48569mg/m³，中古501井硫化氢含量32200～106000mg/m³，常规钻井过程中为了控制H_2S气体的溢出，只能增加钻井液密度采取过平衡钻进，造成钻井液的大量漏失；在钻进过程中又喷又漏，钻井液漏失量大，对储层造成伤害，对于超深水平井，安全问题更为严峻，一旦有大量H_2S气体进入井筒，使钻具产生氢脆，后果损失严重；而在常规钻井过程中，由于停泵、开泵、起下钻抽吸、激动压力的存在无法避免的会使H_2S气体进入井筒。

国产精细控压钻井系统使用低密度钻井液，通过井底PWD测压工具给地面提供实时的地层压力，通过节流管汇提供合理的井口回压，在起下钻和接单根过程中利用回压泵配合自动节流阀保持井底处于微过平衡状态，确保H_2S气体无法进入井筒。

(4) 该井精细控压钻井技术应用效果明显，同时，在施工中也发现一些需要改进的问题，包括：

① 该井为超深井，钻井液性能极难维护，密度、黏度等经常变化，很不稳定，严重影响水力学模型计算环空压耗，给控压钻井工作带来一定困难，需要尽量保证钻井液系统的稳定，控压钻井软件及时更新录入钻井液性能参数的变化。

② 精细控压作业过程中，为保持稳定的井底压力，应严格控制起下钻速度，避免产生过大的抽吸和激动压力。裸眼段应保持在300m/h，套管内保持在400m/h。

第四节　低渗特低渗储层精细控压钻井技术应用案例

勘探开发生产过程中，低渗、特低渗储层由于极其狭窄的油气通道对钻井液中固相伤害更加敏感，比中高渗储层更容易受到伤害，且受到伤害后要解除伤害也更加困难，因此需要尽量减少钻井液中的固相进入储层。其中，最有效的一种方法是使用无固相钻井液，保持欠平衡钻进，若是井壁稳定、地层压力体系较为清晰，可以使用常规的欠平衡钻井技术。但是对于井壁不太稳定，地层压力较为模糊，欠平衡精细控压钻井是一种最优的钻井技术方案，可以有效解决储层发现与保护、井壁稳定及减少井控风险的作用，防止常规欠平衡钻井技术由于无法满足安全钻井而转换至常规过平衡钻井而导致的二次伤害，大幅提高钻井的综合效率。

因此，对低渗、特低渗储层，采用精细控压钻井技术可以实现保护储层、提高油气发现率、提高机械钻速的目的，通过低密度钻井液实施欠平衡精细控压钻井，能更精确、更有效地控制井底欠压值波动，从而实现工程目标。

以下分析了精细控压钻井技术在印尼B油田的应用，供类似储层实施精细控压钻井技术借鉴与参考。

一、实例井基本情况

印尼B油田致密花岗岩—基岩地层，常规钻井技术一直未发现油气显示，2013年应用PCDS精细控压钻井装备实施欠平衡精细控压钻井，油气显示良好，勘探取得重大突破。

该井工程目标是：勘探基底破碎带，发现油气层；提高基底花岗岩钻井效率，提高机械钻速；预防基底破碎带发生漏失，降低钻井复杂。考虑的施工难点包括：地层可钻性低、研磨性高；地层压力低、钻井液密度窗口窄、易发生井漏/井涌；地温梯度高，钻井液出口温度达85℃；浅层气发育。采用施工方案的是纯液相欠平衡精细控压作业，允许少量溢流，有效防漏，其原因在于：

(1) 在钻进过程中，可实现全钻进过程的欠平衡钻井，从钻井技术方面确保不遗失可能的油气层；

(2) 可适当控制目的层(基岩破碎带)漏失，降低井下复杂发生几率；

(3) 实现全钻进过程的欠平衡钻井，一定程度上提高机械钻速；

(4) 能够保证MWD、井下定向井工具的正常工作，保证井眼轨迹定向成功；

(5) 提高大井斜段的携岩效率，有效避免岩屑床的形成、井下复杂发生。

通过欠平衡精细控压钻井技术，实现应用效果显著，包括：

(1) 钻进期间实现全过程"点着火炬来钻井"，点火总时间占总时间的79.5%，火焰最高达15m，确保井下安全的同时最大限度地发现和保护了油气层；

(2) 在三开致密花岗岩地层井段所实施的负压钻进，有效提高了机械钻速，达到3.29m/h；

(3) 精细控压作业期间，无井漏及溢流等井下复杂和事故，达到了安全高效钻井的目的。

该井是位于南苏门答腊岛JAMBI市加邦区块、B油田东北部的一口勘探定向井。目标层位是B油田基底花岗岩，地层压力系数低，具有破碎断面特征，邻井在钻基底时曾出现井漏。该井设计井深2520m，造斜点在1066m，井眼采用直—增—稳结构。为发现和保护储层、预防漏失、降低钻井复杂，同时提高花岗岩机械钻速，该井在三开8½in井眼采用精细控压钻井技术及油包水钻井液体系，钻穿裂缝气藏。

① 钻机类型：ZJ50D(顶驱)；
② 精细控压钻井井段：1521~2520m；
③ 钻井液体系：油包水钻井液，油水比81:19；
④ 钻井液密度：0.875~0.887g/cm^3；
⑤ 预测地层压力系数：1.042；
⑥ 精细控压钻井布置如图5-32所示，井身结构如图5-33所示。

施工项目工程目标：

(1) 勘探基底破碎带，发现油气层，降低储层伤害；

(2) 提高基底花岗岩钻井效率，提高机械钻速；

(3) 预防基底破碎带发生漏失，降低钻井复杂。

二、施工难点

(1) 缺乏地质资料。B油田1#井是该区块B油田构造钻探的第一口井，属于初期勘探阶段，对于该区块的地质特征认识只能依靠临近区块的钻探资料和测井资料解释，在地层孔隙压力、破裂压力、构造特性、裂缝特征的预测上可能存在偏差，给精细控压钻井作业带来一定的难度和未知风险。

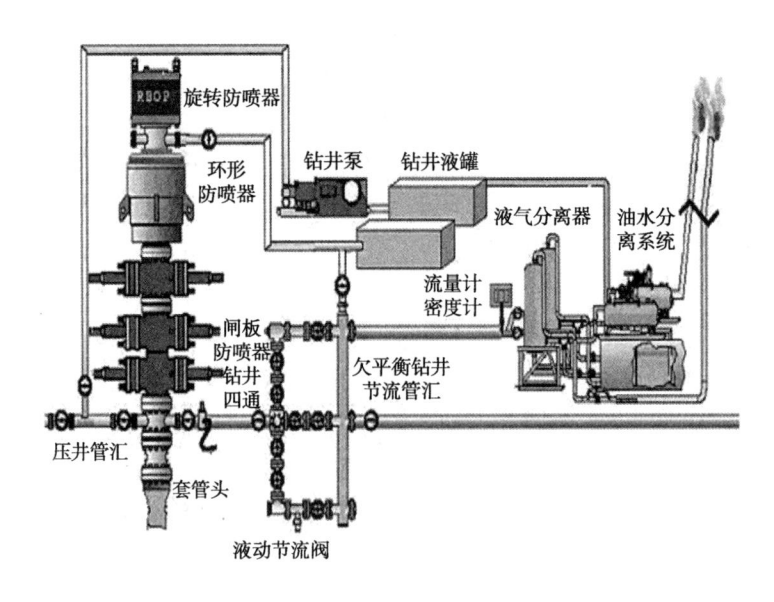

图 5-32　印尼 B 油田精细控压钻井布置图

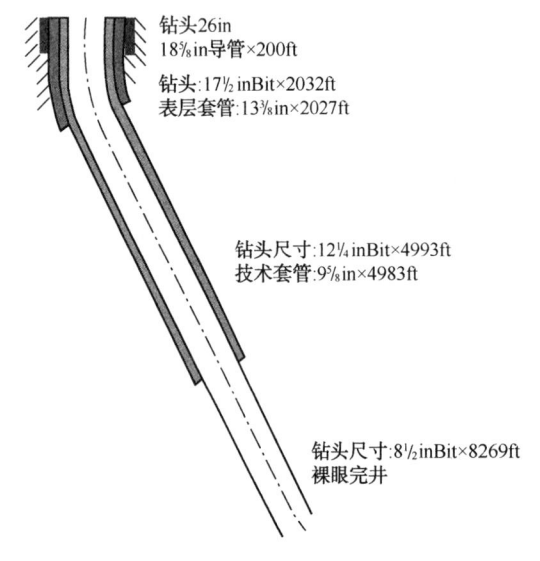

图 5-33　印尼 B 油田 1#井井身结构

(2) 油气储层保护。该井的钻探目的是为勘探 B 油田构造裂缝气藏，真实准确的评价油气储量，对后期勘探有重要的指导意义。如何保护油气层，维持裂缝原始产能进行油气井测试至关重要。

(3) 工程复杂预防。该井油气藏属裂缝发育，存在漏失、井涌或溢漏同层的可能。

(4) 地温梯度异常。该井地温梯度高，地层研磨性强，加上油包水钻井液的低导热性和浸泡，对于井下仪器和地面设备的耐腐蚀性和抗温性要求很高。

三、技术对策

1. 针对技术难点，选择合适的技术与装备

(1) 根据邻井复杂资料和现有地质设计，合理设计钻井液密度、精细控压钻井参数，储备足够的重钻井液，做好异常复杂情况下的应急处理，加强现场实战演练，钻进期间加强人员坐岗、参数监测记录、分析评价和参数调整。

(2) 利用精细控压钻井技术和装备，严格执行精细控压钻井设计，做好钻进、起下钻、接立柱时的压力控制和参数监测，利用低密度油包水钻井液，实现欠平衡钻进、控压接立柱；重钻井液帽近平衡起下钻等至完井测试，使井底压力始终略低于或接近地层压力，防止钻井液内的固相侵入地层，起到油气层保护的目的。

(3) 利用精细控压钻井设备和质量流量计的高精度，实时监测溢流或漏失，及时调整井口回压，精确控制井筒压力在安全钻井窗口内，做好异常情况的汇报和处理。

(4) 选用抗高温的仪器、工具，储备足够量的橡胶件等物品。

2. 在确定技术与装备的基础上，制定详细的施工方案

(1) 以低密度油包水钻井液体系欠平衡精细控压钻进。利用精细控压系统及设备，精确控制井口回压，维持井底压力微欠于地层压力，使得地层气体在有控的情况下侵入井筒，及时发现油气层。

(2) 采用精细控压起下钻工艺技术在套管内注入重钻井液帽的方式，保持裸眼段为低密度钻井液，防止重钻井液接触裸眼段，固相颗粒入侵储层，保护油气层。

(3) 实现全钻进过程欠平衡钻进、提高机械钻速、提高大斜段的携岩效率，避免岩屑床的形成，降低井下复杂发生的概率。

(4) 以欠平衡精细控压钻井的方式揭开储层，待有油气显示后，及时监测入口、出口流量，快速控制溢流与漏失，每钻一个气测显示层或钻穿300ft，以50psi[①]递增或者递减，反推地层压力，始终保持钻进期间井底压力略低于地层压力，保护油气层。通过回压补偿系统，保持接立柱和起下钻时井底压力与地层压力的微过平衡，起钻前计算好重钻井液帽高度，附加井底压力70~150psi的压力，确定注入顶替压力，并在套管鞋以上注入重钻井液帽，不让重钻井液接触裸眼井段，直至钻完设计井深。

3. 精细控压钻井技术措施

1) 精细控压钻进技术措施

(1) 下钻到底后，转为精细控压钻井流程，使用新配 0.875g/cm³ 的油包水钻井液替出 1.234g/cm³ 井筒原钻井液。循环过程中，密切监测出入口流量变化和全烃值变化情况。

(2) 待钻井液性能稳定后，由钻井液工测量钻井液性能，并提交给控压钻井工程师。

(3) 钻进期间控制 70psi 井口回压钻进，接立柱期间，控制井口回压 350psi。

(4) 钻进期间，若监测到出口流量异常上升，控压钻井工程师立即通知司钻和监督，同时停止钻进，将钻头提离井底，循环观察一个迟到时间。期间监测全烃、钻井液密度、钻井液池体积和出口流量变化情况，做好点火准备，记录相关参数。循环过程中，若出口流量、钻井液池液面和火焰呈增长趋势，逐步施加 135~700psi 回压循环观察，当井口回压达到 700psi 时，控压钻井工程师立即通知司钻采取关井措施，转井控压钻井流程，使用钻井节流管汇节流循环。待套压降至 300psi 以内，且井底情况稳定，火焰高度在 1.80m 以内，转为精细控压钻井流程，保持节流循环套压不变，实现欠平衡控压钻进。若套压不降或超过 300psi 时，则适当提高钻井液密度，降低套压至 300psi 以内后，转为精细控压钻井流程。

(5) 精细控压钻进期间，密切监测各项参数的变化情况，随时调整精细控压钻井参数。

2) 精细控压接立柱技术措施

(1) 立柱钻完前，司钻通知控压钻井工程师，控压钻井工程师启动回压泵循环钻井液，做好控压接立柱准备。

(2) 立柱钻完后，应缓慢循环划眼或活动钻具，避免井底压力波动过大。

(3) 司钻得到控压钻井工程师指令后，停泵，精细控压钻井系统自动切换通道施加回压，维持井底压力恒定。

(4) 泄立压，接立柱，其间 MWD 完成测斜。

---

① 1psi = 6894.757Pa。

（5）接完立柱后，司钻开泵，恢复打钻排量，开泵时应避免反复启停。

（6）精细控压钻井系统切换通道，停回压泵，完成接立柱程序。

3）精细控压起下钻技术措施

（1）精细控压起钻技术措施：

① 起钻前，与司钻和相关的作业单位进行技术交底，确保相关作业人员了解精细控压钻井起钻程序。

② 循环清洗井底，控压钻井工程师计算重钻井液帽高度、体积，并提交给钻井监督。

③ 开回压泵进行地面循环，准备起钻，控压钻井工程师通知司钻停泵。

④ 起钻前向钻具内灌满重钻井液，压水眼，防止钻井液喷溅。

⑤ 泄掉立管压力，回压泵始终向井内灌钻井液和补压。

⑥ 精细控压起钻至重钻井液帽深度，注入重钻井液帽，逐步降低井口回压至0，当重钻井液返出后，停止回压泵。

⑦ 钻井液妥善储存并记录返出量。

⑧ 溢流观察15min，确定无溢流后，取出旋转防喷器轴承总成，开始常规起钻，按井控规定进行灌钻井液。坐岗继续记录钻井液返出量。

⑨ 当起出钻头后，关闭全封，结束起钻作业。

⑩ 起钻后由钻井监督和工程师检查单流阀是否完好，替换损坏的阀。

（2）精细控压下钻技术措施：

① 配钻具、地面测试井下工具仪器。

② 确定没有井压后，开井，下入钻具。

③ 常规下钻至重钻井液帽底，安装轴承总成。

④ 低泵速开泵顶替重钻井液。

⑤ 按照控压钻井工程师的指令逐步增加井口回压，钻井液工坐岗监测和记录锥形罐体积、回收重钻井液。

⑥ 当重钻井液返出后，开启回压泵地面循环补压，精细控压下钻。

⑦ 下钻至井底停回压泵，开钻井泵循环，调整回压循环排出后效，恢复控压钻进。

4）关井程序

精细控压钻进时，控压钻井工程师密切监测出口流量变化，疑似溢流时，及时向钻井监督及司钻汇报，钻井液工每5min监测液面一次，及时向控压钻井工程师通报钻井液罐液面情况，在达到下列条件时，转入关井程序：

（1）溢流量超过6.3bbl[①]。

（2）井口套压迅速升高，预计或大于725psi。

（3）发生漏失且通过降低井口回压以及调整钻井液密度都无法建立平衡。

（4）井漏失返。

（5）井口 H_2S 浓度 $\geqslant 30mg/m^3$。

---

① 1bbl = 158.98L。

5）精细控压钻井终止条件

（1）钻遇大裂缝或溶洞，井漏严重，无法找到微漏钻进平衡点，导致精细控压钻井不能正常进行。

（2）精细控压钻井设备不能满足精细控压钻井要求。

（3）精细控压钻井作业中，井下频繁出现溢漏复杂情况，无法实施正常精细控压钻井作业。

（4）井眼、井壁条件不满足精细控压钻井正常施工要求时。

四、主要施工过程

钻具组合：8½in 钻头+6¾in 马达+8¼in 稳定器+6¾in 短无磁钻铤+6¾in 无磁钻铤+6¾in 无磁钻铤变径接头（NMDC TX）+6¾in 无磁钻铤（NMDC）+6½in 4A11/410X/O 转换接头+6½in 止回阀+6½in 短钻铤（SDC）-1+6½in 短钻铤（SDC）-2+6½in 短钻铤（SDC）-3+6½in 411/4A10 X/O 转换接头+5in 加重钻杆×6 接头+6½in 震击器+5in 加重钻杆×11 接头+5in 钻杆。

钻井液性能见表 5-5，精细控压钻井参数见表 5-6。

表 5-5 钻井液性能表

钻井液体系	密度，g/cm³	漏斗黏度，s	切力，mPa·s	n	k	pH 值	返出温度，℃
油包水	0.887	50	4/9	0.71	2.38	9.5	87

表 5-6 控压钻井参数表

钻压 10³lbf[①]	转速，r/min	排量，gal/min	立压，psi	钻进回压，psi	起下钻回压，psi
20~33	40~115	550	1300~1500	55~80	350~400

溢流后循环替钻井液（图 5-34），后效火焰最高 26ft（图 5-35）。之后控压 350psi，下钻到底后控压 55~80psi，欠平衡点火钻进，火焰高度 3~6.5ft。

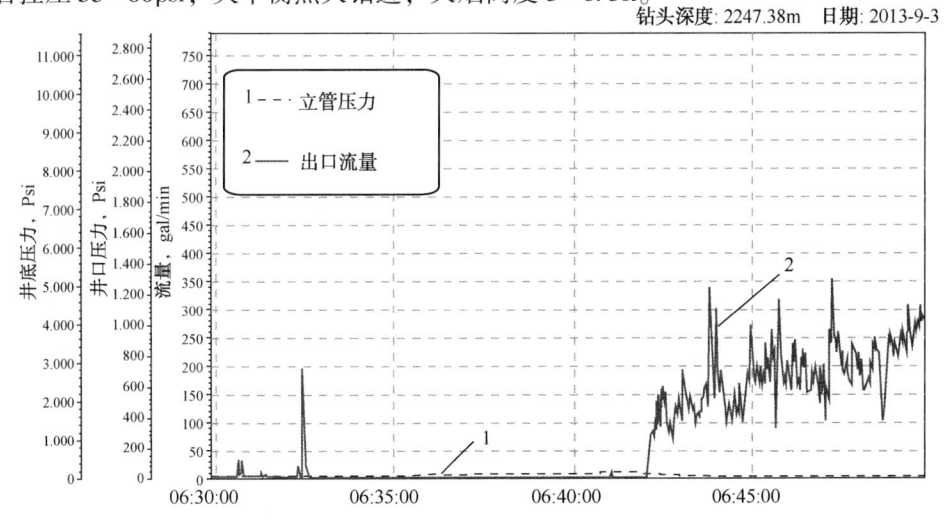

图 5-34 下钻期间的溢流监测（出口流量明显上升）

---

① 1lbf=4.448N。

图 5-35 后效点火图片

套压最高 200psi，开井循环，点火成功，火焰最高 32.8ft。随后继续控压 55psi，继续钻进至 8269ft 后完钻。控压 350~400psi 起钻至 2500ft，替入 11.3ppg 重钻井液，继续起钻至 900ft，取出旋转防喷器轴承总成，继续常规起钻完。精细控压钻进时的工况参数如图 5-36~图 5-39 所示。

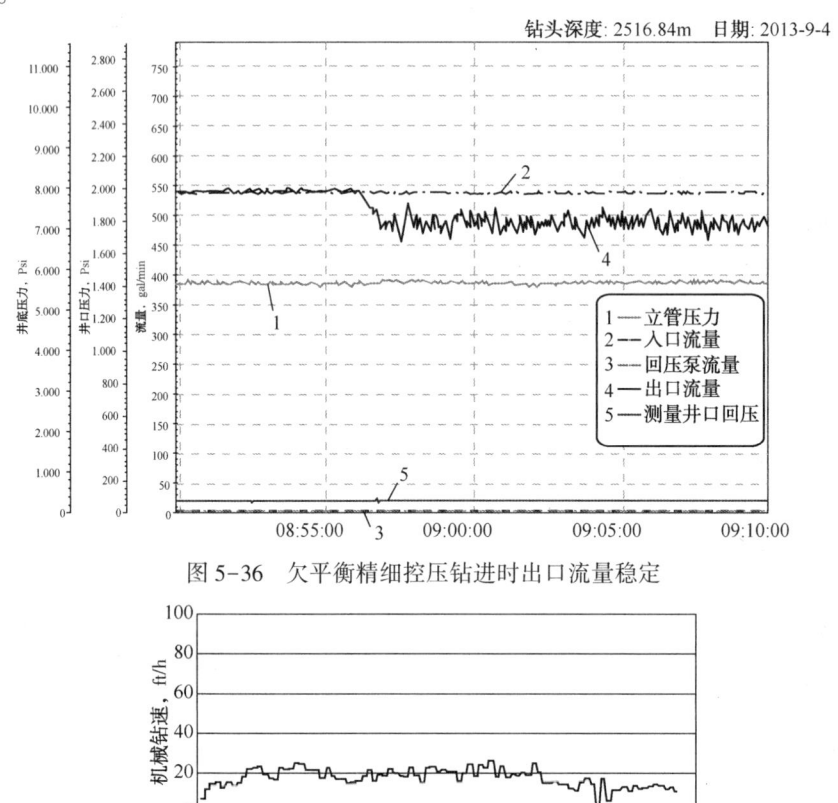

图 5-36 欠平衡精细控压钻进时出口流量稳定

图 5-37 钻时曲线

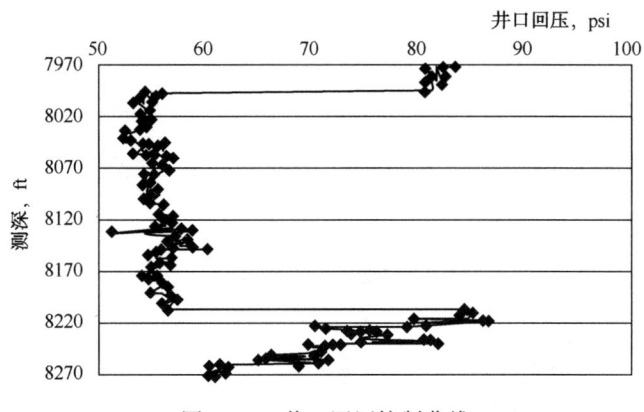

图 5-38 井口回压控制曲线

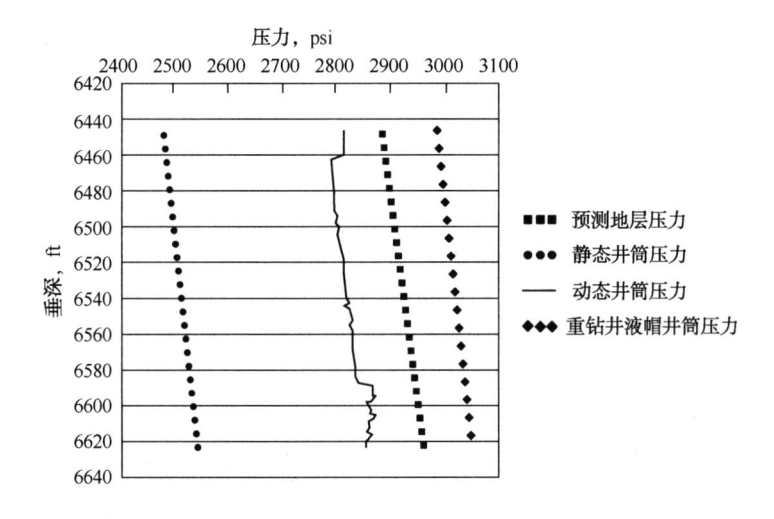

图 5-39 精细控压钻井井段井筒压力对比(按反推地层孔隙压力梯度 1.031g/cm³ 模拟)

该井段精细控压钻进时，井口回压控制在 55~80psi 之间，接立柱和起下钻时控压 360psi。后效点火 2 次，总计时间 60min，火焰高度 20~33ft；钻进期间点火 5 次，总计时间 1080min，火焰高度 3~6.5ft，全烃 3.1%~16%。

通过图 5-40，可以看出动态井筒压力曲线低于地层孔隙压力(1.031g/cm³)曲线，整个井段精细控压钻井参数稳定，实现了欠平衡精细控压点火钻进，顺利钻完设计井深。

总体钻进描述：该井精细控压钻进作业顺利，顺利完成了甲方指定的工程目标，在钻进中配合低密度钻井液体系，运用欠平衡控压点火钻进、控压接立柱、控压起下钻、近平衡完井等工艺。精细控压钻进期间精确控制井口回压在 55~135psi 之间，维持井底压力微欠平衡点火钻进。单程连续精细控压起下钻最长达到 5472ft(7972~2500ft)，回压泵连续运行时间最长达到 11h，系统累计工作超过 585h，各部件运转正常，保障了钻进、起下钻过程中的井控安全。

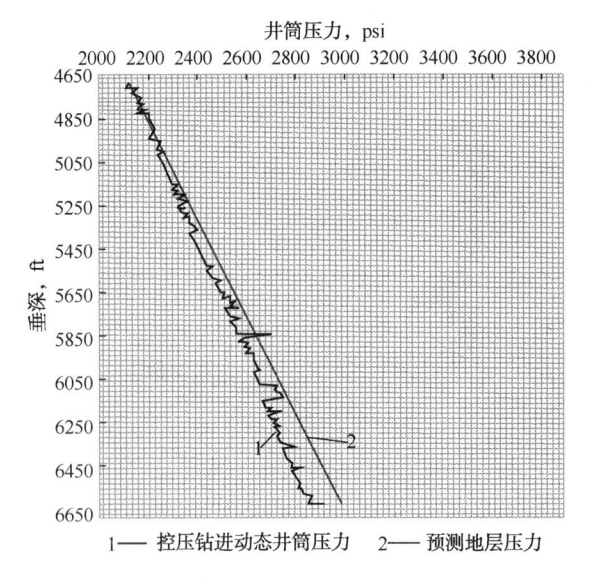

图 5-40 精细控压动态井筒压力与预测地层压力比较

五、应用效果评价

1. 油气显示

该井油气显示良好。累计成功点火 57 次，累计点火时间 240h。循环加重时第一次点火成功，火焰高 13~16ft，随着钻井液密度增加至 1.042g/cm³，2h 后火焰熄灭。控压钻进阶段，钻井液密度维持在 0.874~0.886g/cm³，起下钻时，均有明显后效，平均火焰高度 13~23ft（图 5-41），欠平衡精细控压钻进火焰平均高度 3~6.5ft（图 5-42）。

图 5-41 后效点火　　　　　图 5-42 精细控压钻进点火

2. 工艺应用成果

该井三开采用精细控压钻井方式钻进，取得如下成果：

(1) 采用低密度油包水钻井液体系，成功实现了钻进期间的井底压力微欠平衡，及时发现了油气层，最大限度减少了钻井液对储层的伤害。

(2) 利用井口回压的精确控制和起下钻过程中回压补偿，以及重钻井液帽的技术措施，成功避免了重钻井液与裸眼井段的接触，减少了对储层的伤害，为真实评价油气井产能创造了条件。

（3）通过出入口流量的微变化进行井下异常的监测，及时控制溢流，利用精细控压钻井设备的精确操作，降低井底压力的波动，节约了溢流处理时间，提高井控安全保障，降低了井下复杂发生的可能性。

（4）三开井段所实施的负压钻进，尤其对于致密花岗岩来说，能够有效提高机械钻速。

（5）良好的油气显示和精确的参数控制，为该井地质和勘探的准确认识提供了有力依据。该井精细控压钻井的成功实施，为B油田构造的勘探开发，探索出一种新的方式，为该区块同类型井的勘探提供了新的钻探模式。

3. 时效统计

见表5-7。

表5-7 钻井时效统计表

工作内容	钻进	起下钻	循环	旋转防喷器维护	其他时间	总计时间
时间，h	302	444.5	99	11.5	103	960
所占比例，%	31.3	46.3	10.2	1.2	11	

第五节 微流量控制钻井技术应用案例

微流量控制钻井技术是基于对钻井液的微流量检测、控制来最终实现控压钻进的目的。在钻井作业中，钻井液是很重要的一环，钻井时需要钻井液产生的静液压力来平衡地层中的油、气、水压力和岩石的侧向压力，以防止井喷、井塌、卡钻和井漏等井下复杂情况的发生。在正常情况下，泵入井筒内的钻井液和返出的钻井液（脱固、脱气、脱油后）体积和质量应该相同，而井下工况若发生改变（如溢流、漏失等）则会导致泵入量与返出量存在差异，同时会造成钻井液参数发生改变。微流量控制钻井技术在传统的钻井液循环管汇上安装精确的传感器和钻井液节流器，对进出口钻井液的微小压力、质量流量、当量循环密度、流速等参数进行实时监控并预测，能精确检测泵入和返出的钻井液的质量流量、密度、黏度、温度等参数，进而达到实施精细控压钻井的目的。

一、塔中26-H9井

1. 基本情况

塔中26-H9井是塔中26井区一口水平井，井身结构如图5-43所示，实施了微流量控制钻井技术后，与邻井塔中26-H4井同层段漏失3334m³相比，有效控制了钻井液漏失，减少非生产时间；一趟钻完成整个水平井段，共发现油气显示层6个；目的层控压钻井提速明显，平均机械钻速4.87m/h，平均日进尺84.00m，是以往精细控压钻井平均日进尺4.14倍；成功解决了塔中26-H9井窄密度窗口易喷易漏的难题，有效减少了非生产时间，缩短了钻井周期，达到了提高水平段钻进能力、安全快速钻井的目的。

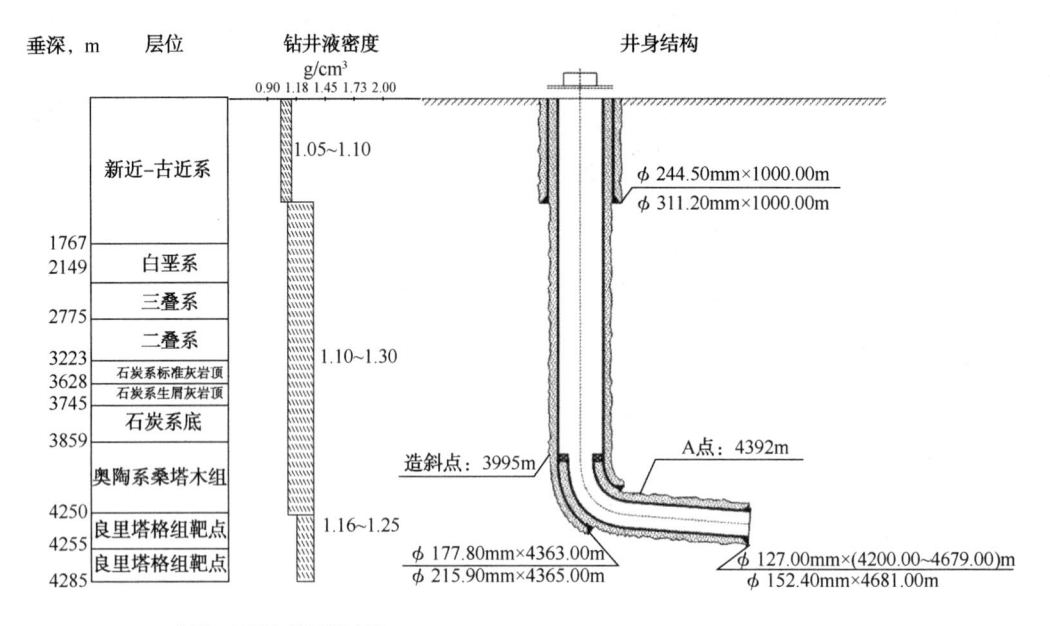

φ311.2mm 井眼：封固上部松散地层；
φ215.9mm 井眼：进入良里塔格组灰岩段2~3m下入φ177.8mm套管；
φ152.4mm 井眼：水平段进尺289m完钻。

图 5-43 塔中 26-H9 井井身结构

2. 施工难点

（1）不同起下钻速度对回压补偿的影响。超深井钻柱重量很大，起钻速度不应太高，若速度维持在为 0.4~0.5m/s 之间时，抽吸压力一般不会大于 1MPa。回压泵正常工作时，井口套压跟踪时间在 10s 以内，压力波动控制在±0.2MPa 之间，能够满足精确控制井底压力的需要。

（2）回压泵上水影响。由于深井超深井钻井的需要，钻井液材料中加入很多含有表面活性剂等起泡材料，造成钻井液中气泡很多，若没有真空除气器等有效除气手段，会导致回压泵上水不好，导致井口回压不稳定，影响控压效果。

（3）钻机功率分配对控制回压的影响。微流量控制钻井作业中，保持稳定的泵排量对精细控压意义重大，泵排量波动剧烈能够影响井底压力的稳定性，影响控压效果。若钻机绞车和钻井泵使用一台柴油机工作，上提钻具时绞车动作，泵动力严重不足，泵冲迅速降低，立管压力迅速下降，从而导致流量及井底压力的急剧下降。

（4）微流量控制钻井作业中，要保持钻井液密度的稳定性。在微流量钻井过程中，需确保精细控压全程钻井液密度稳定，建议起钻时不打压水眼重钻井液，起钻时喷出的钻井液可再回收至循环罐，这样有利于保持维护精细控压钻井液的性能稳定。在起钻打重钻井液帽时，应检查打入和返出钻井液密度，确保常规起钻时井筒内处于过平衡状态，保证提供要求密度的钻井液且密度均匀。

3. 技术对策

建立自定义的流量和压力两个关键参数分析方法，建立自动控制方法见表 5-8。

表 5-8　微流量控制策略

出入口流量差 ΔQ	分析策略	压力控制方式
瞬时量（微分量）	根据瞬时量进行信号分析	实时记录流量变化的特征时间及对应工况和参数，根据实时水力模型计算所需井口压力，闭环压力控制，必要时进行人工干预，调整井口回压
平均量（平衡量）	校正钻井泵上水效率	
累积量（积分量）	校正流量计累计量，真实反映溢流、漏失量	

注：钻井液出入口流量差 ΔQ，正代表溢流，负代表漏失。

（1）无 PWD 情况，精确监测出入口流量和液面变化时实现微流量监控。在钻井液循环系统中，入口流量等于出口流量，即可认为钻井液循环系统中压力是平衡的。PCDS-I 精细控压钻井系统中具有高精度质量流量计，可精确计量钻井液出口流量，在出入口流量相对稳定阶段实时校核钻井泵上水效率，保证实时入口与出口流量差值具有最可靠的比较性。在正常精细控压作业过程中，质量流量计能够提高 5~10min 监测到气体溢流导致出口流量瞬时增大的情况，此时液面上涨并不明显，加强液面监测，准确计量钻井液池总体积的变化，根据其增加程度与速度，迅速增加井口回压，避免环空形成大段上升气柱，提高循环排气的可靠性及效率。

（2）调整井口回压，要保证一定的观察周期，避免人为造成井下复杂。精细控压过程中，每次提高或降低井口控压值都应该至少有 15~20min 的观察期，即至少两次液面报告观察时间，以便对井底情况综合判断分析，避免调整过频造成的人为井下复杂。

（3）及时微量的井口回压调整，有利于发现油气层。通过及时调整井口控压，为很好地发现油气层井段发挥作用。按照甲方的要求，在保证井下安全的条件下，适时调整井口控压，特别是通过摸索，利用出入口流量变化、综合录井气测值等变化，调整井口回压，当新油气层出现时气测值升高，待钻穿后及时加压，使之降低，一旦再次升高，说明新的油气层出现，体现了精细控压钻井在地质发现方面的价值。

4. 施工过程

钻具组合：152.4mmPDC 钻头×0.26+120mm1.25°单弯螺杆×5.22+127mm 浮阀×0.5+127mm 无磁钻铤×0.81+127mmMWD×5.17+88.9mmS135Ⅰ无磁承压钻杆×9.23+88.9mmS135Ⅰ斜坡钻杆×432.11+88.9mmS135Ⅰ斜坡加重钻杆×419.71+88.9mmS135Ⅰ斜坡钻杆×3447.63m+127m310×311 转换接头×0.5m+127m 下旋塞×0.5。

钻进参数见表 5-9。

表 5-9　钻进参数表

钻压，tf	泵压，MPa	排量，L/s	转速，r/min	密度，g/cm³
4~5	20~21	8~11	0~35	1.16

井深 4343m 开始精细控压钻井作业，正常钻进时井口回压 0.5~0.6MPa，接单根时井口回压 1.6~1.7MPa，控制节流精度±0.2MPa，4637m 结束精细控压钻井作业，一趟钻完成整个水平井段总进尺 294m，多次处理溢流及漏失，减少因为处理溢漏等问题而造成的非生产时间，为正常钻进节约了大量时间。

（1）精细控压钻井处理出气过程如图 5-44 所示。

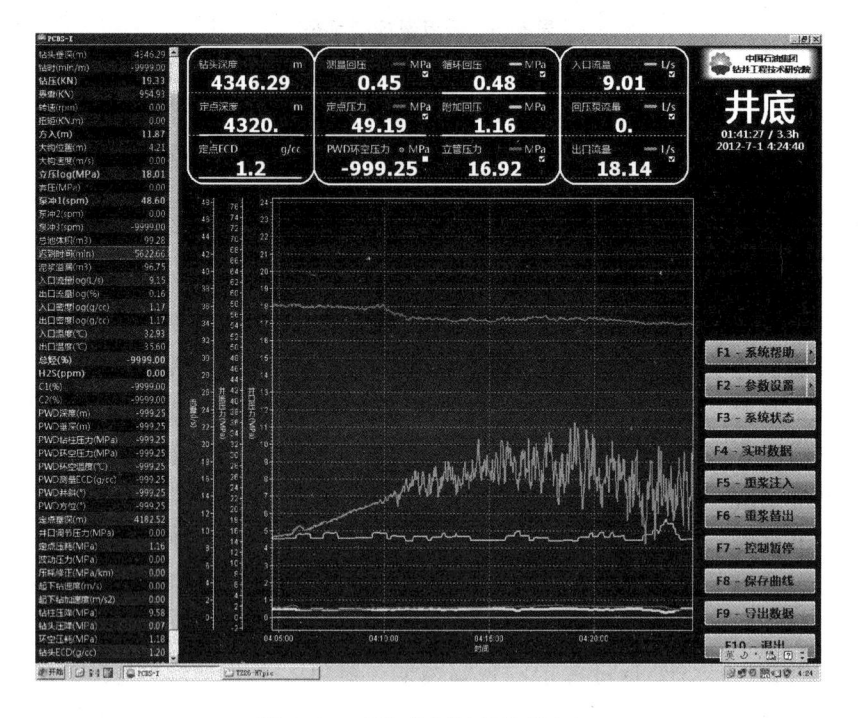

图 5-44　精细控压钻井处理出气

（2）接单根过程如图 5-45 所示。

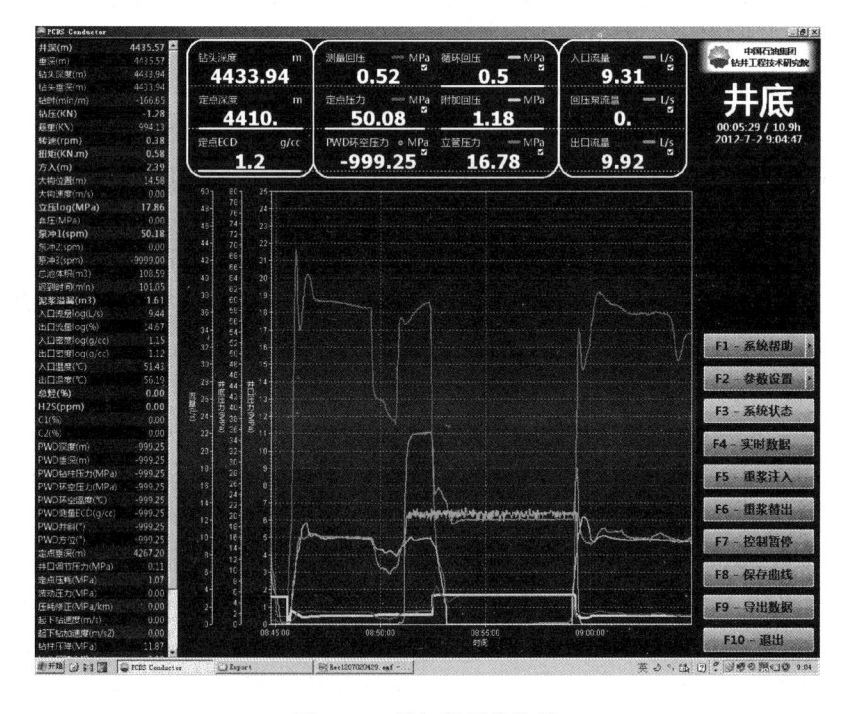

图 5-45　精细控压接单根

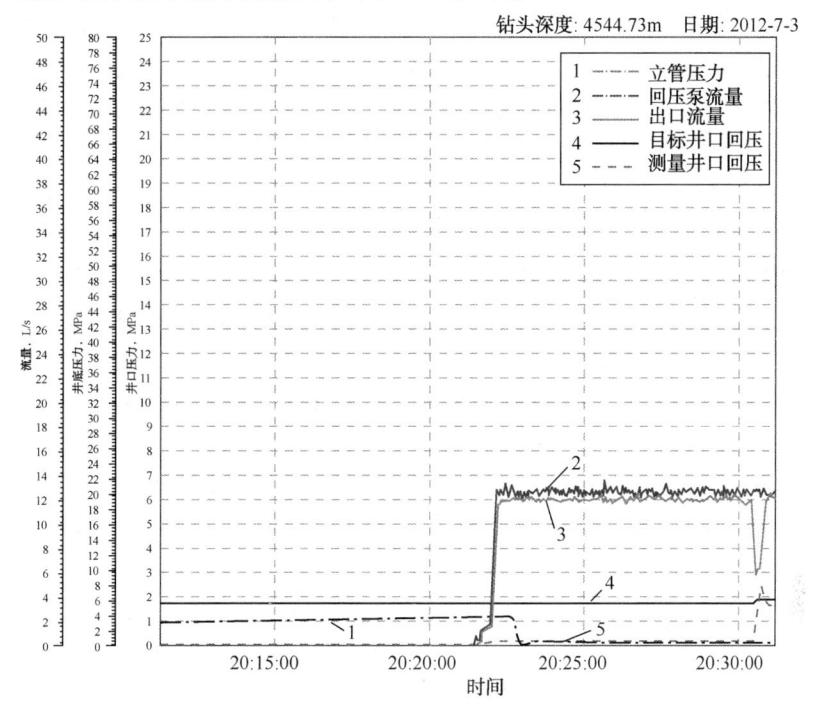

第五章 精细控压钻井技术应用分析

（3）精细控压更换旋转防喷器胶芯如图 5-46 所示。

图 5-46 精细控压更换旋转防喷器胶芯

（4）精细控压钻进过程如图 5-47 所示。

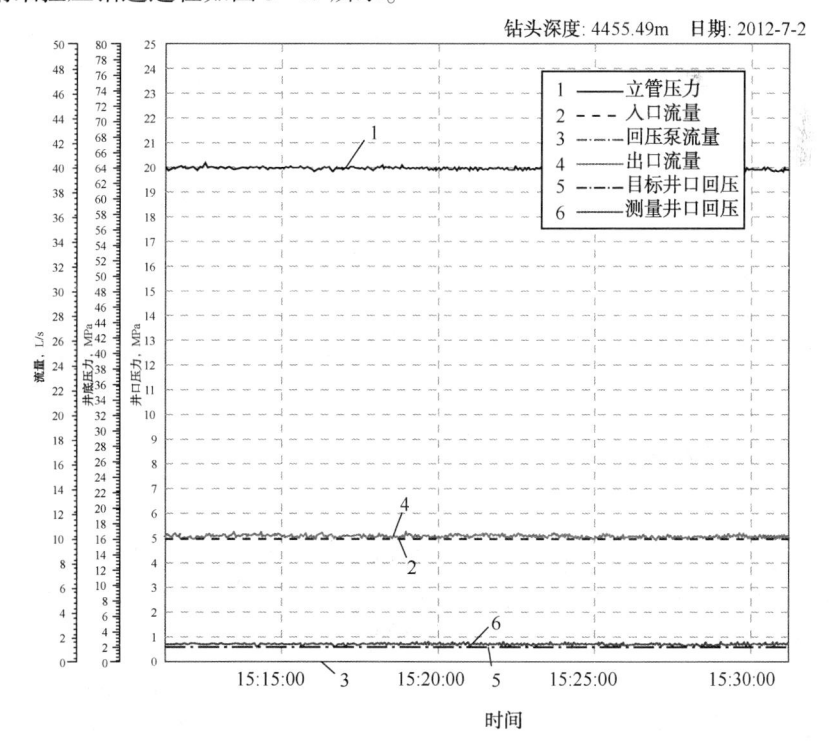

图 5-47 精细控压钻进过程

175

5. 应用效果评价

该井是一口水平开发井,通过钻探建立塔中26井区高产稳产井组,提高储量动用程度,增加塔中Ⅰ号气田东部产能和产量。通过应用PCDS精细控压钻井系统的技术、设备优势,针对该井钻井难题,全过程微流量监控,在缝洞系统保证井下安全条件下走低限,成功解决了钻进难题,取得以下成果:

(1) 水平钻进穿越多套缝洞单元,实现零漏失、零复杂。该井精细控压钻井主要实施了近平衡精细控压钻井作业,全过程微流量监控,在缝洞系统保证井下安全条件下走低限,允许微溢实现有效防漏,成功实现水平段钻进穿越多套缝洞单元,在施工井段安全顺利钻井无复杂,全程实现"零漏失""零复杂"的作业效果,与邻井同层段漏失3334m³相比,有效控制了钻井液漏失,减少非生产时间;一趟钻完成整个水平井段,共发现油气显示层6个;成功解决了塔中26-H9井窄窗口易喷易漏的难题,有效减少了非生产时间,缩短了钻井周期,达到了提高水平段钻进能力、安全快速钻井的目的。

(2) 平均日进尺大幅度提高。目的层钻进平均日进尺大幅提高,平均日进尺达到84.00m/d(表5-10),平均机械钻速4.87m/h,是以往控压钻井平均日进尺的4.14倍,提前7天完成了水平段进尺任务。

表5-10 塔中精细控压钻井平均日进尺与临井日进尺比较

井 号	目的层进尺,m	周期,d	平均日进尺,m
塔中26-H9	294	3.5	84.00
塔中62-10H	598	40	14.95
塔中62-11H	973	28	31.95
中古162-1H	678	35	19.37
塔中82-1H	1031	32	32.22
中古14-2H	253	21	12.11
塔中201C	396	23	17.21
塔中62-H12	48.24	9	16.08
塔中26-3H	100	23	14.29
中古231H	324	18	20.25

(3) 有效发现和保护油气层。该井精细控压钻井有效发现和保护了油气层,钻进过程中共发现气层6个。并且多次处理地层溢漏,减少因为溢流关井、处理漏失而损失的时间,有效提高了钻井时效。

二、塔中721-8H井

1. 基本情况

该井设计完钻井深6740m,设计造斜点在4680m,井眼采用直—增—平结构,设计水平段长1557m,最大井斜角89.63°,设计二开中完井深4955m,三开用6⅝in(168.3mm)钻头钻进。该井于2013年2月21日一开钻进,二开直井眼钻至5130m,回填后进行定向造斜、增斜,至斜导眼中完时最大井斜约53°。三开井斜增加至89.63°后稳斜钻进。设计在进入A点(5183m)前150m(5033m)处开始使用精细控压钻井技术钻进。2013年4月17日调整井眼轨道,打直导眼段,设计井深5180m,因钻井过程中灰岩顶深比设计的提前50m,所以该井提前完钻，完钻井深 6705m，完钻层位为良里塔格组良三段。井身结构和套管设计见表 5-11、图 5-48。

表 5-11 井身结构表

井筒名	开钻次序	井段 m	钻头尺寸 mm	套管尺寸 mm	套管下入地层层位	套管下入井段 m	水泥封固段 m
主井筒	一开	1500	406.4	273.05	古近系底	0~1500	0~1500
	二开	5180	241.3				
水平井筒	二开	4955	241.3	200.03	良里塔格组	0~4953	0~4953
	三开	6740	168.3	127	良里塔格组	4500~6738	4500~6738

注：设计井深预测以实测补心海拔 1097.67m（补心高：9.0m）计算，开钻后的各层位深度以平完井场后的复测海拔和补心高度重新计算值为准。

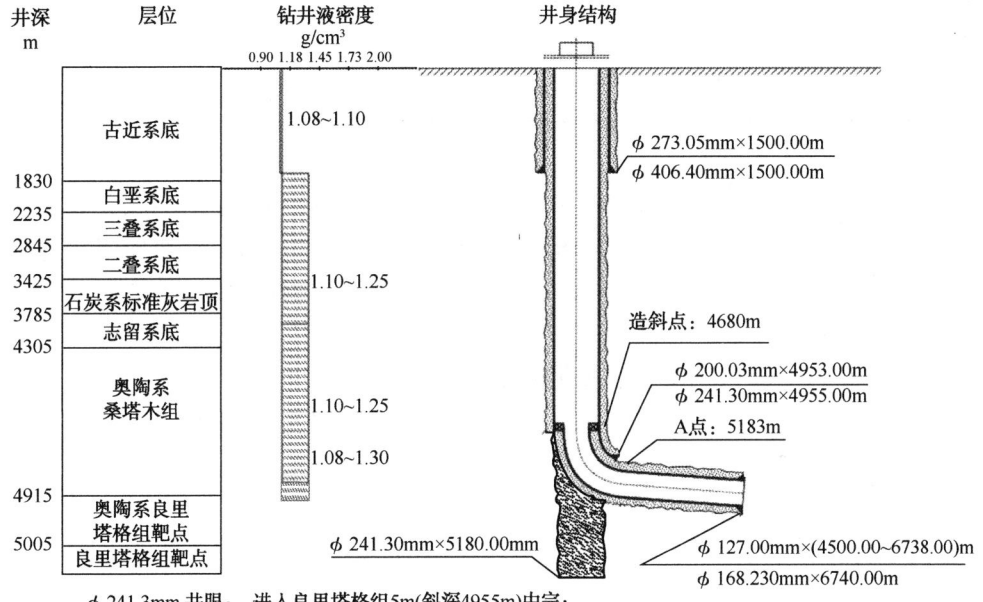

图 5-48 井身结构示意图

2．施工难点

（1）考虑钻遇缝洞型碳酸盐岩地层可能存在的钻井难题，特别是压力敏感、窄密度窗口等问题，有时涌漏共存经常发生，如何分析井筒压力及井底压力，并随钻进行预调整，由实时监测和控制压力得到的实际压力对井底压力进行调整。

（2）如何有效延长碳酸盐岩窄密度窗口水平井段长度，需要考虑安全密度窗口、旋转防喷器的容量、循环总压力损失应小于泵的额定压力、窄密度窗口在水平段的位置和可能的多重窄密度窗口等多个问题。

3．技术对策

在深部地层中，为了取得较快的钻速，井底地层较稳定的情况下，可以采用微流量欠平衡控压钻井钻进。微流量欠平衡控压钻井既能保证较快的钻速钻进，又能保证井口及井底压力的自动控制，达到安全快速的钻进目的。微流量欠平衡控压钻井保持井筒进气在一定的范围内。随着水平段越来越长，产层暴露的越来越多，井底进气量越来越大。保证井底一定范围内的恒定进气的步骤为：(1) 首先提高井口回压；(2) 当井口回压达到一定高值后，提高钻井液密度。在保证井下安全的条件下，利用出入口流量变化、综合录井气测值等变化，调整井口回压，当新油气层出现时气测值升高，待钻穿后及时加压，使之降低；一旦再次升高，说明新的油气层出现。

4. 施工过程

钻具组合：6⅝in M1365D+1.25°螺杆+3½in 浮阀+MWD 短节+PWD 短接+127mm 无磁钻铤+3½in 无磁抗压缩钻杆+3½in WDP+HT40 母×311+4in DP+HT40 公×310+3½in WDP+311×HT40 母+4in DP+下旋塞+浮阀+4in DP。

钻进参数见表 5-12。

表 5-12 钻进参数表

钻压, tf	泵压, MPa	排量, L/s	转速, r/min	钻井液密度, g/cm³
2~3	20~21	18	40	1.11

精细控压钻进井口控压值 0.8~1.5MPa，井底压力为 58.7MPa 精细控压钻进，井底 ECD 为 1.21g/cm³，接单根井口回压控制在 3.3~3.5MPa，控压起钻控制井口回压在 4MPa，共发现多个油气层。

(1) 精细控压钻进时压力、流量变化情况如图 5-49 所示。

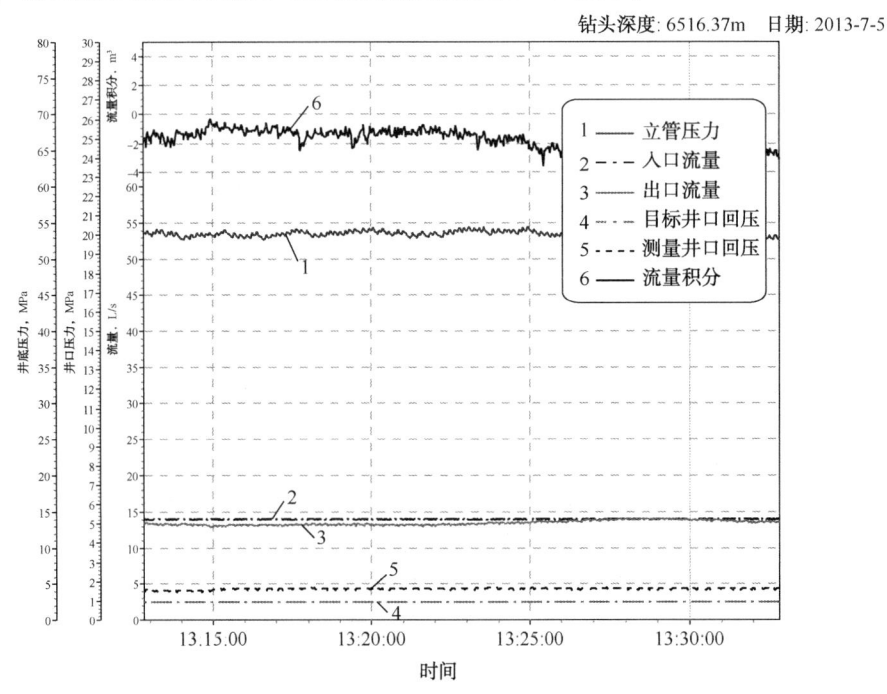

图 5-49 精细控压钻进时压力、流量变化曲线

（2）检测到后效时压力、流量变化情况如图 5-50。

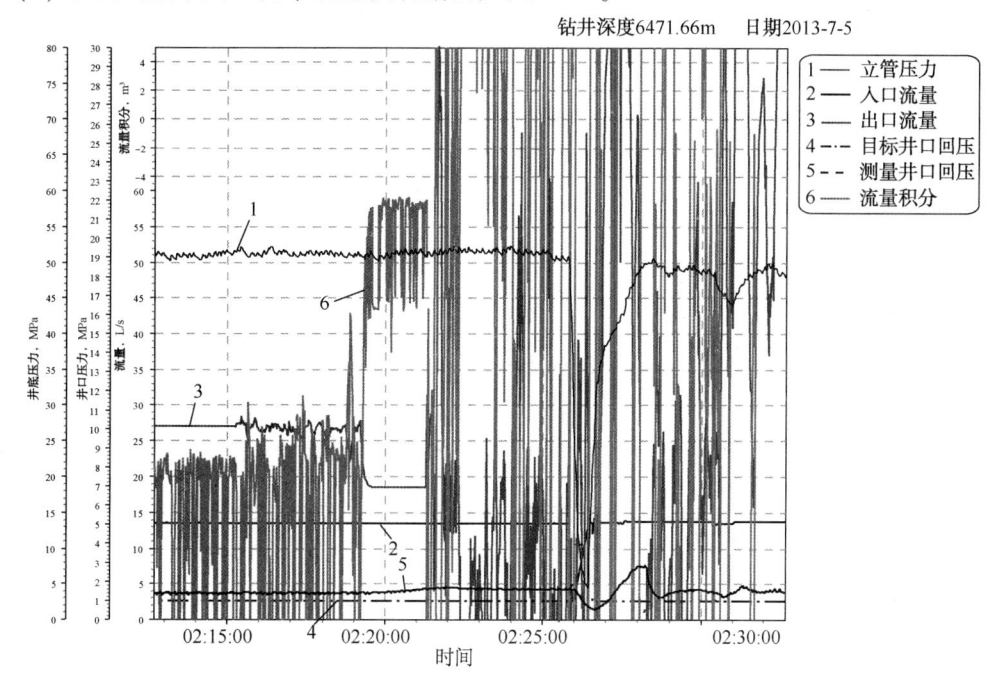

图 5-50　检测到后效时压力、流量变化曲线

（3）接单根过程中压力、流量变化情况如图 5-51 所示。

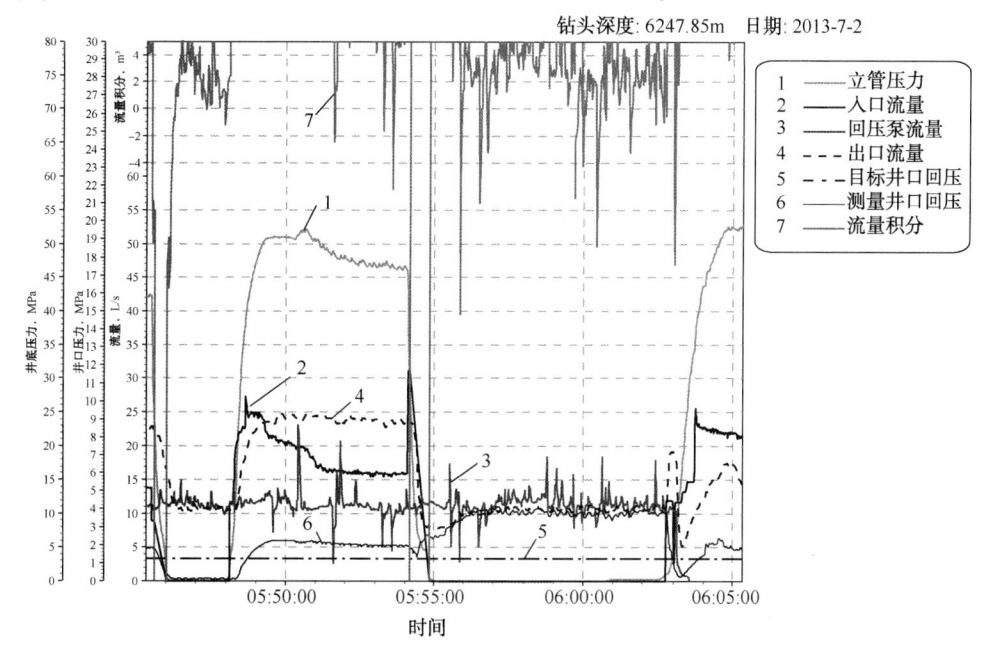

图 5-51　控压接单根过程中压力、流量变化曲线

（4）控压起钻过程中压力、流量变化情况如图 5-52 所示。
（5）控压下钻过程中压力、流量变化情况如图 5-53 所示。

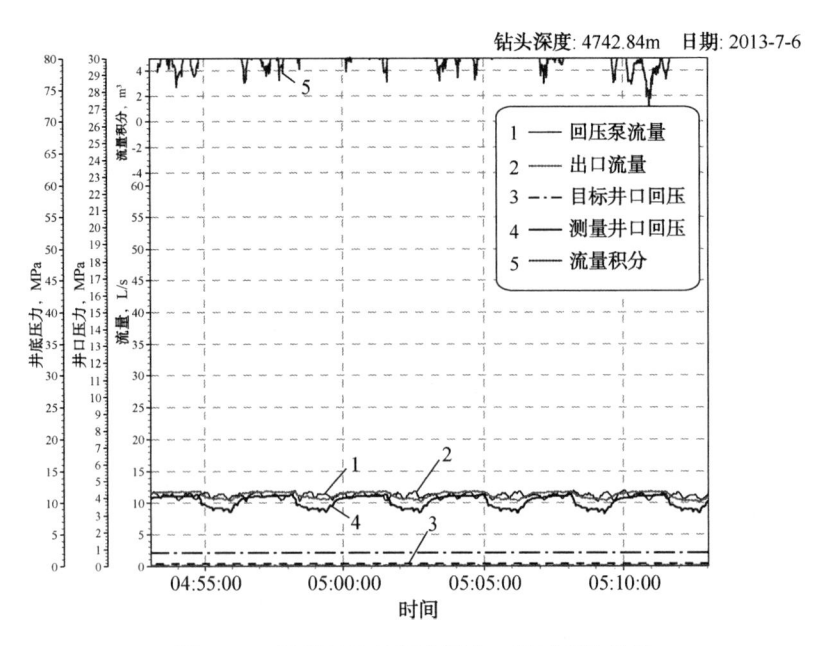

图 5-52 控压起钻过程中压力、流量变化曲线

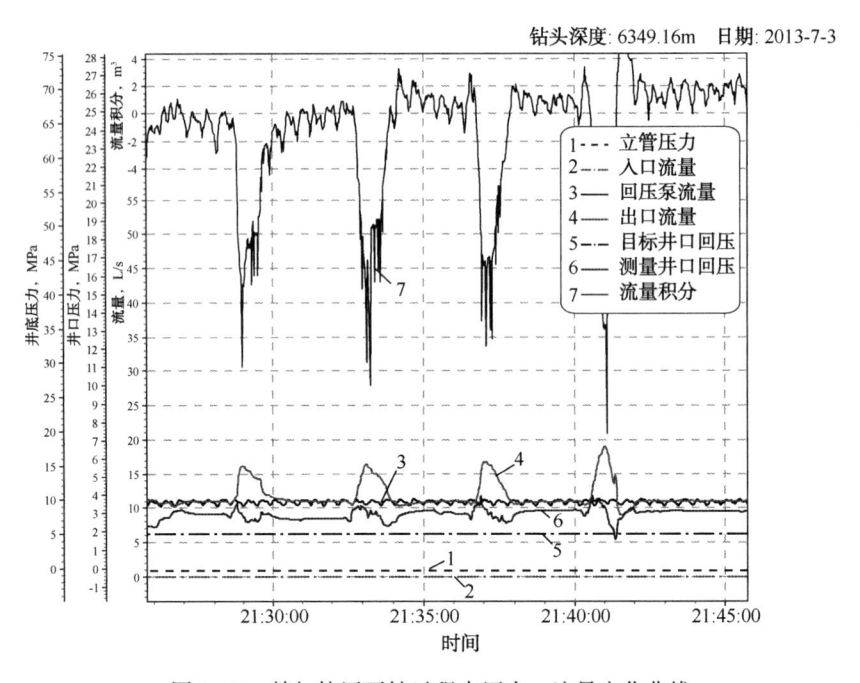

图 5-53 精细控压下钻过程中压力、流量变化曲线

5. 应用效果评价

应用 PCDS 精细控压钻井系统在该井（井段 5033~6705m）进行微流量控制钻井作业，共发现气层 42 个，储层发现效果明显；采用微流量控制钻井后机械钻速较常规钻井大大提高，纯钻进时间达到 42%，具体每趟钻钻时统计见表 5-13。时效分析见表 5-14。

表 5-13 精细控压钻进期间每趟钻钻时统计

序号	尺寸 mm	钻头类型	钻进井段 m	进尺 m	所钻地层	机械钻速 m/h	纯钻时间 h	钻压 tf	转速 r/min	排量 L/s	泵压 MPa
1	168.3	M1365D	5312~5445	132	灰色灰岩	3.67	35.9	2~3	40	13~15	20~21
2	168.3	M1365D	5445~5795	350	灰色灰岩	5	70	2~3	40	13~15	20~21
3	168.3	M1365D	5795~6045	250	灰色灰岩	5	50	2~3	40	13~15	20~21
4	168.3	M1365D	6045~6206	161	灰色灰岩	4.02	49	2~3	40	13~15	20~21
5	168.3	M1365D	6206~6550	344	灰色灰岩	5.29	65	2~3	40	13~15	20~21
6	168.3	M1365D	6550~6705	155	灰色灰岩	5.74	27	2~3	40	13~15	20~21

表 5-14 精细控压钻井井段时效分析

工作内容		时间, h	时效, %
生产时间	纯钻进	262.37	42
	起下钻	97.92	15.6
	接单根	35.60	5.67
	洗井	0	0
	换钻头	4	0.64
	循环	70	11.15
	辅助	158	25.16
	小计	627.89	100
非生产时间	修理	0	0
	组停	0	0
	事故	0	0
	复杂	0	0
	其他	0	0
	小计	0	0
合计		627.89	100

该井所处地区缝隙发育，典型窄密度窗口地层，易漏易喷，井口控压微小变化就会造成井底压力波动和液面变化。因为 PCDS 精细控压钻井设备检测灵敏度较高，实际钻进中，采取井口压力低限控制，一旦出口流量增加，迅速调高井口压力，有效控制井底气体侵入，保证井下、井口安全。

在保证安全的同时，更加积极主动地应对井下复杂情况。根据 PWD 实测井底压力和地面质量流量计的变化，综合分析井下情况，积极做出判断和措施应对井下复杂情况的发生。

PWD 实时监测井底压力，井底压力一有变化，井口迅速调整控压值保证井底压力恒定。质量流量计具有测量瞬时过流质量、过流体积、密度和温度的特点。在精细控压作业过程中，质量流量计能最先监测到气体排出量的情况，可以很明显检测到出口流量逐渐增加，此时液面升高并不明显，当大量气体出现时，则出口流量变得极不稳定，液面监测开始升高，此时已不是真实的出口流量，但此时出口密度的变化仍能大致地反映出气量的趋势的变化和大小。

在该井的实际生产中，通过调整井口控压，观察井底 PWD 压力和井口出入口流量变化，寻找压力平衡点。该井完钻时确定地层平衡当量密度在 1.20g/cm³，通过调整井口控压值保持井底 ECD 在 1.21~1.22g/cm³，精细控压期间通过井口压力变化和钻井液的溢漏情况，钻穿通过多个薄弱层。

（1）微流量控制钻井时若允许少量溢流、可实现有效防漏治漏。发挥精细控压钻井设备的优势，当大量后效返出时，适时加压，通过自动节流阀，控制溢流量在 1m³ 以内，实现有效排出，避免关井、压井、人工节流所带来的井下复杂的发生。如：钻进至井深 6572m 时，检测到溢流，最大溢流量 0.7m³，经过井口逐步调整控压由 1MPa 调高到 3MPa，既保证不发生严重溢流，也及时控制井底压力的持续升高而诱发井漏，实现了小溢流量状况下的安全作业，规避了重钻井液压井导致井漏的风险。

（2）尽量在缝洞系统走低限，边点火边控压钻进，井口控压变化最小 0.5MPa 就会造成井底压力波动和液面变化。该井所处地层缝隙、溶洞发育，是典型窄密度窗口地层，易漏易喷，井口控压变化最小 0.5MPa 就会造成井底压力波动和液面变化，实际钻井地层压力极其敏感。根据设计原则在缝洞系统走低限，边点火边控压钻进，并且在长时间点火下持续钻进，焰高 2~8m，累计点火时间 30 余小时。图 5-54 为精细控压点火钻进时压力流量变化曲线。

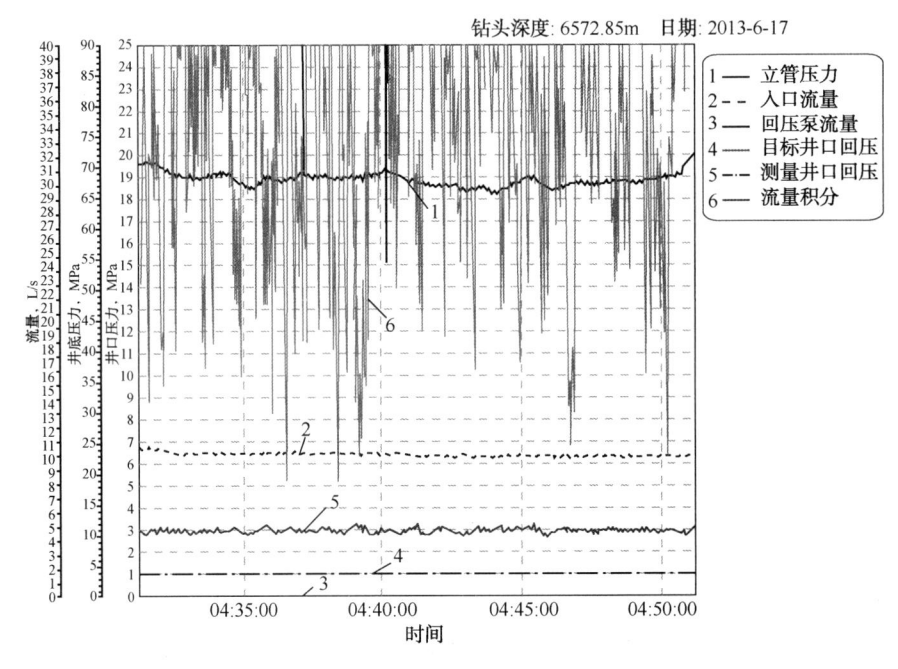

图 5-54 精细控压点火钻进时压力流量变化示意图

（3）在安装有 PWD 时，可利用 PWD 数据校正的水力模型来够保证足够的井底压力计算精度，满足精细控压要求。在该井的微流量控制作业过程中，PWD 仪器下入井底四趟，其他几趟钻均在无 PWD 条件下采用微流量模式控压钻进，说明在经过 PWD 数据校正的水力模型能够满足井底压力计算要求，满足精细控压要求。正常钻进控压水力学模型计算结果与 PWD 实测值误差满足控压作业精度要求。

在无 PWD 情况下，出入口流量和液面变化是最直观监测溢流的手段。高精度质量流量计具有能测量瞬时过流质量、过流体积、密度和温度的特点。在精细控压作业过程中，质量流量计能最先监测到气体排出量的情况，如图5-55所示，可以很明显检测到出口流量逐渐增加，此时液面升高并不明显；当大量气体出现时，则出口流量变得极不稳定，液面监测开始上涨，此时已不是真实的出口流量，但此时出口密度的变化仍能反映出气量的变化趋势和大小。

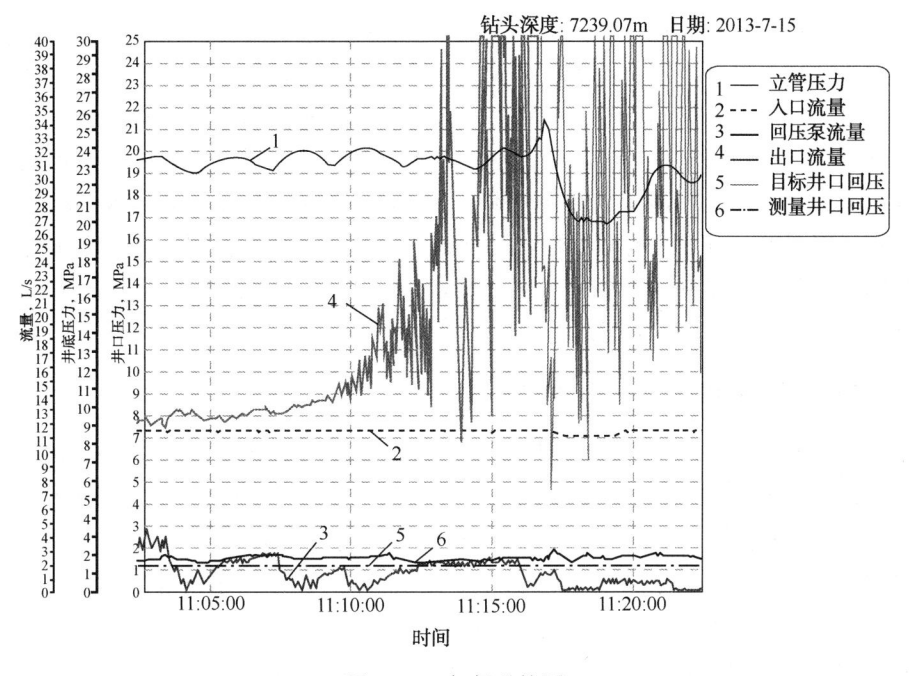

图5-55 气侵监控图

（4）调整井口回压时，要保证一定的观察周期，避免人为造成井下复杂。精细控压过程中，每次提高或降低井口控压值都应该至少有15~20min的观察期，即至少两次液面报告观察时间，以便对井底情况综合判断分析，避免调整过频造成的人为井下复杂。及时微量的井口回压调整，有利于发现油气层。通过及时调整井口控压值，为更好地保护和发现油气层发挥了重要作用。在保证井下安全的条件下，适时调整井口控压值；特别是通过摸索，利用出入口流量变化、综合录井气测值等变化，调整井口回压，当新油气层出现时气测值升高，待钻穿后及时加压，使之降低；一旦再次升高，说明新的油气层出现，体现了微流量控制钻井在地质发现方面的价值。

（5）调整井口控压值，寻找压力平衡点，顺利钻穿薄弱层。在实际生产中，通过调整井口控压值，观察井底PWD压力和井口出入口流量变化，寻找压力平衡点。在塔中721-8H中，通过这种方法确定地层平衡压力为1.21~1.22g/cm³，并且通过观察与控制井口压力变化和钻井液的溢漏情况，顺利钻穿多个薄弱层。

第六节　近平衡精细控压钻井技术应用案例

近平衡钻井主要通过控制钻井液附加密度值、优化井身结构、控制起下钻速度、优化钻井液流变性和钻井液排量等来控制井底压力。近平衡钻井钻井液附加密度值：油井和注水井钻井液密度为 0~0.05g/cm³ 或井底压差为 0~1.5MPa；气井钻井液密度为 0~0.07g/cm³ 或井底压差为 0~3.0MPa。然而，随着钻井深度的不断增加，钻井液附加密度值、环空压耗等因素使近平衡钻井井底压力过大。如当井深达到 7000m 时，气井的附加密度使附加压力值达到 2.1MPa，循环压耗也随着井深的增加而增加，进而使井底压差大于 3.0MPa，变为过平衡钻井。

现有的近平衡钻井压力控制方法无法消除钻井液附加密度、环空压耗、起下钻、环空岩屑重力、异常工况等对井底压力的影响，这些因素共同影响使得近平衡钻井井底过平衡度过大，没有实现真正意义的近平衡钻井。同时，碳酸盐岩等地层对压力敏感，钻井过程中开泵即漏、停泵即侵等现象时常发生，对井底压力的控制精度要求进一步提高，而常规的近平衡钻井井底压力控制方法已不能满足钻井要求。通过近平衡精细控压钻井技术可以实现井底压力的精确近平衡控制，即改变井口回压能够实现井筒压力的精细控制，使井底压力接近地层压力，从而实现近平衡钻井，现场应用效果显著。

以下分析塔中 862H 井，实施近平衡精细控压钻井。

一、实例井基本情况

塔中 862H 井三开目的层进入良里塔格组，岩性为泥质条带灰岩、浅灰色中厚层状亮晶砂屑灰岩和砾屑灰岩，可能会钻遇断层，不会钻遇超压层，预测在井深 6350m、6600m、7750m 处可能钻遇小断层。邻井中古 17、塔中 86 等井钻至目的层段后油气显示活跃，中古 17 等井溢流、井涌、井漏频繁，钻井过程中要注意预防井喷、井漏和保护油气层。中古 17 井测试过程中 H_2S 浓度最高为 23600g/m³，塔中 86 井在测试过程中 H_2S 浓度最高为 8200g/m³。另外，塔中北斜坡下奥陶统 H_2S 含量普遍较高。因此必须加强 H_2S 检测与防护，注意防中毒。井身结构如图 5-56 所示。

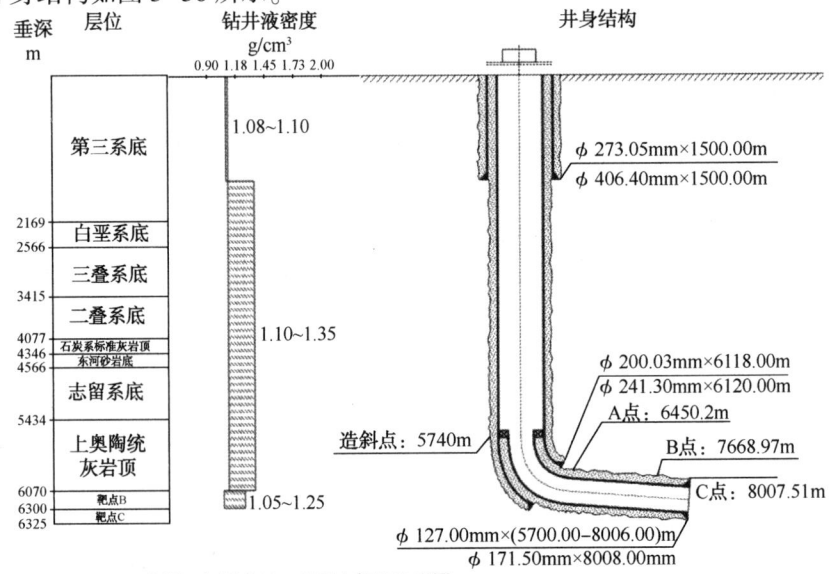

ϕ406.4mm 井眼：加固井口，封固上部疏松岩层；
ϕ241.3mm 井眼：二开进入良里塔格组灰岩6m(6120m)确认中完；
ϕ171.5mm 井眼：钻至设计井深，无油气显示完钻。

图 5-56 井身结构

二、施工难点

该井的 HSE 提示钻探可能存在以下风险：

（1.塔中地区奥陶系碳酸盐岩储层非均质性严重，特别是塔中 45 井区良里塔格组存在缝洞充填的现象，因此能否钻遇优质储层可能存在一定风险。

（2）钻井工程风险：地层压力复杂，且塔中 862H 井附近断裂多，预测裂缝发育，要注意防漏、防喷；塔中 45 井区上奥陶统油气藏 H_2S 含量较高，要注意防 H_2S 工作。

三、技术对策

（1）允许少量溢流、实现有效防漏。发挥精细控压钻井设备的优势，当大量后效返出时，适时加压，通过自动节流阀，控制溢流量在 $1m^3$ 以内，实现有效排出，避免关井、压井，人工节流所带来的井下复杂的发生。如：井深 7478.63m，检测到溢流，最大溢流量 $0.8m^3$，经过井口逐步调整控压值由 0.5MPa 调高到 4.5MPa，既保证不发生严重溢流，也及时控制井底压力的持续升高而诱发井漏，实现了小溢流量状况下的安全作业，规避了重钻井液压井导致井漏的风险。

（2）缝洞系统井口压力走低限。该井位于塔中Ⅰ号坡折带，缝隙发育，易漏易喷，井口控压变化最小 0.5MPa 就会造成井底压力波动和液面变化，实际钻进地层压力极其敏感。根据设计原则尽量在缝洞系统走低限，实现安全钻进。

（3）超深水平井出口流量实时监测。该井为亚洲最深水平井，裸眼段长 1888m。由于井段超长，钻井液性能维护异常困难，尤其在作业后期，气泡极多，正常钻进期间钻井液罐液面变化大，直接影响液面监测，存在井控风险。控压钻井设备依据高精度质量流量计对出口流量实时监测，实现溢流及井漏的早期监测与预防，避免井下复杂。

（4）循环捞砂与环空压力控制的有效平衡。由于该井裸眼段较长，井深较深，加之钻井液性能不稳定，导致携砂困难，较高的井口压力降低环空岩屑上返速度，加剧裸眼段岩屑床的形成。同时，该井地层压力系数 1.16，三开采用 $1.08g/cm^3$ 钻井液，井底 ECD 为 $1.14\sim1.15g/cm^3$，较低的井口压力存在溢流风险。通过对振动筛返砂的持续观察，以及对井底压力的精确测量，不断调整井口压力，既保证了返砂正常，又保证了井底压力稳定。

（5）利用 PWD 数据校正的水力模型能够保证足够的井底压力计算精度，满足精细控压钻井作业要求。该井精细控压作业过程中，PWD 仪器只下入井底三趟，其他六趟钻均在无 PWD 条件下精细控压钻进，充分说明：在经过 PWD 数据校正的水力模型能够保证足够的井底压力计算精度，满足精细控压钻井作业要求。

正常钻进控压水力学模型计算结果与 PWD 实测值误差不超过 ±0.2MPa，可以满足精细控压钻井作业精度要求。

（6）在无 PWD 情况下，出入口流量和液面变化是最直观监测溢流的手段。质量流量计具有能测量瞬时过流质量、过流体积、密度和温度的特点。在精细控压钻井作业过程中，质量流量计能最先监测到气体排出量的情况，可以很明显检测到出口流量逐渐增加，此时液面上涨并不明显，当大量气体出现时，则出口流量变得极不稳定，液面监测开始上涨，此时已不是真实的出口流量，但此时出口密度的变化仍能大致地反映出气量趋势变化和大小。

(7) 根据液面上涨速率调整井口回压,避免人为造成井下复杂。精细控压过程中,根据小方罐钻井液返出速度及液面上涨速率调整井口压力,如在 5min 内上涨 0.2m³ 井口压力增加值要比 10min 内增加 0.2m³ 略大。根据每次提高或降低井口控压值都应保持一定的观察期,即至少两次液面报告观察时间,以便对井底情况综合判断分析,避免调整过频造成的人为井下复杂。

(8) 及时微量的井口回压调整,有利于发现油气层。通过及时调整井口控压,为很好地发现油气层段发挥作用。按照甲方的要求,在保证井下安全的条件下,适时调整井口控压,特别是通过摸索,利用出入口流量变化、综合录井气测值等变化,调整井口回压,当新油气层出现时气测值升高,待钻穿后及时加压,使之降低,一旦再次升高,说明新的油气层出现,体现了精细控压钻井在地质发现方面的价值。

(9) 调整井口控压,寻找压力平衡点,顺利穿越薄弱层。在该井的实际生产中,通过调整井口控压值,观察井底 PWD 压力和井口出入口流量变化,寻找压力平衡点,基本确定地层平衡压力在 1.08~1.1g/cm³,并且通过控制井口压力变化和钻井液的溢漏情况顺利通过多个薄弱层。

(10) 实施近平衡精细控压钻井作业,在保证井下安全条件下有利于发现油气层,提高钻速。在该井精细控压钻井过程中,初期一直以 1.08g/cm³ 钻井液密度实施精细控压钻井作业,随着水平段越来越长,产层暴露的越来越多,地层压力系数也发生了变化,后期增加到 1.1g/cm³,在保证井下安全条件下有利于发现油气层,提高钻速,同时也为下部钻进过程中发现油气层创造条件。

四、施工过程

钻具组合:6¾in CK406D×0.3m+130mm1.5°螺杆 5LZ130-7×6.15m+3½in 浮阀×0.51+120mmMWD 短节×0.81m+120mmPWD 短节×1.74m+120mm 无磁钻铤×7.5m+120mm 无磁钻铤×9.14m+311×HT40 母×0.51+4in WDP×3 柱×84.1+4in DP×12 柱×356.86m+HT40 公×310 变扣×0.76m+4¾in 水力振荡器(距钻头 470m)×6.98m+311×HT40 母×0.81+4in DP×52 柱×1522.55m+4in WDP×12 柱×336.24m+4in DP。钻进参数见表 5-15。

表 5-15 钻进参数表

钻进模式	钻压, tf	泵压, MPa	排量, L/s	转速, r/min	密度, g/cm³
复合	2~4	20~22	13~14	55+螺杆	1.08
定向	5~10	20~22	13~14	螺杆	1.08

精细控压钻进期间,钻井液密度 1.08g/cm³,精细控压钻井对出口流量实时监控。期间,钻进控压值 0.2MPa,接单根控压值 2MPa,共发现 2 个油气层。PWD 在垂深 6263m,实测井底压力 70.2MPa,折合井底 ECD 为 1.143g/cm³,出、入口流量为 12.5L/s 和 12.9L/s,烃值 0.6。

(1) 精细控压钻进时压力、流量变化情况如图 5-57 所示。

(2) 精细控压排后效时,压力、流量变化情况如图 5-58 所示。

(3) 接单根时压力流量变化情况如图 5-59 所示。

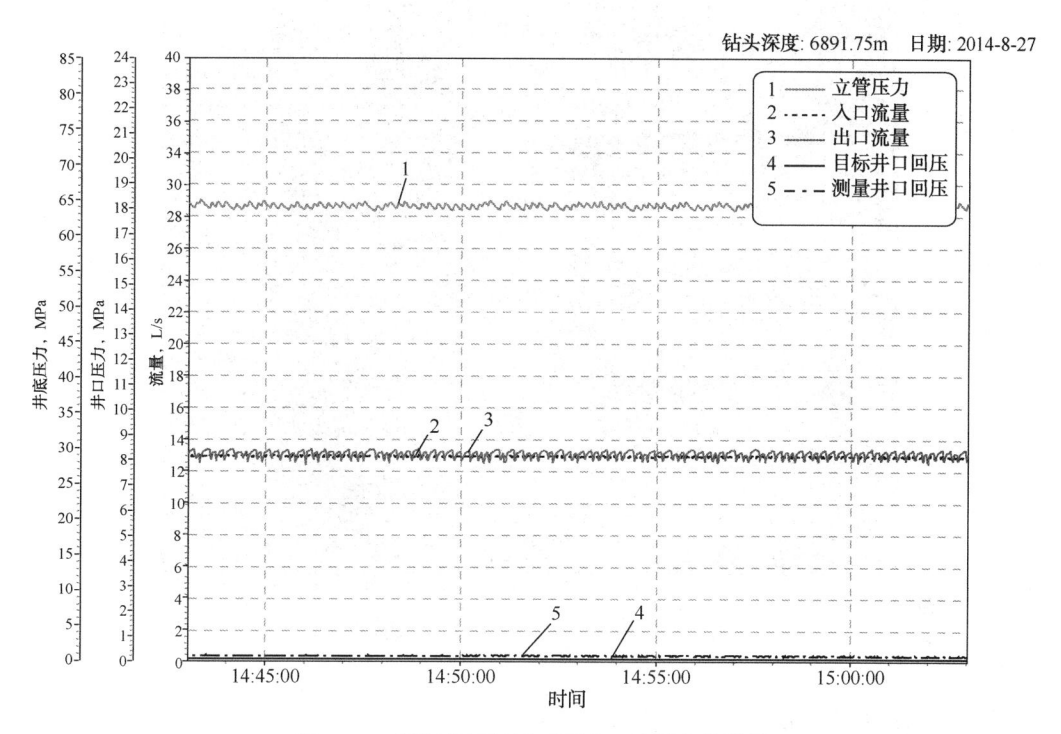

图 5-57 精细控压钻进时压力、流量变化曲线

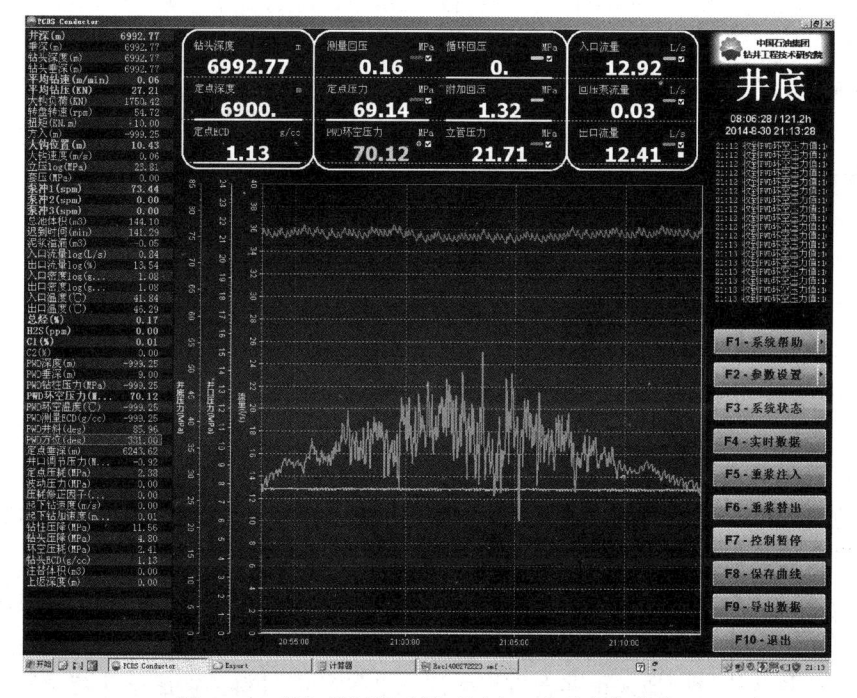

图 5-58 精细控压排后效时压力、流量变化曲线

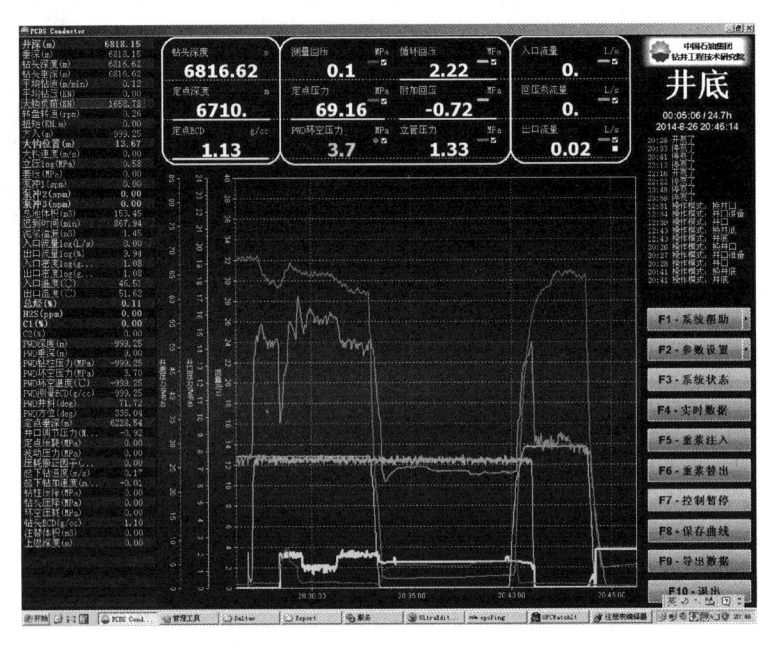

图 5-59　精细控压接单根时压力、流量变化曲线

五、应用效果评价

(1) 大幅度提高水平段延伸能力，顺利完成水平段设计任务。塔中 862H 井精细控压钻井技术的实施，按照实际精细控压钻井作业要求，在裸眼段超长、粘卡严重、钻井液性能不稳定等苛刻条件下，成功完成了全部作业内容，完钻至设计井深，全井实现零漏失、零复杂，创下垂深 6000m 以上、井深 8008m 的世界最深水平井纪录。

(2) 平均日进尺大幅度提高，并发现多套气层。在保证井底欠平衡状态下，大幅提高钻速，与常规钻井相比平均日进尺提高 93.7%，且连续多日进尺过百米；塔中 862H 井精细控压钻井有效发现和保护油气层，钻进过程中共发现气层 11 个。

(3) 水平钻进穿越多套缝洞单元，实现零漏失、零复杂。针对塔中地区特殊地质条件和苛刻的控压钻井施工要求，成功完成了精细控压钻井技术施工作业，包括控压钻进、接单根等各种工况控制，精细控压精度达到 ±0.2MPa，实现了恒定井底压力和微流量钻井的控制目标；在缝洞系统保证井下安全条件下走低限，允许微溢实现有效防漏，成功实现长水平段钻进穿越多套缝洞单元，全程实现零漏失、零复杂。

在实施过程中，出现的一些情况及其有效的处理措施，对精细控压钻井技术的应用提供了良好的指导意义与借鉴作用，具体包括：

① 回压泵上水影响。塔中 862H 井回压泵上水管线和井队钻井泵的上水管线使用同一个钻井液罐，注意不要共用一个吸入口，否则可能影响井队钻井泵上水。另外，由于超深井钻井的需要，钻井液材料中加入很多含有表面活性剂等起泡材料，造成钻井液中气泡很多，井队若没有真空除气器等有效除气手段，加之上水管线较长，将导致回压泵上水不好，从而使井口回压不稳定，影响控压效果。

② 准确的录井数据，能够辅助精细控压钻井作业及时检测液面变化和漏溢情况。精细

控压钻井作业中，准确的录井数据，能够辅助精细控压钻井作业及时检测液面变化和漏溢情况，相应调整控压值处理复杂情况。如果录井方并未接入实时定向数据，缺少垂深等井眼轨迹参数，会给实时计算井底 ECD 带来了极大的不便，应及时与定向软件对接，实现实时数据传输。

③ 出口排量的实时监测。在发现溢流进行处理时，一般伴随着井筒出气，此时流量计读数存在较大误差，同时因气泡变多，钻井液池液面测量波动较大，对溢流速率的判断造成较大影响。可以在小方罐处安装摄像头，操作人员实时观察出口排量变化，合理调整井口压力，避免因人为操作失误所带来的井下复杂。

④ 转入常规井控条件优化。由于该井属于超深井，起下钻作业时间偏长，井筒长时间静止，一般下钻到底循环时后效较为强烈，有时溢流量超过 $1m^3$，若根据精细控压钻井作业条件需转入井控，则产生大量的非生产时间。因此，应该对转入常规井控条件进行优化：根据液面上升速率进行合理判断，如在 3min 内液面由 $0.8m^3$ 上涨至 $1m^3$，则实施关井；若在 15min 内由 $0.8m^3$ 上涨至 $1m^3$，则根据后期液面上涨速度进行合理判断；从而提高精细控压钻井作业空间，避免频繁开井、关井。

第七节　易涌易漏复杂工况精细控压钻井技术应用案例

易涌易漏工况不完全是由于窄密度窗口地层引起的，当钻遇裂缝、溶洞时，即使钻井液密度与裂缝、溶洞内充填的地层流体当量密度相当，甚至还低，由于裂缝、溶洞通道大，在循环压耗、下钻激动压力等作用下，也会发生钻井液与地层流体的置换，在实钻过程中就会表现出既喷又漏的现象，严重时有进无出。实践证明，有些缝洞发育尤其是较大溶洞的储层，堵漏的技术思路往往是行不通的。如果地层具有较强漏失能力（如钻遇中、大裂缝），则可能需要较大欠平衡压差方可治漏，较大的欠平衡压差将会导致较多的气体涌入量，这将增加井控安全的风险。精细控压钻井力图控制井底压力不压漏地层，同时又不发生过大的和不可控的溢流，介于平衡钻井与欠平衡钻井之间，其优点为：在井漏情况下能够迅速降低井底压力；能够更早的检测到井漏、井涌；能够在井口迅速提供回压，阻止进一步井侵；能够降低井底压力，减少压差卡钻的风险；在井控状况下能够更好地控制井底压力，能够更好地保障钻井作业安全。

一、牛东 102 井

1. 基本情况

该井是渤海湾盆地霸县凹陷牛东潜山构造牛东 1 潜山构造带上的一口评价井，设计井深 6900m。该井设计四开井段采用精细控压钻井技术。

2. 施工难点

（1）邻井牛东 1 井四开地层压力系数预测 1.54，钻进中钻井液密度 $1.60g/cm^3$，气侵 16 次以上，四开钻井液密度 $1.60g/cm^3$ 起下钻遇阻。牛东 1 井在四开、五开钻进过程中出现井漏，共漏失钻井液 $227m^3$。

（2）邻井兴隆 1 井在欠平衡井段钻进时共发生 5 次井涌。

（3）牛东 101 井四开井段，多次出现漏失、井壁坍塌和井涌等情况，机械钻速低。曾先后试验了气体钻井工艺,但均因地层出水导致井壁失稳而被迫中断。

(4)精细控压钻井施工中应加强流量、压力监测,及时调整好钻井液密度,防止发生井漏、井壁坍塌和卡钻等。

3. 技术对策

根据精细控压钻井工艺要求,精细控压钻井设计应该包括优选钻井液密度、确定施工排量、制定开停泵时井口压力的控制方案及起下钻井口压力控制方案等。根据钻井前的地层压力预测,5400~5920m井段地层压力系数为1.45。分别模拟了钻头位于井底5500m处,排量为26L/s、28L/s和30L/s的井况,计算了井口回压与井底压力的关系,结果如图5-60所示。

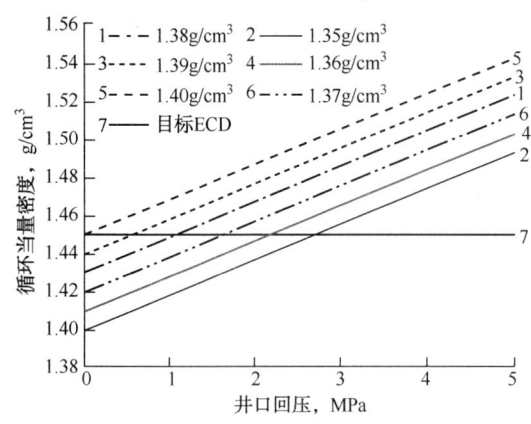

图5-60 钻头5500m时井口、井底压力控制关系

在215.9mm(8½in)井段精细控压钻进使用的钻井液密度范围为1.35~1.40g/cm³。在开始精细控压钻进时,设计使用密度为1.40g/cm³的钻井液,并根据现场工况调整钻井液密度,设计钻井液循环时回压控制范围为0~2.74MPa,非循环控压值为2.14~4.88MPa。

精细控压钻井接立柱作业开停泵过程中,采用分步阶梯调整井口回压和排量的方式可以减小井底压力波动,确保精细控压钻井的施工效果。通过模拟不同排量下井底当量钻井液密度的变化,根据其制定了开停泵时的井口压力控制方案。分步骤阶梯停泵,随着排量的减小逐步提高井口回压;开泵的过程则相反,即随排量的增加逐渐减小井口回压值。

精细控压起下钻作业过程中,会产生因存在抽汲压力与激动压力引起的井底压力波动。由于控压钻井作业要求井下装有止回阀,此种情况下,下钻时产生的激动压力会更大,所以在起下钻时要限制起下钻的速度,避免产生较大抽汲压力或激动压力,结合井口回压的调节,从而控制井底压力的连续稳定。

4. 施工过程

根据现场需求,PCDS精细控压钻井系统在牛东102井四开井段(5378~5758m)进行了精细控压钻井作业,系统性能稳定,能够对井下溢流、漏失进行动态监控,精确控制环空井底压力,实现循环钻进、起下钻和接立柱等工况的压力平稳衔接,安全高效。

(1)工程参数:钻压100~120kN,转速58~62r/min,排量26.5~28.0L/s,泵压14.5~18.5MPa。

(2)钻井液:KCl聚磺钻井液,密度1.39~1.43g/cm³,漏斗黏度63~66s,初/终切力1.0/3.0Pa,失水1.6mL,滤饼0.5mm,pH值9,含砂质量分数0.1%。

(3)钻具组合:215.9mmPDC钻头+双内接头+4A1×4A0自封式回压阀2只+165mm钻铤2根+214mm扶正器1根+165mm钻铤6根+4A1×410+127mm加重钻杆14根+165mm随钻震击器1根+127mm加重钻杆1根+NC52(内接头)×411+127mm钻杆若干。

1)精细控压钻进作业

图5-61为精细控压钻进时的压力控制实时曲线。在正常钻进时,通过实时水力模型计

算得出的目标压力为 0.38MPa，通过实时调节节流阀开度，由井口实际测量的压力为 0.50MPa，实际测量压力与井口压力差值为 0.12MPa，在 0.20MPa 误差范围内。

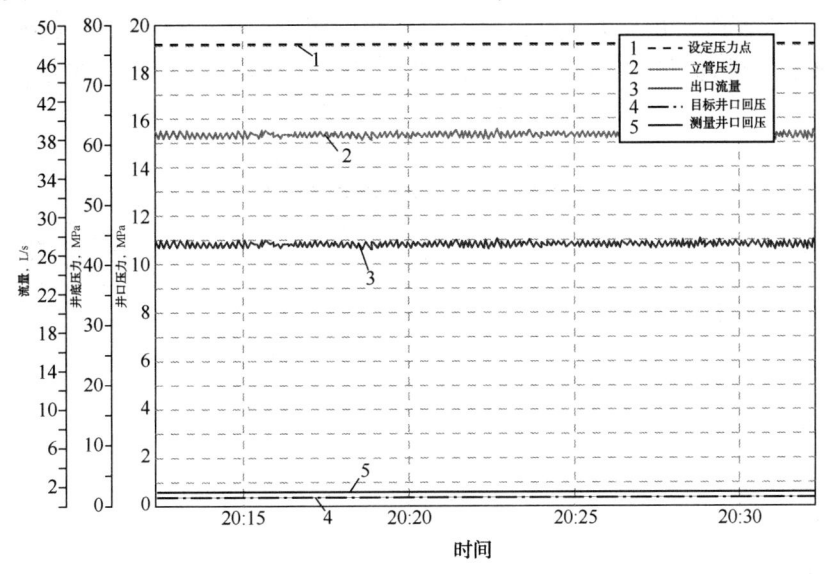

图 5-61 精细控压钻进时压力控制实时曲线

2）接立柱精细控压作业

准备接立柱时，预先启动回压泵，此时钻井泵尚未停止，出口流量为两者叠加值；当钻井泵完全停止时，出口流量等于回压泵补偿流量 10.5~11.8L/s，井口设置压力升高到 3.42MPa，弥补环空压耗损失 2.93MPa；接立柱作业完成后，钻井泵开启，节流通道由辅助通道切换为主节流通道，然后关闭回压泵，退出回压补偿模式，井口压力降至正常钻进压力值 0.50MPa，接立柱精细控压作业完成。整个接立柱过程中压力控制误差在 ±0.2MPa 范围以内。接立柱精细控压作业实时曲线如图 5-62 所示。

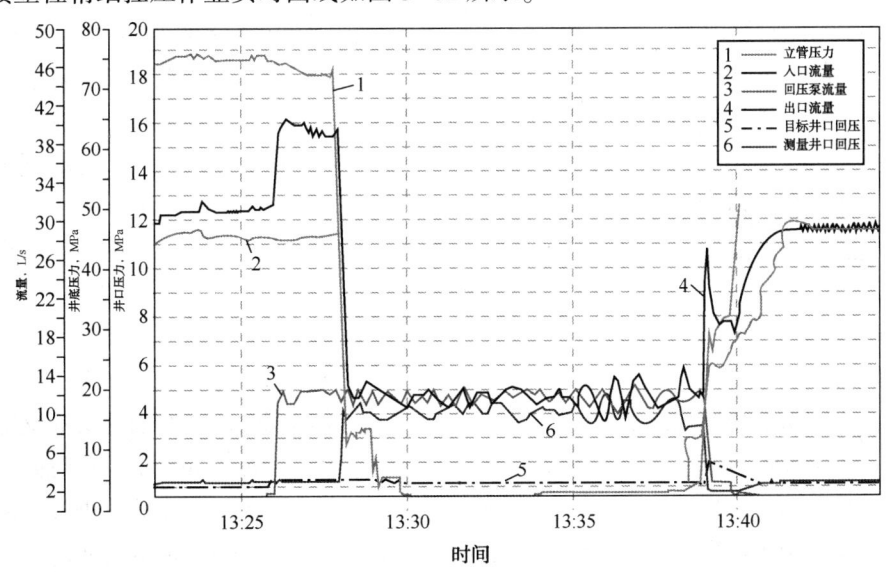

图 5-62 接立柱精细控压作业压力控制实时曲线

3) 实时监控井下工况

在 5450.01m 处检测到烃值升高,且很快达到 29.5%,立压由 16.00MPa 上升至 17.40MPa,精细控压钻井系统发出报警,调节井口回压,将目标井口回压值从 0.38MPa 调至 1.70MPa,停钻循环 28min,后烃值缓慢下降至 0.4%,立压恢复正常,如图 5-63 所示。

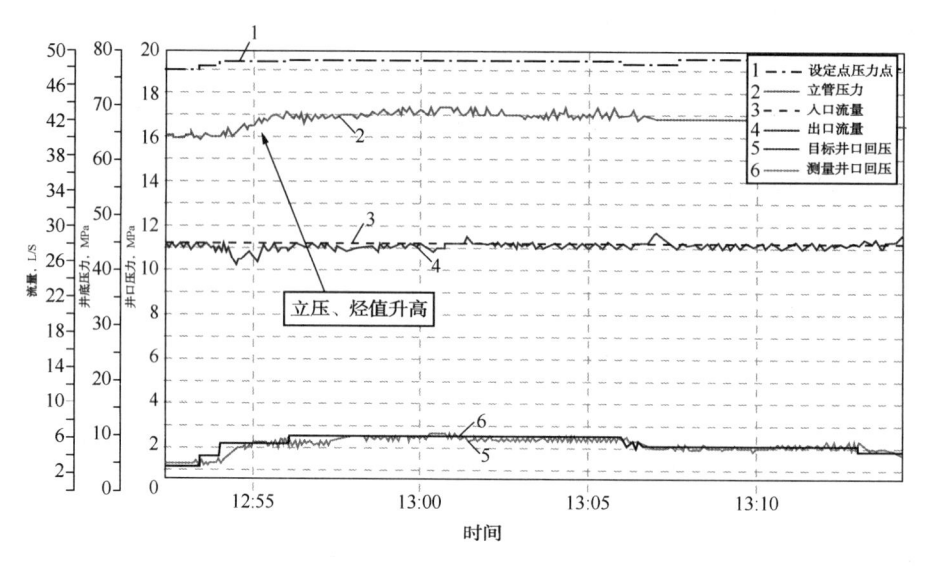

图 5-63 控压循环钻进(溢漏监控)

5. 应用效果评价

精细控压钻井技术在牛东 102 井的使用结果表明,作业中没有发生井漏、严重井侵和掉块等现象,对该地区严重的井漏、掉块起到很好的控制作用。另外,低密度钻井液减轻了"压持效应"和岩屑的重复破碎现象,提高了机械钻速,延长了钻头的使用寿命,缩短了钻井周期。实施精细控压钻井技术的井与邻近井相比,平均机械钻速由 0.63m/h 提高到 1.20m/h,提高 90% 以上,是牛东 1 井同井段机械钻速的 1.5 倍。易涌易漏等复杂工况精细控压钻井工艺技术能实现不同工况的压力平稳衔接,满足恒定井底压力控制目标,实现对井下溢流、漏失进行动态监控,精确控制井底压力,收到迅速抑制溢流、有效控制漏失、防止井壁掉块、降低作业风险和提高机械钻速的效果。

二、南堡 23-平 2003 井

1. 基本情况

该井是南堡 2 号潜山构造带上的一口开发水平井,井身结构如图 5-64 所示。根据邻井实钻资料,奥陶系潜山储层裂缝发育,油气层活跃,多次出现井漏、井涌、又涌又漏等复杂情况,钻井液密度窗口窄,给钻井施工造成一定安全隐患,处理过程浪费大量时间和作业成本。该井四开采用精细控压钻井技术,精细控制井口回压,一趟钻打完储层进尺,精细控压钻井过程中有控制的边微漏边钻,仅漏失钻井液 104m³,成为该区块储层钻进过程中起钻次数最少、用时最短、漏失最少的井。

φ 339.7mm套管×1000m
φ 444.5mm钻头×1003m

φ 244.5mm套管×3800m
φ 311.1mm钻头×3803m

φ 177.8mm套管×(3650-5001)m
φ 215.9mm钻头×(3803-5002)m

φ 152.4mm钻头×5191m

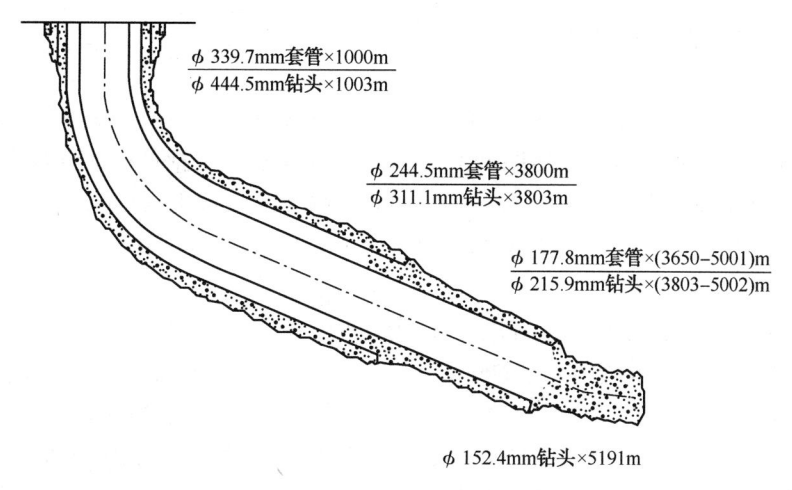

图 5-64　南堡 23-平 2003 井井身结构

2. 施工难点

（1）奥陶系灰岩储层裂缝发育，地层压力系数低，预测地层压力系数为 0.99~1.03，对井底压力波动敏感，易漏易涌，ECD 大于 1.03g/cm³ 就会出现漏失，ECD 小于 0.99g/cm³ 就会出现溢流。属典型的窄窗口地层。

（2）已钻邻井油气层气油比最高达 4418，井控风险高。

（3）该井预测井底最高温度为（172.5℃），随钻环空压力测量装置（PWD）不能在此温度下正常工作，无法实时获取井底压力。

（4）储层可能含 H_2S，已钻邻井 H_2S 含量最高 99.66mg/m³。

（5）停止循环或起下钻井底压力波动，造成敏感性储层的伤害。

通过该井的精细控压钻井施工预期目标包括：

① 先期采用欠平衡钻井方式钻进，及时发现油气层；

② 通过回压补偿系统，有效地降低钻井过程中井底压力的波动；

③ 减少钻井液漏失，力争将钻井液漏失量控制在 500m³ 内，降低钻井综合成本；

④ 通过高精度质量流量计，及早监测油气侵入，精细控制井口回压，提高钻井效率，降低井口风险。

3. 技术对策

（1）采用密度为 0.93g/cm³ 水包油钻井液钻进，精确自动控制井口回压，ECD 维持在 0.99~1.03g/cm³ 范围。

（2）应用高精度质量流量计，及早发现溢流和漏失，并自动快速调整井口回压，及时控制溢流或减少漏失。

（3）采用耐高温（≥177℃）、高压（压力≥70MPa）存储式井底压力计，求取井底压力、温度数据，结合水力学计算软件，计算不同钻井参数下的井筒压力剖面，为精细控压钻进顺利实施提供理论依据。

（4）加强钻井液性能维护，确保钻井液的 pH 值不小于 10，加强监测 H_2S 含量，发现异常及时处理。

（5）精细控压接立柱和起下钻，保持井底压力稳定，避免因井底压力波动过大，造成井下复杂，同时避免对储层的伤害。

4. 施工过程

（1）钻具组合：ϕ152.4TH1365(A)PDC 钻头+1.5°螺杆+311/310 浮阀×2+MWD 专用无磁×1+压力计短节+接头+ϕ101.6 钻杆×30 柱+接头+ϕ101.6 加重钻杆×7 柱+接头+震击器+旁通阀+接头+ϕ101.6 加重钻杆×3 柱+接头+ϕ101.6 钻杆 23 柱+接头+接头+ϕ139.7 钻杆。

（2）钻井参数：钻压 40kN，转速为螺杆+40r/min，排量 14~16L/s，立压 12~13MPa，井口回压 0~2.75MPa。

（3）钻井液性能：密度 0.93g/cm³，n 值为 0.64，k 值为 0.51。

（4）主要施工过程：钻至井深 5096m 时，精细控压钻井系统监测到出口流量由 16L/s 逐渐上升，全烃值由 0.504%上升至 78.94%，井口回压 0MPa，定点 ECD1.013g/cm³，出口流量最高上升至 60L/s，系统施加 0.5MPa 回压，如图 5-65 所示。ECD1.026g/cm³，点火成功，火焰高度 2~3m，宽 1m，返出气体流量 120m³/h，之后全烃值下降，出口流量逐渐降低至 25L/s，之后，出口流量再次上升至 45L/s，增加回压至 1MPa，ECD 为 1.038g/cm³，火焰熄灭。

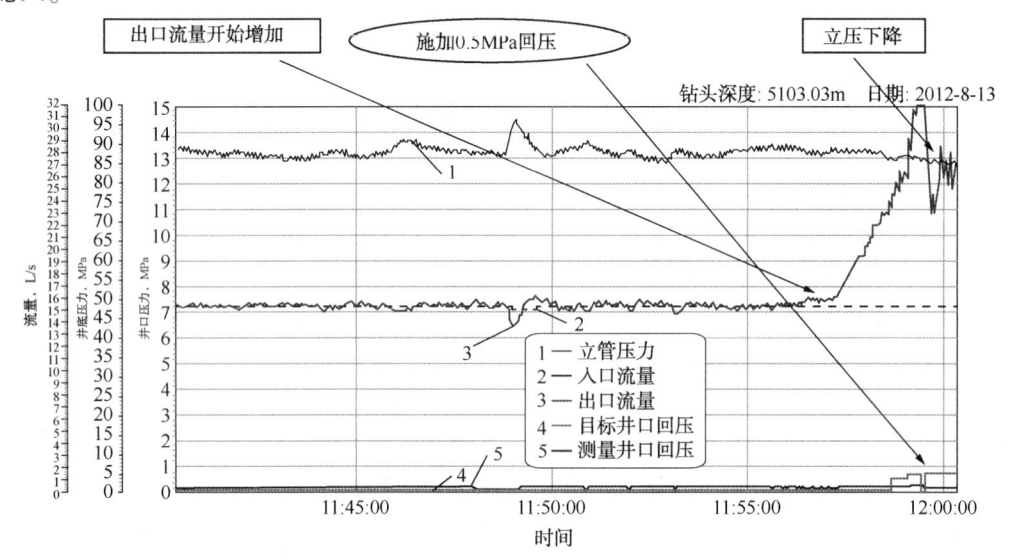

图 5-65 发现溢流压力控制曲线

钻进至井深 5123m，排量 16L/s，井口回压 0MPa，ECD1.01g/cm³，控压钻井系统检测到有漏失迹象，出口流量明显减少 2L/s，如图 5-67 所示，减少量均匀。出口流量由 14L/s 再次降低至 11.7L/s，漏速均匀（漏速 6m³/h）。如再降低排量有沉沙卡钻的危险，用 9L/s 排量测定漏失压力，ECD 为 0.992g/cm³，出口流量 8.05L/s。决定恢复微漏方式钻进，入口排量 14L/s，出口排量 11.69L/s，ECD1.007g/cm³。

钻至井深 5182m 完钻，入口排量 14L/s，出口排量 12L/s 左右，漏速均匀，共漏失钻井液 104m³。

5. 应用效果评价

（1）设计采用控压钻井技术降低了钻井过程中井底压力的波动，在钻井过程中能很好地保护油气储层；实现减少漏失，降低井控风险及提高斜井段钻进能力和减少非生产时间的

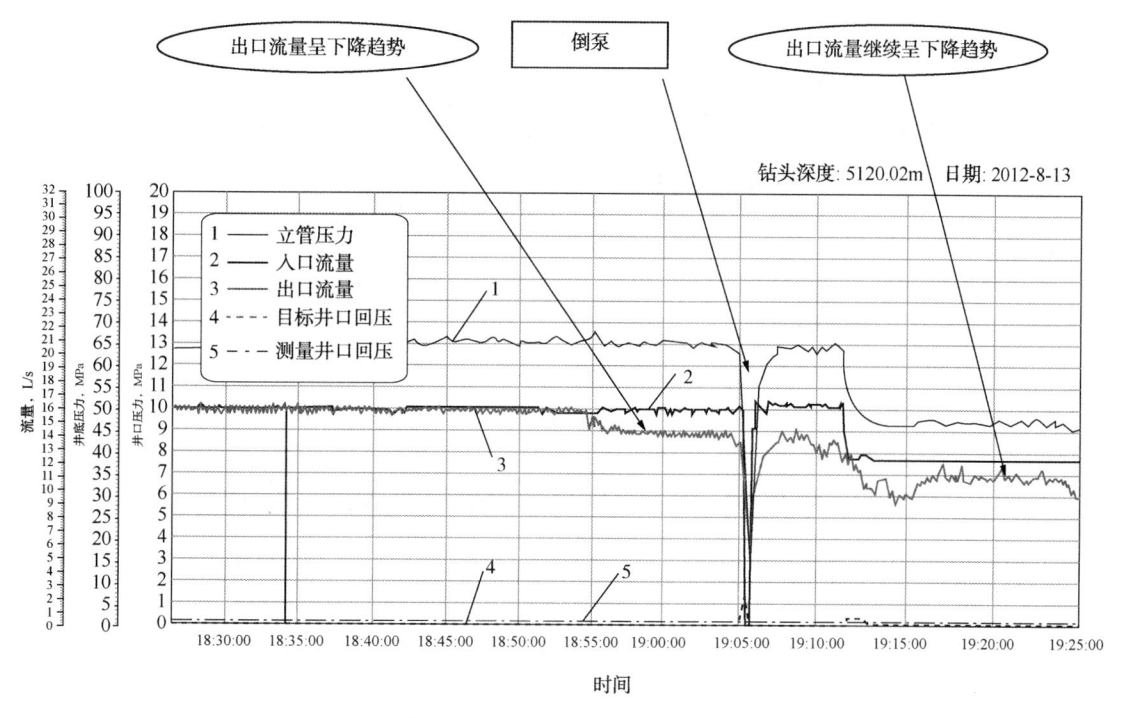

图 5-66 发现漏失压力控制曲线

目的。

(2) 通过实施精细控压钻井技术,有效抑制溢流,最大程度地减少漏失,避免了钻井液进入地层对储层的伤害,有效保护了油气层;同时也大大节约了钻井液费用。

(3) 该井采用精细控压钻井技术提高了潜山目的层钻井安全性,大幅降低了复杂时间,提高了机械钻速,大大加快了钻井节奏,缩短钻井周期。

(4) 实施控压钻井对于解决低压低渗油气储层、减少井下出现诸如井涌、井漏、卡钻等复杂事故发生等问题,取得了良好的效果,为冀东油田潜山窄密度窗口下的安全钻井探索出一条行之有效的技术思路。

(5) 依靠精细控压钻井系统,实现了易漏地层条件下可控的微漏钻井作业,即实现了精细控压钻井技术的"边漏边钻"方法。精细控压钻井过程中共漏失钻井液 $104m^3$,极大减少钻井液漏失,较邻井减少量达 3000 余立方米,是该区块钻进过程中漏失量较少的一口井。

第六章 控压钻井井底压力控制影响因素及关键技术

无论是油气的发现和开发开采，或是一口井钻井的成败，都与井底压力控制有直接关系。从钻井设计（井身结构设计、钻井设备的优选等）、钻进过程（钻速、油气层发现、储层保护、起下钻速度等）、井下复杂事故及处理（井漏、溢流、井涌、井喷、卡钻、井壁坍塌等）都与压力控制有着直接关系。

第一节 钻井井底压力控制的影响因素分析

钻井井底压力受多种因素影响，如地层岩石特性、钻井参数、钻井设备等，按照可控性将井底压力影响因素分为非可控参数（地质因素）和可控参数。

一、影响井底压力的地质因素

影响井底压力的地质因素为非可控参数，主要包括地层岩性、储层物性、地层温度和地层压力。钻井过程根据不同的地质条件，选择不同的井底压力，从而既能保证井下安全、保护储层，又能获得较快的钻速。

1. 地层岩性对井底压力的影响

钻遇储层段岩性主要包括沉积岩、岩浆岩和变质岩。沉积岩又包括碎屑岩和化学岩。碎屑岩按粒级分为砾岩、砂岩、粉砂岩、泥岩；化学岩分为碳酸盐岩、膏盐岩、硅质岩等。

碎屑岩在中深井段常存在未胶结的砂砾层，地层岩石孔隙度大，渗透率高；对于深层井段，岩石物性主要为低孔低渗的砂砾岩，地层裂缝为主要的油气运移通道，应控制井筒过平衡度，防止发生井漏等事故。

碳酸盐岩主要包括石灰岩和白云岩，碳酸盐岩地层长期经水溶蚀、冲蚀作用可以形成溶沟、溶洞等。钻进碳酸盐岩地层时，常常遭遇窄密度窗口，起下钻、开停泵等工况引起的井底压力波动极易形成溢流和钻井液漏失。因此，在钻进碳酸盐岩地层时，应合理设计井身结构、钻井水力学参数，精确控制井筒压力剖面。

火山岩是火山作用时喷出的岩浆经冷凝、成岩、压实等作用形成的岩石，在熔岩内会有孔隙和裂缝，形成油气运移通道。因此，应合理设计钻井液密度及钻井工艺，防止发生漏失和溢流。

2. 储层物性对井底压力的影响

储层的物性主要包括储层厚度、孔隙度、渗透率等，储层内流体的特性主要包括流体类型（油、气、水、硫化氢、二氧化碳）等。

储层厚度越大，在钻井过程中井筒与储层的接触面积越大，井筒中的流体更容易进入井筒形成溢流或钻井液进入储层形成井漏。对于长裸眼段含有多个不同压力梯度层位或多个窄密度窗口层位时，井筒压力更需要精细控制，才能实现井筒内不发生溢流和井漏等复杂或事故。

储层的孔隙度和渗透率与钻井过程中发生的溢流和井漏直接相关。孔隙度和渗透率越大,井筒越易发生溢流和气侵。对于渗透率较大的地层,当井底压力小于地层压力时,井底易形成较大的欠平衡溢流,因此井底需要保持一个正压差来防止溢流的发生;对于孔隙度较大的地层,井底易形成重力置换溢流或井漏,在重力置换的作用下,储层内的流体进入井筒,同时井筒内的钻井液进入储层,虽然此过程中井底压力对重力置换溢流影响较小,但应及时控制井底压力,以防重力置换溢流转变为欠平衡溢流;对于大型裂缝或溶洞地层,井底发生自然漏失现象,此时井筒出现失返,控制井底压力无法实现对漏失的控制。

不同的储层流体所需的井底压力不同。储层内的流体主要包括油、气、水、硫化氢、二氧化碳,根据流体的特性、流体在井筒运移对井筒流动影响,在过平衡钻井时,含硫化氢、二氧化碳气体的地层井底正压差最大,含气体地层井底正压差次之,含油、水地层井底正压差最小。

3. 地层温度、压力对井底压力的影响

地层温度、压力对井底压力的影响主要表现为对钻井液密度影响。温度使井筒内钻井液的密度降低,压力使井筒内钻井液的密度增加。因此,在井筒中存在一个临界井深,该位置处温度和压力两种作用使钻井液的密度不发生改变。不同地区井筒温度梯度不同,差异较大,对井筒压力的影响较大。如大庆朝阳沟区块的青山口组以下地层,平均地温梯度为 4.06℃/100m,大庆油田平均地温梯度为 3.44℃/100m;库车盆地各盆地构造单元的平均地温梯度为 1.8~2.8℃/100m。

不同组分的钻井液受温度、压力影响,钻井液密度改变量不同,造成的井底压力变化值不同。钻井液由水、油、固相及添加剂组成,每一种组成成分随温度、压力变化不同,只有确定了每一种组分的变化规律,才能得到钻井液在不同温度、压力下的密度值。

在现场中应用更多的是"经验模型",对使用的钻井液进行几组温度、压力实验,确定模型中的常数项,即可得到不同温度、压力下钻井液密度值。

二、影响井底压力的可控参数

影响井底压力的可控参数主要包括钻井水力学参数、不同钻井工况、地面设备、井身结构等。可以根据井底工况,调整钻井可控参数,从而达到最佳钻井效率。

1. 钻井水力学参数对井底压力的影响

钻井水力学参数主要包括泵压、排量、钻井液性能、循环压耗、喷嘴直径、钻头压耗等。钻井水力学的研究与优化不仅达到净化井底效果、提高机械钻速,还能对井底压力及井下异常工况产生影响,因此需要优化钻井水力学参数,达到最佳的水力学状态。

钻井水力学参数对井底压力的影响主要表现在钻井液的循环摩阻对井底产生的作用。根据钻井液在井筒环空中流动可知,循环摩阻主要受钻井液排量、井身结构、钻具组合、钻井液黏度、环空偏心率、套管的粗糙度、裸眼段的粗糙度、水平井段岩屑床厚度等因素影响。钻井液在环空中从井底返回井口,钻井液向上流动的过程中,还受钻杆转动影响,因此钻井液在井筒环空中为螺旋向上流动。钻井液还受井身结构、钻具组合形成的环空截面面积突变的影响,同时,钻井液在携岩过程中岩屑与井筒的相互影响等,这些因素都制约了井筒环空循环摩阻模型的精确计算。

2. 井身结构对井底压力的影响

井身结构对井底压力的影响主要表现为井筒环空尺寸大小造成了循环摩阻的改变。小井眼具有井眼尺寸小、环空间隙小、钻具高速旋转等结构特点,这些特点与常规钻井不同,使常规钻井的水力学计算方法不适用于小井眼钻井环空水力学计算,从而造成井底压力的计算困难。

当增加排量,环空返速增加时,小井眼环空水力压耗快速增加。在较高的钻杆转速时,旋转对环空水力学压耗影响较大。环空间隙减小,钻杆转速对环空水力学压耗影响更大。钻井液幂律流性指数增加时,环空压耗增加。在小井眼环空中,当内外管径比超过80%时,环空压耗随着管径比的增加而急剧增加;环空压耗随着偏心度的增加而降低。

3. 不同工况对井底压力的影响

钻井过程存在不同的工况,对井底压力影响较大的工况主要有:钻进、起下钻、接单根、溢流、井漏、关井和压井等。

钻进过程中,井底压力主要由钻井液静液柱压力、钻井液环空压耗和井口回压组成,井底压力大小受钻井液密度、黏度、钻井液排量、井身结构、钻具组合和井口控压值大小影响。钻井液循环压耗对井底压力影响较大,且不同的钻井液性能、井身结构对井底压力的影响变化很大。如莫深一井井深7380m,钻井液密度2.15g/cm^3,排量为30L/s,环空压耗为11.3MPa;而塔里木油田ZG5-H2井井深为7180m,排量为12L/s,钻井液密度为1.15g/cm^3,循环摩阻为2.5MPa。

起下钻和接单根过程对井底产生波动压力,同时钻井液的循环停止使得循环压耗消失,造成井底压力较大的变化。波动压力的大小受钻井液性能、井身结构、钻具组合和起下钻速度影响。对于窄密度窗口地层,在起下钻和接单根过程中,井底压力的波动会超出钻井液安全密度窗口,因此,对于窄安全密度窗口地层需合理设计钻井参数,使用精细控压钻井或连续循环钻井系统,从而保证安全钻井的目的。

溢流为地层流体侵入井筒,地层流体分为油、水、气。对于油侵和水侵,由于侵入地层的油、水密度比钻井液密度低,因此油、水随着钻井液上返时,井底压力降低。对于井底气侵,由于气体密度远远小于钻井液密度,且气体运移到井口位置时,气体发生较大的膨胀作用,从而进一步降低井底压力。因此,井底发生气侵带来的井底压力下降要大于油侵和水侵。

井底压力能影响井漏漏失速度的大小,井漏同样对井底压力产生影响。漏失常伴随着井筒进气,因此,井筒发生漏失的同时,井口有气体溢出,井底压力随着漏失而降低。对于恶性漏失,井筒钻井液发生失返时,井筒压力下降较大,如控制不当,井筒会发生更复杂的井下事故。

关井和压井过程为井控过程。地层油气进入井筒后,采取关井过程来求取地层压力的大小,因此关井过程中井口和井底压力是逐渐增加的过程。当井口压力趋于稳定时,井口压力和静液柱压力之和为地层压力。压井分为一次压井法和二次压井法,压井过程是逐渐把侵入油气的污染钻井液替出,重新建立井筒压力平衡的过程。压井过程中,通过调节手动节流阀的开度,保持井底压力的恒定,因此,井底压力受节流阀开度大小影响及压井液性能参数影响。

4. 地面设备对井底压力的影响

地面设备主要包括井口防喷器组、旋转防喷器、节流管汇、压井管汇、放喷管线等。

防喷器组按行业标准推荐压力级别分别为 14MPa、21~35MPa、70~105MPa 的防喷器组合方式，如图 6-1 所示，根据压井过程井口能够出现的最大井口套压，优选防喷器组合方式。

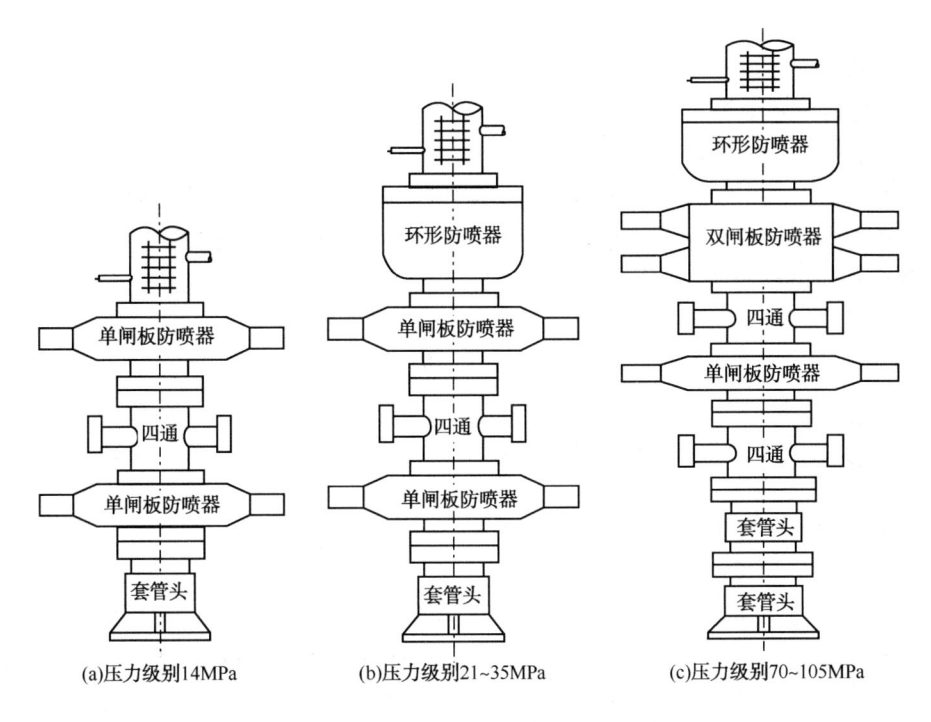

图 6-1 不同压力等级防喷器组合方式

井口不同等级的防喷器组合所允许的井口套压值不同，当关井过程中，井口的压力值超过一定范围时，井口需采取放喷或压井等井控措施来保证井筒的安全性。

旋转防喷器是在钻井过程中通过密封钻杆或六方钻杆实现环空的密封，并在一定的井口压力条件下允许钻具旋转，实施带压钻进作业。旋转防喷器按工作压力可分为三类：

（1）低压旋转防喷器：动密封压力低于 7MPa，静压低于 14MPa；
（2）中压旋转防喷器：动密封压力 7MPa、10.5MPa，静压 14MPa、21MPa；
（3）高压旋转防喷器：动密封压力 17.5MPa 或 21MPa，静压 35MPa 及以上压力等级。

在进行欠平衡钻井作业过程中，目前，现场井口回压的控制范围一般为：国内外最先进的旋转防喷器的井口控制压力最高设计限值为 7MPa。

第二节 钻井水力参数对井底压力影响分析

钻井水力学主要研究钻杆和环空内钻井液流动规律，水力学参数设计应满足钻井泵能量充分合理利用、充分的携岩能力、保证井壁稳定等原则，选择合理的钻井水力学参数，能够提高钻速、减少井筒压力波动，从而有效预防井下事故发生。

一、钻井液密度对井底压力影响分析

井底压力是由钻井液的静液柱压力、环空压耗和井口回压组成,其中钻井液的密度对井底压力影响最大,当钻井液组分、配比固定时,密度还受温度影响,因此,需要建立井筒温度模型,从而研究地层温度对井底压力的影响。

1. 控压钻井井筒温度场模型

1) 温度场基本理论

(1) 热传递的基本方式:

传热学中的热量传递有三种基本的方式:热传导、热对流和热辐射。

① 热传导。热传导是指两个相互接触的物体或同一物体的各部分之间,由于温度的不同而引起的热传递现象。对于有温差的平板,若两侧壁面的温度保持 T_{w1}、T_{w2} 不变,$T_{w1}>T_{w2}$,则热量从温度高的 T_{w1} 传到温度低的 T_{w2},热流密度可表示为:

$$Q = \lambda A \frac{\Delta T}{\delta} \quad (6-1)$$

式中 Q——热流量,W;

A——垂直于导热方向的截面积,m²;

λ——导热系数,W/(m·℃);

ΔT——两侧温度场,℃;

δ——平板的厚度,m。

② 热对流。热对流是指液体或气体由于宏观运动,从一个区域运移到温度不同的另一区域时的热传递过程。在进行热对流过程中,依然存在微观粒子间能量传递。钻井过程中,钻井液的热对流主要为钻井液与温度不同的壁面之间的换热,也可以成为对流换热。对流换热分为强迫对流换热和自然对流换热。对流换热过程中,热流量的计算采用牛顿冷却公式:

$$Q = UA\Delta T \quad (6-2)$$

式中 U——对流换热系数,W/(m²·℃)。

③ 热辐射。热辐射是指凡高于绝对零度的物体都会向外界发射能量粒子,该能量是以电子波的方式发射。物体的温度越高,辐射能力越高。辐射能力最强的理想辐射体为黑体。黑体发射的辐射能力为:

$$Q = \sigma_b A T^4 \quad (6-3)$$

式中 A——物体辐射表面积,m²;

T——表面温度,K;

σ_b——黑体辐射常数,大小为 5.67×10^{-8} W/(m²·K⁻⁴)。

(2) 导热基本定律:

傅里叶定律揭示了物体内部导热的一般规律,导热时,通过垂直于热流方向的面积 dA 的热流量 dQ,大小与该处的温度梯度绝对值成正比,方向与温度成反比,即:

$$dQ = -\lambda dA \frac{\partial T}{\partial n} \quad (6-4)$$

导热系数是衡量物质导热能力的参数,是物质的固有属性,该值的大小主要取决于物质材料的组分、内部结构、密度等参数。一般来说,气体的导热系数最小,固体的导热系数最大，液体导热系数居中。

（3）圆管导热：

钻井过程中井筒内的传热主要是圆管壁的导热，假设圆管内外壁温度为 T_{w1} 和 T_{w2}，圆管长度为 L，圆管材料的导热系数为 λ，内外径分别为 r_1 和 r_2。由于圆管内无热源，因此圆管内温度分布可用圆柱坐标表示为：

$$\frac{d^2T}{dr^2}+\frac{1}{r}\frac{dT}{dr}=0 \qquad (6-5)$$

积分求解后，温度场分布为：

$$T=\frac{T_{w2}-T_{w1}}{\ln\frac{r_2}{r_1}}\ln r+\frac{T_{w1}\ln r_2-T_{w2}\ln r_1}{\ln\frac{r_2}{r_1}} \qquad (6-6)$$

根据傅里叶可得圆管的热流量：

$$Q=-\lambda\cdot 2\pi rL\frac{dT}{dr} \qquad (6-7)$$

将圆管温度场进行求导，代入上式，可得：

$$Q=\frac{2\pi\lambda L}{\ln\frac{r_2}{r_1}}(T_{w1}-T_{w2}) \qquad (6-8)$$

对于由多层不同材料组成的圆管壁，可用多层圆管壁总热阻效应来代替多层圆管壁的热阻。假设有三层管壁的导热系数分别为 λ_1、λ_2、λ_3，边界温度分别为 T_{w1}、T_{w2}、T_{w3}、T_{w4}，则热流量为：

$$Q=\frac{T_{w1}-T_{w4}}{\dfrac{\ln\dfrac{r_2}{r_1}}{2\pi\lambda_1 L}+\dfrac{\ln\dfrac{r_3}{r_2}}{2\pi\lambda_2 L}+\dfrac{\ln\dfrac{r_4}{r_3}}{2\pi\lambda_3 L}} \qquad (6-9)$$

2）钻杆内的温度场

井筒某处一个微单元，在钻柱内轴向流入和流出的热量分别为 $Q_p(z)$ 和 $Q_p(z+dz)$，钻柱内钻井液流动摩擦生热为 Q_{fp}，在径向上由环空中钻井液传递的热量为 Q_{ap}，则根据能量守恒定律可得到下式：

$$Q_p(z+dz)=Q_p(z)+Q_{ap}+Q_{fp} \qquad (6-10)$$

根据比内能公式得：

$$Q_p(z+dz)-Q_p(z)=\dot{m}C_{pm}[T_p(z+dz)-T_p(z)] \qquad (6-11)$$

根据傅里叶导热定律得：

$$Q_{ap}=2\pi R_p U_p(T_a-T_p)dz \qquad (6-12)$$

钻井液流动的摩擦生热为：

$$Q_{fp}=\dot{m}C_{pm}T_{fp}dz \qquad (6-13)$$

将式(6-11)、式(6-12)、式(6-13)代入式(6-10)中，积分整理可得：

$$\frac{dT_p}{dz}=\frac{2\pi R_p U_p}{\dot{m}C_{pm}}(T_a-T_p)+T_{fp} \qquad (6-14)$$

令 $B=\dfrac{\dot{m}C_{pm}}{2\pi R_p U_p}$，得到钻柱内温度计算公式为：

$$\frac{dT_p}{dz}=\frac{T_a-T_p}{B}+T_{fp} \tag{6-15}$$

$$T_{fp}=\frac{1}{\rho_m C_m}\frac{dp_{fp}}{dz}$$

式中 C_{pm}——钻井液比热容，J/(kg·℃)；

$\dot{m}$——质量流量，kg/s；

T_a——环空钻井液温度，℃；

T_p——钻柱内温度，℃；

R_p——钻柱外半径，m；

T_{fp}——钻柱内压耗产生的温度，℃；

U_p——环空到钻柱内的总传热系数，J/(m²·s·K)。

3）环空中的温度场

在环空中，轴向上流入和流出的热量分别为 $Q_a(z+dz)$ 和 $Q_a(z)$，在径向上由地层传入环空的热量为 Q_{sa}，环空传向钻柱的热量为 Q_{ap}，环空内钻井液流动摩擦生热为 Q_{fa}，根据能量守恒定律可得：

$$Q_a(z)+Q_{ap}=Q_p(z+dz)+Q_{sa}+Q_{fa} \tag{6-16}$$

根据比内能计算公式：

$$Q_a(z)-Q_p(z+dz)=\dot{m}C_{pm}[T_a(z)-T(z+dz)] \tag{6-17}$$

由傅里叶定律可知：

$$Q_{ap}=2\pi R_p U_p(T_a-T_p)dz \tag{6-18}$$

环空摩擦生热为：

$$Q_{fa}=\dot{m}C_{pm}T_{fa}dz \tag{6-19}$$

由地层传至井壁的热流量为：

$$Q_{sa}=\frac{2\pi K_f}{T_D}(T_{ei}-T_w)dz \tag{6-20}$$

根据傅里叶定律，井壁传向环空钻井液的热流密度为：

$$Q_{sa}=2\pi R_w U_a(T_w-T_a)dz \tag{6-21}$$

合并式（6-20）和式（6-21），消去 T_w 得：

$$Q_{sa}=\frac{2\pi R_w U_a K_f}{K_f+R_w U_a T_D}(T_{ei}-T_a)dz \tag{6-22}$$

将式（6-17）、式（6-18）、式（6-19）、式（6-20）代入式（6-16）中，得到：

$$\frac{dT_a}{dz}=\frac{1}{B}(T_a-T_p)-\frac{2\pi R_w U_a K_f}{\dot{m}C_{pm}(K_f+R_w U_a T_D)}(T_{ei}-T_a)-T_{fa} \tag{6-23}$$

令 $A=\dfrac{\dot{m}C_{pm}(K_f+R_w U_a T_D)}{2\pi R_w U_a K_f}$，则环空温度为：

$$\frac{dT_a}{dz}=\frac{1}{B}(T_a-T_p)-\frac{1}{A}(T_{ei}-T_a)-T_{fa} \tag{6-24}$$

$$T_{\mathrm{fa}}=\frac{1}{\rho_{\mathrm{m}}C_{\mathrm{m}}}\frac{\mathrm{d}\,p_{\mathrm{fa}}}{\mathrm{d}z}$$

式中 T_{ei}——地层温度，℃；

T_{w}——井壁温度，℃；

T_{D}——无量纲温度；

K_{f}——地层导热率，J/(m²·s·℃)；

R_{w}——井眼半径，m；

T_{fa}——环空内压耗产生的温度，℃；

U_{a}——井壁与环空钻井液之间的换热系数，J/(m²·s·K)。

对式(6-15)进行求导：

$$\frac{\mathrm{d}^2 T_{\mathrm{p}}}{\mathrm{d}z^2}=\frac{1}{B}\frac{\mathrm{d}\,T_{\mathrm{a}}}{\mathrm{d}z}-\frac{1}{B}\frac{\mathrm{d}\,T_{\mathrm{p}}}{\mathrm{d}z} \tag{6-25}$$

将式(6-15)、式(6-25)代入式(6-24)，消去 T_{a} 得到：

$$AB\frac{\mathrm{d}^2 T_{\mathrm{p}}}{\mathrm{d}z^2}-B\frac{\mathrm{d}\,T_{\mathrm{p}}}{\mathrm{d}z}-T_{\mathrm{p}}+(A+B)T_{\mathrm{fp}}+A\,T_{\mathrm{fa}}+T_{\mathrm{ei}}=0$$

$$T_{\mathrm{ei}}=T_{\mathrm{s}}+Gz \tag{6-26}$$

则：

$$AB\frac{\mathrm{d}^2 T_{\mathrm{p}}}{\mathrm{d}z^2}-B\frac{\mathrm{d}\,T_{\mathrm{p}}}{\mathrm{d}z}-T_{\mathrm{p}}++Gz+T_{\mathrm{mf}}=0 \tag{6-27}$$

其中，$T_{\mathrm{mf}}=(A+B)T_{\mathrm{fp}}+A\,T_{\mathrm{fa}}+T_{\mathrm{s}}$，式(6-27)的非其次线性微分方程对应的齐次方程为：

$$B\frac{\mathrm{d}^2 T_{\mathrm{p}}}{\mathrm{d}z^2}-B\frac{\mathrm{d}\,T_{\mathrm{p}}}{\mathrm{d}z}-T_{\mathrm{p}}=0 \tag{6-28}$$

对应的特征方程为：

$$AB\lambda^2-B\lambda-1=0 \tag{6-29}$$

特征方程的根为：

$$\lambda_1=\frac{1+\sqrt{1+\dfrac{4A}{B}}}{2A}$$

$$\lambda_2=\frac{1-\sqrt{1+\dfrac{4A}{B}}}{2A}$$

可以得到齐次方程的解为：

$$T_{\mathrm{p}}=C_1 e^{\lambda_1 z}+C_2 e^{\lambda_2 z}$$

由于 λ_1 和 λ_2 为非零，式(6-27)的特解为 $T_{\mathrm{p}}^*=b_0 z+b_1$，则式(6-27)变为：

$$-b_0 z-B\,b_0-b_1+Gz+T_{\mathrm{mf}}=0 \tag{6-30}$$

式(6-28)的通解为：

$$T_{\mathrm{p}}=C_1 e^{\lambda_1 z}+C_2 e^{\lambda_2 z}+Gz+T_{\mathrm{mf}}-GB \tag{6-31}$$

因此，环空内的温度为：

$$T_{\mathrm{a}}=C_1 e^{\lambda_1 z}(B\lambda_1+1)+C_2 e^{\lambda_2 z}(B\lambda_2+1)+Gz+T_{\mathrm{mf}}-B\,T_{\mathrm{fp}} \tag{6-32}$$

系数 C_1 和 C_2 根据边界条件来确定,以钻井液的入口温度、钻井液在环空的温度相等为边界条件,可以得到:

边界条件为:

$$\begin{cases} T_a = T_p + T_b (z=H) \\ T_p = T_{in} (z=0) \end{cases} \tag{6-33}$$

式中 T_{in}——入口温度,℃;
T_b——钻头转动产生的温度,℃;
H——井深,m;
A,B——系数。

将式(6-31)代入式(6-33)中得:

$$\begin{cases} B \lambda_1 e^{\lambda_1 H} C_1 + B \lambda_2 e^{\lambda_2 H} C_2 = B T_{fp} - GB + T_b \\ C_1 + C_2 = T_{in} - T_{mf} + GB \end{cases} \tag{6-34}$$

将上式改为矩阵形式,得:

$$\begin{bmatrix} B \lambda_1 e^{\lambda_1 H} & B \lambda_2 e^{\lambda_2 H} \\ 1 & 1 \end{bmatrix} \begin{bmatrix} C_1 \\ C_2 \end{bmatrix} = \begin{bmatrix} B T_{fp} - GB + T_b \\ T_{in} - T_{mf} + GB \end{bmatrix} \tag{6-35}$$

则 C_1 和 C_2 可得:

$$\begin{bmatrix} C_1 \\ C_2 \end{bmatrix} = \begin{bmatrix} B \lambda_1 e^{\lambda_1 H} & B \lambda_2 e^{\lambda_2 H} \\ 1 & 1 \end{bmatrix}^{-1} \begin{bmatrix} B T_{fp} - GB + T_b \\ T_{in} - T_{mf} + GB \end{bmatrix} \tag{6-36}$$

4) 关键参数的确定

钻井液在井内流动时,强对流方式换热主要有:钻杆内流动的钻井液与钻杆管壁之间、环空流动钻井液与钻杆管壁以及井壁之间。对流换热的大小一方面取决于流体分子间的导热,另一部分取决于流体宏观位移的对流作用。

对流换热的热流密度方程为:

$$q = h | T_w - T_f | \tag{6-37}$$

式中 q——热流密度,J/m²;
T_w——壁面温度,K;
T_f——流体温度,K;
h——表面换热系数,J/(m²·s·K)。

对流换热系数公式为:

$$h = \begin{cases} \dfrac{N_u k_m}{D} & 层流 \\ \dfrac{S_t k_m}{D} & 湍流 \end{cases} \tag{6-38}$$

式中 S_t——斯坦顿数;
N_u——努谢尔数;
k_m——钻井液导热系数,J/(m²·s·K);
h——壁面换热系数,J/(m²·s·K);
D——管径,m。

根据上式可以计算钻杆内壁与钻井液之间的换热系数 h_{pi}、钻杆外壁与环空钻井液之间

的换热系数 h_{po} 以及井壁与钻井液之间的换热系数 h_w。

层流状态下，努谢尔数为：

$$N_u = 3.65 + \frac{0.0688 Re_g P_r (\frac{D_{eff}}{L})}{1 + 0.04 \left[Re_g P_r (\frac{D_{eff}}{L}) \right]^{2/3}} \quad (6-39)$$

紊流状态下的斯坦顿数 S_t 为：

$$S_t = 0.0107 Re_g P_r^{0.33} \quad (6-40)$$

普朗特数 P_r 为：

$$P_r = \frac{\mu_{w,app} c_m}{k_m} \quad (6-41)$$

式中 c_m——钻井液比热容，$J/(kg \cdot K)$；

$\mu_{w,app}$——钻井液表观黏度，$Pa \cdot s$；

Re_g——广义雷诺数，无量纲；

D_{eff}——当量直径，m；

L——长度，m。

设环空内温度为 T_1、钻柱温度为 T_2、钻柱内温度为 T_3，则环空传给钻杆壁面的热量为：

$$dQ_1 = 2\pi R_{po} h_{po} (T_1 - T_2) dz \quad (6-42)$$

钻杆壁面传给钻杆内钻井液的热量为：

$$dQ_2 = 2\pi R_{pi} h_{pi} (T_2 - T_3) dz \quad (6-43)$$

环空传给钻杆内的热量为：

$$dQ_3 = 2\pi R U_p (T_1 - T_3) dz \quad (6-44)$$

其中，$R = \frac{R_{po} - R_{pi}}{\ln R_{po} - \ln R_{pi}}$。

假设环空内的热量全部传入钻杆内，则 $Q = Q_1 = Q_2 = Q_3$，则 U_p 为：

$$U_p = \left(\frac{R}{R_{po} h_{po}} + \frac{R}{R_{pi} h_{pi}} \right)^{-1} \quad (6-45)$$

无量纲时间经验公式为：

$$\begin{cases} T_D = 1.128 t_D^{1/2} (1 - 0.3 t_D^{1/2}) & (10^{-10} \leq t_D \leq 1.5) \\ T_D = (0.4063 + 0.5 \ln t_D)(1 + 0.6/t_D) & (t_D > 1.5) \end{cases} \quad (6-46)$$

$$t_D = \frac{K_f \ t}{\rho_f c_f R_w^2} \quad (6-47)$$

式中 t——钻井液循环时间，s；

ρ_f——地层岩石密度，kg/m^3；

c_f——地层岩石的比热容，$J/(kg \cdot ℃)$。

2. 控压钻井井筒温度场分析

根据建立的井筒温度模型，分析不同参数对井筒温度的影响。模拟的基本参数见表6-1。

表 6-1 模拟计算参数

模拟参数	数值	模拟参数	数值
井深，m	6000	地表温度，℃	25
钻井液密度，g/cm³	1.2	岩石密度，g/cm³	2.643
钻井液比热，J/kg·℃	2399	岩石比热容，J/kg·℃	873
钻杆导热系数，W/m·℃	46	地层导热系数 W/m·℃	2.25
钻井液换热系数，W/m·℃	14	钻柱外径，m	0.127
循环时间，h	1	井筒外径，m	0.219
钻井液排量，L/s	20	地温梯度，℃/m	0.0226
R_{600}	60	R_{300}	40
R_{100}	21	R_3	5

根据表 6-1 中的参数对钻杆和环空内钻井液温度进行模拟，可以得到钻井液随井筒深度的温度分布，如图 6-2 所示。

井筒内和环空内钻井液的温度随井深的增加而增加，环空内温度高于钻杆内温度，在钻头位置处温度相等。

如图 6-3 所示，钻井液排量不同，井筒环空温度剖面不同。钻井液排量越大，环空内温度越低。

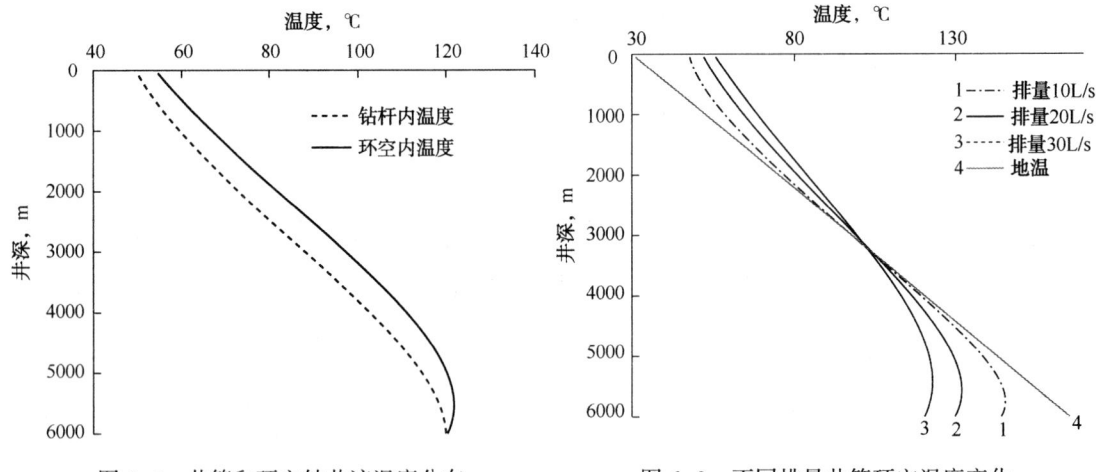

图 6-2 井筒和环空钻井液温度分布

图 6-3 不同排量井筒环空温度变化

图 6-4 为不同循环时间井筒温度剖面，循环时间越长，下部井段温度降低，井口位置温度变化不大。

3. 温度对井底压力的影响

高温高压下，钻井液密度服从以下变化规律：

$$\rho_m = \rho_{m0} \times e^{a(p-p_0) - b(T-T_0) + c(T-T_0)^2} \quad (6-48)$$

式中 ρ_m——钻井液密度，g/cm³；

ρ_{m0}——钻井液井口密度，g/cm³；

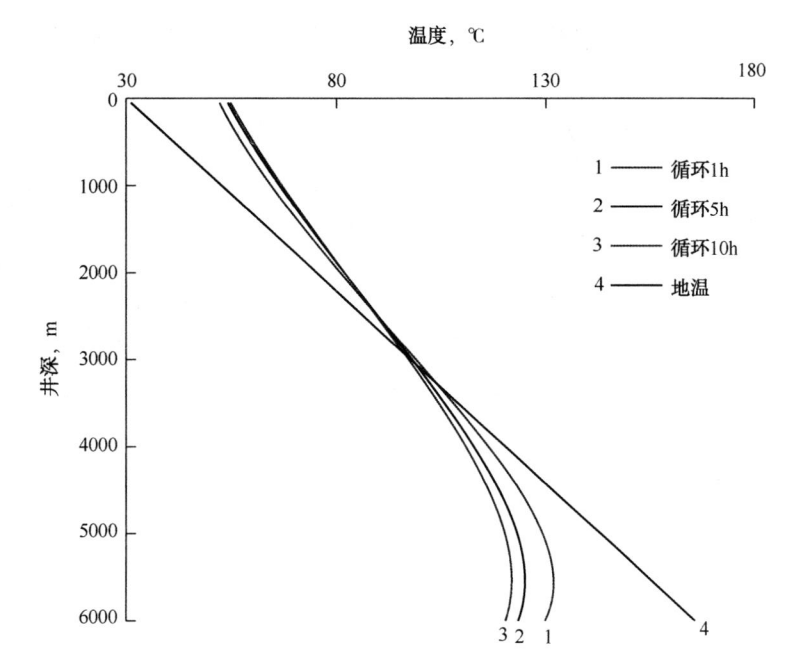

图 6-4 不同循环时间井筒温度剖面

p_0——井口钻井液压力($p_0 = 0.1 \text{MPa}$);
T_0——井口钻井液温度($T_0 = 15℃$);
p——钻井液压力,MPa;
T——钻井液温度,℉;
a、b、c——系数。

根据微元体受力分析,可以得出:

$$\frac{\mathrm{d}p}{\mathrm{d}h} = K\rho_\mathrm{m} \tag{6-49}$$

因此,可以得到:

$$\frac{\mathrm{d}p}{\mathrm{d}h} = K\rho_\mathrm{m0} \times e^{a(p-p_0) - b(T-T_0) + c(T-T_0)^2} \tag{6-50}$$

为了求解方程的解析解,可以假定井筒环空钻井液的温度符合线性规律,即环空钻井液温度为:

$$\Delta T = T - T_0 = G(h) \tag{6-51}$$

将公式积分,并将井口边界条件和初始条件代入后,得到:

$$p = p_0 + \frac{1}{a}\ln\left[\frac{1}{e^{a(p_0-p)} - aK\rho_\mathrm{m0}F(h)}\right] \tag{6-52}$$

$$F(h) = \int_0^h e^{cG(h)^2 - bG(h)}\mathrm{d}h \tag{6-53}$$

钻井液当量静态密度为:

$$ESD = \frac{p-p_0}{Kh} = \frac{1}{aKh}\ln\left[\frac{1}{1-aK\rho_\mathrm{m0}F(h)}\right] \tag{6-54}$$

根据推导公式,得到不同的温度梯度对钻井液密度的影响,如图6-5所示。

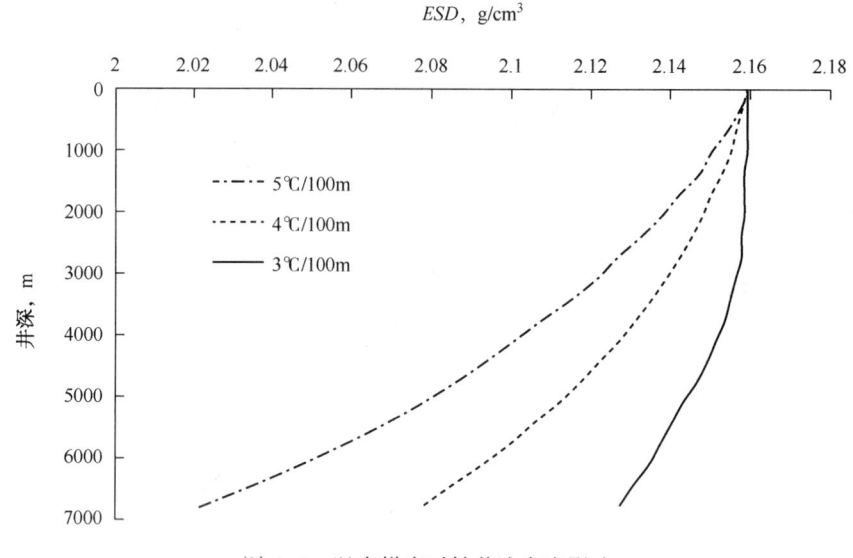

图6-5 温度梯度对钻井液密度影响

由图6-5可知,温度梯度越大,钻井液密度降低越快。因此在高温高压深井中,钻井液密度变化较大,对于安全密度较窄的地层,应考虑钻井液密度变化引起的井底压力变化。

二、钻井液流变性对井底压力影响分析

1. 钻井液流变模式

流变性是指流体在外力作用下发生形变和流动的性质,它反映了流体受外力作用时的应力、形变、形变速率和黏度等之间的关系。流体的流变性通常用流变曲线(流变模式)和流变参数来描述。钻井液为非牛顿流体,不同的钻井液流变性差异较大,很难使用一种流变模式来描述不同流变性的钻井液流动特性,因此国内外学者提出了不同的流变模式来表征钻井液的流变性。经常使用表征钻井液流变性的模式有宾汉模式、幂律模式、赫谢尔—巴尔克莱模式(赫—巴模式)、卡森模式、Sisko模式及四参数模式等。

1) 宾汉模式

宾汉模式是由宾汉(Bingham)于1922年提出,是最早用来表征非牛顿流体流变特征的模式之一。宾汉模式的流变方程为:

$$\tau = \tau_0 + \mu_p \gamma \tag{6-55}$$

式中 τ_0——屈服值,Pa;

μ_p——塑性黏度,Pa·s;

γ——流速梯度;s^{-1}。

宾汉模式表征的钻井液流变性为一条有一定截距的直线,直线的斜率为塑性黏度,截距为屈服值。塑性黏度反映了钻井液在层流情况下流体内部网架结构的破坏与恢复处于动平衡时,各相之间的内摩擦作用的强弱。屈服值是指流体流动时需要克服的与塑性黏度和剪切速率无关的那一部分定值剪切应力。宾汉流体表观黏度为:

$$\mu_a = \mu_p + \tau_0 / \gamma \tag{6-56}$$

表观黏度反映了流体在流动过程当中所表现出的总黏度。宾汉模式流体的表观黏度随剪切速率的增大而降低，流体具有剪切稀释的特性。

在低剪切速率下，宾汉模式计算的流变曲线与钻井液实际流变曲线误差较大，计算值比实际值偏大；在高剪切速率下，宾汉模式计算的流变曲线与钻井液实际流变曲线吻合较好。

2）幂律模式

幂律模式由 Ostwald 提出，其流变方程为：

$$\tau = K\mu^n \tag{6-57}$$

式中　K——稠度系数，$Pa \cdot s^n$；
　　　n——流性指数，无量纲。

幂律流体通常表征没有屈服值或屈服值较小的流体流动特性，流性指数反应的是在一定剪切速率范围内非牛顿性强弱，钻井液流性指数一般小于1，降低钻井液流性指数，则钻井液非牛顿性增加，则有利于岩屑的携带。稠度系数反应非牛顿流体黏性大小，稠度系数越大，流体的黏度越大。降低稠度系数有利于提高钻速，但较小的稠度系数不利于携岩；提高稠度系数有利于井眼的清洁，但过大的稠度系数易造成开泵困难。

幂律流体的表观黏度为：

$$\mu_a = K\gamma^{n-1} \tag{6-58}$$

对于 $n<1$ 的假塑性流体，流体的表观黏度随着剪切速率的增加而降低，即具有剪切稀释特性。

幂律流体能较好地表征钻井液流变特性，但当剪切速率趋于无穷大时，表观黏度趋于零，不符合钻井实际情况。当剪切速率为零时，流体曲线通过原点，钻井液无屈服值，这与大部分钻井液流变特性不相符，因此在非常高和非常低的剪切速率下，幂律模式具有一定的误差。

3）赫谢尔—巴尔克莱模式

赫谢尔—巴尔克莱模式是 Herschel 和 Bulkley 于 1926 年提出，其流变方程为：

$$\tau = \tau_0 + K\mu^n \tag{6-59}$$

式中　τ_0——屈服值，Pa；
　　　K——稠度系数，$Pa \cdot s^n$；
　　　n——流性指数，无量纲。

赫—巴模式中有三个流变参数，从流变方程上来看，是在幂律模式的基础上增加了屈服值项 τ_0，也成为修正的幂律模式。

赫—巴模式的表观黏度为：

$$\mu_a = \frac{\tau_0}{\gamma} + K\gamma^{n-1} \tag{6-60}$$

赫—巴模式中，当剪切速率趋近于无穷大时，表观黏度趋向于零，不符合钻井液的实际情况。但赫—巴模式克服了幂律流体未考虑屈服值的情况，能较好地表征较高剪切速率下钻井液的流变性能。

4）卡森模式

卡森模式是由卡森（Casson）提出，用于描述钻井液的流变性。卡森模式的流变方程为：

$$\sqrt{\tau} = \sqrt{\tau_c} + \sqrt{\eta_\infty}\sqrt{\gamma} \tag{6-61}$$

式中　τ_c——卡森屈服值（卡森动切力），Pa；
　　　η_∞——极限剪切黏度（卡森黏度），$mPa \cdot s$。

τ_c表示钻井液内空间网架结构强度大小,其值反映了钻井液携带与悬浮岩屑的能力;极限剪切黏度η_∞表示钻井液内摩擦作用的强弱。

卡森模式流变方程的另一种表述方程为:

$$\tau = \tau_c + \eta_\infty \gamma + 2\sqrt{\tau_c \eta_\infty}\sqrt{\gamma} \tag{6-62}$$

由上式可知,卡森模式在流变性计算模式上为宾汉模式和幂律模式的叠加,卡森模式的流性指数为0.5,稠度系数为$2\sqrt{\tau_c \eta_\infty}$。卡森模式流变曲线为一条有一定截距的曲线。

卡森模式的表观黏度为:

$$\mu_a = \frac{\tau_c}{\gamma} + 2\sqrt{\tau_c \eta_\infty}\sqrt{\gamma} \tag{6-63}$$

表观黏度随着剪切速率的增加而降低,具有剪切稀释的特征。卡森模式适用于各种类型钻井液,但由于流变方程复杂,工程应用不广泛。

5) 四参数模式

樊洪海等提出了四参数法来表征钻井液流变性的方法,该流变模式为:

$$\tau = \tau_0 + a\gamma + b\gamma^c \tag{6-64}$$

式中 τ_0——屈服值,Pa;
a——极限剪切黏度,mPa·s;
b——稠度控制系数,无量纲;
c——流行指数,无量纲。

钻井液四参数模式表观黏度为:

$$\mu_a = \frac{\tau}{\gamma} = \tau_0 \gamma^{-1} + a + b\gamma^{c-1} \tag{6-65}$$

四参数模式是宾汉模式和幂律模式的叠加,该模式能更准确地表征钻井液在实际剪切速率变化范围内的流变性。

2. 流变模式的优选

钻井液的任何一种流变模式都只能最大限度的近似描述和表征钻井液实际的流变特性,钻井液体系、钻井液内部组分含量、钻井液的流速等因素都会影响钻井液流变性的选择。

宾汉模式和幂律模式简单实用,能较好地反映出钻井液在中、高剪切速率下的流动特性,但钻井过程中,钻井液的流动剪切速率不会太高,此时幂律模式比宾汉模式更能表征钻井液的真实流动特性,幂律模式的缺点是不能表征钻井液带有屈服值的特性。赫—巴模式能够反映牛顿流体、塑性流体和假塑性流体的特性,但无法反映卡森流体的极限剪切黏度。

常用的钻井液流变性选择方法主要有:

1) 流变曲线对比法

分别得到钻井液实测流变曲线和理论流变曲线,通过考察两条曲线的吻合程度来选择合适的流变模式。

2) 剪切应力误差对比法

计算各流变模式的剪切应力值与实测剪切应力值的相对误差和平均相对误差,平均相对误差较小的为最优的流变模式。

相对误差:

$$e = \left| (\tau_{\text{理论}} - \tau_{\text{实测}})/\tau_{\text{实测}} \times 100\% \right| \tag{6-66}$$

平均相对误差：
$$\bar{e}=(e_1+e_2+\cdots+e_n)/n \tag{6-67}$$

3）相关系数法

用线性回归计算流变参数时的相关系数 R 为拟合程度，R 越接近 1，表示拟合程度越好。

3. 钻井液流变性的影响因素

对于水基钻井液，如图 6-6、图 6-7 所示，由于水基钻井液的压缩性较小，压力对钻井液的流变性影响较小，而温度对水基钻井液流变性影响较大。当剪切速率一定时，压力越大剪切应力越大，钻井液的表观黏度越大。钻井液在低剪切速率下，温度越高，剪切应力越大，表观黏度增大；钻井液在高剪切速率下，剪切应力和表观黏度随温度的升高而降低。

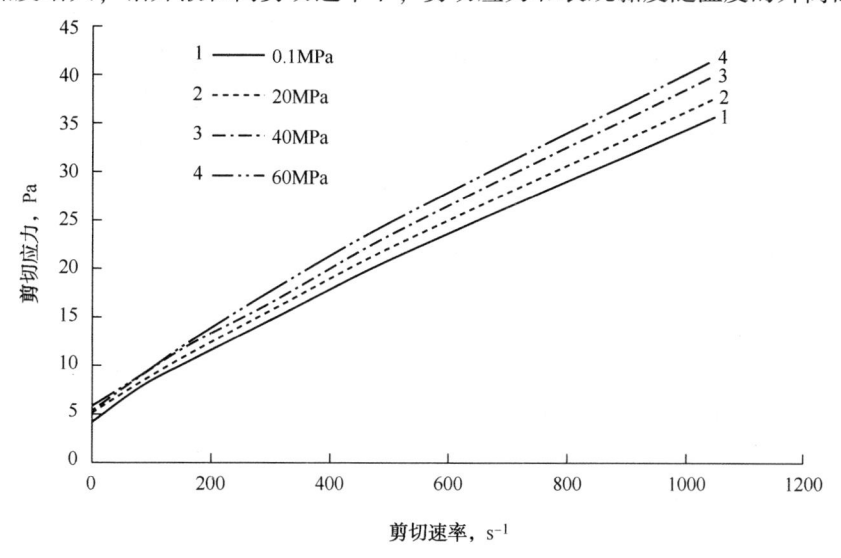

图 6-6 不同压力下剪切速率与剪切应力的关系

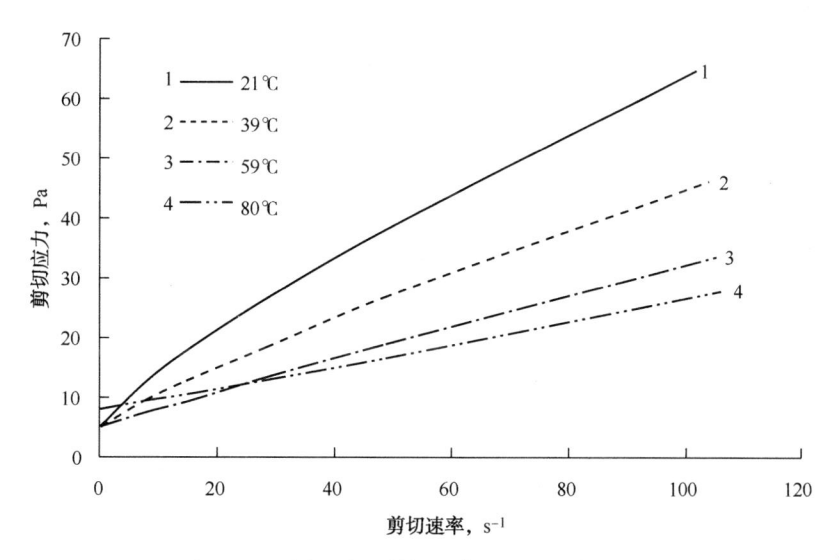

图 6-7 不同温度下剪切速率与剪切应力的关系

高温高压下，温度、压力对钻井液的流变性影响主要用以下公式进行表征：

$$\mu_a(T_2) = \mu_a(T_1) \exp\left[\alpha\left(\frac{T_2-T_1}{T_1 T_2}\right)\right] \quad (6-68)$$

$$\mu_a(p_2) = \mu_a(p_1) \exp\left[\beta(p_2-p_1)\right] \quad (6-69)$$

式中 $\mu_a(T_1)$——T_1温度下的表观黏度，mPa·s；

$\mu_a(T_2)$——T_2温度下的表观黏度，mPa·s；

$\mu_a(p_1)$——p_1压力下的表观黏度，mPa·s；

$\mu_a(p_2)$——p_2压力下的表观黏度，mPa·s；

α——温度常数；

β——压力常数。

公式表示不同温度和压力下钻井液体系的表观黏度的变化，而现场应用中常根据井口温度、压力下的钻井液黏度来计算井筒不同温度、压力下钻井液的流变性。将温度作为钻井液流变性影响最重要的因素，通过测定在一定压力下钻井液黏度随温度的变化规律，从而得到井筒不同温度、压力下钻井液黏度和井口位置处钻井液黏度之间的关系。

$$\mu_{T,p} = \mu_0 \exp(\alpha T + \beta p) \quad (6-70)$$

式中 $\mu_{T,p}$——井筒不同温度压力下的表观黏度，mPa·s；

μ_0——井口处温度压力下的表观黏度，mPa·s；

p——测试压力（为定值），MPa。

与水基钻井液相比，压力对油基钻井液流变性影响较大，如图6-8所示，在同样的压力条件下，钻井液的温度降低，表观黏度增高；在较低的温度条件下，压力对表观黏度影响较大，而在较高的温度条件下，压力对表观黏度影响不大。对于高温高压深井来说，在井底位置处温度对钻井液流变性的影响将大于压力对钻井液黏度影响。

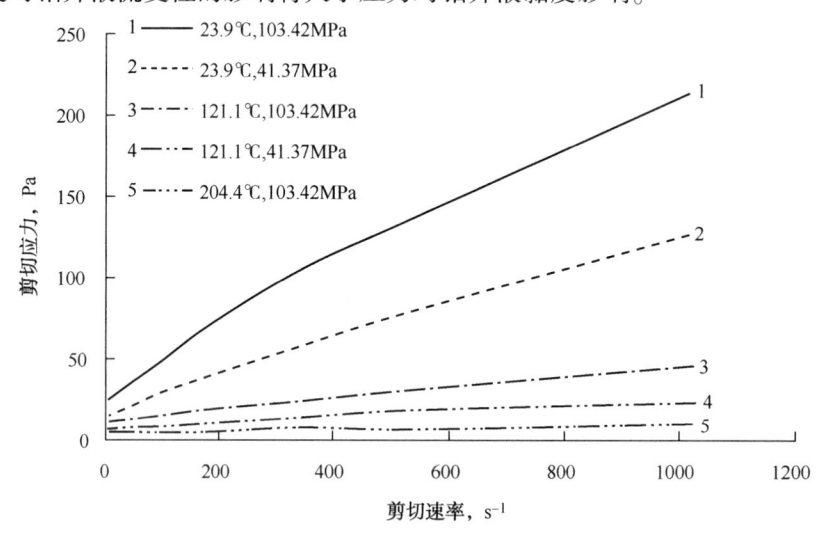

图6-8 不同温度压力条件下油基钻井液剪切速率与剪切应力的关系

4. 钻井液流变性对井底压力影响

1）影响循环摩阻

钻井液的流变性直接影响井筒循环摩阻的大小，钻井液表观黏度越大，井筒钻井液循环摩阻越大，井底压力越大。钻井液流变性的表征方法不同，井筒循环摩阻的计算方法不同。

2) 影响波动压力

在起下钻和钻进过程中,由于钻柱的上提下放、开停泵等工况,使井底压力发生变化,产生波动压力。波动压力的大小与钻井液的黏度和静切力有关。在一定的条件下,钻井液的黏度和静切力越大,井筒波动压力越大,对井底恒定压力的控制难度越大,且越容易引起井下复杂。

三、钻井液排量对井底压力影响分析

在进行现场实测钻井水力学分析时,由于钻井所采用的钻井泵性能参数、钻具组合、井身结构、钻井液性能、钻头类型和尺寸已确定,对井筒水力学参数和井筒压力有影响的可控参数为钻井液排量,因此合理设计钻井液排量能有效控制井筒压力剖面,从而减少井下事故。

1. 井筒循环压耗计算方法研究

钻井液在井筒中的循环压耗主要包括在钻柱内的压耗和在环空内的压耗。根据幂律流体在井筒中的流动,分析钻井液在井筒中流动规律。

1) 钻杆内循环压耗

幂律流体在钻杆内的压耗为:

$$\Delta p = \frac{4KL}{D}\left(\frac{3n+1}{4n}\right)^n \left(\frac{8v}{D}\right)^n \tag{6-71}$$

公式可以转化为:

$$\Delta p_p = 4K\left(\frac{6n+2}{n}\right)^n Q^n \frac{L}{D^{n+1}A^n} = G_0 Q^n \frac{L}{D^{n+1}A^n} \tag{6-72}$$

根据井身结构和钻具组合情况,将井筒循环压耗计算分为 N 个计算层段,则层流段内的总循环压耗为:

$$\Delta p_p = G_0 Q^n \sum_{i=1}^{N} \frac{L_i}{D^{n+1}A_i^n} \tag{6-73}$$

若钻柱内流动为紊流时,钻柱内的循环压耗为:

$$\Delta p_p = \frac{32f\rho L}{\pi^2 D^5} Q^2 \tag{6-74}$$

2) 环空内循环压耗

$$\Delta p_{a1} = \frac{4KL}{(D_1-D_2)}\left(\frac{2n+1}{3n} \cdot \frac{12v}{(D_1-D_2)}\right)^n = B_0 \frac{Q^n L}{(D_1-D_2)^{n+1}A^n} \tag{6-75}$$

式中:$B_0 = 4K\left[\frac{4(2n+1)}{n}\right]^n$,只与钻井液的流变性有关。

环空岩屑浓度为:

$$C_a = \frac{D_b^2 R}{(D_1^2-D_2^2)(Q-k v_s A)} \tag{6-76}$$

岩屑颗粒产生的压耗为:

$$\Delta p_{a2} = (\rho_s - \rho) g L C_a \tag{6-77}$$

式中　A——环空截面积,m²;

L——环空长度，m；

D_b——钻头直径，m；

R——机械钻速，m/h；

v_s——岩屑颗粒沉降速度，m/s；

v_m——钻井液上返速度，m/s；

k——速度修正系数。

则幂律流体在环空内的循环压耗为：

$$\Delta p_a = \Delta p_{a1} + \Delta p_{a2}$$
$$= B_0 \frac{Q^n L}{(D_1 - D_2)^{n+1} A^n} + D_b^2 R(\rho_s - \rho) g \frac{AL}{(D_1^2 - D_2^2)(Q - k v_s A)} \quad (6-78)$$

若环空需要分段进行计算，则环空层流的循环压耗为：

$$\Delta p_a = B_0 Q^n \sum_{i=1}^{M} \frac{L_i}{(D_{1i} - D_{2i})^{n+1} A_i^n} + D_b^2 R(\rho_s - \rho) g \sum_{i=1}^{M} \frac{A_i L_i}{(D_1^2 - D_2^2)(Q - k v_s A_i)}$$
$$(6-79)$$

不同流变模式钻柱内和环空内的压耗计算方程见表6-2。

表6-2 不同流变模式圆管和环空内压耗

流变模式	流变方程	圆管内压耗	环空内压耗
宾汉模式	$\tau = \tau_0 + \mu_p \frac{du}{dr}$	$\Delta p = \frac{32 L \mu_p v}{D^2} + \frac{16 L \tau_0}{3D}$	$\Delta p = \frac{48 L \mu_p v}{D_\delta^2} + \frac{6 L \tau_0}{D_\delta}$
幂律模式	$\tau = K\left(\frac{du}{dr}\right)^n$	$\Delta p = \frac{4KL}{D}\left(\frac{3n+1}{4n}\right)^n \left(\frac{8v}{D}\right)^n$	$\Delta p = \frac{4KL}{D_\delta}\left(\frac{2n+1}{3n} \cdot \frac{12v}{D_\delta}\right)^n$
卡森模式	$\tau^{\frac{1}{2}} = \tau_c^{\frac{1}{2}} + \eta_\infty^{\frac{1}{2}} r^{\frac{1}{2}}$	$\Delta p = \frac{4L}{D}\left[\left(\eta_\infty \frac{8v}{D} - \frac{4}{147}\tau_c\right)^{0.5} + \frac{8}{7}\tau_c^{0.5}\right]^2$	$\Delta p = \frac{4L}{D_\delta}\left[\left(\frac{12v \eta_\infty}{D_\delta} - \frac{3}{50}\tau_c\right)^{0.5} + \frac{6}{5}\tau_c^{0.5}\right]^2$
赫—巴模式	$\tau = \tau_0 + K r^n$	$\Delta p = \frac{4KL}{D}\left(\frac{1+3n}{4n} \cdot \frac{8v}{D}\right)^n + \frac{4L \tau_0}{D}\left(\frac{3n+1}{2n+1}\right)$	$\Delta p = \frac{4KL}{D_\delta}\left(\frac{1+2n}{3n} \cdot \frac{12v}{D_\delta}\right)^n + \frac{4L \tau_0}{D_\delta}\left(\frac{2n+1}{n+1}\right)$

2. 钻井液最优排量的确定

钻井液最优排量的确定即为井筒环空最优的上返速度，钻井液上返速度受钻井泵的功率、地层条件、井身结构、钻具组合、钻井液性能、钻速等条件影响。钻井液的上返速度过低，则不能有效携带岩屑，引起环空岩屑浓度过大，易形成卡钻和井漏等事故；如果钻井液的上返速度过高，则环空循环压耗过大，易发生井漏。

井底压力梯度和钻井液的上返速度关系如图6-9所示，当环空钻井液上返速度较低时，井筒压力梯度较大，主要是由于井筒环空钻井液岩屑浓度较大的原因。当环空上返速度增加，环空钻井液岩屑浓度降低，从而使井底压力梯度降低。当环空上返速度达到v_m时，岩屑浓度所引起的井底压力和环空压耗之和最小，此时井底压力最低，则v_m称为最优环空返速。在(v_{m1}, v_{m2})区间，井底压力梯度变化不大，但在(v_m, v_{m2})范围内钻柱内的循环压耗较大，钻头的水功率相对减少，因此环空上返速度在(v_{m1}, v_m)之间为合理返速。

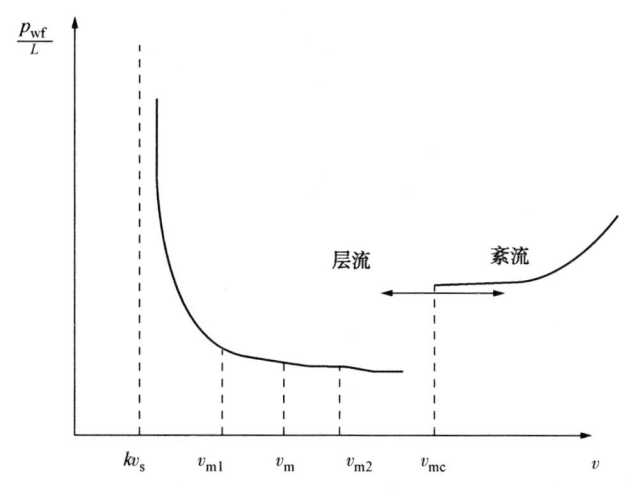

图 6-9 环空返速与井底压力梯度关系

当环空钻井液流动为层流，钻井液流变模式为幂律模式，则钻井过程中井底压力为：

$$p_{wf}=\rho g L+\frac{D_b^2 R(\rho_s-\rho)gL}{(D_1^2-D_2^2)(v_m-k v_s)}+\frac{B_0 L v_m^n}{(D_1-D_2)^{n+1}} \tag{6-80}$$

井底压力梯度方程对环空速度进行一阶求导，并令求得导数为零，求出的环空速度即为最优环空返速。井底压力梯度的一阶求导为：

$$\frac{d(p_{wf}/L)}{dv_m}=-\frac{D_b^2 R(\rho_s-\rho)g}{(D_1^2-D_2^2)(v_m-k v_s)^2}+\frac{n B_0}{(D_1-D_2)^{n+1}}v_m^{n-1}=0 \tag{6-81}$$

因此求得：

$$v_m^{n-1}(v_m-k v_s)^2=\frac{D_b^2 R(\rho_s-\rho)g}{(D_1^2-D_2^2)} \cdot \frac{(D_1-D_2)^{n+1}}{n B_0} \tag{6-82}$$

从而求出最优环空返速。

3. 应用实例

塔中 1#井为一口水平井，设计井深 7768m，垂深 6305m，水平段进尺 1346.81m，目的层为下奥陶统鹰山组，产层为碳酸盐岩孔洞型和裂缝孔洞型储层，易发生井漏和溢流复杂。塔中 1#井油气藏压力系数 1.16 左右，静压梯度 0.46~0.57MPa/100m，温度梯度 1.18~1.56℃/100m。该井采用了 PCDS-Ⅰ精细控压钻井装备与技术，获得较好的钻井效果。

（1）塔中 1#井岩性分析见表 6-3。

表 6-3 塔中 1#井岩性

岩 性	底界垂深，m	密度，g/cm³	机械钻速，m/h	当量孔隙压力，g/cm³	当量破裂压力，g/cm³
古近系底	1930	2.5	14.02	1.08	2.34
白垩系底	2455	2.7	15.45	1.09	2.33
三叠系底	3050	2.7	15.45	1.12	2.33
二叠系底	3720	2.7	7.24	1.14	2.35
标准灰岩段顶	4090	2.7	7.24	1.14	2.35

续表

岩　性	底界垂深，m	密度，g/cm³	机械钻速，m/h	当量孔隙压力，g/cm³	当量破裂压力，g/cm³
生屑灰岩段顶	4210	2.7	7.2	1.08	2.43
东河砂岩段底	4290	2.7	7.23	1.12	2.36
志留系底	4725	2.7	5	1.12	2.35
桑塔木组底	5810	2.7	3	1.14	2.38
鹰山组顶	6180	2.7	3	1.16	2.42
靶点A(鹰一段)	6255	2.7	3	1.16	2.43
靶点B(鹰一段)	6305	2.7	3	1.16	2.42

(2) 塔中1#井井身结构见表6-4、钻具组合见表6-5。

表6-4　塔中1#井井身结构

开次	顶部测深 m	底部斜深 m	套管外径 mm	套管内经 mm	套管粗糙度 μm	井径 mm	井眼粗糙度 μm
一开	0	1200	273.05	271.05	0.0033	406.04	0.0254
二开	0	6113	200.3	188.3	0.0033	241.3	0.0254
三开	5900	7768	127	105	0.0033	168.3	0.0254

表6-5　塔中1#井钻具组合

名称	长度，m	外径，mm	内径，mm	粗糙度，μm	接头外径，mm	接头内径，mm
螺杆钻具	6	127	66	0.0003	127	82.3
浮阀	0.5	127	66	0.0003	127	62
无磁钻铤	18	127	57.15	0.0003	127	57.15
斜坡钻杆	1650	110.6	82.3	0.0003	127	82.3
斜坡加重钻杆	410	101.6	71.4	0.0003	127	71.4
斜坡钻杆	5686	101.6	82.3	0.0003	127	82.3

(3) 塔中1#井喷嘴大小见表6-6。

表6-6　塔中1#井喷嘴大小

喷嘴数量	尺寸，mm
3	23.04

图6-10为模拟计算值，根据模拟结果可知，推荐钻井液排量范围应在11~15L/s。现场采用了12L/s的排量进行钻进，现场钻进过程中未出现卡钻、憋泵等复杂，控压钻井正常，效果明显。

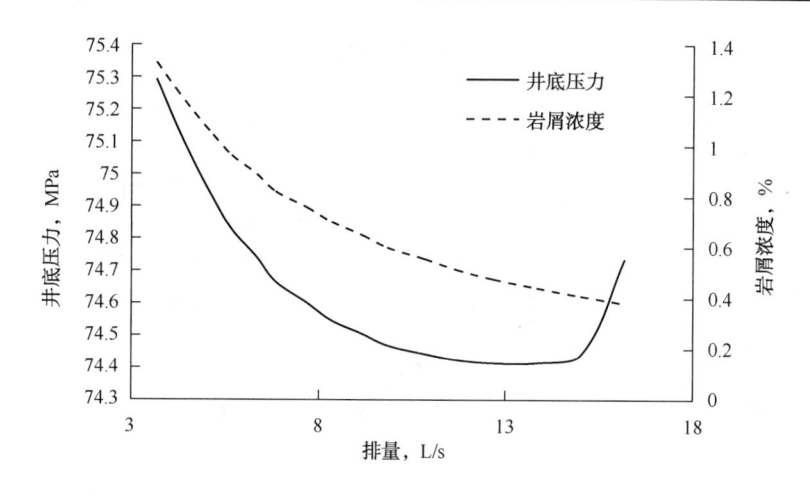

图 6-10　钻井液排量与井底压力和岩屑浓度关系

第三节　不同钻井方式对井底压力控制的分析

通过分析研究过平衡钻井、欠平衡钻井、近平衡钻井、精细控压钻井等不同钻井方式对井底压力的影响规律，进而制定井底压力控制的技术措施及方法。

一、过平衡钻井井底压力控制

1. 过平衡钻井井筒压力影响因素

过平衡钻井井底压力为液柱压力、环空压耗、井口回压、循环过程中产生的波动压力之和，即：

$$p_L = p_h + p_f + p_a + p_{af} \tag{6-83}$$

式中　p_L——井底压力，MPa；

　　　p_h——液柱压力，MPa；

　　　p_f——环空压耗，MPa；

　　　p_{af}——循环过程中产生的波动压力，MPa；

　　　p_a——井口回压，MPa。

1）钻井液附加密度

过平衡钻井钻井液密度的确定一般以裸眼井段最高的地层孔隙压力梯度为基准，再增加一个附加密度值。按井控规定，过平衡钻井附加值按以下方法确定：油水井 0.05~0.10g/cm³，或井底正压差 1.5~3.5MPa；气井 0.07~0.15g/cm³，或井底正压差 3.0~5.0MPa；近平衡钻井附加值按以下方法确定：油水井 0~0.05g/cm³，井底压差 0~1.5MPa；气井 0~0.07g/cm³，井底压差 0~3.0MPa。附加压力对井底压力的影响如图 6-11、图 6-12 所示。

2）钻井液循环压耗

岩屑对环空摩阻影响较大，通过实测数据对系数进行修正，把岩屑等固相含量对循环摩阻的影响增加到系数上，采用混合物密度，得到环空压耗计算公式。

当环空流动为紊流时，环空摩擦压力梯度为：

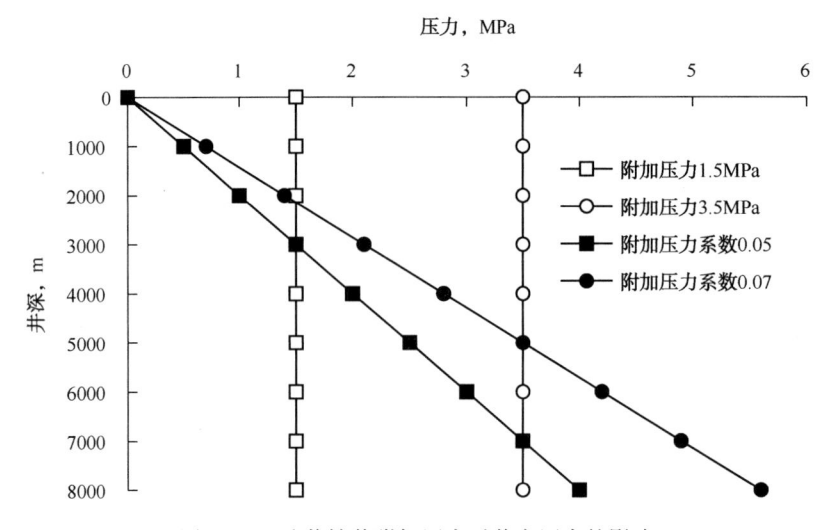

图 6-11 油井钻井附加压力对井底压力的影响

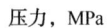

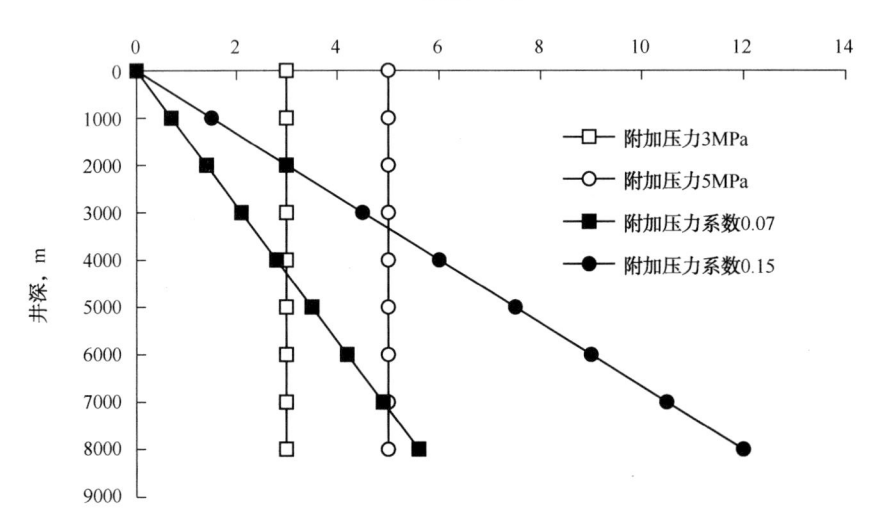

图 6-12 气井钻井附加压力对井底压力的影响

$$\frac{\partial p}{\partial z}=\frac{1.2336\rho_z^{0.8}\eta^{0.2}Q_z^{1.8}}{(D_h-D_p)^3(D_h+D_p)^{1.8}} \quad (6-84)$$

当环空流动为层流时,环空摩擦压力梯度为:

$$\frac{\partial p}{\partial z}=\frac{61.115\eta Q_z}{(D_h-D_p)^3(D_h+D_p)^{1.8}}+\frac{0.006YP}{(D_h-D_p)} \quad (6-85)$$

式中 η——钻井液塑性黏度,mPa·s;

D_h——钻头直径,mm;

D_p——钻杆或钻铤外径,mm;

YP——屈服值,Pa;

ρ_z——钻井液密度,kg/cm³;

Q_z——钻井液排量，L/s。

试验井测试参数见表 6-7，由图 6-13 可知，在井深 4962m 时，当排量达到 20L/s 时，井筒循环压耗为 4.3MPa，因此在 4962m 井深处，开泵、停泵造成的井底压力波动较大。

表 6-7 试验井测试参数

参　　数	数　　值	参　　数	数　　值
测深，m	4962	钻杆外径，mm	139.7
垂深，m	3997	钻井液密度，g/cm³	0.94
钻头尺寸，mm	215.9	钻井液黏度，mPa·s	22
套管下深，m	3800	静切力，Pa	5

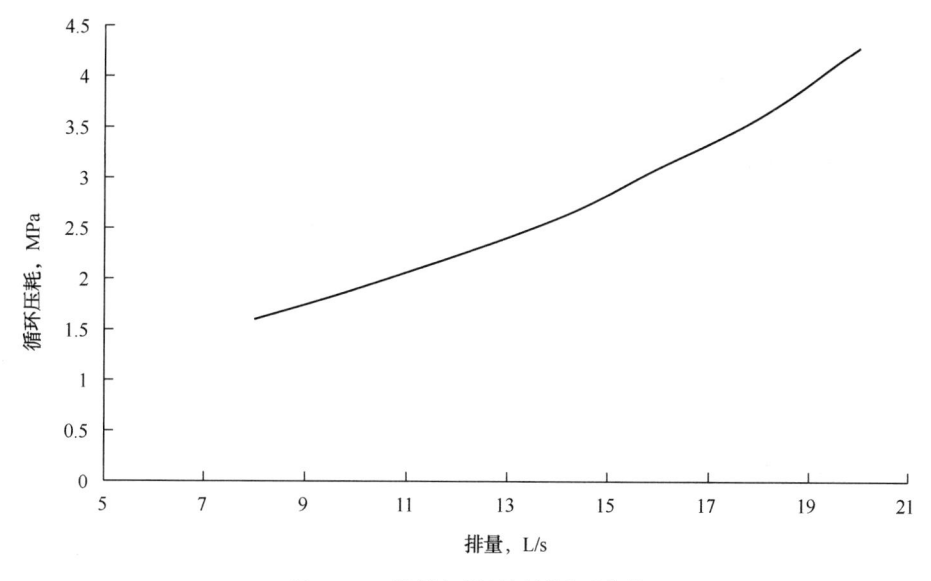

图 6-13 排量与循环压耗关系曲线

3）起下钻

在起下钻过程中钻头上提和下放对井底产生抽汲和激动压力，波动压力的大小与起下钻速度、井身结构、钻具组合及钻井液的性能有关。

如图 6-14 所示，实例井 φ215.9mm 钻头起钻至 φ250.8mm 套管鞋内，在井深 6547m 处上提、下放钻具时 PWD 记录的井下压力变化情况。由图 6-14 可知，当钻头速度为 0.33m/s 时，井底压力波动达到 2.7MPa。

4）环空岩屑重力对井底压力影响

井底岩石破碎后，随钻井液在环空中上返至地面。岩屑在井筒中运移过程会增加井底的压力，表现为：（1）加速岩屑颗粒的压降；（2）岩屑颗粒增加的摩阻；（3）岩屑的重力作用增加了环空的静液柱压力。

$$\mathrm{d}Q_s = \frac{\pi}{4} D_h^2 R \mathrm{d}t \tag{6-86}$$

$$\rho_z = \rho_m \xi + \rho_s (1-\xi) \tag{6-87}$$

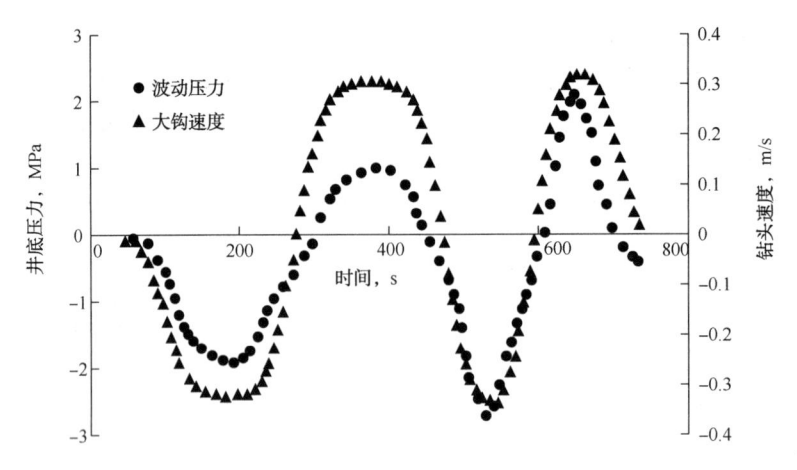

图 6-14 井底压力变化图

$$\xi = \frac{Q_m}{Q_z} \tag{6-88}$$

式中 ξ——钻井液体积分数；
R——机械钻速，m/s；
Q_s——岩屑体积量，L/s；
Q_m——钻井液入口排量，L/s；
Q_z——环空钻井液返出口排量，L/s；
ρ_z——环空钻井液混合后的密度，g/cm³；
ρ_s——岩屑密度，g/cm³；
ρ_m——环空钻井液密度，g/cm³；
D_h——钻头直径，mm。

假设钻头直径197mm，钻井液密度为1.2g/cm³，钻井液排量为20L/s，则井底压力的增量如图 6-15 所示。

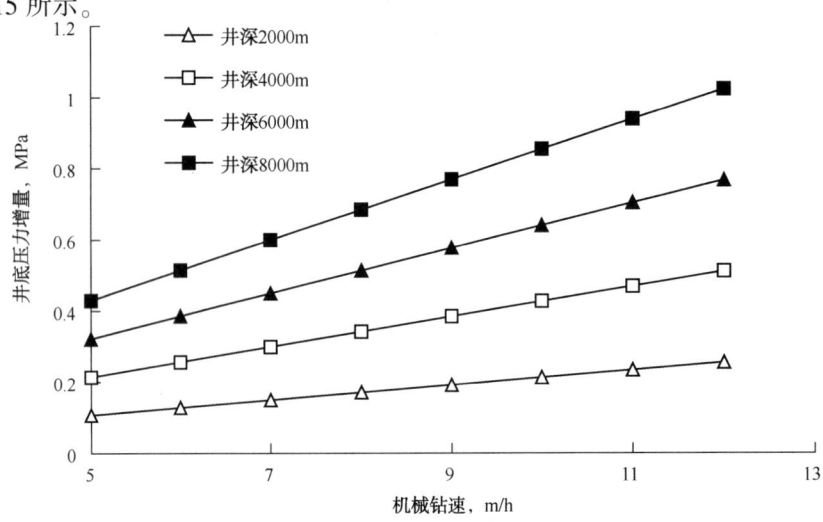

图 6-15 机械钻速与井底压力增量之间的关系

由图6-15可以看出，机械钻速增加，环空中岩屑的体积分数增加，环空钻井液的混合密度增加，使得井底压力增加。井越深，岩屑的重力对井底压力的影响越大。

5) 异常工况

钻井过程中井底异常工况主要包括溢流、井漏、卡钻、井壁坍塌，对井底压力影响较大的为溢流和井漏。溢流会造成井底压力的下降，当进入井筒中的流体为气体时，由于气体的膨胀作用，会加剧井底压力的下降，甚至进而更容易发生井筒压力的失控，造成井漏甚至井喷。按照漏失的机理分类，将井漏分为压裂性漏失、裂缝扩展性漏失、大型裂缝及溶洞性漏失。大型裂缝及溶洞性漏失常伴有气侵，易形成井漏失返，井底压力波动较大。

2. 过平衡钻井附加压力确定

通过对钻井附加密度、环空岩屑重力及循环摩阻对井底压力的分析可知，平衡钻井及过平衡钻井在正常钻井期间井底压力大大超过地层压力，井越深，井底压力与地层压力的过平衡度越大，甚至超过10MPa。过大的过平衡度不仅降低了机械钻速、污染地层还容易压漏地层，造成更加复杂的井下事故。因此，钻井设计中，过平衡钻井附加压力的设计具有一定的局限性，过平衡钻井钻井液附加密度主要适用于：(1) 探井、高含硫地层钻井；(2) 安全密度窗口较宽的地层，地层承压能力高，不易发生井漏。

对于开发井、窄密度窗口地层，应综合考虑储层保护、提高钻速等因素，针对每口井的地质特征、储层物性、井身结构、钻井液性能等，合理制定正确的钻井液附加密度及合理的钻井工艺措施。

假设地层压力当量密度为ρ_p、钻井液密度为ρ_m、地层漏失压力当量密度为ρ_L、循环摩阻当量密度为S_a、抽汲压力当量密度为S_b、激动压力当量密度为S_g。

保证安全钻进则需要满足以下条件：

(1) 钻进不漏：

$$\rho_m + S_a \leq \rho_L \quad (6-89)$$

(2) 下钻不漏：

$$\rho_m + S_g \leq \rho_L \quad (6-90)$$

(3) 停泵不漏：

$$\rho_p \leq \rho_L \quad (6-91)$$

(4) 起钻不涌：

$$S_b + \rho_p \leq \rho_m \quad (6-92)$$

根据式(6-89)~式(6-92)可得：

$$S_b + S_a \leq \rho_L - \rho_p \quad (6-93)$$
$$S_b + S_g \leq \rho_L - \rho_p \quad (6-94)$$

由式(6-92)可知，起钻不涌要求钻井液密度必须大于地层压力当量密度和抽汲压力当量密度之和；由式(6-93)可知，抽汲压力当量密度与循环摩阻当量密度之和小于漏失压力与地层压力之差(安全密度窗口)；由式(6-94)可知，抽汲压力当量密度与激动压力当量密度之和要小于漏失压力与地层压力之差(安全密度窗口)。

对于窄密度窗口地层进行过平衡钻井时，要实现安全钻进的目的，需要考虑以下技术措施和方法进行钻井作业：

(1) 确定安全密度窗口。确定窄安全密度窗口的方法主要有：①在工程设计过程预测窄密度窗口，主要根据地震资料和工程测井资料预测、邻井钻井资料预测等；②在钻井过程中实时监测窄安全密度窗口，主要采用井下测量工具进行实测或井口加压实测地层压力等方法。

（2）扩大安全密度窗口。密度窗口为漏失压力或是破裂压力与地层孔隙压力或是地层坍塌压力的差值，因此扩大安全密度窗口的方法主要有：①降低坍塌压力，如使用高性能钻井液抑制水化剂，减少水化作用，从而达到使坍塌压力降低；②通过化学或机械工具的手段，将地层的承压能力提高，如使用凝胶堵漏、使用膨胀管、波纹管等，可显著提高地层承压能力。

（3）环空压力和当量循环密度 ECD 控制。窄密度窗口地层进行过平衡钻井时，保证式（6-93）和式（6-94）成立，需要降低循环摩阻和起下钻的抽汲压力和激动压力，因此控制环空压力的方法主要有：①通过优化钻井液性能和调整井身结构达到降低井筒循环压降的目的。②控制起下钻速度从而降低抽汲压力和激动压力；对于窄密度窗口地层，应减小抽汲和激动压力，从而在满足安全钻井的情况下减小当量钻井液密度，即减小波动压力来实现降低当量钻井液密度附加值。③应用连续循环钻井系统，从而有效地控制井筒压力。④最佳方法是采用精细控压钻井技术与装备，可以达到精确控制环空压力的目的。

当地层安全密度窗口已确定，钻井液的附加密度值的确定要根据井身结构、钻井液的性能和起下钻速度等来确定井筒内循环摩阻和波动压力的大小，若抽汲压力当量密度与循环摩阻当量密度或抽汲压力当量密度与激动压力当量密度大于安全密度窗口，则需要重新调节钻井液性能或起下钻速度，从而达到安全钻进的目的。

二、欠平衡钻井井底压力控制

1. 欠平衡钻井井筒压力影响因素

欠平衡钻井井底压力主要受钻井液密度、钻井液排量、钻速、井口设备承压能力等因素影响。

1）钻井液密度

欠平衡钻井按照流动介质分为气相欠平衡钻井（空气钻井、氮气钻井、天然气钻井、柴油机尾气钻井）、气液两相欠平衡钻井（雾化钻井、泡沫钻井、充气钻井）和液相欠平衡钻井等。

（1）气体钻井井底压力计算：

$$p_{bhi} = \left[(p_{ati}^2 + b_{ai}T_{avi}^2) e^{\frac{2a_{ai}H_i}{T_{avi}^2}} - b_{ai}T_{avi}^2 \right]^{0.5} \quad (6-95)$$

式中　p_{bhi}——第 i 段底部压力，lb/ft²；

　　　p_{ati}——第 i 段顶部压力，lb/ft²；

　　　T_{avi}——第 i 段平均温度，°R；

　　　H_i——第 i 段井深，ft。

（2）气液两相欠平衡钻井井底压力：注气量与井底压力并不是线性的关系。当增加井筒注气量时，井筒内混合密度降低，井底压力下降。在注气量较小时，增加注气量时，井底压力下降较快；随着增加注气量，井底压力下降速度变慢。当在注气量为 1m³/s 时，井底压力达到极小值。随着注气量增加，井底压力有小幅度的升高。

(3）液相欠平衡钻井井底压力计算方法与过平衡钻井井底压力计算方法相似，不同的是根据井底压力变化调节井口回压，即井底压力为：

$$p_p = p_a + p_h + p_f \tag{6-96}$$

2) 钻井液排量

钻井液排量能够增加井筒环空循环摩阻的大小，气体钻井、气液两相欠平衡钻井及液相欠平衡钻井井底压力随排量的增加而增加。

3) 钻速

钻速对井底压力的影响主要表现为环空岩屑浓度对井底压力的影响。气体钻井时环空为气固两相流动，气液两相欠平衡钻井和液相欠平衡钻井环空为气液固三相流动。因为欠平衡钻井钻速较快，环空岩屑浓度大，因此在进行欠平衡钻井设计时，应充分考虑岩屑浓度对井底压力的影响。在进行液相欠平衡钻井时，过快的钻速使环空岩屑浓度增大，从而造成井底压力为过平衡状态，因而无法达到欠平衡钻井的目的。

4) 井口设备承压能力

井口回压对井底压力的影响，不仅体现在井口回压值，也体现在井口回压对气体钻井和气液两相欠平衡钻井环空气柱、液柱压力的影响。井口回压能够有效地抑制气体的膨胀，增加环空混合流体密度，从而增加井底压力。

2. 欠平衡钻井欠压值的确定

1) 欠平衡储层伤害机理

（1）速敏效应。欠平衡钻井过程中，较大的欠压值下，地层中的流体向井筒中流动速度过快，较大的流速携带岩石颗粒在储层孔隙中运动，当流体携带岩石颗粒流经较细的喉道时，岩石颗粒流动遇阻，后续携带的岩石颗粒逐渐堆积，逐渐减小储层渗透率，从而引起储层伤害。

（2）应力敏感效应。欠平衡钻井过程中，较大的欠压差下，地层流体流入井筒中，填充在地层孔隙中的流体本来和岩石骨架一同承担上覆岩层压力，当流体大量缺失后，只有岩石骨架承担上覆岩层压力，岩石骨架被压缩，原有的孔隙度减小，导致岩层的渗透率减小，引起储层伤害。

（3）结垢。欠平衡钻井过程中，地层流体流向井筒，井筒周围地层压力会低于原始地层压力。压力下降会破坏地层流体的溶解平衡，使得溶解物质饱和系数，形成无机垢和有机垢。

（4）储层非均质性。在欠压值下，地层流体在储层内部从井筒远端流入井筒的过程中，由于流经储层的非均质性，会有两种储层伤害：一种是流动的地层流体与流经的岩石发生不配伍；另一种是流动的地层流体与流经地层流体不配伍。

（5）地层流体脱气。欠平衡钻井过程，由于地层孔隙压力的降低，导致流体溶解的气体不断脱离，从而造成地层孔隙内流体流动由单相液体流动变为多相流动，造成相对渗透率的降低。

欠压值或欠平衡度对储层的伤害大小可以通过不同压差下储层岩石渗透率恢复值来进行评估。

2) 压差对井筒渗透率影响

渗透率恢复值可以用来表征储层岩石在经过钻井液、完井液、酸化压裂、各种修井液的影响过程后对储层岩石渗透率影响的程度。储层的渗透率恢复值是指受污染变化后的岩心渗透率与原始渗透率之比，可以通过室内实验研究井底压差与储层渗透率恢复值关系，从而反映该储层压差对储层的伤害程度。

正压差对储层岩石的渗透率影响较大，渗透率恢复值随正压差的增大而降低。在较小的负压差范围内，砂岩的渗透率恢复值基本不变，当负压值达到一定值时，随着负压值增加，储层岩石的渗透率恢复值降低。因此，较大的正压差(过平衡)和较大的欠压差(欠平衡)都会使储层岩石渗透率恢复值降低。在欠平衡钻井中保持合适的欠压值、近平衡和过平衡钻井中保持合适的过压值有利于储层保护。

3) 欠平衡钻井保护储层的机理分析

欠平衡钻井能够消除由于正压差引起的液相和固相侵入储层造成的伤害，减少井漏的同时保护了油气层，对勘探及时发现油气层和开发提高产量具有重要的作用。

(1) 欠平衡钻井消除了井底正压差带来的伤害。井底正压差是造成钻井液侵入地层的主要原因。钻井液的漏失量随着井底正压差的增加而增加。对于低渗油藏，井底正压差使钻井液侵入孔隙或微裂缝中，钻井液中的固相颗粒、杂质等直接堵塞裂缝通道，降低储层渗流力。

对于裂缝溶洞性储层，井底正压差使钻井液漏失到裂缝或溶洞中，形成漏失甚至失返，漏失量随正压差的增大而增大，钻井液的漏失造成裂缝和溶洞储层伤害，对钻井和开发都有较大的影响。

(2) 减少或消除液相侵入的伤害。钻井液中液相侵入地层后与地层岩石和流体的不配伍会引发水敏、盐敏、碱敏、水相圈闭等，从而造成储层的伤害。

液相侵入引起的水敏伤害主要是指液相沿裂缝向基块渗流和渗吸的过程中，在孔隙性基块的压差冲洗带有各种颗粒堵塞、胶质及吸附物堵塞等伤害。这种伤害更易发生在低渗透储层孔喉结构储层中。

对于泥页岩地层，由于正压差使液相侵入，一定时间后液相侵入一定的深度。液相侵入的范围内，侵入的液相使泥页岩吸水发生膨胀，产生水化应力。水化应力作用于储层上，使近井壁带的裂缝趋于闭合，造成储层的伤害。

(3) 减少或消除固相侵入的伤害。过平衡钻井中，钻井液内含有一定量固相粒子，在井底正压差的作用下固相粒子侵入储层形成堵塞，从而造成渗透率的降低。致密性砂岩固相颗粒的堵塞主要包括砂岩基块孔隙堵塞和沿裂缝面侵入堵塞。致密性砂岩孔喉结构较小，在正压差的作用下侵入到基块中的固相颗粒较少，侵入深度相对较浅，而宏观裂缝不发育的气层，固相颗粒的侵入会堵塞孔喉，造成气层的渗透率大幅降低。

对于低渗透储层的伤害主要来源正压差和液相，低渗透储层伤害程度随正压差和液相作用的大小和时间而加剧。

在进行液相欠平衡钻井中，储的自然渗吸会造成一定的水敏和水相圈闭伤害，但可以消除正压差引起的伤害。而进行气体欠平衡钻井时，则消除了由于液相造成的储层伤害。

4) 合理欠平衡钻井欠压值的选择

欠平衡钻井能够及时发现油气层、保护储层、提高钻速等，正压差是引起储层伤害最重要的因素，而过大的欠压值又会降低储层的渗透率恢复值，因此需要制定合理的欠平衡钻井欠压值。合理的欠压值应考虑以下几个方面的因素：

(1) 欠平衡压差大于零,小于孔隙压力与地层坍塌压力之差。

(2) 欠平衡压差设计要考虑地面处理系统的处理能力。

(3) 欠平衡压差设计要考虑旋转防喷器的额定动压,对气井进行液相欠平衡钻井尤其要注意。

(4) 液相欠平衡钻井压差要设计的小一些,一般取 0.7~1.4MPa。

(5) 气体和雾化钻井欠平衡压差不作特别设计。

(6) 泡沫和充气钻井欠平衡压差可设计得大一些,但要兼顾井壁稳定和地面设备处理系统的处理能力。充气钻井欠平衡压差一般在 1.7~3.5MPa 范围内。

(7) 对于水平井,欠平衡压差设计应确保整个水平段处于欠平衡状态。

3. 恒进气量欠平衡钻井压力控制方法

过大的欠压值或负压差会降低储层的渗透率恢复值,因此在进行欠平衡控压钻井时同样应选择合理的负压差值。随着储层段长度加深,尤其是长水平段钻进过程中,揭开的储层段长度不断增大,若井筒保持恒定的欠压值,则进入井筒内的气体越来越多,井筒一直处于一种不稳定的流动状态,当井底进入的气体超出井口设备承压能力或液气分离器的分离能力时,就会引起钻井复杂或事故。

对于易发生气侵地层,可以采取欠平衡控压钻井方式,在恒定的进气量下,保持稳定的欠平衡控压钻井状态,在保证安全钻进的同时,又提高了钻速,保护油气层。

1) 压力控制方法

随着钻开储层深度的增加,井筒出气量随着揭开储层段长度的增加而增加,为保证井筒处于稳定的欠平衡状态,需要不断改变欠压值来保证井筒进气量的恒定。

在保证欠平衡精细控压钻井恒定的进气量情况下,井底压力为:

$$p_{wf} = \sqrt{p_e^2 - \frac{Q_{sc}T\mu z\left(\ln\frac{r_e}{r_w}+S\right)}{774.6K h_i}} \tag{6-97}$$

$$p_{wf} = p_a + p_h + p_f \tag{6-98}$$

式中 p_e——地层压力,MPa;

Q_{sc}——井底进气量,m³/d;

K——地层渗透率;$10^{-3}\mu m^2$;

h_i——打开储层厚度,m;

T——地层温度,K;

μ——天然气黏度,mPa·s;

r_e——油气井控制外缘半径,m;

r_w——井筒半径,m;

S——表皮子数,无量纲;

z——气体偏差系数,无量纲。

由式(6-97)、式(6-98)可知,当钻开储层深度增加,为保证井底进气量不变应增加井口压力。由于井口回压增加使得井筒中的含气率发生变化,因此增加回压 Δp_a,则井底压力增加量为 $\Delta p_a + \Delta p_h$,即:

$$\Delta p_{wf} = \Delta p_a + \Delta p_h \quad (6-99)$$

式中 Δp_a——施加的井口回压，MPa；

Δp_h——施加井口回压增加的静液柱压力，MPa。

2) 模拟分析

假设井深 3000m，井筒内径为 216mm，钻杆外径为 127mm，钻井液密度为 $1.20g/cm^3$，钻井液的排量为 30L/s，钻井时气体已运移到井筒。根据井口回压对井筒含气率的影响，得到井口回压与井底压力增加值之间的关系，如图 6-16 所示。

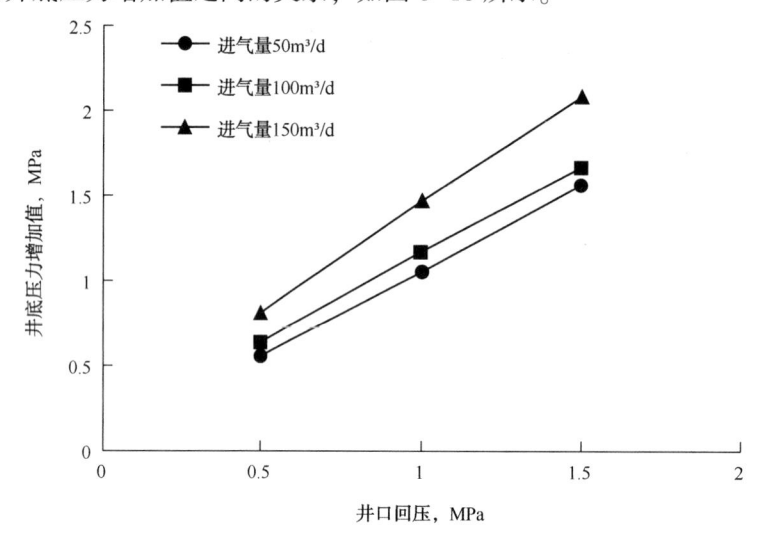

图 6-16 井口压力与井底压力增加值关系图

由图 6-16 可知，井筒进气量越大，井筒内含气率越高。当井口施压回压后，井筒内的气体更容易压缩，井筒静液柱增加越多，因此井底压力增加值越大。

井深为 3000m，储层压力 35MPa，渗透率为 20mD，钻井液密度 $1.20g/cm^3$，钻井液排量为 30L/s，井口温度 25℃，井底温度 100℃，气体黏度为 $0.3mPa·s$，打开储层前井底流压为 34MPa。随着打开储层厚度的增大，保持进气量不变，则井底压力的变化如图 6-17 所示。

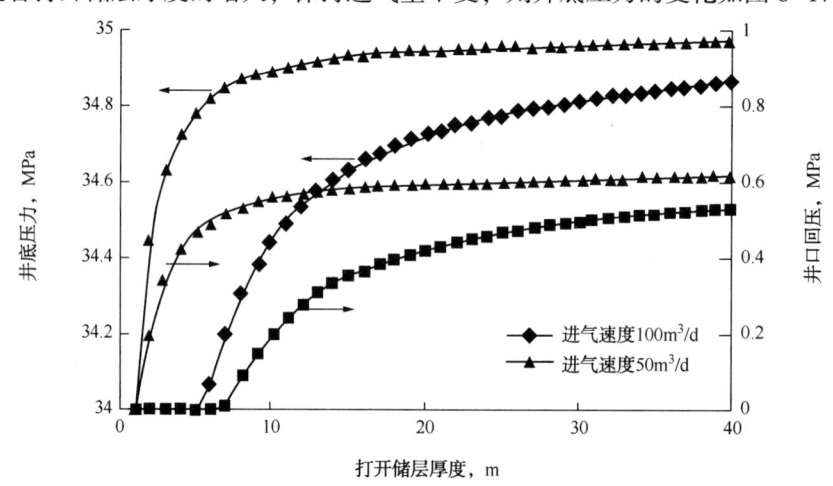

图 6-17 在恒进气量下打开储层厚度与井口回压、井底压力的关系曲线

由图 6-17 可以看出，若井筒允许的恒进气量为 100m³/d，在打开储层厚度 6m 时，开始增加井口压力，在打开储层厚度 20m 后，井口压力稳定在 0.55MPa；若井筒允许的恒进气量为 50m³/d，在打开储层厚度 2m 时，开始增加井口压力，在打开储层厚度 8m 后，井口压力稳定在 0.6MPa。井筒允许的恒进气量越小，井口回压和井底流压越大；井筒允许进气速度越大，井口开始加回压时打开储层厚度越大，井口回压和井底流压稳定时的打开储层厚度越大。

在进行欠平衡精细控压钻井过程中，井筒维持恒定的出气状态，在出气过程中由于井口出口处的流量波动很大，因此，在进行欠平衡精细控压钻井中，需要根据钻井液池的变化量来判断井筒是否处于稳定的欠平衡钻井状态，应用高精度的质量流量计测量真实的返出流量变化。

3) 应用实例

塔中 2# 井设计完钻井深 5355m，设计造斜点在 3890m，井眼采用直—增—稳—平结构，设计水平段长 998m，最大井斜角 87.99°。三开采用 Φ168.3mm 钻头钻进，在 4248～5355m 井段处使用精细控压钻井技术钻进。钻井液密度 1.16g/cm³，排量为 10L/s，泵压 20MPa，当钻达井深 4262.69m 位置时发现气侵，此时井口压力为 0.5MPa。

根据塔中 2# 井井身结构、钻进参数、溢流特征，应用恒进气量欠平衡精细控压钻井压力控制方法，计算了井口回压与井底压力增加值的对于关系，如图 6-18 所示，以及不同井段所需的井口回压并与现场检测值进行对比，如图 6-19 所示。

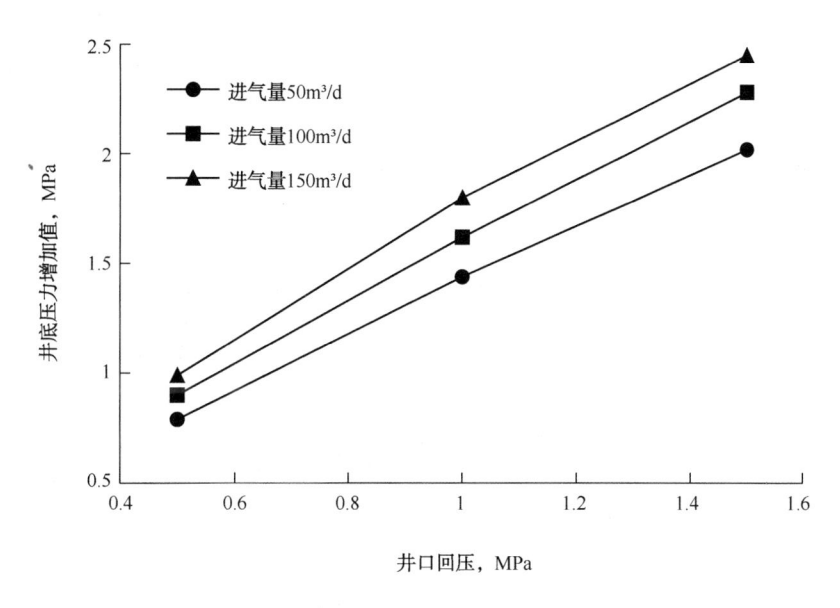

图 6-18 塔中 2# 井井口压力与井底压力增加值关系图

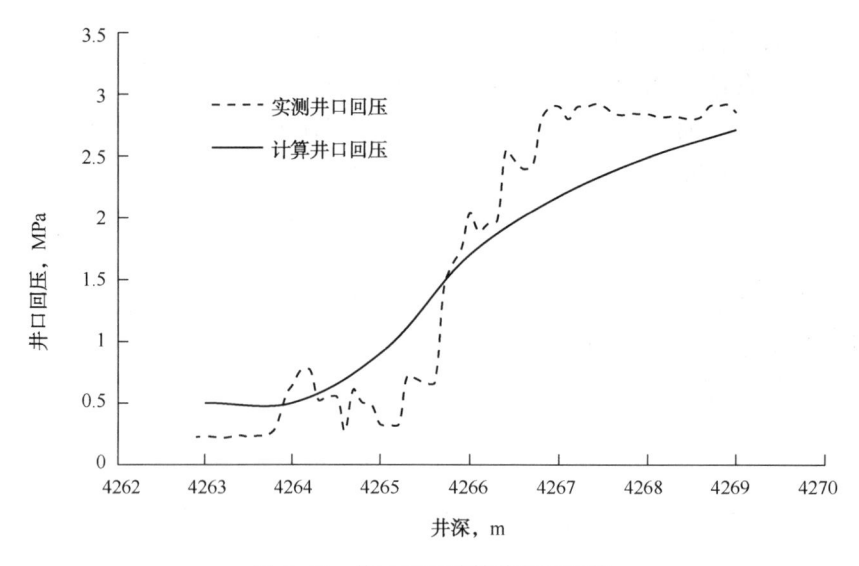

图 6-19 井口回压计算值与实测值

当钻达井深 4262.69m 位置时发现气侵,此时井口压力为 0.5MPa,为保证井筒进气在控制范围,随着揭开储层深度的增加,逐渐增加井口回压。图 6-20 为欠平衡精细控压钻井钻进期间出口和入口流量变化。地层气体返出井口,流经出口流量计时会造成流量的很大波动,同时也是判断发生气侵的方式。由图 6-20 可知,当钻达井深 4267.23m 位置处时,井口回压稳定在 3MPa。在整个欠平衡精细控压钻进过程中,火焰高度 5m,钻井液池液面保持不变。计算值与现场检测值相吻合,验证了欠平衡精细控压钻井压力控制方法正确(图 6-19)。

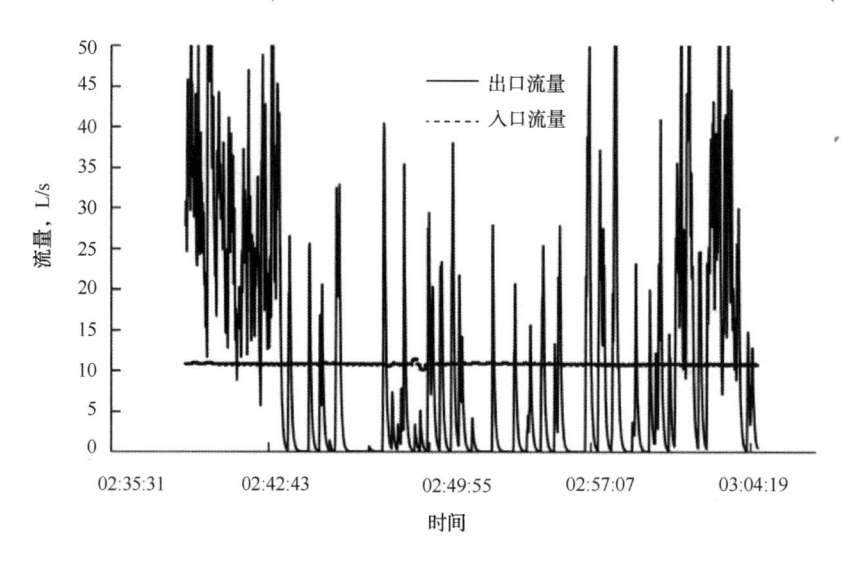

图 6-20 欠平衡精细控压钻井钻进期间出入口流量

三、近平衡钻井井底压力控制

1. 近平衡钻井井底压力影响因素

近平衡钻井技术是指在油气井钻井过程中,井筒液柱压力接近地层孔隙压力(理论上应始终高于地层孔隙压力），正常钻进情况下，井底压差范围从 0 至过平衡规定的正压差的下限，并能有效实施安全钻井的钻井技术。近平衡钻井技术是由过平衡钻井发展而来，通过降低钻井液附加密度，同时优化井身结构、钻井液体系、起下钻速度、提升井口设备承压能力等，达到对井底压力的控制。由于钻井工艺的限制，近平衡钻井井底压力仍然受多种因素的影响，使得井底正压差过大，且井底压力波动大，无法实现真正意义上的近平衡钻井。

现有的近平衡钻井压力控制方法无法消除钻井液附加密度、循环压耗、起下钻、环空岩屑重力、异常工况等对井底压力的影响，这些因素的共同影响使得近平衡钻井井底正压差过大，可能远远超过近平衡钻井概念所规定的压力范围，且井底压力波动较大。与过平衡钻井相比，近平衡钻井虽降低了钻井液附加密度，一定程度上提高钻速和保护储层，但还是没有实现真正意义的近平衡钻井。

2. 近平衡钻井井筒压力控制

近平衡钻井可以利用循环摩阻、重钻井液帽技术来实现钻井过程和起下钻过程的近平衡钻井。按照钻井工艺，可以将近平衡钻井井筒压力控制分为动平衡压力控制过程和静平衡压力控制过程。

1）动平衡压力控制

充分考虑钻进过程中，岩屑浓度、钻井液循环摩阻对井底压力的影响因素后，钻井液密度设计方法为：

$$\rho_\mathrm{m}=\frac{p_\mathrm{p}-p_\mathrm{f}-p'}{gH} \qquad (6-100)$$

因此，钻进过程中，钻井液密度设计值要比地层孔隙压力当量密度略低。钻井液静液柱压力、钻井液循环摩阻和岩屑产生压力等于或略大于地层压力，可以通过改变钻井液排量来控制井底压力。

在接单根过程中，井底压力会低于地层压力，接单根完成后会有一定的后效气，因此要尽可能减小接单根过程时间。

2）静平衡压力控制

在起下钻和测井过程中，钻井液长时间静止，井底压力长时间低于地层压力，引起井筒压力的失控。因此可以采用重钻井液帽技术，使在停止循环的过程中，依靠重钻井液帽静液柱压力和下部钻井液液柱压力来平衡地层压力。

可以采用反循环法打入重钻井液，在环空中打入重钻井液后，再泵入一定量的原钻井液，之后再向钻杆内泵入重钻井液来压水眼，从而把压入井口环空中的原钻井液压出井筒，保证井口钻杆内和环空内都为重钻井液。

3. 近平衡钻井井筒压力控制实例

塔中 3# 井实钻井深为 8408m，钻遇地层为奥陶系鹰山组，地层存在裂缝、溶洞，地层压力敏感。在钻进 6237~6280m 时，出现漏失层，漏层压力为 69.1MPa，当量密度为 1.12g/cm³，根据钻井液性能可以计算得出环空压耗为 1.21MPa。在该地层中进行过 9 次堵漏施工，因此确定进行微漏或近平衡钻进，使井底压力保持与地层压力平衡，减少漏失量，提高机械钻速（图 6-21）。

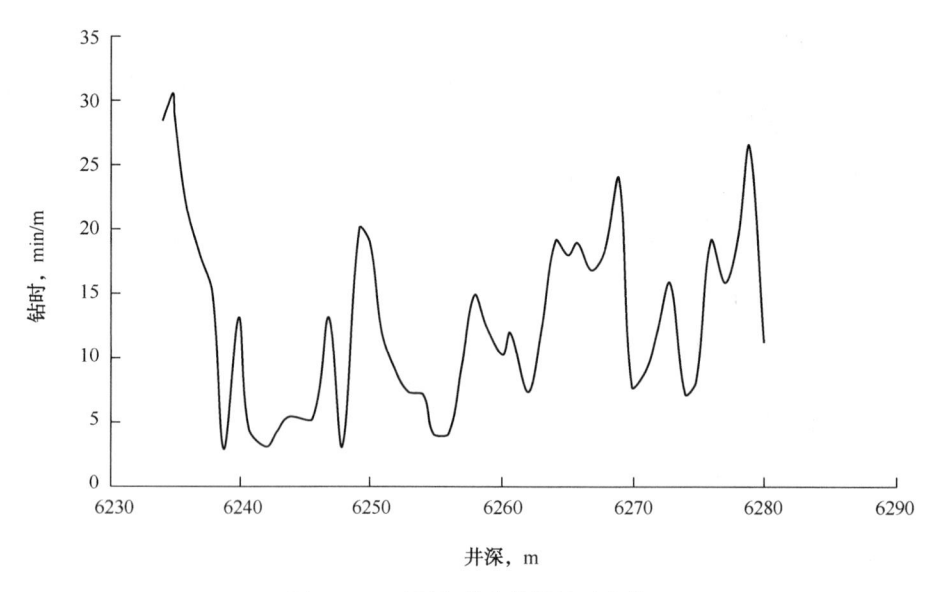

图 6-21 近平衡钻井井段钻时变化

(1) 在该井段中，起下钻期间和测井过程时采用静压力平衡方法。当采用密度为 1.10g/cm³ 的钻井液钻进时，停泵前为平衡地层压力先泵入密度为 1.35g/cm³ 的重钻井液 25m³。使用反循环法向环空替入 16m³ 重钻井液，后向环空泵入密度为 1.10g/cm³ 的原钻井液 9m³。再向钻杆内泵入密度为 1.35g/cm³ 的重钻井液 9m³，从而使井口环空中的密度为 1.10g/cm³ 的原钻井液替回循环罐内，使得井筒内形成 530m 的重钻井液帽，原钻井液和加重钻井液的液柱压力之和达到地层压力。

(2) 在正常钻进时，采用动压力平衡方法。考虑钻进时岩屑的侵入使环空中钻井液密度大于钻杆内钻井液密度，钻井液密度确定为 1.10g/cm³，钻进时排量为 20L/s，井底当量密度为 1.12g/cm³，从而达到井底和地层压力的平衡。在接单根时发生外溢，外溢量为 2~3m³/h，采用减少接单根时间，先开泵后上提下放的办法，安全顺利钻到 6800m 井深。

四、精细控压钻井井底压力控制

1. 精细控压钻井井底压力影响因素

精细控压钻井技术能够精确控制环空压力剖面，减少钻进过程中，尤其是起下钻、接单根过程造成的压力波动，实时控制井口回压，从而有效地控制溢流和漏失的发生。精细控压钻井井底压力控制主要受地面设备压力控制精度、井底环空压力测量装置、测量数据上传响应速度、钻井液性能、开停泵、起下钻等因素影响。

精细控压钻井井口压力是由节流阀施加的，节流阀的开度与精细控压钻井井口回压成反比关系，井底压力的控制精度受节流阀实时控制精度的影响。在正常钻井期间，井筒环空内为单一连续液相，井底压力控制精度较高；当井筒为气液两相或多相流动时，井底压力控制精度比单一液体流动时精度差。

井底测量装置主要为环空压力随钻测量装置 PWD(Pressure While Drilling)，对于井底压力的控制精度影响主要表现为测量数据上传响应速度和传输频率。在钻井过程中，井底压力随 LWD 仪器信号排序上传到井口，解码得到真实井底压力。因此 PWD 数据间隔也就决定了井口回压调节的频率,从而决定了井底压力的控制精度。

图 6-22 为起下钻期间井底压力变化,划眼、开泵以及停泵测斜过程未进行精细控压,井底压力变化幅值较大;在控压接单根过程进行了精细控压,井底压力变化较小,说明精细控压钻井能够实现井底压力的稳定。

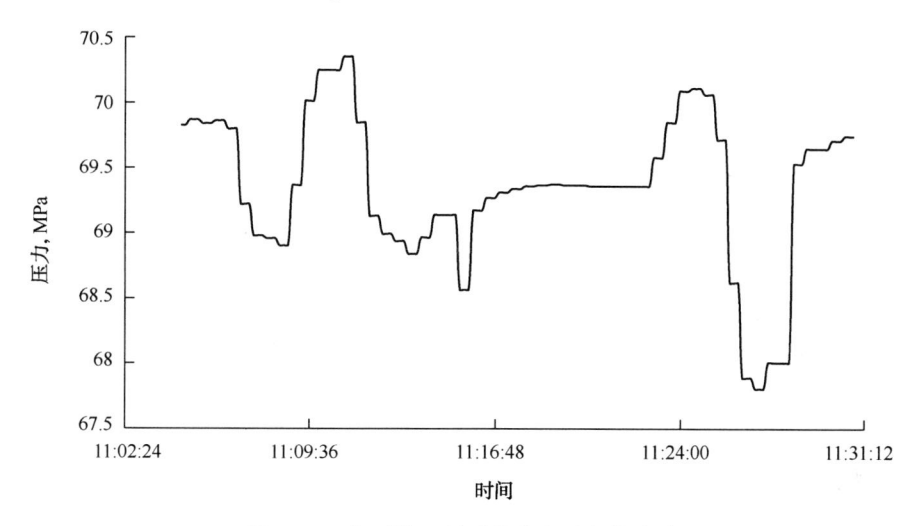

图 6-22 起下钻工况过程井底压力的波动

2. 精细控压钻井压力控制方法

精细控压钻井技术能够精确控制井筒环空压力剖面,按照工艺可以分为:正常钻进期间、起下钻和接单根期间、异常工况期间等。

正常钻进期间井底压力保持恒定,根据井底 PWD 测量数据实时修正井口回压,从而达到井底恒定压力;或根据出口与入口流量变化,调整井口回压,进行微流量控制。正常钻进期间井底压力为:

$$p_{wf} = p_h + p_f + p_a \tag{6-101}$$

起下钻和接单根期间钻井泵停止循环,井筒循环摩阻消失,井口无返出流量,故无法施加井口回压。井口回压通过回压补偿装置进行施加,回压泵在向环空补浆的同时,补偿因井筒无钻井液流动减少的循环摩阻和井口回压。起下钻和接单根期间井底压力为:

$$p_{wf} = p_h + p_{ad} \tag{6-102}$$

异常工况期间井底压力发生变化,通过改变井口压力的大小能够很好地控制井底异常工况,如通过增加井口回压控制溢流,减少井口回压控制漏失速度等。异常工况期间井底压力为:

$$p_{wf} = p_h + p_f + p'_a \tag{6-103}$$

式中 p_{ad}——起下钻和接单根期间井口回压值,MPa;

p'_a——异常工况期间井口回压值,MPa。

1)正常钻进期间

通过实时测量井底压力来改变井口回压,从而达到井底恒定压力的目的,或通过监测出入口流量变化,实现微流量控制。井口及井底压力如图 6-23 所示。

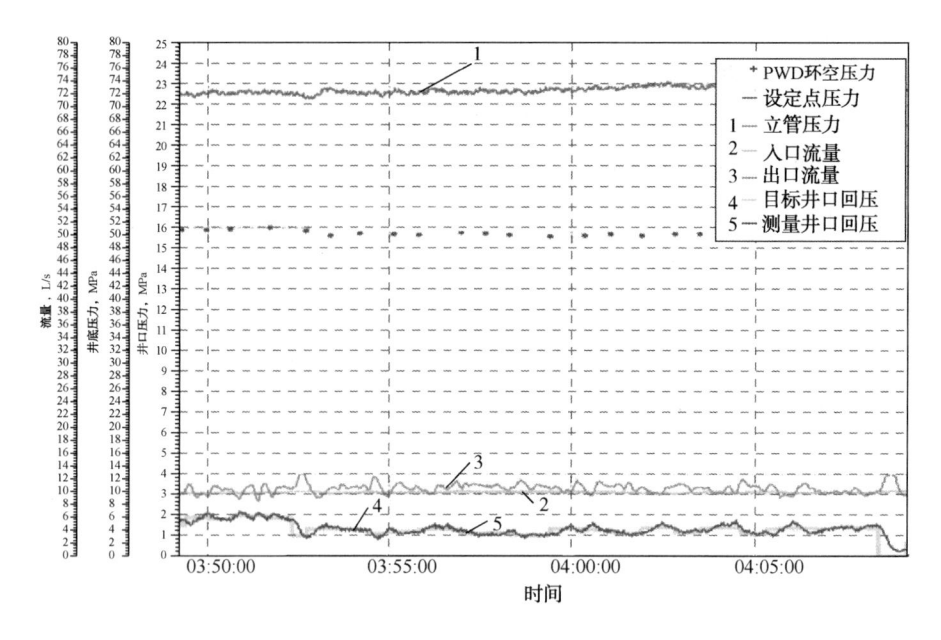

图 6-23 根据 PWD 数据调整井口回压

2）起下钻、接单根期间

使用回压泵来补偿流量，同时在井口施加回压，停泵期间井口回压值为正常钻进期间井口回压和循环压耗之和，如图 6-24 所示。

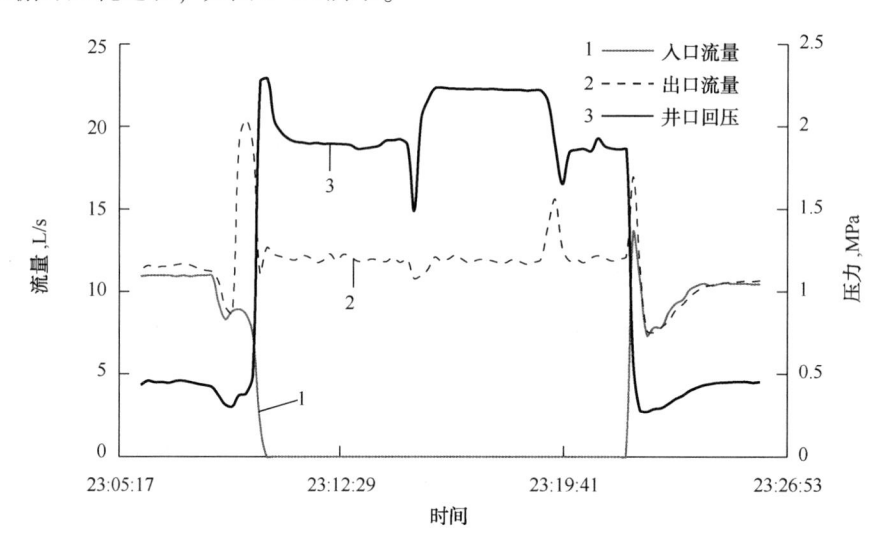

图 6-24 接单根过程调节井口回压

3）异常工况期间

在发生气侵或漏失时，通过调节井口回压来控制气侵或漏失速度。

（1）当发现出口流量大于入口流量时，增大井口回压从而逐渐控制溢流，如图 6-25 所示。

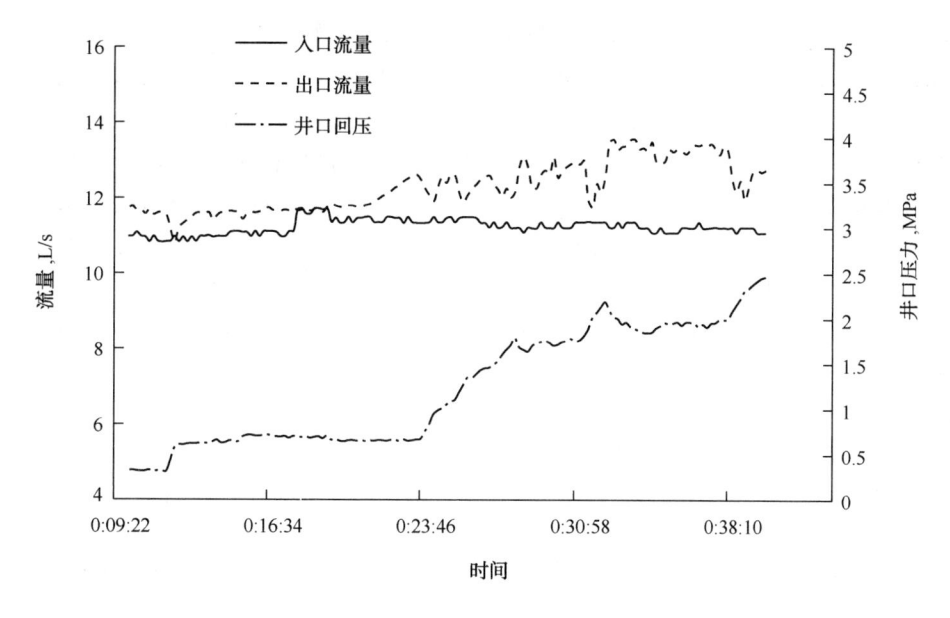

图 6-25 增加井口回压控制溢流

（2）漏失时，通过减小井口回压或钻井液排量来降低井底压力，从而控制漏失速度，如图 6-26 所示。

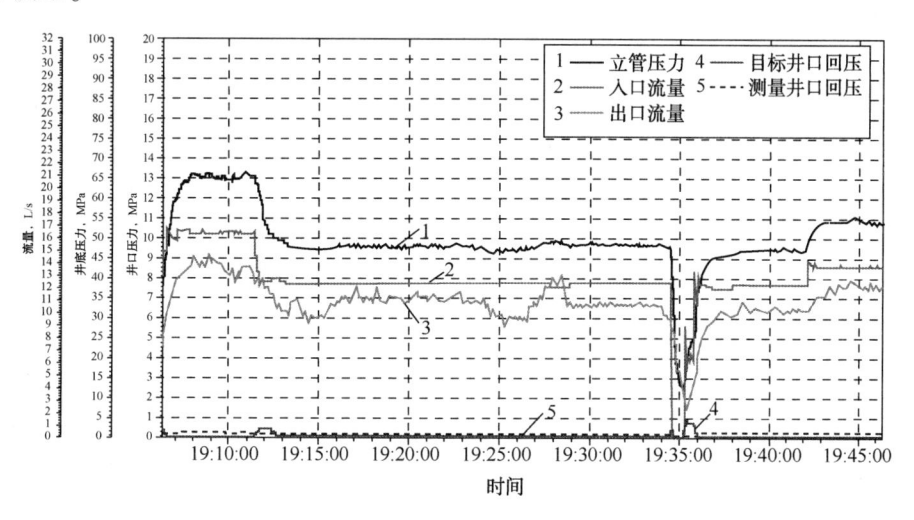

图 6-26 降低钻井液排量来控制漏失速度

3. 应用实例

1）精细控压钻井实现欠平衡钻井

塔中 4# 井设计完钻井深 5355m，设计造斜点在 3890m，井眼采用直—增—稳—平结构，设计水平段长 998m，最大井斜角 87.99°，设计二开中完井深 4248m，三开 6⅝in 钻头钻进。该井于 2012 年 2 月 28 日开钻，二开中进行定向增斜，造斜一段距离后二开完钻；三开继续造斜，原设计在进入 A 点 (4357m) 前 50m 处使用精细控压钻井技术钻进。

塔中 4# 井位于塔中 26 号气田，该区块储层缝洞系统发育，且分布无规律，属于典型的窄密度窗口地层，易漏易喷，井控安全风险高；储层裂缝、洞穴十分发育，缝洞一体；水平钻进穿越多套缝洞单元，钻井施工难度大；目的层压力系统不一致，且普遍含硫化氢，施工安全风险大；常规钻井钻遇复杂情况频发，常常未钻至设计井深就被迫完钻。

针对该井钻井难题，在三开目的层中采用欠平衡精细控压钻进，在保证井下安全前提下，更大程度地暴露油气层，边溢边钻，有利于发现、保护油气层，提高机械钻速。目的层全程欠平衡精细控压钻进，有利于发现储层，最大限度地保护了油气层，提高了储层发现和保护的效果；点火总时长超过213h，占精细控压钻进总时长的80.4%，并创造了水平段长1345m、水平段日进尺134m 的新纪录。图 6-27 为欠平衡精细控压钻进过程中井口稳定出气过程。

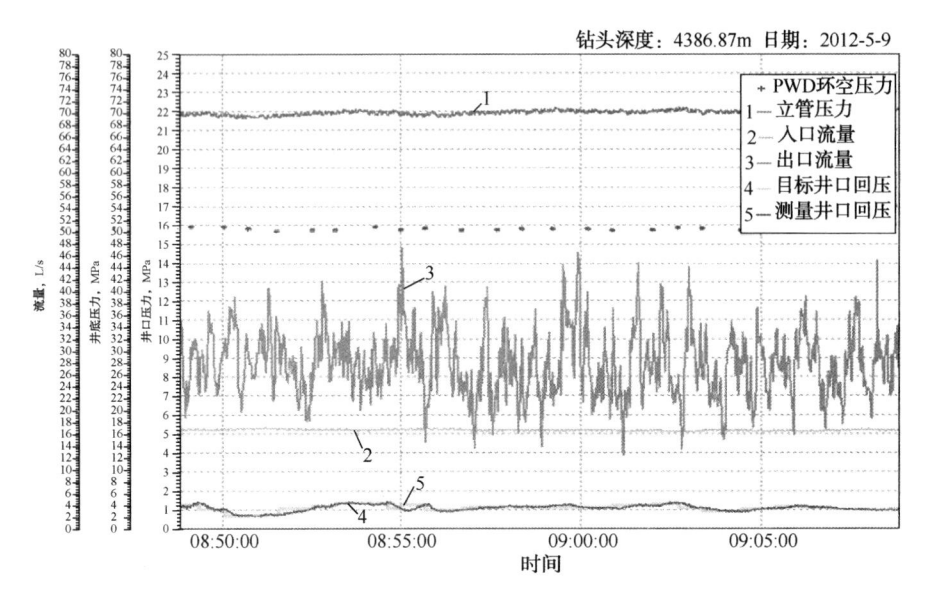

图 6-27　塔中 4# 井目的层采用欠平衡精细控压钻进

2）精细控压钻井实现近平衡钻井

塔中 5# 井设计完钻井深 6740m，设计造斜点在 4680m，井眼采用直—增—平结构，设计水平段长 1557m，最大井斜角 89.63°，设计二开中完井深 4955m，三开用 6⅝in（168.3mm）钻头钻进。设计在进入 A 点（5183m）前 50m 处开始使用精细控压钻井技术钻进，井底正压差设计值为 3~5MPa。

精细控压钻井设计为近平衡钻井，钻井液密度为 $1.1g/cm^3$，黏度计显示钻井液 3 转读数为 3、6 转读数为 4、300 转读数为 22、600 转读数为 34，迟到时间 101.48min。井深 6097.144m 时，正常钻进期间井口回压为 2.0MPa，井口回压由 2.0MPa 降低到 1.5MPa，之后井口回压由 1.5MPa 升高到 2.0MPa，如图 6-28 所示。

改变井口回压一段时间后，井口出口流量增加，如图 6-29 所示。因此判断一个迟到时间之前降低井口回压造成地层气体进入井筒的气体，从而确定当井口回压为 1.5MPa 时，井底为欠平衡状态，井口回压为 2.0MPa 时，井底为近平衡状态。

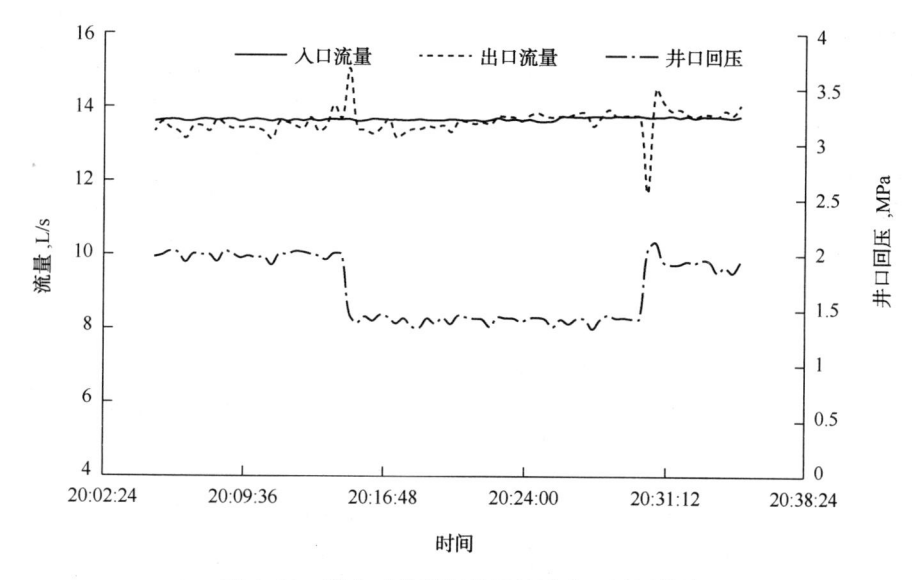

图 6-28 塔中 5#井精细控压钻进井口回压曲线

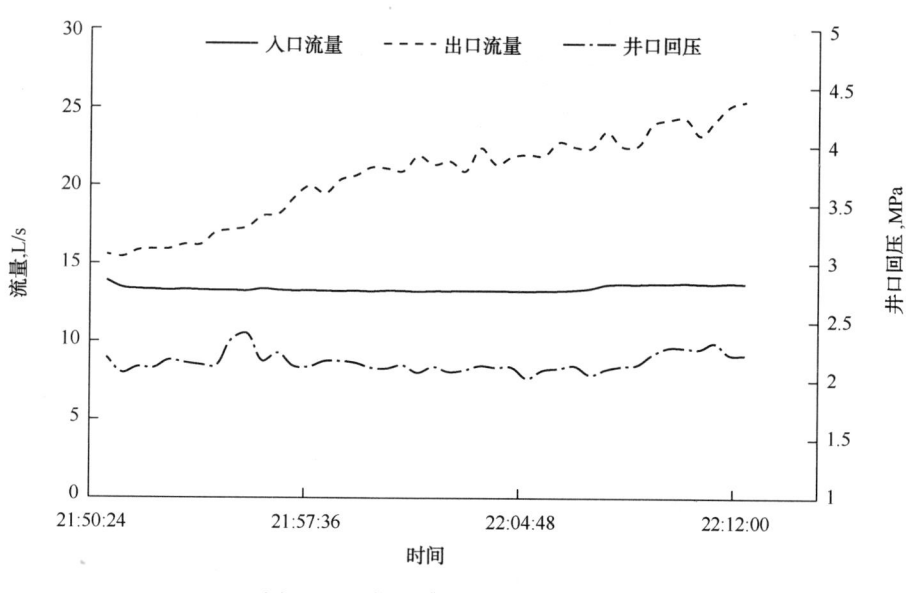

图 6-29 塔中 5#井井口出口流量曲线

第四节　异常工况对井底压力控制的分析

通过分析研究气侵、井漏对井底压力控制的影响规律，特别是研究重力置换气侵与欠平衡气侵的判别方法，进而制定异常工况下井底压力控制的技术措施及方法。

一、气侵对井底压力控制影响

1. 气侵类型

控压钻井气侵主要分为欠平衡气侵、重力置换气侵、岩屑破碎气气侵与浓度差气侵。岩屑破碎气气侵与浓度差气侵井底进气量较小，对控压钻井井底压力控制产生的影响较小。而重力置换气侵和欠平衡气侵井底进气量较大，对控压钻井井筒参数及井底压力控制影响较大，应深入研究这两种气侵形成的原因及进气量大小。

1) 欠平衡气侵

欠平衡气侵是指井底压力小于地层压力，地层中的气体在压差作用下由地层渗流到井筒中。进入井筒中的气体体积量的大小与井筒压力与地层压力的平方差成正比，负压差越大，进入井筒中的气体越多，欠平衡气侵气体进入井筒示意图如图6-30所示。

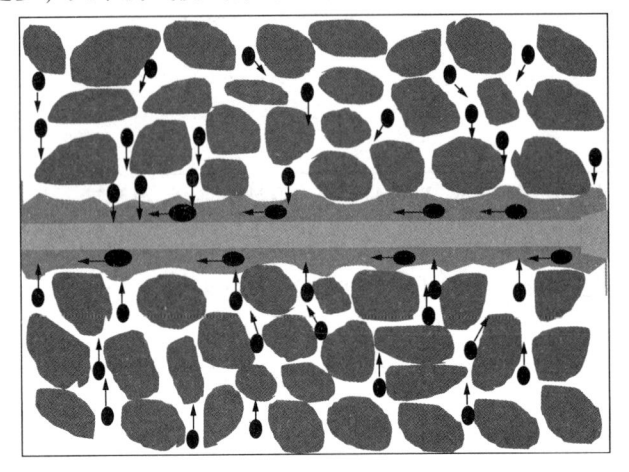

图 6-30 欠平衡气侵示意图

2) 重力置换气侵

重力置换气侵是指地层中的气体与井筒中的钻井液在密度差的作用下，地层气体进入井筒，井筒中的钻井液进入到地层中的过程。重力置换气侵依靠气体和钻井液的密度差作为动力，气侵量的大小与地层的孔隙度及渗透率有关，地层孔隙度和渗透率越大，重力置换气侵量越大，如图6-31所示。对于裂缝及溶洞型地层，重力置换气侵明显，容易转变为恶性漏失或井喷事故。

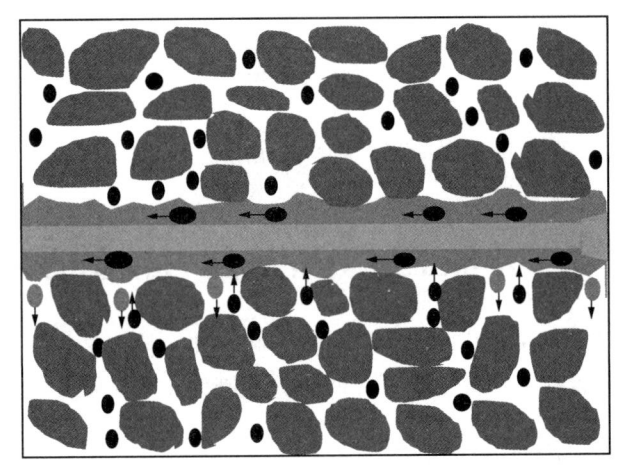

图 6-31 重力置换气侵示意图

3）浓度差气侵

浓度差气侵是指地层与井筒钻井液之间存在气体浓度差，地层中的气体依靠浓度差进入到井筒钻井液中，形成浓度差气侵。地层中的自由气依靠浓度差进入井筒分为两步：

(1) 地层自由气先溶解到气液界面，形成溶解气；

(2) 气液界面中的溶解气通过浓度差进行扩散。

地层自由气溶解到液体中遵循气液传质理论，如图6-32所示。

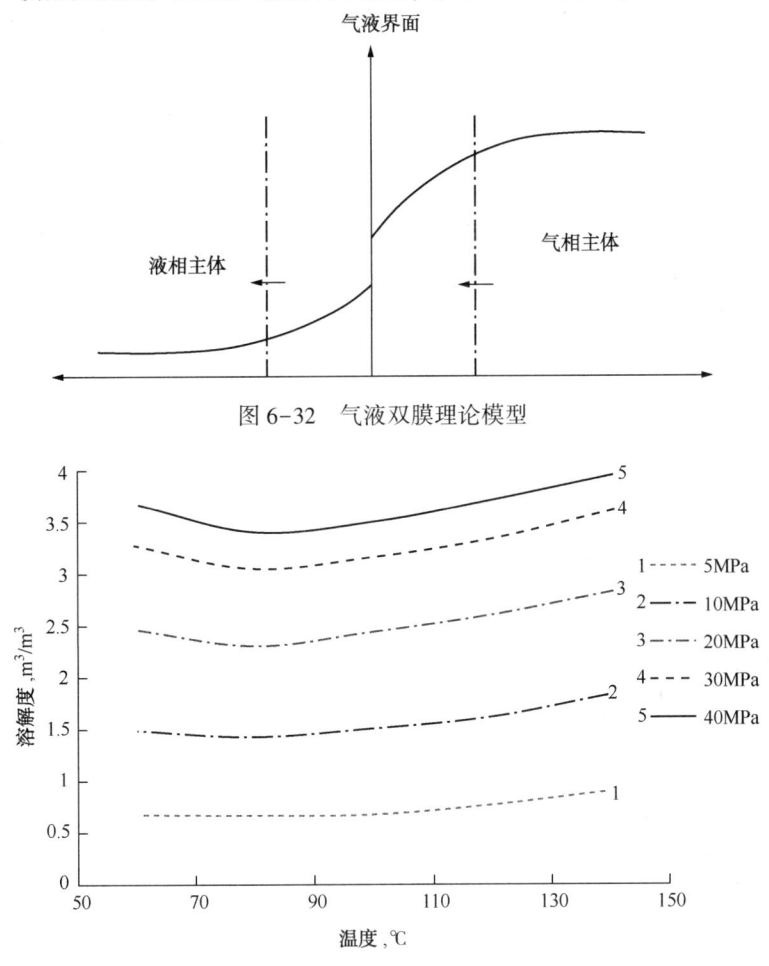

图6-32 气液双膜理论模型

图6-33 天然气在地层水中的溶解度曲线

由图6-33可以看出，气体在井底的溶解度较低，且气体的溶解度随温度、压力的变化较小，当钻井液返到井口时，对井口参数及井底压力的影响较小。

4）岩屑破碎气气侵

岩屑破碎气气侵是指钻头在破碎岩石时，储存在破碎岩石中的气体进入井筒钻井液中，形成岩屑破碎气气侵。岩屑破碎气气侵量的大小与所钻地层孔隙度及钻速大小有关。精细控压钻井中，井底出现岩屑破碎气时，井口出口流量大于入口流量，增加井口回压，对井底进气量没有影响。

2. 气侵检测方法

发生气侵后，气体运移到井口位置发生剧烈膨胀，井底压力下降速度变快，井筒压力难以控制，因此及时发现和控制气侵尤为重要。气侵的检测方法主要包括：

1）钻井液池液面检测法

钻井液池液面检测法主要检测钻井液池体积的变化，通过在钻井液池内安装液面检测仪来计算钻井液池体积的变化。由于钻井液液面气泡、钻井液池内液体的波动等影响，检测结果误差较大。钻井液工定期检测钻井液池液面体积的变化。图 6-34 为气侵时，井筒气体运移到井口过程中钻井液池液面检测法测得钻井液池总量的体积变化，井口测得总烃含量升高，但钻井液池体积变化无规律，波动较大。

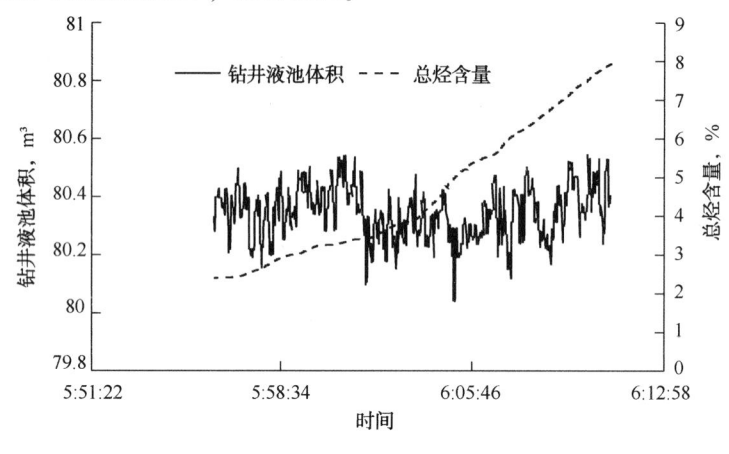

图 6-34 钻井液池体积变化

2）返出钻井液流量检测法

当井底发生溢流，会导致环空循环体积增大，井口返出流量增加。常规钻井液返出流量检测主要是在返出管线安装流量计，如（质量流量计、体积流量计）来实现对井口返出流量的检测判断井筒溢流。若井口返出管线为不满管流动，流量计往往很难精确测量返出流量的变化，难以发现微量溢流。

3）立压观察法

井底发生气侵后，井筒环空钻井液混合密度降低，钻井液的性能及流变性发生改变，从而使井底压力下降，立压降低。

4）套压分析法

当井底气体以稳定的气侵量进入井筒时，井口套压基本稳定，但如果井底气体进气量大或在井口位置膨胀形成气柱时，井筒静液柱压力降低，从而井口套压升高。

5）综合录井参数分析法

综合录井参数主要有：钻井液排量、井口立压、电导率、钻井泵泵冲、钻井液出入口密度、钻井液迟到时间、大钩载荷、烃值、钻井液总池体积等。钻井中通过观察立压、钻井液总池体积、电导率、烃值、钻井液出入口密度等参数来综合判断井底是否发生溢流、地层进入井筒的流体性质等。

6）声波气侵早期检测

当井底气体侵入到井筒，气体在井筒环空中的分布为气液两相流。由声波的传播规律可知，声脉冲信号在纯液体单相流中的传播速度远远高于发生气侵后的气液两相流中的传播速度。根据声波在纯钻井液和气液两相流中的传播速度不同，来检测井筒进气大小。声波气侵检测对压力波测量与谱分析技术复杂，且压力波受钻杆旋转影响较大。

7）井口装置改造测量方法

通过对井口装置进行加工改造，在井口导管处引出一个 L 形的支管，将声纳测深装置安装在支管上面，因此只需测量支管中的液面高度，根据支管液面高度反映出导管中的液面高度，从而实现溢流早期检测。

8）环空压力随钻测量检测技术

环空压力测量技术包括随钻测井（LWD）和随钻压力测量（PWD）。LWD 检测电阻率变化，及时发现地层出水情况。PWD 能够实时监测井底压力变化，结合井筒水力学计算来实现对气侵的早期检测。但当井底进气后，随钻数据难以实时准确传输到地面，且 PWD 数据的传输受钻井参数影响较大。

9）智能钻杆检测技术

在智能钻杆上分布安装压力传感器，根据气侵模拟器模拟计算，分析判断井下发生气侵的大小、气液两相流流型等，可以实现气侵的早期检测。

10）精细控压钻井系统

精细控压钻井系统在节流管汇处安装高精度质量流量计，精确监测出口流量的变化来发现溢流，精细控压钻井能够比常规钻井液池液面法提前 10min 以上发现溢流。精细控压钻井系统通过出口、入口流量对比判别井底发生气侵为瞬时监测，通过钻井液池增量来获得累计气侵量。

3. 气侵井筒计算模型的建立

1）气液两相流及流型划分

发生气侵后，井筒气液两相流动按照含气量不同，可以划分为泡状流、段塞流、搅动流和环雾流，如图 6-35 所示。对于井底发生气侵时，井筒会出现泡状流和段塞流。当井筒发生井喷或井喷失效，井筒会出现搅动流和环雾流。

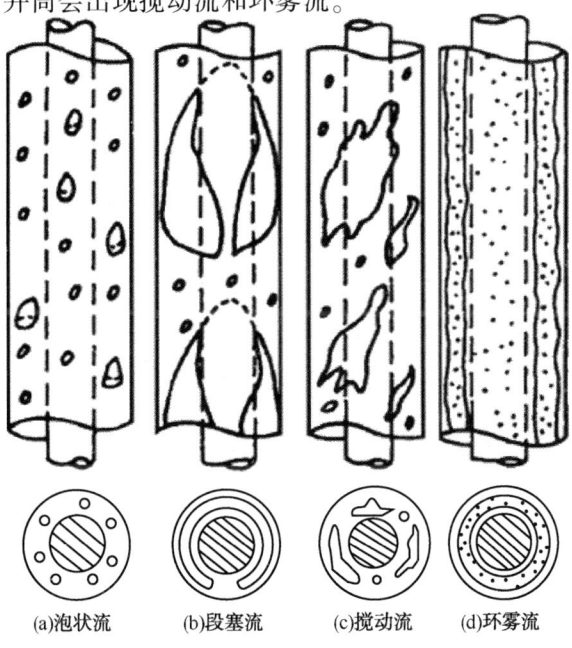

(a)泡状流　(b)段塞流　(c)搅动流　(d)环雾流

图 6-35　直井气液两相流动模型

（1）泡状流。泡状流中连续相为液体，气泡作为分散相在连续的液体中流动。泡状流根据气体速度大小分为两种：一种是气体速度很低时，气相以小气泡均匀分布在液相中；另一种是当气体速度很高时，小气泡以弥散气泡的方式分布在液体中，强烈的紊流使小气泡无法聚会，形成弥散泡状流。

（2）段塞流。当气体的速度较高时，小气泡合并成大的气泡，最终大气泡的直径接近于管道内径。段塞流能够形成Taylor气泡，在大气泡的外围液相又常以降落膜状态向下流动，但气液两相总流量仍是向上流动的。

（3）搅动流。在段塞流动基础上，若流速增大，气泡发生破裂，液相呈不定型的形状发生振荡运动，呈搅拌状态，形成搅拌流。

（4）环雾流。环雾流中液相沿管壁呈膜状流动，气相在流道心部流动。部分液相以液滴状态夹杂在连续气心中一起流动，有时液膜内也会夹杂少量气泡。

2）气液两相流流型判别

不同的流型流动参数不同，造成的循环摩阻的大小不同，因此需要根据流动参数来判别不同的流型。从流体力学上分析，不同的流型表明力的平衡关系发生变化，但这些力对流型的影响程度也有很大的差异。不同的学者根据不同的流体介质分别建立了多种气液两相流动流型，如Taitel和Dukler根据气液两相流动机理，确定了气液两相有五种流动流态，得到了如图6-36所示的流型分布图。

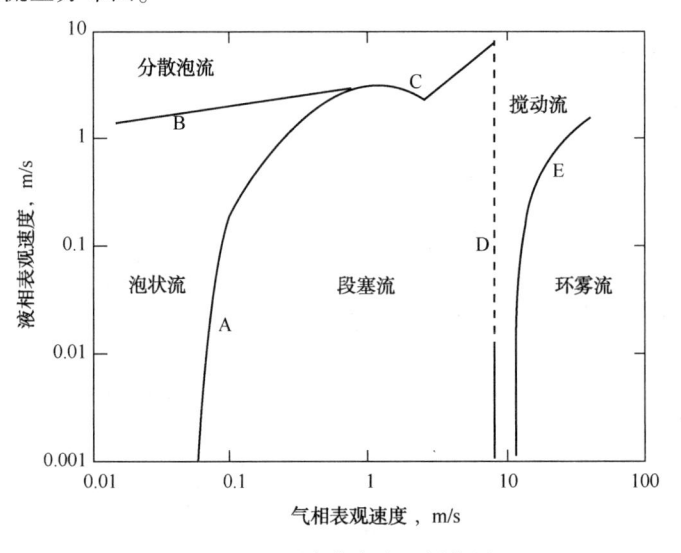

图6-36 垂直井中流型划分图

根据各种流型图所限定的范围，得到气液两相流流型的判别方法：

（1）泡状流：

$$v_{sg} < 0.429 v_{sl} + 0.357 v_{0\infty} \tag{6-104}$$

$$d > 19.01 \sqrt{\frac{\sigma}{g(\rho_l - \rho_g)}} \tag{6-105}$$

（2）分散泡流：

$$v_{sg} < 1.08 v_{sl} \tag{6-106}$$

$$2\left[\frac{0.4\sigma}{g(\rho_1-\rho_g)}\right]^{0.5}\left(\frac{\rho_1}{\sigma}\right)^{0.6}\left(\frac{2f}{d}\right)^{0.4}v_m^{1.2}>0.725+4.15\left(\frac{v_{sg}}{v_m}\right) \tag{6-107}$$

(3) 段塞流：

$$v_{sg} \geqslant 0.429v_{sl}+0.357v_{0\infty} \tag{6-108}$$

$$0.058\left\{2\left[\frac{0.4\sigma}{g(\rho_1-\rho_g)}\right]^{0.5}\left(\frac{2fv_m^3}{d}\right)\left(\frac{\rho_1}{\sigma}\right)^{0.6}-0.725\right\}^2<0.52 \tag{6-109}$$

(4) 搅动流：

$$v_{sg}<3.1\left[\frac{g\sigma(\rho_1-\rho_g)}{\rho_g^2}\right]^{0.25} \tag{6-110}$$

$$0.058\left\{2\left[\frac{0.4\sigma}{g(\rho_1-\rho_g)}\right]^{0.5}\left(\frac{2fv_m^3}{d}\right)\left(\frac{\rho_1}{\sigma}\right)^{0.6}-0.725\right\}^2 \geqslant 0.52 \tag{6-111}$$

(5) 环雾流：

$$v_{sg} \geqslant 3.1\left[\frac{g\sigma(\rho_1-\rho_g)}{\rho_g^2}\right]^{0.25} \tag{6-112}$$

$$v_{0\infty} = 1.53\left[\frac{g\sigma(\rho_1-\rho_g)}{\rho_1^2}\right]^{0.25} \tag{6-113}$$

式中 v_{sg}——气相折算速度，m/s；

v_{sl}——液相折算速度，m/s；

d——管径，m；

g——重力加速度，m/s²；

σ——气液相间界面张力，N/m；

v_m——混合物速度，m/s；

ρ_1，ρ_g——分别为气、液相密度，kg/m³；

f——摩阻系数，无量纲；

$v_{0\infty}$——单个气泡在无限大介质中的上升速度。

气液两相流动流型不同，流动参数变化较大，压力梯度和循环摩阻变化较大，因此需要针对每一种流型的参数进行表征。气液两相流的压力梯度可以用重力压力梯度、循环摩阻压力梯度和加速度产生的压力梯度之和表示，一般只考虑前两种压力梯度。

总的压力梯度可用以下三项表示出来：

$$\left(\frac{dp}{dL}\right)_T \left(\frac{dp}{dL}\right)_H + \left(\frac{dp}{dL}\right)_F + \left(\frac{dp}{dL}\right)_A \tag{6-114}$$

(1) 泡状流与分散泡流。

三项压力梯度中，重力压力梯度为：

$$\left(\frac{dp}{dL}\right)_H = \rho_m g \tag{6-115}$$

摩阻压力梯度为：

$$\left(\frac{dp}{dL}\right)_F = \frac{2f}{D_o-D_i}\rho_m v_m^2 \tag{6-116}$$

f 为摩阻系数,为雷诺数 Re 的函数,可按下式计算:

$$\frac{1}{\sqrt{f_m}} = -4\lg\left(\frac{\frac{K}{D}}{3.7065} - \frac{5.0452\lg A}{Re}\right) \tag{6-117}$$

(2) 段塞流。

重力压力梯度为:

$$\left(\frac{dp}{dL}\right)_H = \rho_m g \frac{l_{ls}}{l_{su}} \tag{6-118}$$

式中 l_{su}——段塞单元的长度。

摩阻压力梯度为:

$$\left(\frac{dp}{dL}\right)_F = \frac{2f}{(D_o - D_i)}\rho_m v_m^2 \frac{l_{ls}}{l_{su}} \tag{6-119}$$

摩阻系数:

$$f = 0.0342 Re^{-0.18} \tag{6-120}$$

(3) 搅动流。由于高速搅动和混合使得难以建立基于搅动流的力学模型。Tengesdal 提出了改进的段塞流模型,用以分析搅动流。V. C. Samaras 与 D. P. Margaris 根据实验结果提出了半经验模型,对应的压降为:

$$\left(\frac{dp}{dL}\right)_{F,\text{Churn}} = \frac{2f}{D_o - D_i}\rho_l u_l^2 \tag{6-121}$$

摩阻系数:

$$\frac{1}{\sqrt{f}} = 3.48 - 4\lg\left(\frac{2\varepsilon}{D} - \frac{9.35}{Re\sqrt{f}}\right) \tag{6-122}$$

(4) 环雾流。

微元段 dz 中气核受力分析:

$$\frac{dp}{dz} + [\alpha\rho_g + (1-\alpha)\rho_l]g + \frac{2f}{D_o - D_i}\rho_l \bar{v}^2 = 0 \tag{6-123}$$

摩阻系数:

$$f = 0.005\left(1 + 300\frac{\delta}{D_j}\right) \tag{6-124}$$

3) 井筒气液两相控制方程

地层气体进入井筒后,井筒流动由纯钻井液的单相流动变为钻井液与地层气体的气液两相流动,由于需求取井底压力变化及井筒气液两相流分布,因此建立井筒气液两相连续性方程、动量方程和气体状态方程。

(1) 液体连续性方程:

$$\frac{\partial}{\partial t}[\rho_m(1-\lambda)] + \frac{\partial}{\partial z}[\rho_m v_m(1-\lambda)] = 0 \tag{6-125}$$

(2) 气体连续性方程:

对于非产气层段,气体连续性方程为:

$$\frac{\partial}{\partial t}(\rho_g \lambda) + \frac{\partial}{\partial z}(\rho_g v_g \lambda) = 0 \tag{6-126}$$

对于产气层段，气体的连续方程为：

$$\frac{\partial}{\partial t}(\rho_g \lambda) + \frac{\partial}{\partial z}(\rho_g v_g \lambda) = Q_g \tag{6-127}$$

(3) 气液两相的动量方程为：

$$\frac{\partial}{\partial t}\left[\rho_m v_m (1-\lambda) + \rho_g v_g \lambda\right] + \frac{\partial}{\partial z}\left[\rho_m v_m^2 (1-\lambda) + \rho_g v_g^2 \lambda\right] + \frac{\partial p}{\partial z} + \frac{\tau_0 p}{A} + \left[\rho_m (1-\lambda) + \rho_g \lambda\right] g = 0 \tag{6-128}$$

式中 ρ_m——钻井液密度，kg/m³；

v_m——钻井液速度，m/s；

ρ_g——气体密度，kg/m³；

v_g——气体真实速度，m/s；

λ——含气率，无量纲；

z——空间坐标；

t——时间坐标；

Q_g——井底进气速度，m³/s；

p——节点压力，MPa；

τ_0——流体与管壁之间的剪切力，N/m²。

4) 初始条件和边界条件

(1) 初始条件。初始条件是指气侵发生前井筒的流动状态，根据单相流体的流动，可以求取初始流动状态时的井底压力、钻井液流动速度：

$$\begin{cases} p(0, i) = \rho_m g h + p_f \\ v_m(0, i) = \dfrac{Q_m}{A} \end{cases} \tag{6-129}$$

式中 $p(0, i)$——初始时刻井底压力，MPa；

p_f——循环摩阻，MPa；

$v_m(0, i)$——初始时刻环空钻井液流速，m/s；

Q_m——钻井液排量，m³/s；

A——环空面积，m²。

(2) 边界条件。边界条件是气侵模拟的边界约束条件，也是判断连续性方程和动量方程的收敛条件。气侵发生后，井底进气量和井口回压为两个主要的边界条件。井底进气量根据气侵方式不同，选择不同的计算方法，控压钻井井口不同的回压为井口边界条件：

$$\begin{cases} v_g(j, 0) = \dfrac{Q_g}{A} \\ \lambda(j, 0) = \dfrac{v_{sg}}{v_g} \\ pVT = nZR \\ v_m(j, 0) = \dfrac{Q_m}{A} \\ p\left(j, \dfrac{H}{\Delta H}\right) = p_a \end{cases} \tag{6-130}$$

式中 $v_g(j, 0)$——j 时刻井底气体速度，m/s；
$\lambda(j, 0)$——j 时刻井底含气率；
v_{sg}——井底气体表观速度，m/s；
v_g——井底气体真实速度，m/s；
p——气泡压力，MPa；
V——气泡体积，m³；
T——气泡温度，K；
Z——偏差因子，无量纲；
$p(j, H/\Delta H)$——井口节点压力，MPa；
p_a——井口节流压力，MPa。

(3) 变边界条件。常规钻井中，井口回压为恒定大气压。若采用欠平衡钻井或控压钻井，在发生气侵后，随着气体的上返，井底压力下降，增加井口回压来控制气侵。当井口加回压时，模拟计算的边界条件及井筒节点参数会发生改变（第一个公式为井口回压的改变，第二个公式为井筒节点压力的改变，第三个公式为井底压力的改变）：

$$\begin{cases} p_a\left(j, \dfrac{H}{\Delta H}\right) = p_a\left(j-1, \dfrac{H}{\Delta H}\right) + \Delta p_a \\ \dfrac{p(j, i)V(j, i)T(i)}{Z(j, i)} = \dfrac{[p(j-1, i) + \Delta p_a]V(j-1, i)T(i)}{Z(j-1, i)} \\ p(j, 0) = p(j-1, 0) + \Delta p_a + \Delta \rho g h \end{cases} \quad (6-131)$$

式中 $p_a(j, H/\Delta H)$——j 时刻井口节点压力，MPa；
$p_a(j-1, H/\Delta H)$——$j-1$ 时刻井口节点压力，MPa；
Δp_a——改变的井口回压，MPa；
$p(j, i)$、$p(j-1, i)$——j 时刻、$j-1$ 时刻 i 节点处的压力，MPa；
$V(j, i)$、$V(j-1, i)$——j 时刻、$j-1$ 时刻 i 节点处的气体体积，m³；
$Z(j, i)$、$Z(j-1, i)$——j 时刻、$j-1$ 时刻 i 节点处的偏差因子，无量纲；
$T(i)$——i 节点处的温度，K；
$p(j, 0)$、$p(j-1, 0)$——j 时刻、$j-1$ 时刻井底压力，MPa；
$\Delta \rho g h$——井口回压压缩气体增加的静液柱压力，MPa。

5) 求解步骤

(1) 网格离散。井筒按照空间和时间进行网格划分，将井筒深度划分为空间网格，溢流时间划分为时间网格。由于井口位置气体膨胀率较大，要求计算精度较高。井底位置气体膨胀率较小，要求计算精度较低，因此可以采用从井口到井底的等比数列空间网格。

时间网格的确定是根据气体从一个空间网格上升到另一个空间网格的时间：

$$t(j) = \frac{z(i)}{v_g(i)} \quad (6-132)$$

式中 $t(j)$——j 时刻的时间网格长度，s；
$z(i)$——i 空间网格长度，m；
$v_g(i)$——气体在 i 空间网格的真实速度，m/s。

(2) 控制方程离散化。将气体和液体的质量方程、气液动量方程按照四点差分网格的形式进行离散化处理。

（3）节点求解。根据初始条件和边界条件假设井底压力，计算井底进气速度，采用试算法计算节点含气率和节点压力，以井口压力为迭代约束条件，来验证假设的井底压力是否合适，若不合适再根据不同情况进行假设求解，直到假设的井底压力满足井口约束条件为止，如图6-37所示。

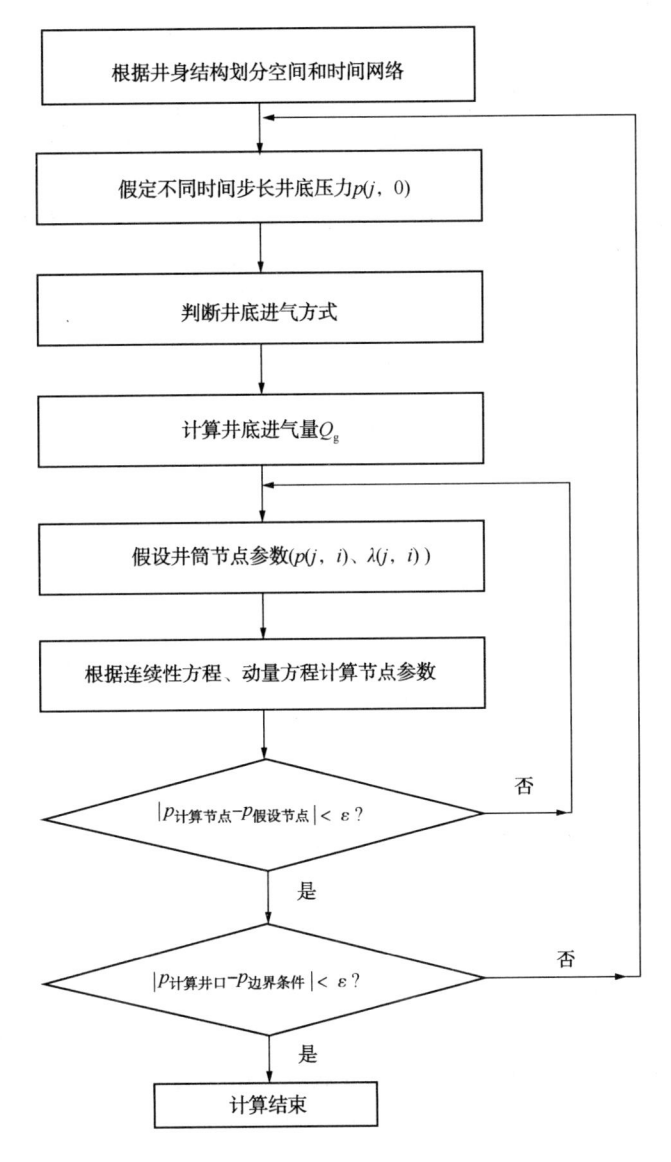

图6-37 气侵井筒模拟计算步骤

4. 控压钻井气侵特征

根据前述的井筒气侵计算模型，选取一定的模拟参数，对井筒发生重力置换气侵进行模拟研究，选取的模拟参数见表6-8。

表 6-8 模拟参数表

模拟参数	数 值	模拟参数	数 值
井深，m	5500	钻头直径，mm	152.4
钻井液密度，g/cm³	1.2	钻杆外径，mm	88.9
钻井液排量，L/s	12	钻井液 300 转读数	58
储层渗透率，mD	5	钻井液 600 转读数	90
揭开储层厚度，m	5	甲烷气体临界温度，K	191.05
地层压力，MPa	64.5	甲烷气体临界压力，MPa	4.6

1) 井底含气率变化

(1) 欠平衡气侵。当井底压力为 64MPa，钻遇不同的地层压力时，井底分别形成 0.5MPa、1MPa、1.5MPa 的欠压值，形成欠平衡气侵后，井底含气率随时间的变化如图 6-38 所示。

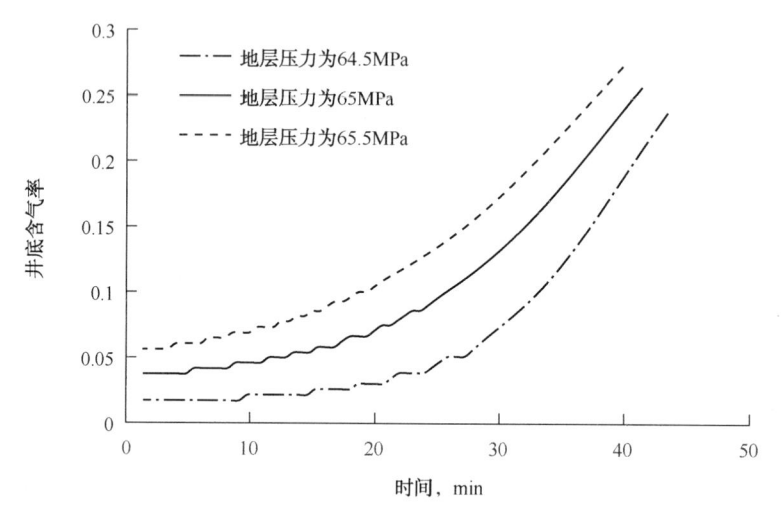

图 6-38 欠平衡气侵井底含气率变化曲线

欠平衡气侵进气速度与井底欠压值有关，欠压值越大，进气速度越大，初始欠压值越大，井底含气率越大。当地层压力为 64.5MPa 时，即井底欠压值为 0.5MPa，井底含气率为 0.02；井底压力为 65.5MPa 时，井底欠压值为 1.5MPa，井底含气率为 0.06。

发生气侵 20min 内，井底含气率变化不大，气侵发生 30min 后，井底含气率快速增加。当地层压力为 64.5MPa 时，开始发生气侵时井底含气率约为 0.02。在气侵 40min 后，井底含气率达到 0.2。主要是因为发生气侵后，井筒液柱压力降低，井底与地层的欠压值越来越大，从而造成井底进气量增多。

(2) 重力置换气侵。假定井底进气量分别为 50m³/d、100m³/d、150m³/d 时，井底含气率与进气量的关系如图 6-39 所示。

根据重力置换气侵的机理可知，井底压力对重力置换气侵影响较小，因此，发生重力置换气侵后，井底进气量不随井底压力变化而发生变化。在恒定的进气量下，井底含气率不发生变化。不同的地层井底发生重力置换气侵的进气量不同，进气量越大，井底含气率越大。

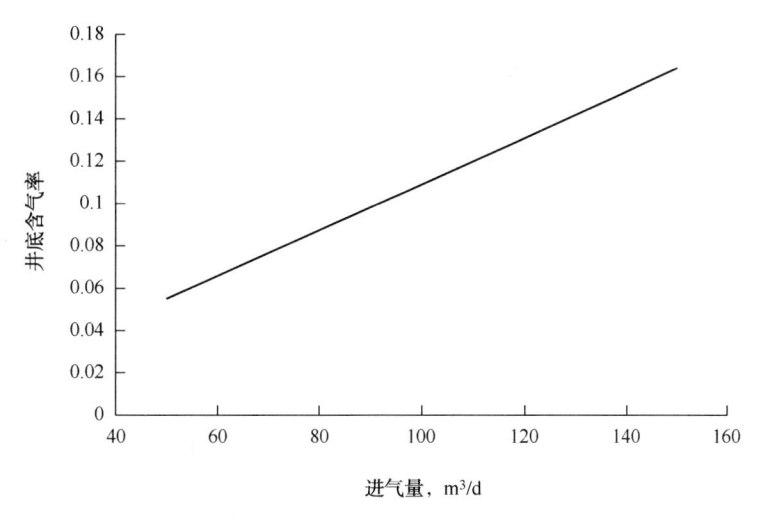

图 6-39 重力置换气侵井底含气率变化

2) 井筒含气率变化

（1）欠平衡气侵。井底压力为 64MPa，井底压力与地层压力之间的负压差分别为 0.5MPa、1MPa、1.5MPa，气侵发生 65min 时，不同井深处的含气率变化如图 6-40 所示。

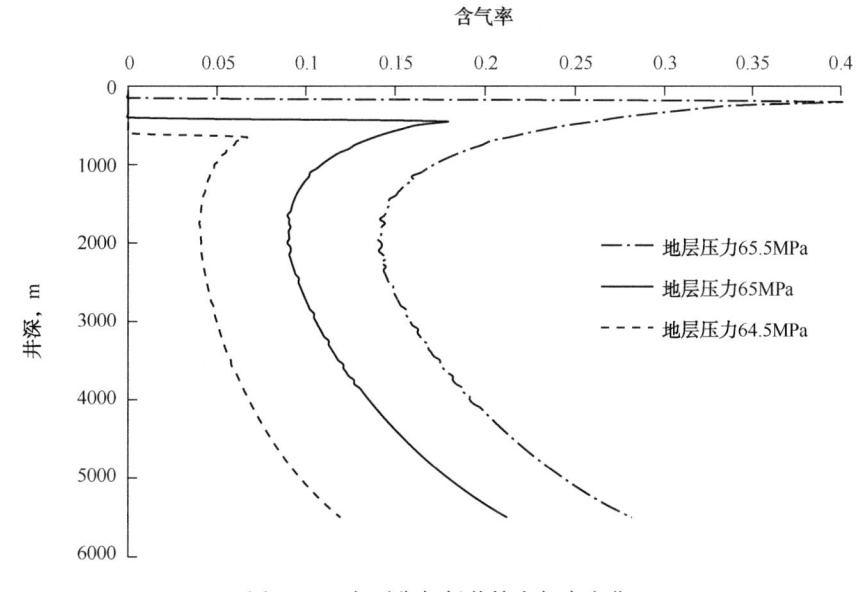

图 6-40 欠平衡气侵井筒含气率变化

气侵发生 65min 时，初始欠压值越大，进气速度越快，气体越先到达井口位置。气侵发生 65min 后，整个井筒含气量呈抛物线形。在 2000m 以下井段含气率随着井深增加是由于欠平衡气侵井底欠压值越来越大，井底进气量随时间越来越大，同时在 2000m 以下井段气侵膨胀性较小，因此井筒底部含气量要比中间段含气量高。在 1000m 以上井段含气率增加是由于气体的快速膨胀，使得井筒含气率快速增加。

（2）重力置换气侵。假定井底进气量分别为 50m³/d、100m³/d、150m³/d 时，发生气侵 60min 后，井筒含气率的变化如图 6-41 所示。

在气侵发生 60min 后，井底进气量越大，井筒含气率越大。在 2000m 以下井段，由于气体的膨胀性较小，井筒含气率变化较小；在 1000m 以上井段，由于气体的膨胀，井筒含气率快速增加。

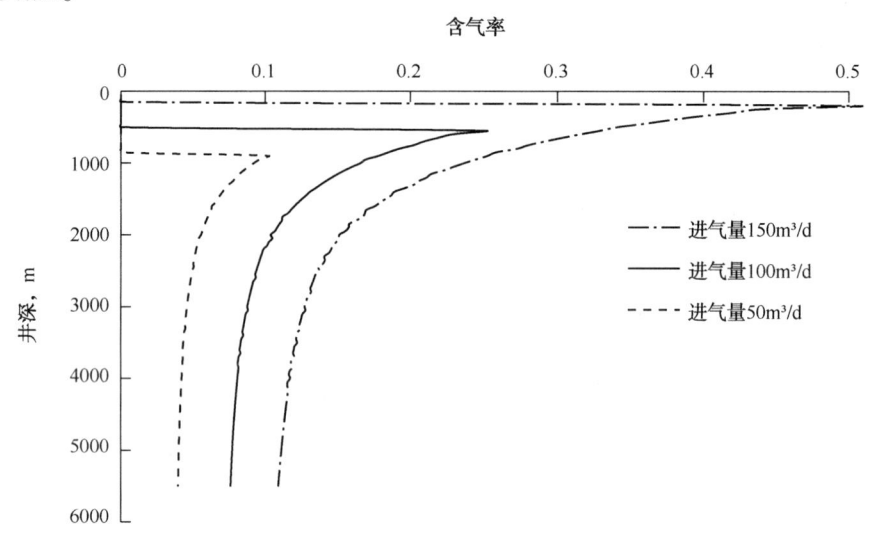

图 6-41　重力置换气侵井筒含气率变化

3) 井口回压对含气率影响

井口回压能够有效抑制气体的膨胀作用，在控压钻井过程中，一定的回压能有效控制井筒气体的膨胀，从而减少因气体膨胀损失的液柱压力。

如图 6-42 所示，井口回压越大，井口位置气侵含气率越低。当井口不施加回压时，井口含气率达到 0.61，当井口回压达到 5MPa 时，井口含气率为 0.19。一定的井口回压有效抑制了气体的膨胀作用，使气液两相流动由段塞流变为泡状流，减小了井筒静液柱压力的降低和井底压力的波动。

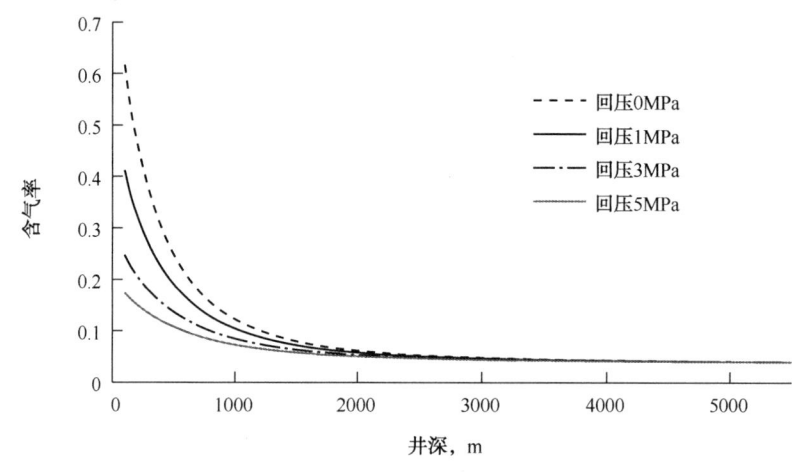

图 6-42　井口回压对井筒气体的影响

4) 井底压力及钻井液池增量变化

(1) 欠平衡气侵。当井底压力为 64MPa，钻遇不同的地层压力时，井底分别形成

0.5MPa、1MPa、1.5MPa 的欠压值,形成欠平衡气侵后,地层压力及钻井液池增量的变化如图 6-43 所示。

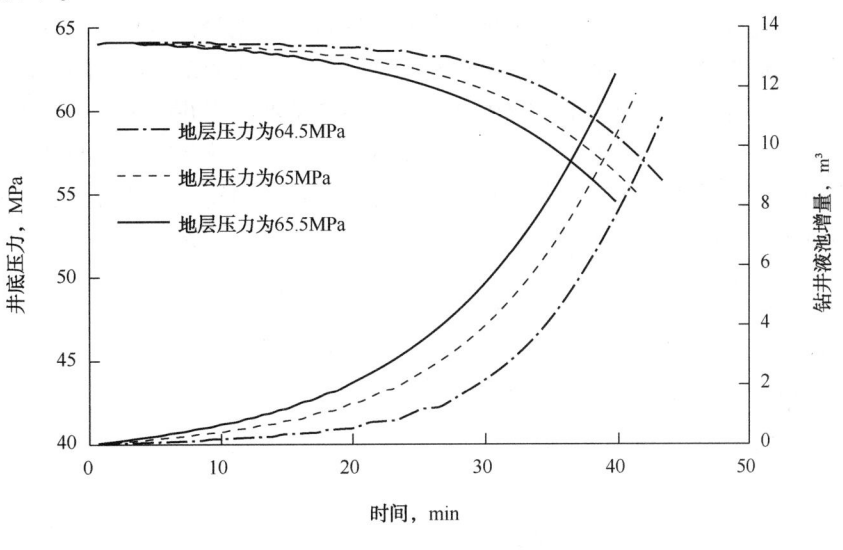

图 6-43 欠平衡气侵特征

由图 6-43 可知,进入井筒中的气体运移到井口需要一定的时间,且气体在 2000m 以下井段膨胀性较小,因此气侵开始时刻井底压力下降较慢,钻井液池增量较小。在气侵 30min 后,由于井底进气速度的加快和气体运移到井口位置双重作用,使得井底压力快速下降,钻井液池增量快速增加。初始欠压值越大,井底压力下降越快,钻井液池增量越大。

(2) 重力置换气侵。假定重力置换气侵井底进气量分别为 50m³/d、100m³/d、150m³/d 时,井底压力及钻井液池增量变化如图 6-44 所示。

由图 6-44 可知,重力置换气侵进气速度恒定,井底压力的下降和钻井液池增量仅与气体的膨胀有关。在气侵发生后 40min 内,由于气体的膨胀性较小,井底压力和钻井液池增量变化不大。40min 后,气体逐渐运移到井口,造成井底压力及钻井液池增量的快速变化。井底进气速度越大,井底压力下降越快,钻井液池增量越大。

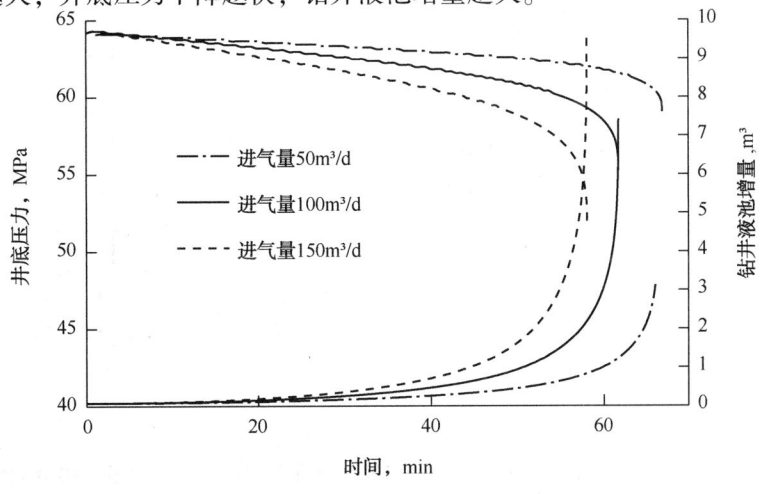

图 6-44 重力置换气侵特征

5. 重力置换气侵的转化

1) 井底压力及钻井液池增量变化

重力置换气侵的机理是气液存在密度差，跟井底负压差无关，即井底为过平衡和欠平衡时，重力置换气侵都会发生。井底为过平衡状态时，只有重力置换气侵，随着重力置换气侵的进行，井筒静液柱压力逐渐降低，导致井底压力逐渐降低。当井底压力开始小于地层压力时，井底可能会同时发生重力置换气侵和欠平衡气侵，从而导致井底压力的进一步降低。

井筒模拟计算过程中，每一时刻都对井底边界条件进行判断，若井底为过平衡，则井底进气量为恒定值；当某一时刻井底转变为欠平衡，则井底进气量为：

$$Q_{sc} = C + \frac{774.6 K h_i}{T \mu Z} \cdot \frac{p_e^2 - p_{wf}^2}{\ln \frac{r_e}{r_w} + S} \tag{6-133}$$

式中 p_{wf}——井底流压，MPa；
  p_e——储层压力，MPa；
  Q_{sc}——气井产能，m^3/d；
  K——储层的渗透率，$10^{-3} \mu m^2$；
  h_i——钻开储层厚度，m；
  T——气层温度，K；
  μ——天然气黏度，mPa·s；
  r_e，r_w——气井控制的外边缘半径和井底半径，m；
  S——表皮系数，无量纲；
  Z——气体偏差系数，无量纲；
  C——定值，m^3/d。

实例井 1 地层压力为 63MPa，井底压力为 64MPa，井底初始过平衡度 1MPa，井底压力和钻井液池增量变化如图 6-45 所示。在气侵发生初期，地层发生重力置换气侵，当重力置换气侵发生 40min 后，井底压力降低到 63MPa，此时井底压力等于地层压力，重力置换气侵和欠平衡气侵同时发生，井底压力迅速下降，钻井液池增量迅速增多，曲线出现拐点。

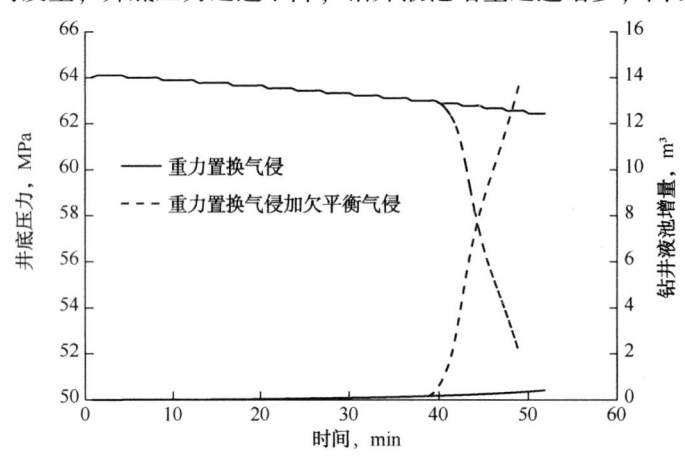

图 6-45 初始过平衡度 1MPa 时重力置换气侵和欠平衡气侵同时发生参数曲线

实例井2地层压力为63.5MPa，井底压力为64MPa，井底初始过平衡度0.5MPa，井底压力和钻井液池增量变化如图6-46所示。气侵发生初期，井底只发生重力置换气侵。气侵发生23min后，当井底压力降低到63.5MPa时，井底压力等于地层压力，重力置换气侵和欠平衡气侵同时发生，井底压力迅速下降，钻井液池增量迅速增多，曲线出现拐点。

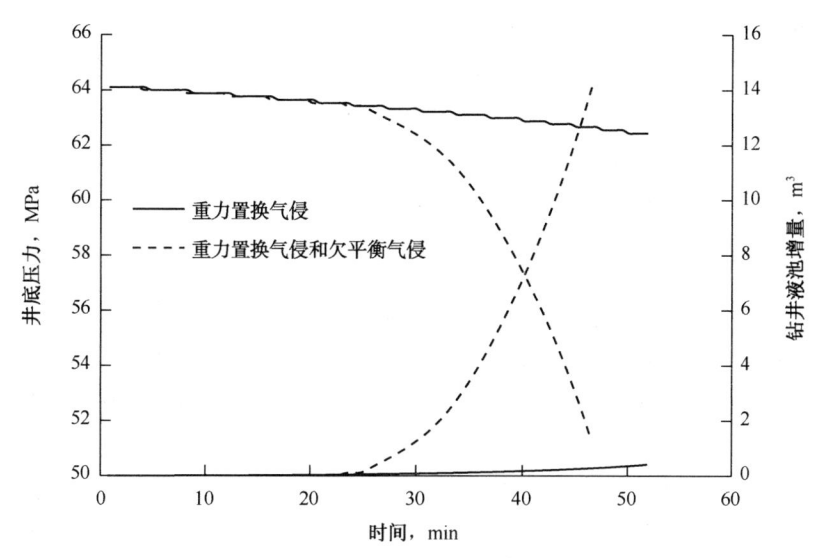

图6-46 初始过平衡度0.5MPa时重力置换气侵和欠平衡气侵同时发生参数曲线

图6-45与图6-46初始的过平衡度不同，造成重力置换气侵转变为欠平衡气侵的时间不同。初始的过平衡压差越大，欠平衡气侵发生的时间越晚；发生气侵方式转化时气体距井口位置越近，气体膨胀性越大，从而造成井底压力下降和钻井液池增量的幅度也越大。因此，初始过平衡越大的地层，发生气侵方式转化后压力越难控制。

2）井底含气率变化

井底压力为64MPa时，钻遇的地层压力不同，分别为63MPa和63.5MPa，形成不同的过平衡压差，井底发生重力置换气侵和欠平衡气侵，井底含气率的变化如图6-47所示。

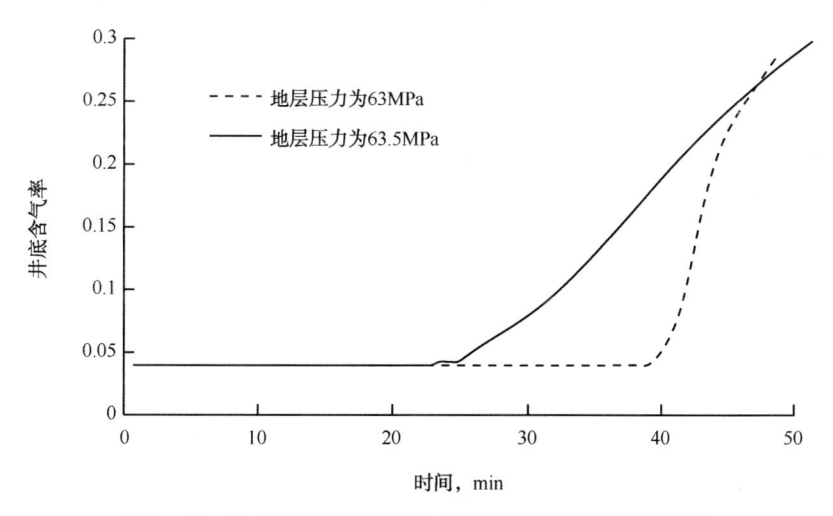

图6-47 重力置换气侵转变为欠平衡气侵井底含气率变化

初始状态井底压力大于地层压力，井底为过平衡状态，只发生重力置换气侵，因此井底含气率不变。在23min后，当井底压力降为63.5MPa时，井底发生重力置换气侵和欠平衡气侵。当地层压力为63MPa时，在40min时，井底压力降为地层压力，井底发生重力置换气侵和欠平衡气侵。初始过平衡度越小，井底含气率越提前出现转折点。

6. 重力置换气侵与欠平衡气侵的判别方法

重力置换气侵和欠平衡气侵对井底压力的影响不同，给钻井工程带来的影响也不同。需要对两种气侵方式制定不同的控制方法，因此必须首先确定井底发生的气侵类型。

根据重力置换气侵和欠平衡气侵流动特征可知，两种气侵方式都会使井底压力降低和钻井液池钻井液总量增加。虽然两种气侵方法造成的钻井液池钻井液增量和井底压力的下降幅度不同，但现有的井底压力测量和钻井液池液面测量难以区分两种气侵类型；重力置换气侵和欠平衡气侵井底含气率的变化不同，而井底含气率的不同又难以通过仪器进行测量，因此采用现有的技术和方法难以检测和判别重力置换气侵和欠平衡气侵。

精细控压钻井技术能够精确控制井底压力剖面，很好地解决了窄密度窗口钻井问题，同时对气侵类型的判断提出了更高的要求，精细控压钻井井口回压的改变也为判断井底气侵类型提供了一种可行性方案。通过对两种气侵类型发生的原因及气侵特征分析可知，欠平衡气侵主要受井底压力的影响，而井底压力对重力置换气侵影响较小，因此可以通过改变井底压力的方式判断气侵类型。通过改变井口回压，井底压力由欠平衡气侵状态变为过平衡后，欠平衡气侵将不再发生，而重力置换气侵将继续维持原来的进气速度发生气侵。

当井底发生欠平衡气侵，钻井液池钻井液增量超过0.3m³，检测出溢流，增加井口回压，模拟改变回压后井底压力及钻井液池钻井液增量的变化，如图6-48为施加回压后井底为过平衡气侵特征，图6-49为施加井口回压后井底为过平衡和未施工井回压气侵特征对比。

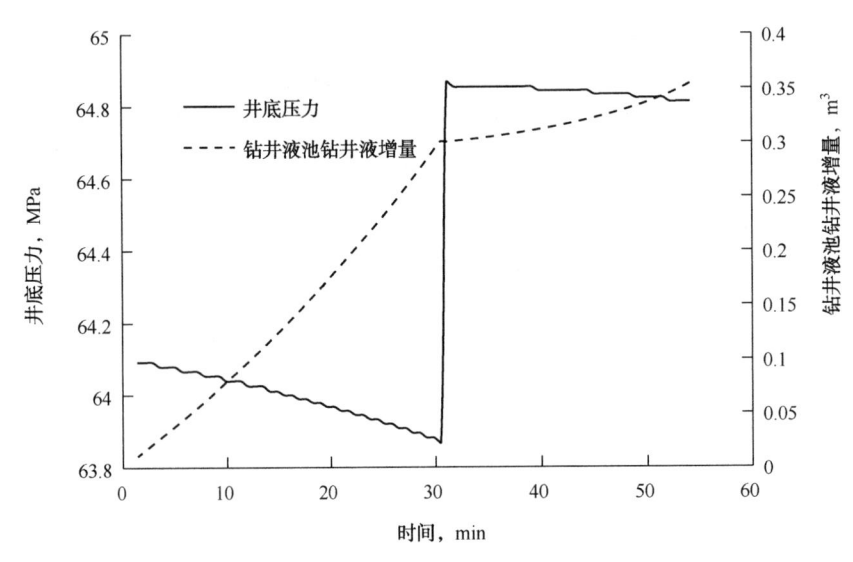

图6-48 施加井口回压后井底为过平衡气侵特征

由图6-48和图6-49可知，钻遇地层压力为64.5MPa，井底为欠平衡气侵，钻井液池钻井液增量超过0.3m³时，井口增加1MPa回压，井底压力变为64.8MPa，此时井底为过平

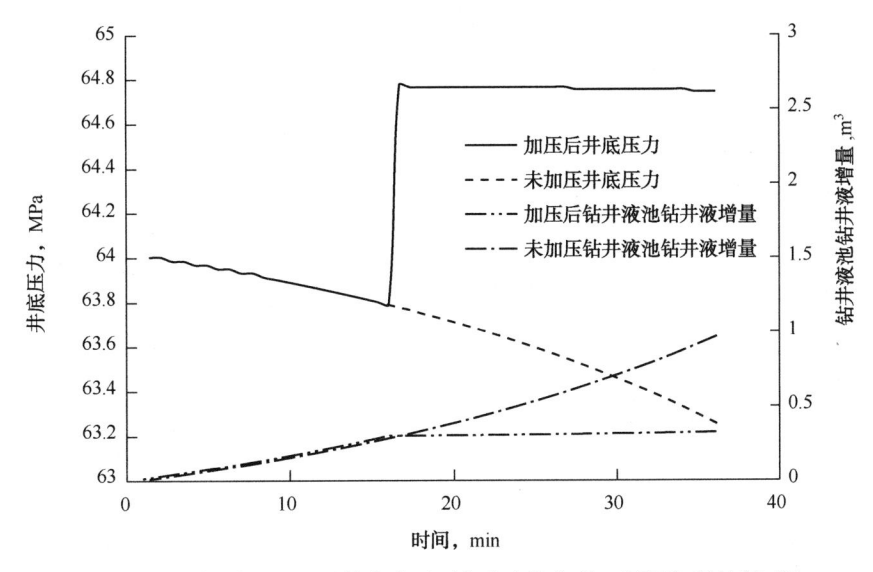

第六章 控压钻井井底压力控制影响因素及关键技术

图 6-49 施加井口回压后井底为过平衡和未施加井口回压气侵特征对比

衡状态。施加回压后，由于井筒内气体向上运移膨胀，井底压力略微下降，钻井液池钻井液增量少量增加。施加井口回压井底压力变为过平衡后，井底压力基本保持不变，钻井液池钻井液增量保持不变，欠平衡气侵得到有效控制。

当钻井液池钻井液增量达到 0.3m³ 时，井口施加 0.3MPa 回压，井底压力变为 64.17MPa，如图 6-50、图 6-51 所示。

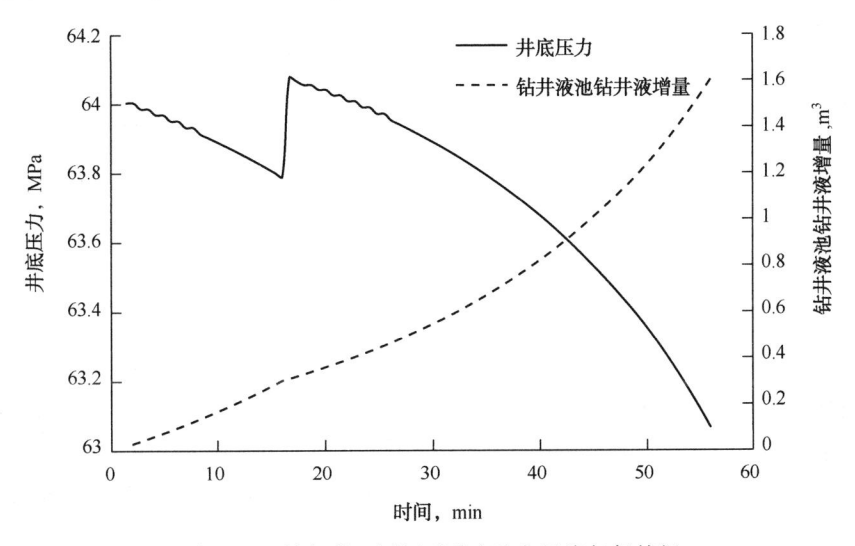

图 6-50 施加井口回压后井底为欠平衡气侵特征

由图 6-50 和图 6-51 可知，在溢流发生 17min 后，钻井液池钻井液增量达到 0.3m³，井口施加的回压为 0.3MPa 后，井底压力仍为欠平衡状态。井底压力表现为同等的增加 0.3MPa 后，继续下降，而钻井液池钻井液增量的变化趋势为继续增加。

由图 6-51 可知，井口施加 0.3MPa 和井口未施加 0.3MPa 相比，井口施加回压后，井底压力虽然仍为欠平衡状态，但井底压力下降速度和钻井液池钻井液增量增加速度和未加回

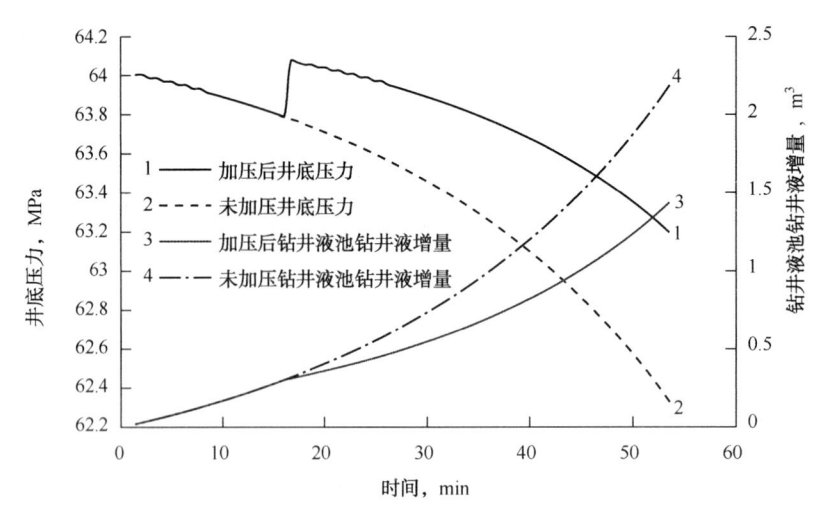

图 6-51 施加井口回压后井底为欠平衡和未施加井口回压气侵特征对比

压相比变化速度变小。

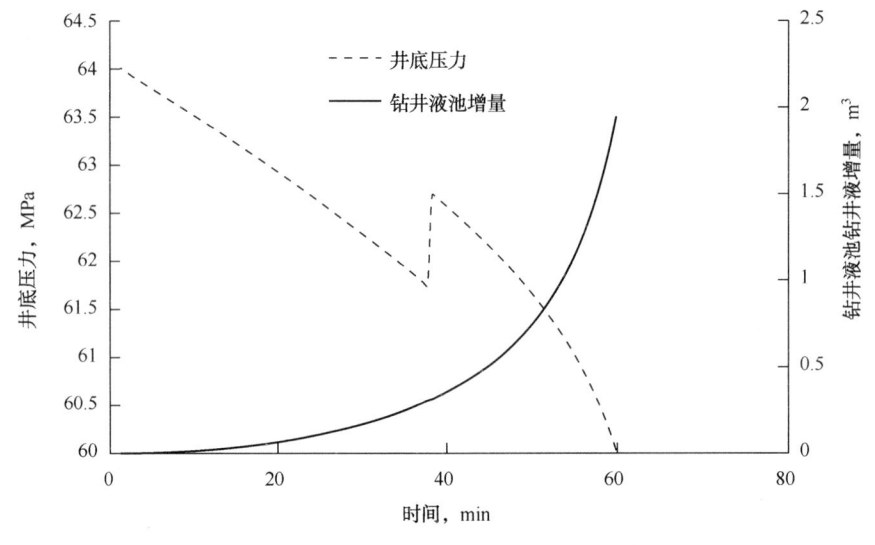

图 6-52 井口施加回压后重力置换气侵特征

当井底发生重力置换气侵，根据表 6-1 中的模拟参数，井底进气量为 $100m^3/d$，钻井液池钻井液增量超过 $0.3m^3$ 后，检测出溢流，井口增加回压 0.3MPa，如图 6-52 所示。井口压力增加 0.3MPa 后，井底压力继续下降，而钻井液池钻井液增量保持原来的趋势继续增加。

在精细控压钻井现场试验与应用中，更多的是采用增加井口回压，观察一个迟到时间后出口流量变化的方式来反映钻井液池钻井液总量的变化。精细控压钻井井口装置安装有高精度的质量流量计，若出口流量大于入口流量，则钻井液池钻井液增量处于增加的趋势，由此可以更直观判断井底气侵类型。不同气侵类型，井口增加回压后气侵特征、变化见表 6-9。

表 6-9 井口增加回压后不同气侵类型井底压力及钻井液池钻井液总量变化

气侵方式		井底压力	钻井液池钻井液总量	一个迟到时间后出口流量
欠平衡气侵	加回压变为过平衡	略微下降	略微增加	出口流量等于入口流量
	加回压仍为欠平衡	下降速度变小	增加速度变小	出口流量大于入口流量，增加速度变小
重力置换气侵		保持原趋势下降	保持原趋势增加	出口流量大于入口流量

当井口施加回压后，井底仍为欠平衡时，在井口设备允许的范围内，可以通过继续增加回压直到井底为过平衡的方式来明确判断井底进气类型。

通过改变井口回压后观察钻井液池钻井液增量或出口流量变化，来判断井底气侵类型的方法，在塔中 6# 井实施 PCDS 精细控压钻井作业时进行了试验。试验井目的层为上奥陶统良里塔格组，设计完钻井深为 6740m，垂深 5005m，靶点 A 井深为 5183m，靶点 B 井深为 6740m。

试验井段立压为 18.7MPa，排量为 13.5L/s，钻井液迟到时间为 102min，钻井液密度 1.10g/cm³，钻井液黏度计 600 转读数为 38、300 转读数为 24，黏度为 11mPa·s，正常钻进期间井口回压保持在 2.5~3MPa，接单根期间井口回压为 4.5MPa，如图 6-53 所示。钻头钻达 6139.86m 时，井口回压为 2.8MPa，井口出口流量开始大于入口流量，检测出井底发生溢流，井口回压由 2.8MPa 增加到 3.4MPa，一个迟到时间后观察井筒出口流量和入口流量的变化。

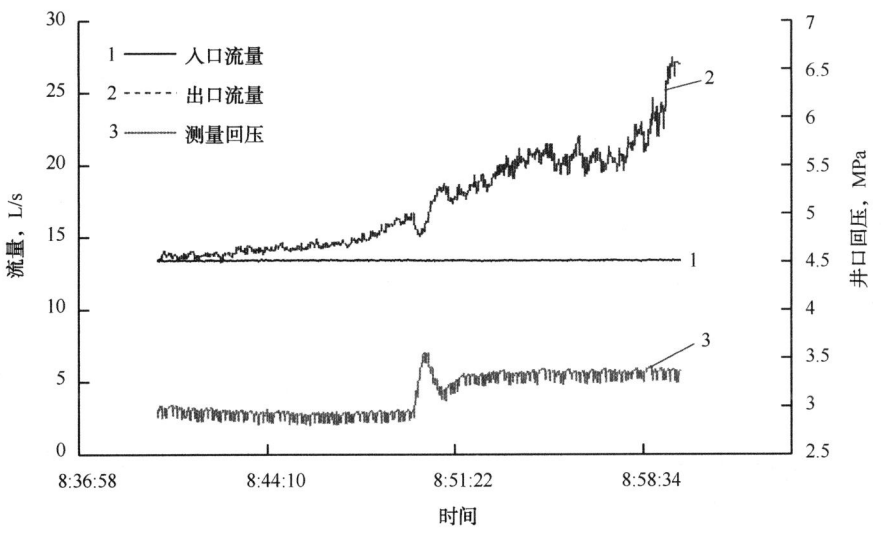

图 6-53 发现溢流

如图 6-54 所示，井口增加回压一个迟到时间后，出口流量逐渐等于入口流量，由此可知，在检测到溢流增加井口回压后，井底变为过平衡状态，井底停止进气。根据气侵判定方法可知，该气侵类型为欠平衡气侵，钻井液池钻井液增量应该控制在 1m³ 内，井筒内气体循环排除完毕后，井口回压降低到 2.5~3MPa 之间，进行正常钻进。

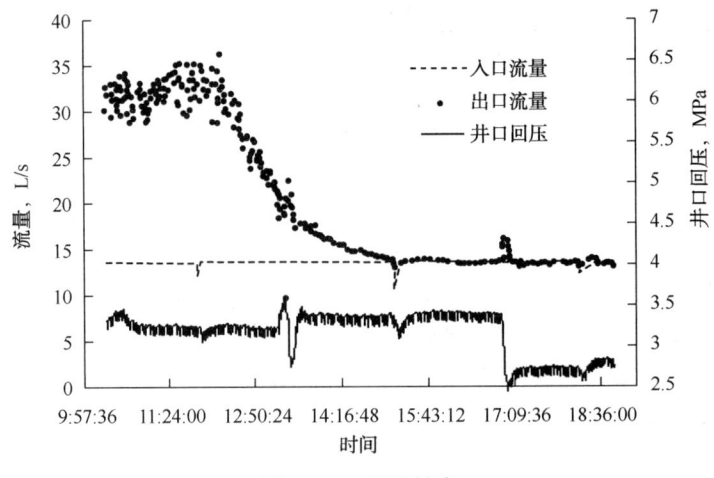

图 6-54 溢流结束

二、井漏对井底压力控制影响

1. 漏失机理分析

1) 碳酸盐岩地层漏失统计分析

塔里木油田塔中地层碳酸盐岩地层裂缝溶洞发育，钻井过程中经常发生井漏、失返等现象。塔中地区钻井液漏失情况见表 6-10，漏失类型和通道性质判断见表 6-11。

表 6-10 塔中地区钻井液漏失情况表

序号	井号	漏失量，m^3	处理周期，d
1	21#	3677.3	46
2	22#	3748.87	42
3	23#	3400	43
4	24#	1737.46	35
5	24#	3715.6	45
6	25#	3356	27

表 6-11 奥陶系碳酸盐岩漏失通道性质判断

漏失类型	判断准则	漏失次数	比例，%
微小裂缝性漏失	一般小于 $5m^3/h$	22	33.8
小裂缝性漏失	$5\sim30m^3/h$	28	43.1
中等—诱导裂缝漏失	$30m^3/h\sim$失返	12	18.5
溶洞性漏失	钻具放空、钻井液失返	3	4.6

从漏失地层主要为颗粒灰岩和含泥灰岩，漏失通道以大型裂缝和溶洞为主，缝洞型碳酸盐岩储集空间类型见表 6-12。从漏失的工况上分析，漏失主要发生在活动钻具引起的井底波动压力过大、循环和钻进过程中钻井液密度设计过大引起井底压力过大、固井和堵漏过程中井筒液柱压力过大造成进一步井漏。

表 6-12 缝洞型碳酸盐岩储集空间类型表

形态	成因类型	空间大小,mm	储渗特征
孔隙	粒间孔、粒内孔、角砾间孔、晶间孔、铸模孔、体腔孔等	<2	分散在致密岩石中的裂缝和断层相互沟通,为主要的储集空间
溶洞	洞穴(孔隙、裂缝溶蚀扩大)	>100	孤立、分散,沿裂缝分布,是重要的储集空间
	孔洞(溶蚀、坍塌)	2~100	
裂缝	巨缝(层间、古风化)	>100	沟通孔洞、主要储渗空间
	大缝(层间、古风化)	10~100	
	中缝(构造、溶蚀)	1~10	
	小缝(构造、溶蚀)	0.1~1	
	微缝(构造、溶蚀)	<0.1	

2) 井漏发生的条件

(1) 正压差;

(2) 地层中存在着漏失通道及足够容纳液体的漏失空间;

(3) 漏失通道的开口尺寸应大于外来工作液中固相的颗粒。

3) 井漏的类型

按照钻井液漏失的通道的大小,可将井漏可以分为(图 6-55):

(1) 压裂性漏失:地层为完整或仅存闭合裂缝的地层,因井筒钻井液密度过大,使地层破裂或裂缝打开,产生人工诱导裂缝,从而造成漏失。

(2) 裂缝扩展性漏失:地层中开度较小的裂缝在井筒压力波动、温度变化等因素影响下,裂缝变宽,从而形成漏失,裂缝扩展性漏失受井筒压力波动影响较大,易形成重力置换性漏失。

(3) 大型裂缝和溶洞性漏失:地层存在大裂缝或溶洞发育,钻井液漏失常表现为自然漏失。

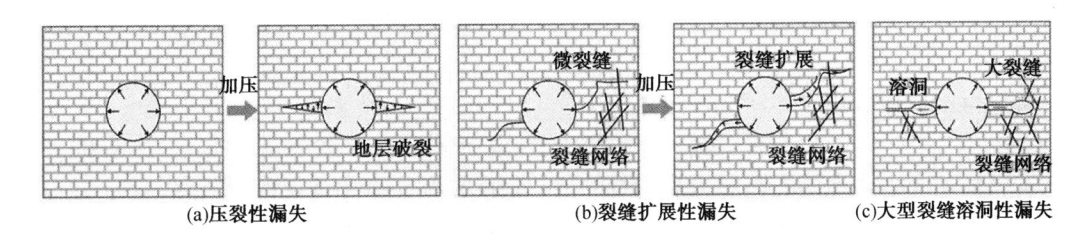

(a)压裂性漏失　　(b)裂缝扩展性漏失　　(c)大型裂缝溶洞性漏失

图 6-55 漏失机理图

对于裂缝性地层,压差对漏失速度影响较大。在裂缝性地层中,裂缝的形态和发育变化较大,裂缝形态有直线、曲线及波浪,其表面也有粗糙和光滑之分,裂缝长度从几厘米到几千米变化不等。常用分形法来模拟裂缝粗糙特性。

在研究裂缝内流体流动规律时,常把裂缝结构简化为平行板结构进行建模计算,因此所建立的模型在分析裂缝漏失规律时产生较大的误差;为修正平行板模型,提出了力学开度和水力学开度等方法来分析裂缝内流体运动规律。

2. 钻井液漏失压力分析

1) 裂缝性漏失

由裂缝性漏失的机理可知,裂缝性地层的漏失压力近似等于地层的破裂压力。在钻井过程中,当液柱压力增大,井壁周围所受的径向应力增加,周向应力减小,在最大水平地应力方向,径向应力和周向应力造成地层剪切破坏,从而形成井漏,该井底压力为地层的漏失压力。

根据多孔介质弹性理论可知,井壁周围岩石所受的各应力分量为:

$$\begin{cases} \sigma_r = p_i - \alpha p_p \\ \sigma_\theta = (\sigma_H + \sigma_h) - 2(\sigma_H - \sigma_h)\cos2\theta - p_i - \alpha p_p \\ \tau_{r\theta} = 0 \end{cases} \quad (6-134)$$

式中 σ_r——井眼周围所受径向应力;

σ_θ——井眼周围所受周向应力;

$\tau_{r\theta}$——井眼周围所受切应力;

p_i——井内钻井液液柱压力;

σ_H——最大地应力;

σ_h——最小地应力;

θ——井眼周围某点径向与最大水平主应力方向的夹角;

p_p——地层孔隙压力;

α——有效应力系数。

地层破裂压力是由于井筒内钻井液密度过大,井底压力使岩石所受周向应力达到岩石抗拉强度,$\sigma_\theta = -S_t$,当钻井液液柱压力增大时,岩石周向应力变小,当钻井液液柱压力增大到一定程度,岩石周向应力将会变成负值,即岩石周向应力由压缩变为拉伸,当拉伸力克服岩石的抗拉强度时,地层发生破裂,形成井漏。破裂发生在周向应力最小位置处,即 $\theta = 0°$ 或者 $180°$。

$$\sigma_\theta = 3\sigma_h - \sigma_H - \alpha p_p - p_i \quad (6-135)$$

岩石的抗拉伸强度准则:

$$\sigma_\theta = -S_t \quad (6-136)$$

可以得出拉伸破坏时井筒液柱压力为:

$$p_l = 3\sigma_h - \sigma_H - \alpha p_p + S_t \quad (6-137)$$

若已知地应力、地层孔隙压力及岩石的抗拉强度,则能求出地层破裂压力。

式(6-137)求出了裂缝的起裂压力,但不表示裂缝会进一步延伸。当裂缝的起裂压力大于裂缝的延伸压力时,裂缝延伸形成井漏,漏失压力等于裂缝起裂压力;当裂缝起裂压力小于裂缝延伸压力时,漏失压力等于裂缝延伸压力。

含有层理、节理、闭合裂缝的地层,抗拉强度可以近似为零。井内流体沿着薄弱面侵入,若使裂缝张开,井筒内液柱压力只需要克服垂直裂缝面的地应力。钻井液的漏失还应该考虑使裂缝发生延伸,即压力大于裂缝的延伸压力。则对于有层理、节理、闭合裂缝的地层,裂缝的延伸压力为:

$$p_l = \sigma_h \quad (6-138)$$

钻井液发生压裂性漏失还应考虑滤饼的抗拉强度,Aadnoy 等通过实验得到滤饼的抗拉强度为：

$$\sigma_{t} = \frac{2\sigma_{y}}{\sqrt{3}} \ln\left(1 + \frac{t}{r_{w}}\right) \tag{6-139}$$

式中 σ_{t}——滤饼的抗拉强度，MPa；

σ_{y}——颗粒屈服应力，MPa；

t——滤饼厚度，mm；

r_{w}——井眼半径，mm。

考虑井壁滤饼作用后，破裂压力为：

$$p_{l} = 3\sigma_{h} - \sigma_{H} + \frac{2\sigma_{y}}{\sqrt{3}} \ln\left(1 + \frac{t}{r_{w}}\right) - \alpha p_{p} \tag{6-140}$$

2）裂缝扩展性漏失

碳酸盐岩地层裂缝性地层受压力敏感较强，在钻井过程中，易出现开泵即漏、停泵即溢的现象，室内试验、数值模拟等方法也验证了碳酸盐岩裂缝扩展性地层的压力敏感特性。裂缝扩展性储层压力敏感特性的原因是裂缝宽度随压力变化引起的。有效应力减低，裂缝宽度增加，井筒液柱压力使应力重新分布。当钻井液进入裂缝中，使裂缝有效应力降低，进一步加大裂缝宽度。

对于裂缝扩展性漏失，裂缝宽度需超过一定的临界裂缝宽度，井筒内的钻井液漏失速度才能显著增加。临界裂缝宽度的大小与钻井液的性能有关，钻井液的固相含量、颗粒大小等都会影响裂缝的临界宽度。假定裂缝变形符合幂函数形式，则裂缝宽度与有效应力关系为：

$$w = w_{0}\left\{A\left[\left(\frac{\sigma}{\sigma_{0}}\right)^{a} + 1\right]\right\}^{-1} \tag{6-141}$$

式中 w——裂缝宽度，mm；

w_{0}——井底压力等于地层压力时裂缝宽度，mm；

σ——垂直裂缝面有效应力，MPa；

σ_{0}——井筒压力等于地层压力时垂直裂缝面有效应力，MPa；

A，a——系数。

若地层压力、井身结构、钻具组合、岩石力学参数已知，就可以求得液柱压力和裂缝面的有效应力关系，以单条垂直裂缝为例，可以得到：

$$\sigma = \sigma_{h} - p_{i} \tag{6-142}$$

裂缝动态宽度与钻井液液柱压力的关系为：

$$w = w_{0}\left\{A\left[\left(\frac{\sigma_{h} - p_{i}}{\sigma_{h} - p_{p}}\right)^{a} + 1\right]\right\}^{-1} \tag{6-143}$$

当裂缝宽度大于临界宽度时，钻井液发生漏失，则裂缝扩展性漏失压力可表述为：

$$p_{l} = \sigma_{h} - \left(\frac{w_{0}}{Aw_{c}} - 1\right)^{\frac{1}{a}}(\sigma_{h} - p_{p}) \tag{6-144}$$

式中 w_{c}——临界裂缝宽度，mm。

3）大型裂缝溶洞性漏失

大型裂缝和溶洞性地层中，钻井液流动通道比较大，钻井液只需要克服钻井液在通道内的流动阻力，因此钻井液的漏失压力为：

$$p_1 = p_p + p_s \tag{6-145}$$

式中 p_s——钻井液在裂缝内流动压耗，MPa。

通过对碳酸盐岩地层漏失时井底压力和漏失压力间的相互关系分析，以及对奥陶系颗粒灰岩段、含泥灰岩段漏失压差与漏失速度进行统计分析，可以得到相应的漏失方程。

颗粒灰岩段的漏失方程：

$$\Delta p = 2.836 Q^{0.48} \tag{6-146}$$

含泥灰岩段的漏失方程：

$$\Delta p = 3.639 Q^{0.45} \tag{6-147}$$

3. 井漏的控制方法

井漏发生的条件有：井底和地层压差、漏失通道和储存空间。不同的地层漏失发生的条件不同，针对不同储层类型、漏失原因、漏失特征应采取不同的控制对策，井漏的控制对策见表 6-13。

表 6-13 漏失控制

储层类型		漏失原因	漏失特征	控制对策		技术特点
裂缝性储层	闭合裂缝	因操作不当形成使闭合缝张开或压破井壁产生诱导裂缝，形成漏失	漏失量较小，静止一段时间，裂缝闭合，漏失自然消失	静止堵漏		操作简单，成本低，但静止时间不确定，承压能力低
				屏蔽暂堵		成本低，使用方便，预防漏失发生，提高储层承压能力
裂缝孔洞型储层	张开裂缝	钻井正压差使裂缝宽度变大，压力传递至裂缝深处，使裂缝延伸扩展发生漏失	漏失量随漏失空间的大小而定，漏速随漏失通道的大小而定	中/小漏速 <15m³/h	桥浆堵漏/暂堵堵漏	操作简单，成本低，要清楚漏失层特性，堵漏材料级配要合理
	井壁为裂缝			大漏速 >15m³/h	暂堵堵漏	
	井壁为孔洞			巨缝漏速 >30m³/h	无机凝胶	需漏层位置清楚
					清水强钻/盲钻	施工简单，具有不可捉摸性，有一定风险
洞穴型储层	不与缝连通	溶洞是天然溶蚀、坍塌形成，钻完井液向溶洞漏失	在不压破井壁的情况下，漏失空间有限，漏失自然消失	合理控制钻井压差，暂堵性堵漏预防		清楚漏失压力、破裂压力
	与缝连通	缝洞是天然的漏失通道，钻完井液从洞穴中从裂缝延伸至储层深部	钻遇溶洞具有突发性，漏失延裂缝、溶洞漏失至储层深部，发生恶性漏失	清水强钻、盲钻，特种凝胶		施工简单，具有一定风险
				波纹管、膨胀套管、跨式封隔器、水溶性密封袋密封		成本高，具有一定风险
				提前完钻投产		减少漏失成本，施工简单

精细控压钻井能够实现对井筒压力的实时控制,有效减少了不同工况下井底压力的波动,减少碳酸盐岩地层漏失量。塔中地区采用精细控压钻井后,有效减少了漏失,节约了大量钻井液,降低了钻井综合成本。

精细控压钻井控制井漏的机理:减小井筒与地层压差,可以减小孔隙度和渗透率较高的粗砂岩、砾岩及含砂砾岩等层位的渗透性漏失;也能够减小井壁上的裂缝开度,减小裂缝性漏失。

近平衡精细控压钻井能够实现井底压力和地层压力的平衡,减少井下的压力波动。地层压力和井底压力的平衡能够减少正压差带来的井漏,又能减少负压差带来的欠平衡气侵。近平衡精细控压钻井也是解决重力置换气侵最佳的方案。井底压力的计算公式为:

$$p_{wf} = p_a + p_h + p_f \tag{6-148}$$

式中 p_{wf}——井底流动压力,MPa;

p_a——井口回压,MPa;

p_h——井筒静液柱压力,MPa;

p_f——循环摩阻,MPa。

当钻井液密度确定后,井底压力的控制方法有两种:调节井口回压和改变泵排量。通过调节节流阀开度来改变井口回压,从而改变井底压力的大小。通过改变泵排量来调整循环摩阻的大小,从而改变井底压力值。

4. 实例分析

南堡1#井是南堡2号潜山构造带上的一口开发水平井,设计井深5191m,目的层位为碳酸盐岩奥陶系。奥陶系灰岩储层预测地层压力系数为0.99~1.03,对井底压力波动较敏感,易漏易涌。邻井水平段钻进时曾发生涌漏同存问题,造成大量钻井液漏失,钻进施工难度大。四开采用精细控压钻井技术,使用0.92~0.94g/cm³的水包油钻井液钻进。

由于该井异常高温,常规PWD无法使用,因此使用存储式压力计,测量井底压力和温度。在进行精细控压钻井时,井底发生漏失,井口回压降低至零后,井底仍发生漏失,为了达到控制漏失速度的目的,通过调整钻井泵排量,从而控制井底漏失速度,不同排量下井底压力值如图6-56所示。

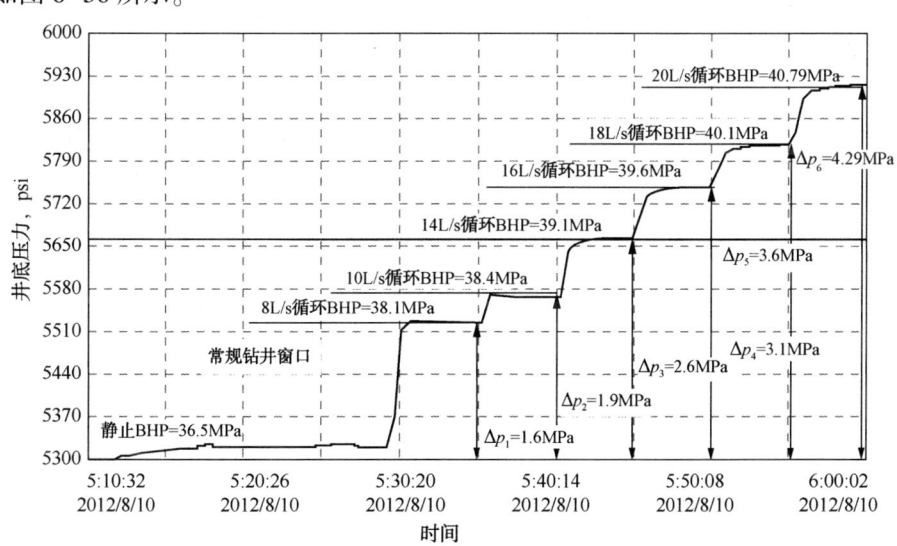

图6-56 不同排量下井底压力

在不同的排量下，钻井液的漏失速度如图6-57所示。随着排量的增加，井筒循环摩阻增加导致井底压力增大，从而造成井底正压差增大。因此，钻井液漏失速度与井筒钻井液排量成正比关系。减小钻井液排量，降低井底压力，从而减小钻井液的漏失速度。

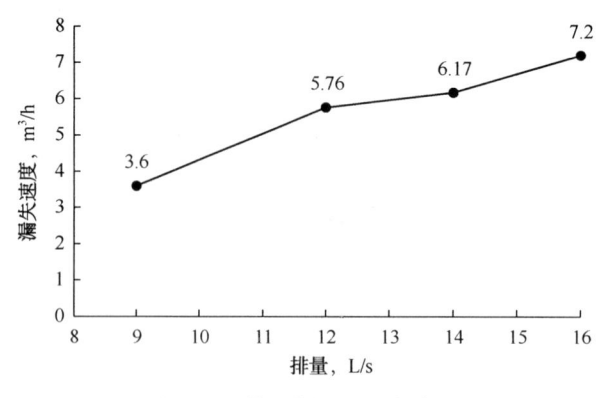

图6-57 排量与漏失速度关系

在进行精细控压钻井过程中，钻进到5111.06m时，井筒回压调节到最低值，此时依靠调整钻井液的排量来改变井底压力。如图6-58所示，钻井发生漏失，出口流量低于入口流量，出口显示有气体返出。当泵的排量降低为13L/s时，返出流量比入口流量减少约为2L/s，井筒保持一个稳定的漏失状态。实践证明，近平衡精细控压钻井有效地解决了重力置换气侵易转化为井涌、井漏甚至井喷等复杂事故发生的问题。

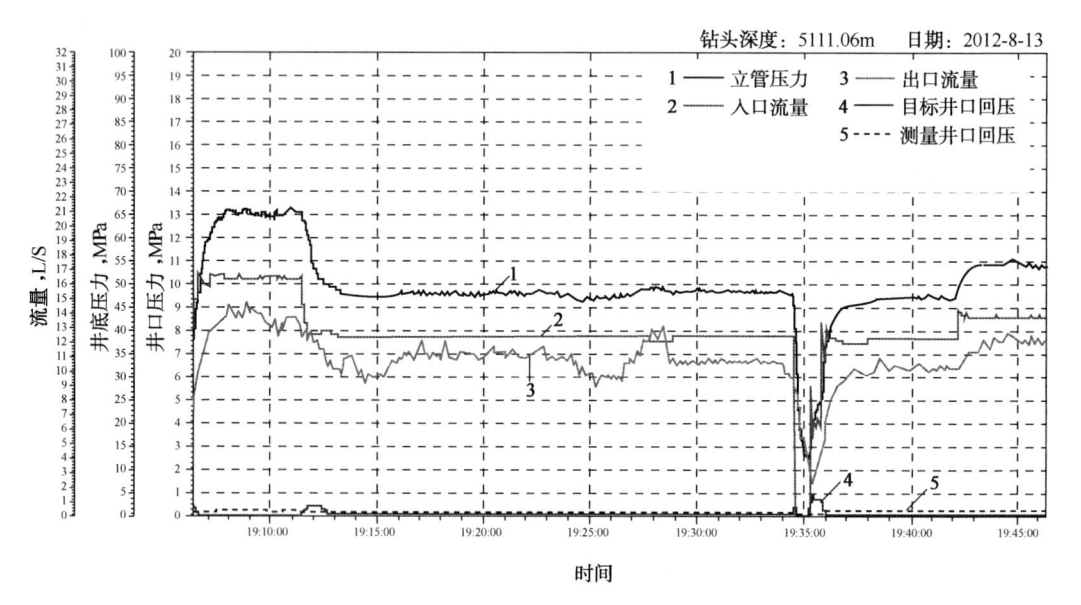

图6-58 现场监测图

第七章 常规控压钻井技术

常规控压钻井技术是指达不到精细控压钻井的控制精度能力和控压钻井效果，但是就目前技术水平而言，可以在现场应用，并达到常规控压钻井目的的钻井技术。关键是任一种常规控压钻井技术都要满足可以独立应用，并具有控压钻井作业过程的专有技术。常规控压钻井技术主要有井口连续循环钻井系统、阀式连续循环钻井系统、双梯度钻井技术、加压钻井液帽钻井技术、充气控压钻井技术、手动节流控压钻井技术、HSE控压钻井技术、简易导流控压钻井技术、降低当量循环密度工具控压钻井技术等。

控压钻井配套技术主要有膨胀管和波纹管技术、随钻地层压力测量装置、优质钻井液技术、化学方法提高承压能力技术、高效防漏堵漏技术、地层压力预测与实时分析技术、井筒多相流分析技术、控压钻井设计与工艺分析软件、实验检测平台和评价方法等。

第一节 井口连续循环钻井系统

井口连续循环钻井系统改变了常规钻井液循环方式，能够在接单根或立柱时保持钻井液的不间断循环，因此可以在整个钻进期间实现稳定的当量循环密度和不间断的钻屑排出，避免了停泵和开泵循环时引起的井底压力波动，全面改善了井眼条件和钻井安全。井口连续循环钻井系统适用于窄密度窗口井、大位移井、水平井，可避免或减少井塌、卡钻等钻井事故，提高机械钻速。

2000年，Maris公司成立连续循环钻井项目组，获得了ITF的资助，并得到了由Shell、BP、Total、Statoil、BG和ENI组成的"工业技术联合组织"的支持。2001年，该项目选择Varco Shaffer作为设备制造与供应商参与研制。2005年，井口连续循环钻井系统在意大利南部的Agri油田成功实现了首次商业化应用，2005—2011年，使用井口连续循环钻井系统完成钻井服务16井次，其中陆地3次，海上13次，主要服务地区为北海油田。现场应用表明，井口连续循环钻井系统可靠性高，可显著降低钻井非生产作业时间，提高钻井效率。

2008年开始，中国石油集团工程技术研究院有限公司依托国家科技重大专项项目开展了井口连续循环钻井系统研制。2010年，通过自主创新成功开发出国内首台井口连续循环钻井系统样机，在主机结构设计、接头定位、分流控制以及自动上卸扣控制等关键技术上取得了突破。在对首台井口连续循环钻井系统样机进行大量测试、改进和试验的基础上，研制了1台工业样机，并进行了4井次实验井试验，累计完成带压循环接/卸单根作业70次，具备了连续循环钻井和起下钻能力，关键性能指标得到了提升，整体性能达到了国际同类产品的先进水平。

一、井口连续循环钻井系统组成

井口连续循环钻井系统主要由主机、分流装置、液压系统、电控系统等组成，液压系统包括液压站、主机和分流装置阀站等，电控系统包括控制中心、主机和分流装置分站等，液压站和控制中心集中安装在一个液压与电控房内，如图7-1所示。

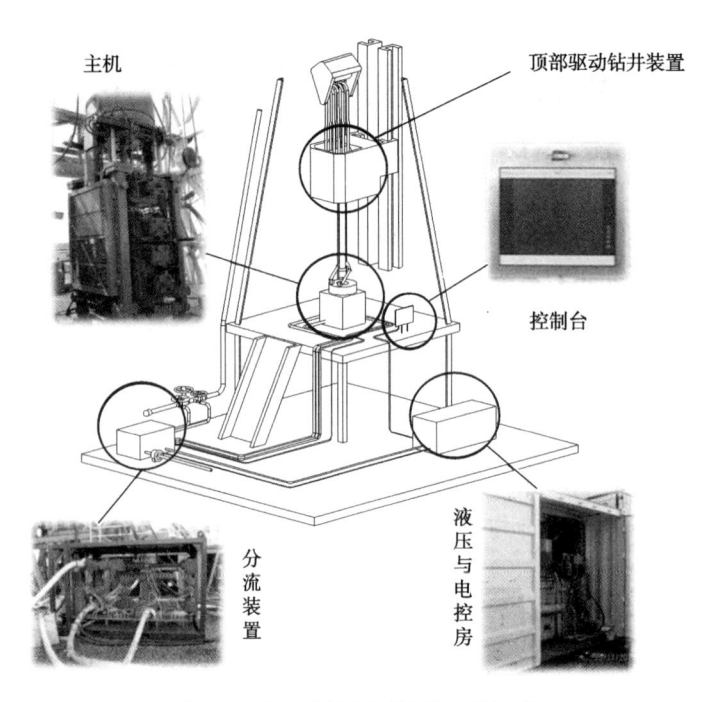

图7-1 井口连续循环钻井系统组成

井口连续循环钻井系统主要技术参数如下：

主机开口通径：9in；
适用钻杆规格：3½~5½in；
最大工作压力：35MPa；
最大循环流量：≥3000L/min；
主机外形尺寸：1.8m×2.0m×3.6m；
平衡补偿起下力：600kN；
最大旋扣扭矩：10kN·m；
最大旋扣转速：40r/min；
最大上扣扭矩：67kN·m；
最大卸扣扭矩：100kN·m；
最大悬持载荷：2250kN；
液压系统工作压力：21MPa；
系统总功率：90kW。

1. 主机

主机是井口连续循环钻井系统的核心设备，如图7-2所示，主机的主要部件包括钻杆导引机构、动力钳、腔体总成、平衡补偿装置和动力卡瓦等。

主机具有以下两大功能：一是通过关闭腔体总成上、下半封将钻杆接头封闭在压力腔内，在钻杆接头分离后，利用中间全封开合来控制上、下压力腔室的连通与隔离，并与分流装置配合动作，完成压力腔内钻井液通道的切换；二是利用动力钳、平衡补偿装置、腔内背

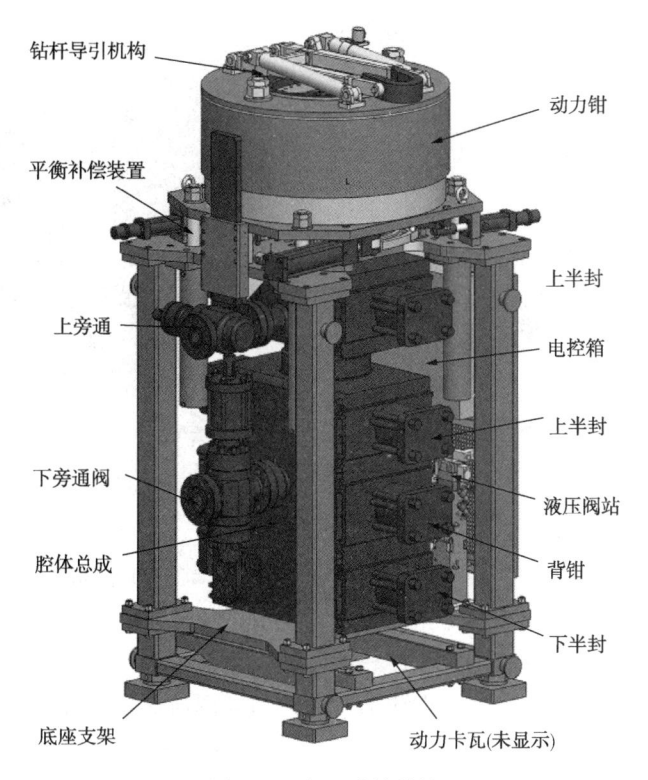

图 7-2 主机总体结构

钳和动力卡瓦的协同动作，在压力腔内实现钻杆的自动上卸扣操作。

1）钻杆导引机构

钻杆导引机构由支撑油缸、回转臂和导引器组成，如图 7-3 所示。钻杆导引机构用于引导钻杆与主机腔体中心对中，有利于提高加接钻杆的速度和效率。操作时，支撑油缸伸出，驱动回转臂摆动，利用导引器扶持钻杆，然后支撑油缸回缩，导引器引导钻杆向主机腔体中心移动直至对中。

2）动力钳

动力钳主要由夹紧机构、上卸扣机构、旋扣机构和壳体四部分组成，如图 7-4 所示。其主要功能是：

（1）利用夹紧机构夹紧钻杆，根据钻杆上卸扣扭矩要求调整夹紧力；

（2）利用上卸扣机构实施上卸扣操作，根据钻杆规格调整上卸扣扭矩；

（3）利用旋扣机构驱动钻杆回转旋扣，根据需要调整旋扣转速。动力钳可通过更换牙座和牙板夹持 $3\frac{1}{2} \sim 5\frac{1}{2}$ in 钻杆。

3）腔体总成

腔体总成由上半封、全封、背钳和下半封组成。当关闭上、下半封闸板时，腔体总成内部就形成了一个密闭压力腔，当中间全封闸板闭合时，密闭压力腔就被分隔为上、下两个腔室，背钳用于夹持钻杆内螺纹接头，可通过更换牙座和牙板夹持 $3\frac{1}{2} \sim 5\frac{1}{2}$ in 钻杆接头。两个旁通孔上的旁通阀通过高压胶管与分流装置连接。

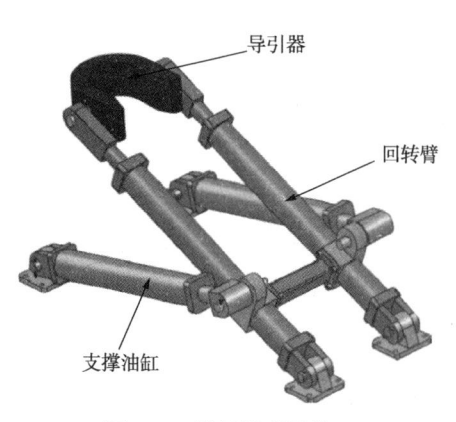

图 7-3 钻杆导引机构

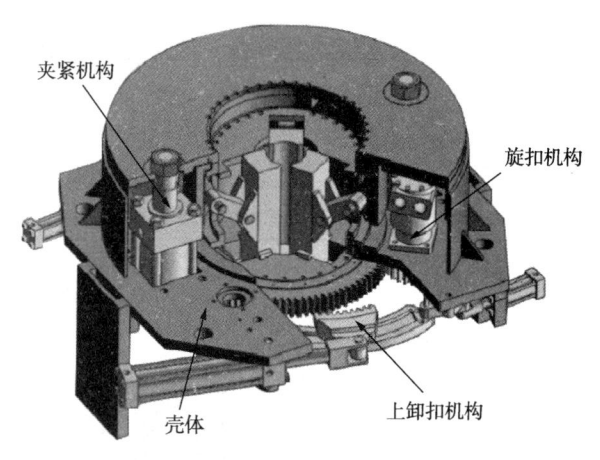

图 7-4 动力钳

腔体总成设计需满足以下要求：

(1) 上半封闸板的密封胶芯采用耐磨结构设计，能在 35MPa 高压下密封旋转的钻杆；

(2) 背钳闸板能够承受最大的卸扣反扭矩；

(3) 为便于现场更换闸板胶芯，壳体和侧门的连接需采用快速拆装结构；

(4) 侧门上安装挡圈的部位堆焊不锈钢，避免与井内流体接触部位腐蚀，挡圈脱出，密封失效；

(5) 每个旁通孔侧法兰上均预留测压口，便于实时检测上、下压力腔的压力；

(6) 侧门油缸上设置有位置传感器，用于检测闸板开关是否到位。

4) 平衡补偿装置

平衡补偿装置由四个油缸组成，其缸体对称固定安装在底座支架的上连接板上，而活塞杆则与动力钳壳体的底板连接，通过四个油缸驱动动力钳升降，使其能够克服钻井液上顶力等外部阻力，强行驱动钻杆平稳上、下运动，在确保螺纹不受损伤的情况下，完成钻杆接头的准确对扣与上卸扣操作。

5) 动力卡瓦

动力卡瓦外形结构如图 7-5 所示，动力卡瓦安放在转盘补心上，在动力卡瓦的壳体上设置有卡槽，卡槽放置在底座支架的承载梁上。动力卡瓦具有以下两大功能：一是承受整个钻柱重量，二是平衡钻井液上顶力作用，消除上顶力对主机的不利影响。

2. 分流装置

分流装置采用集成化设计、立体组装，整个设备安装在单独的框架上，其结构如图 7-6 所示，其中液动平板闸阀用于控制管道通断，液动节流阀用于控制流量，减小切换时循环压力波动。分流装置具有充填、增压和分流切换功能，采用电液控制方式，可实现立管和旁通两个钻井液通道的无扰动切换。

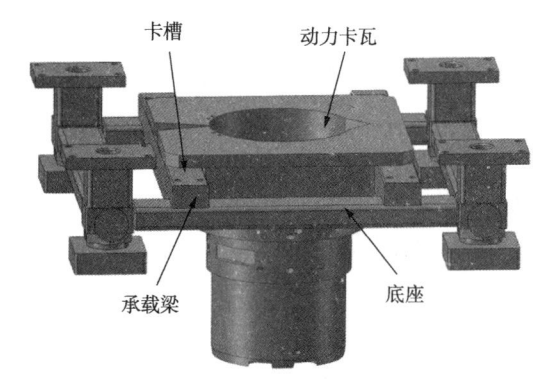

图 7-5 动力卡瓦

分流装置通过立管四通接入钻机管汇系统，如图 7-7 所示。立管四通由三个手动闸板阀组成，该部件安装在钻井泵出口管路上，其作用是将钻井泵泵出钻井液引入分流装置，在维修时，直接导通钻井泵与立管之间的通道，同时切断分流装置与钻井泵和立管的连接，这样既方便维修，也不影响正常钻进作业。

图 7-6　分流装置结构　　　　　　　　　　图 7-7　立管四通结构

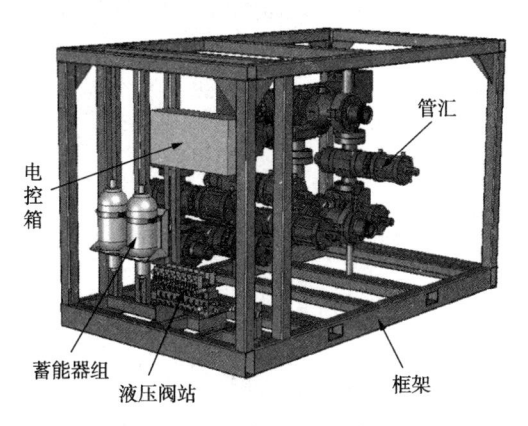

为了减小分流引起的循环压力波动，需要在分流前利用充填泵对待开启通道进行预充填。充填泵一般安装在钻井液罐附近，其排水口与分流装置充填管路的入口连接。与直接利用钻井泵泵出钻井液进行充填相比，可以显著缩短作业时间，提高分流时的泵压稳定性。

3. 液压系统

液压系统由液压站、主机阀站和分流装置阀站三部分组成，如图 7-8 所示。液压站配备有泵组、控制阀组、冷却/加热装置以及油箱等；主机阀站用于控制钻杆导引机构、动力钳、平衡补偿装置和腔体总成等；分流装置阀站则用于控制液动闸板阀和液动节流阀。液压系统采用电磁/比例控制方式，通过电控系统实现远程操作和自动控制。

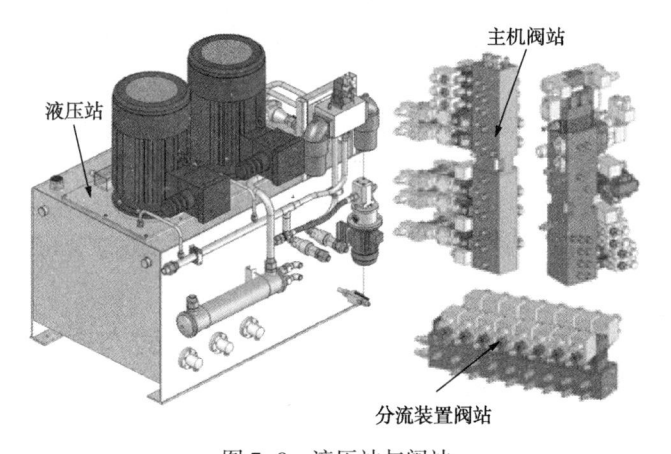

图 7-8　液压站与阀站

4. 电控系统

电控系统由控制台、控制中心、主机和分流装置分站四部分组成，如图 7-9 所示，具有参数检测、显示，动作指令发布、反馈，安全监控、互锁等控制功能。控制台由一台触摸屏和一台远程屏组成。控制台既可以实时显示系统的各种状态参数和信息，还可以输入控制指令，便于远程遥控。控制中心包括一台工控机和一个PLC冗余总站，工控机与冗余总站之间通过以太网进行通信，而冗余总站则利用总线与主机、分流装置上的分站建立信号连接。电控系统可以检测各执行机构工作压力、位移、运动速度等信号，经过测算判断系统的运行状态，然后向执行机构准确发送相应的动作指令，实现预定控制功能。另外，电控系统还可以自动记录作业过程中的各项重要技术参数，如立管压力、旁通压力、上卸扣压力等。

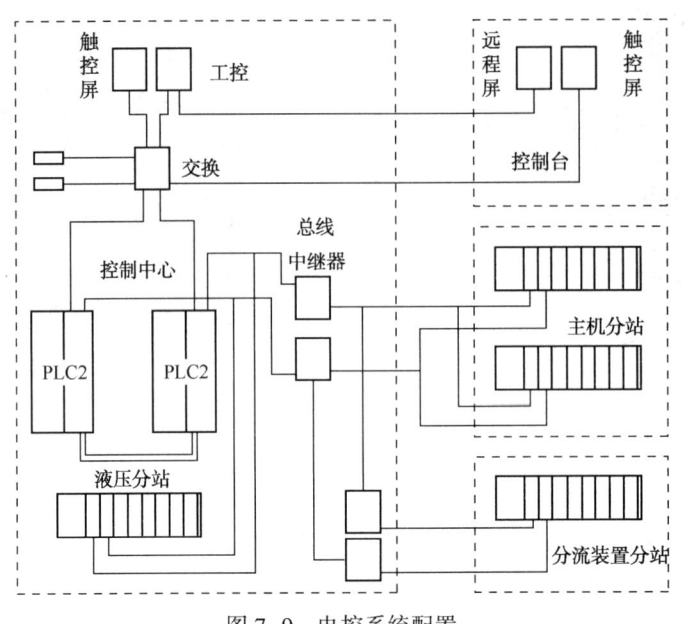

图7-9 电控系统配置

电控系统的控制程序是确保系统安全可靠运行的关键因素之一。控制程序分为液压站控制、手动控制和自动控制三部分，其中手动控制包括主机控制和分流装置控制两个模块，而自动控制则按照钻井/下钻控制和起钻控制两个流程进行设计。手动控制与自动控制可以互相转换，自动控制设置有提示和互锁功能，避免误动作，确保系统运行安全。

5. 配套装置与工具

井口连续循环钻井系统配套使用的加长接头、液压吊卡和加长吊环需根据工艺和现场设备要求进行设计和选配。加长接头内螺纹应与顶驱主轴下端的IBOP接头匹配，而管体和外螺纹接头则应与钻井所用钻杆匹配。加长吊环的长度应根据加长接头长度和施工工艺要求选取。

二、作业流程

井口连续循环钻井系统工作原理如图7-10所示。

1. 作业前准备

首先进行井场勘测，根据现场实际情况，确定系统各部件安装位置和管路布置，配备好所需的管线(包括钻井液管线、液压管线和电缆等)；安装好加长接头、吊环和液压吊卡后，将主机吊装到平台井口，调整主机腔体总成通孔的轴心位置，使其与井口中心对中，之后下放主机并固定；将分流装置放置在钻机立管一侧的合适位置，并在立管管汇上串接四通组件，同时在钻井液罐附近安装充填泵，利用钻井液高压管线将主机、分流装置、立管四通以

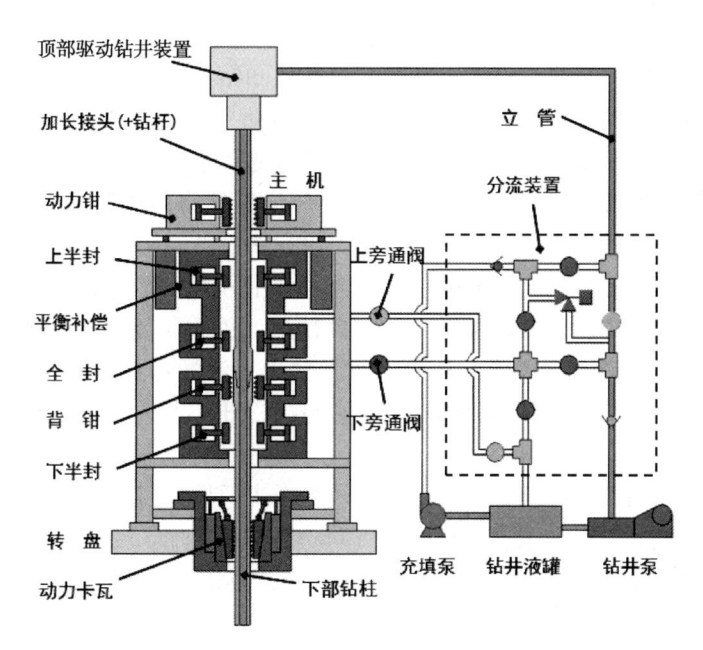

图 7-10 井口连续循环钻井系统工作原理图

及充填泵相应接口连接起来；将液压与电控房放在靠近井场动力源的合适位置，控制台安装在司钻房内，用液压管线连接液压站和主机、分流装置阀站，用电缆连接控制台、电控房和各控制分站；最后将动力电缆接入液压与电控房，并进行系统调试，调试完成后，准备现场作业。

2. 下钻作业

首先利用顶部驱动钻井装置(简称顶驱)位移传感器完成钻杆接头定位，使与加长接头连接的内螺纹接头位于背钳位置，然后下放动力卡瓦夹紧并悬持钻柱；启动主机动力钳夹紧加长接头，关闭上、下半封和背钳，形成密闭压力腔；打开腔体总成下旁通阀，启动充填泵，通过旁通管道向腔体总成压力腔内充填钻井液；充填完成后，利用分流装置将立管内的高压钻井液引入压力腔进行增压，当压力腔压力与立管压力相等时，启动动力钳崩扣，然后旋转加长接头卸扣；在接头完全卸开后，将加长接头提升到全封上端一定距离，利用分流装置切换钻井液通道，使立管管道关闭，高压钻井液从旁通管道流入压力腔形成循环；关闭腔体总成的中间全封，形成上、下两个腔室，打开上腔旁通阀泄压后，开启腔体总成上半封，松开动力钳，利用顶驱将加长接头提离腔体。

顶驱吊环外倾，液压吊卡抱住位于大门坡的新接钻杆；顶驱提升起吊新接钻杆，启动钻杆导引机构引导钻杆运动，当新接钻杆到达对中位置后，利用顶驱将新接钻杆的外螺纹接头平稳下放到腔体总成上腔内；将主机动力钳升至预定高度，启动动力钳夹紧新接钻杆，关闭上半封；下放顶驱，利用顶驱和动力钳连接加长接头与新接钻杆；启动充填泵，通过立管管道向腔体总成上腔充填钻井液，充填完成后，利用分流装置将高压钻井液引入上腔进行增压，当腔体总成上、下腔压力相等，开启中间全封；利用分流装置切换钻井液通道，使旁管管道关闭，高压钻井液从立管管道流入压力腔形成循环；下放顶驱，同时旋转新接钻杆完成上扣和紧扣；接头旋紧后，打开上腔旁通阀泄压，然后开启腔体总成上、下半封排出钻井液，松开动力钳、背钳和动力卡瓦，完成一次接单根，继续钻井或下放钻柱。

3. 起钻作业

利用顶驱位移传感器完成钻杆接头定位，使与待卸钻杆外螺纹接头连接的内螺纹接头位于背钳位置，然后下放动力卡瓦夹紧并悬持钻柱；启动主机动力钳夹紧待卸钻杆，关闭上、下半封和背钳，形成密闭压力腔；打开腔体总成下旁通阀，启动充填泵，通过旁通管道向腔体总成压力腔内充填钻井液；充填完成后，利用分流装置将高压钻井液引入压力腔进行增压，当压力腔压力与立管压力相等时，启动动力钳崩扣，然后旋转待卸钻杆卸扣；在接头完全卸开后，将待卸钻杆提升到全封上端一定距离，利用分流装置切换钻井液通道，使立管管道关闭，高压钻井液从旁通管道流入压力腔形成循环；关闭腔体总成的中间全封，形成上、下两个腔室，打开上腔旁通阀泄压；利用顶驱和动力钳卸开加长接头与待卸钻杆之间的连接，液压吊卡挂住待卸钻杆；开启腔体总成上半封，松开动力钳，上提顶驱，将待卸钻杆提离腔体。

启动钻杆导引机构，下放顶驱，将待卸钻杆甩至大门坡，与此同时加长接头下放到腔体总成上腔内；将主机动力钳升至预定高度，启动动力钳夹紧加长接头，关闭上半封；启动充填泵，通过立管通道向腔体总成上腔充填钻井液，充填完成后，利用分流装置将高压钻井液引入上腔进行增压，当腔体总成上、下腔压力相等，开启中间全封；利用分流装置切换钻井液通道，使旁通管道关闭，高压钻井液从立管管道流入压力腔形成循环；下放顶驱，旋转加长接头完成上扣和紧扣；接头旋紧后，打开上腔旁通阀泄压，然后开启腔体总成上、下半封排出钻井液，松开动力钳、背钳和动力卡瓦，完成一次甩单根，继续起升钻柱。

三、样机优化设计与室内测试

针对首台样机在试验过程中出现的问题，进行了认真分析和总结，并拟定了相应的解决方案和技术措施。改进方案的重点是进一步提高样机使用性能，使其更好地适应连续循环钻井现场作业要求。

1. 动力钳

在前期试验过程中，发现动力钳夹持性能和可靠性不能满足高强度连续循环起下钻作业要求，在上卸扣扭矩较大时会发生打滑，导致钻杆本体损伤。经过深入研究分析，决定从优化夹持机构结构等方面对动力钳进行改进。

为便于准确测量动力钳的扭矩加载性能，设计加工了1套动力钳扭矩测试装置，如图7-11所示。动力钳安装在试验台架上，利用液压试验台提供所需动力，并通过操控台进行控制；测量系统由工控机和PLC组成，用于检测、显示和记录扭矩仪输出扭矩和编码器输出转角。通过测量动力钳的上卸扣扭矩和传动齿轮对应转角，可以较准确判断动力钳是否打滑，便于对动力钳上卸扣性能进行定量分析。试验装置使用的扭矩仪最大测试扭矩120kN·m，测量精度±0.5%FS；编码器每转输出脉冲为1024，折算成大齿轮转角测量精度约为0.1°；液压试验台最大工作压力31.5MPa，各油路的工作压力采用比例减压阀控制，油压测量精度为±0.1MPa。

室内测试表明最大卸扣扭矩可突破100kN·m，如图7-12所示，对钻杆本体损伤较小，无明显划痕，牙痕深度小于0.5mm。

2. 高压旋转密封

上半封闸板需要在高压条件下密封旋转下放或上提钻杆，因此与静密封和纯旋转密封相

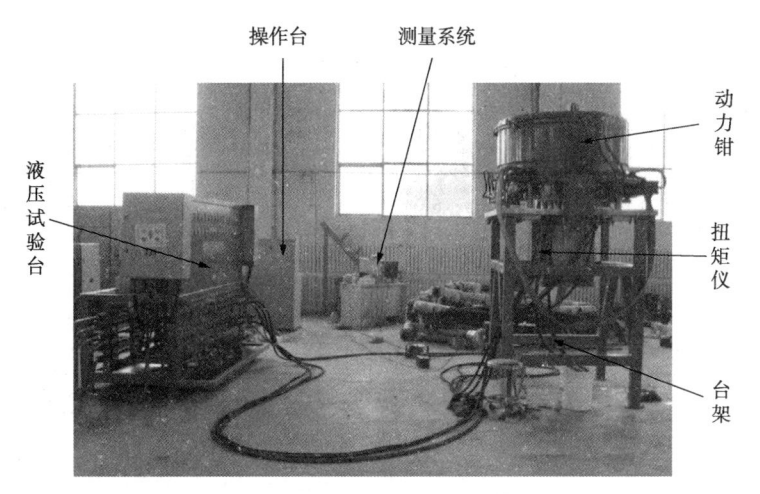

图 7-11　动力钳扭矩测试装置

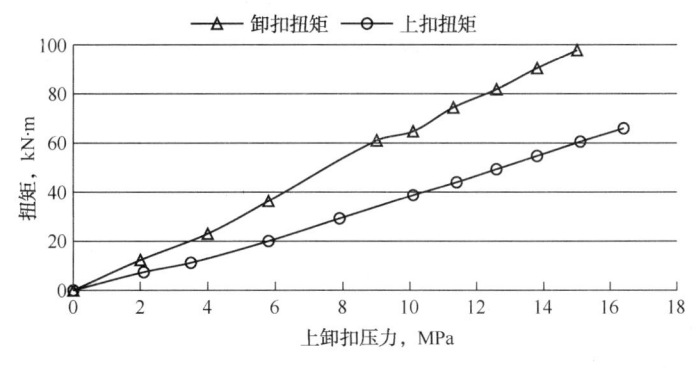

图 7-12　动力钳上卸扣扭矩曲线

比，密封件磨损更为严重，必须采用特殊的复合材料，以提高其使用寿命。室内旋转密封试验结果表明，新设计的闸板密封胶芯在 90r/min 转速和 25MPa 压力条件下可连续旋转 33min，约 2800 转。实验井试验期间，一副闸板平均可完成接/甩单根 30 次以上，未出现泄漏，耐磨性能良好。

3. 分流切换技术

在前期试验过程中，发现利用分流管汇对低压密封腔进行填充增压时泵压出现骤降，最高下降十几兆帕。分析认为，由于充填后密闭腔内仍残留有大量气体，增压时大量钻井液被分流入密闭腔内，导致井下循环流量不足，因而造成泵压大幅降低。为了避免影响井底压力稳定，通过改进工艺流程方法，减小了腔内残留气体影响，使泵压波动大幅降低，如图 7-13 所示。

四、样机实验井现场试验

为全面测试样机性能、现场适用性和可靠性，在大港科学实验井上开展了 4 井次全工况连续循环试验。

实验井上配备有完善的 ZJ30DB 钻机和北石新型 DQ40Y 全液压顶驱。可以完成各种钻井装备和井下工具的现场测试试验。

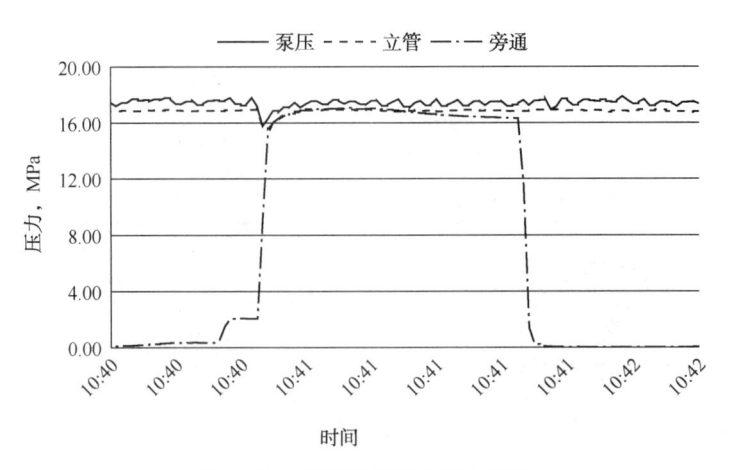

图 7-13 分流切换时的压力变化

1. 试验样机的测试试验

2011—2012 年，在实验井开展了 3 井次试验样机试验。试验前，首先进行了系统和软件调试，标定了必要的关键参数，如顶驱悬重、接头定位高度等。2011 年 10 月，在 10MPa 压力下完成带压上卸扣作业 6 次，钻杆连接正常，达到试验预期目标；2012 年 4 月，在泵压 10MPa 条件下成功完成 9 次全工况连续循环接单根作业；2012 年 10 月，首次对样机开展高压试验，在 20MPa 以上压力下顺利完成 15 次连续循环接单根操作，系统的作业能力、工作效率和可靠性满足连续循环接单根要求。试验现场如图 7-14 所示。

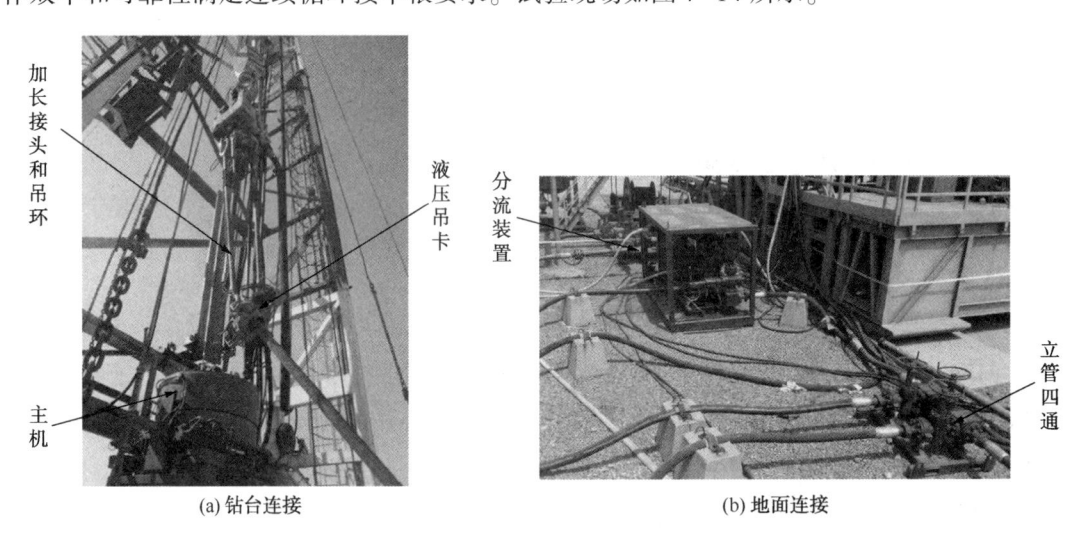

(a) 钻台连接　(b) 地面连接

图 7-14 连续循环接单根试验

2. 工业改进样机试验

2015 年 6—8 月，在实验井对工业改进样机进行测试，成功完成 40 次钻井液连续循环接/卸单根作业，其中接单根 23 次，甩单根 17 次，接/甩单根作业时间 20~30min，上扣扭矩 25~30kN·m，最大卸扣扭矩达到 60kN·m，动力钳未发生打滑，通过观察，钻杆本体上的牙痕较小，其形态与常规气动卡瓦牙痕类似，因此对钻杆本体未造成明显损伤，如图 7-15 所示。

第七章 常规控压钻井技术

在接/卸单根过程中，钻井液分流切换时的泵压波动显著减小，恢复时间明显缩短，泵压保持稳定，达到了预期效果，泵压变化如图7-16所示。

在完成液体连续循环试验后，使用车载空压机作为气源，在1~5MPa气压条件下，成功完成了6次主机静密封和11次上卸扣动密封测试，静密封和带压上卸扣时的上、下腔压力变化如图7-17所示。通过对试验过程中气压变化的分析可以看出，主机全封和下半封的静密封性能良好，充压4.4MPa后8min压力降仅为0.03MPa；而上半封的静密封性能略差，且与预紧压力、密封件贴合状态及管柱表面条件有关，充压5MPa后10min压力降为0.1~0.7MPa。带压上卸扣时，充压5MPa以上，每完成1次上卸扣操作(耗时2~4min)，压力下降最大约0.2MPa，与静密封时相比，带压上卸扣对上半封的气密封性能无显著影响。

图7-15 钻杆本体表面牙痕

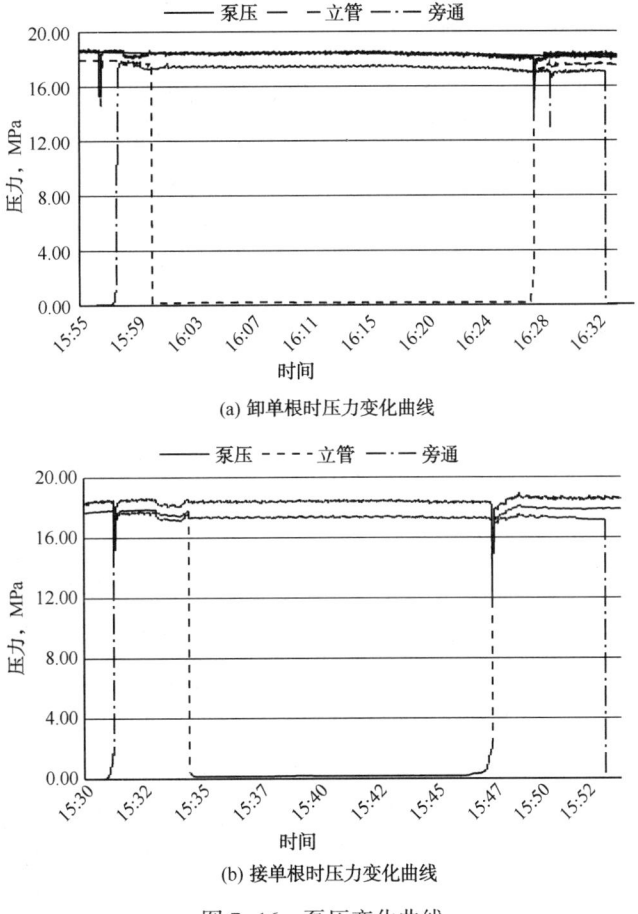

(a) 卸单根时压力变化曲线

(b) 接单根时压力变化曲线

图7-16 泵压变化曲线

实验井试验验证了工业改进样机已具备连续循环钻井和起下钻能力，另外，主机气密封性能良好，具备开展气体连续循环钻井的条件。

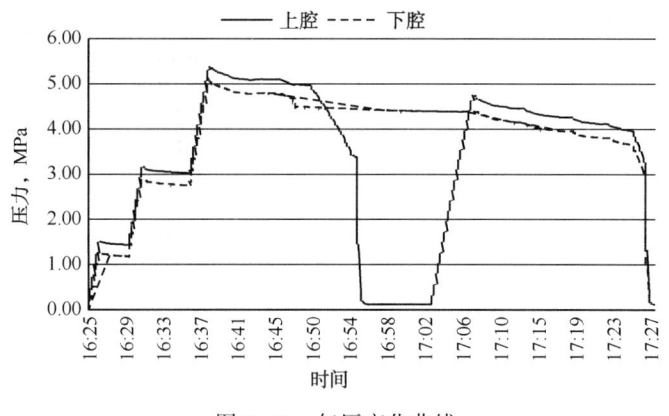

图 7-17 气压变化曲线

第二节 阀式连续循环钻井系统

一、阀式连续循环钻井系统工作原理

常规钻井时，钻井液通过钻井泵、立管、水龙带、方钻杆进入钻柱内，经钻头和环空返出，接卸单根或立柱需要停止钻井液循环。阀式连续循环钻井系统通过建立两条钻井液流动通道实现接卸单根或立柱时钻井液连续不断地注入钻柱内，从而维持了恒定的钻井循环排量和当量循环密度，避免了井下压力波动引起的一系列事故复杂的发生。

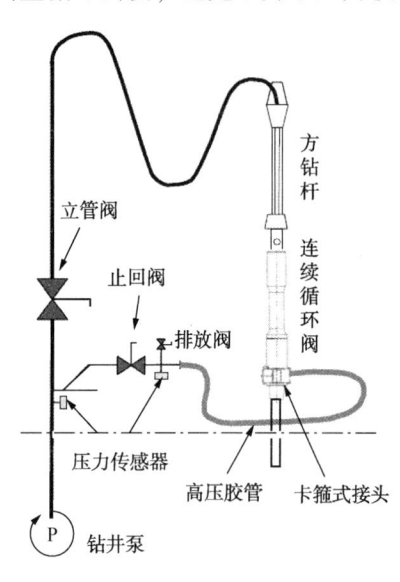

图 7-18 为阀式连续循环钻井系统工作原理示意图，管路上配备有 2in 高压软管、止回阀、排放阀以及立管阀等，在两条管路上还分别安装有压力传感器，其中止回阀和立管阀用于高压软管和方钻杆之间钻井液通道的切换，排放阀用于高压软管泄压，而高压软管通过活接头与卡箍式接头对接。

该系统具体工作原理为：卸钻杆前，首先将卡箍式接头安装到连续循环阀的旁通口上，然后将高压软管与卡箍式接头连接，在关闭排放阀后，开启止回阀向高压软管注入钻井液，当高压软管内压力与泵压相同时，打开连续循环阀侧壁上的阀门，使钻井液从高压软管流入钻柱内，同时关闭连续循环阀中心通道的阀门，截断方钻杆与钻柱之间的通道，从而实现钻井液循环通道的切换，接着关闭立管阀，截断泵与立管之间的通道，对立管泄压之后卸开方钻杆与连续循环阀之间的接头，实现卸扣。连接好新单根或立柱后，打开立管阀，当立管压力与高压软管内压力相同时，打开连续循环阀中心通道的阀门，建立泵与方钻杆之间的钻井液循环通道，同时关闭连续循环阀侧壁上的阀门和止回阀，截断泵与高压软管之间的通道，对高压软管泄压之后卸开高压软管与卡箍式接头之间的连接、卡箍式

图 7-18 阀式连续循环钻井系统工作原理图

接头与连续循环阀旁通口的连接，恢复钻进。

同样，通过相同的控制流程可实现连续循环起下钻作业的操作，实现钻井液的连续循环。

二、阀式连续循环钻井系统组成

中国石油集团渤海钻探工程有限公司研发的阀式连续循环钻井系统，主要由连续循环阀、分流管汇、分流管汇控制箱以及连接的管线和接头等组成。

1. 连续循环阀

连续循环阀（CCV）形如一个短接头，早期结构为三通球阀，主要由阀体、球阀芯（三通）和阀座等组成，如图 7-19 所示。为了便于球阀芯的安装，阀体设计为上、下阀体结构，上阀体加工有内螺纹接头，而下阀体加工有外螺纹接头，上、下阀体之间采用螺纹连接，另外，在下阀体上开有一个旁通口和旋塞口，旁通孔通过卡箍式接头与旁通管道连接，旋塞孔则用于安装旋塞机构，便于转动阀芯实现阀内钻井液流道切换。连续循环阀长约 1100mm，最大外径 8in，最小内径 $2\frac{1}{8}$in，阀体由抗拉强度为 150kpsi 的不锈钢合金加工而成，而其他部件的抗拉强度则要求达到 120kpsi。

随着连续循环钻井技术的发展，出现了多种结构形式的连续循环阀，比如后来的中心阀、旁通阀为板阀的连续循环阀等，中国石油集团渤海钻探工程有限公司研发了中心阀为球阀、旁通阀为板阀的连续循环阀，如图 7-20 所示，具有 ϕ178mm（7in）和 ϕ133.4mm（$5\frac{1}{4}$in）两种规格型号，技术参数见表 7-1，适用于钻井液钻井、充气钻井和气体钻井。该型结构连续循环阀中心水眼与钻杆水眼相当，施工过程中不影响单点或多点测斜工具的通过。

图 7-19 连续循环阀的结构组成

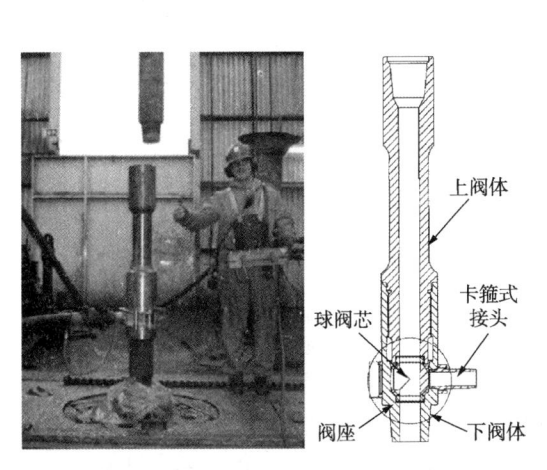

图 7-20 连续循环阀

表 7-1 连续循环阀技术参数

规格	7in	$5\frac{1}{4}$in
型号	BH-LXF178	BH-LXF133.4
本体长度，mm	760	680
本体外径，mm	178	133.4
本体接头螺纹	NC50	NC38
最大工作压力，MPa	35	35

旁通阀总成由固定在连续循环阀本体上的定位键锁定，可根据施工需要，定位键分别锁定阀堵和旁通阀阀体，有效防止工具零部件在井筒内恶劣工作环境下脱落落井，并且阀堵内有试压螺钉，在拆开旁通阀、连接旁通管线前对旁通阀的密封性进行检查，有效提高了施工的安全性。

2. 分流管汇

阀式连续循环钻井系统可以采用四个闸阀组成的分流管汇来实现流道分流切换功能。采用连续循环气体钻井时，由于气体的可压缩性，常规分流管汇即可满足要求。但对于液相或充气钻井时，常规分流管汇存在着一些不足，如当主通路循环时，从上游主干路对旁通路进行分流充填增压，此时会造成主干路大量流体进入旁通路，从而导致主通路流量减少、压力瞬降严重；或旁通路循环时，从上游主干路对主通路进行分流充填增压，此时会造成主干路大量流体进入主通路，从而导致旁通路流量减少、压力瞬降严重。因此在前期调研的基础上，中国石油渤海钻探钻工程有限公司提出了一种气液两用的阀式连续循环钻井系统分流管汇BH-FG103/35，管汇通径为103.2mm，耐压35MPa，分流管汇实物如图7-21所示，为便于安装，分为两个橇装，具体长宽尺寸为2650mm×1600mm和1050mm×650mm。

阀式连续循环气体钻井时，主通路和旁通路直接切换；阀式连续循环钻井液钻井或充气钻井时，先通过充填接头对待切换通路进行充填增压后再切换通路，实现压力的平稳过渡。

3. 分流管汇控制箱

与分流管汇BH-FG103/35相匹配的分流管汇控制箱BH-FGK21/9，能同时控制六只平板阀和三只节流阀的开、关，可在-20~60℃的环境温度下工作，针对平板阀操作输出10.5MPa，对孔板式节流阀操作输出6~8MPa，从而确保在额定工作压力下，开关液动平板阀、液动节流阀的最短时间分别不超过8s、30s。图7-22为BH-FGK21/9分流管汇控制箱实物图，其长、宽、高尺寸分别为1200mm、950mm、1465mm。

图7-21　BH-FG103/35分流管汇

图7-22　BH-FGK21/9分流管汇控制箱

三、阀式连续循环钻井工艺流程

根据分流管汇和控制箱的结构特点,针对不同的钻井循环介质类型来制定工艺流程,形成了钻井液钻井、气体钻井工况下的相应操作流程。整个分流管汇连接到现有管汇中的情况如图 7-23 所示。

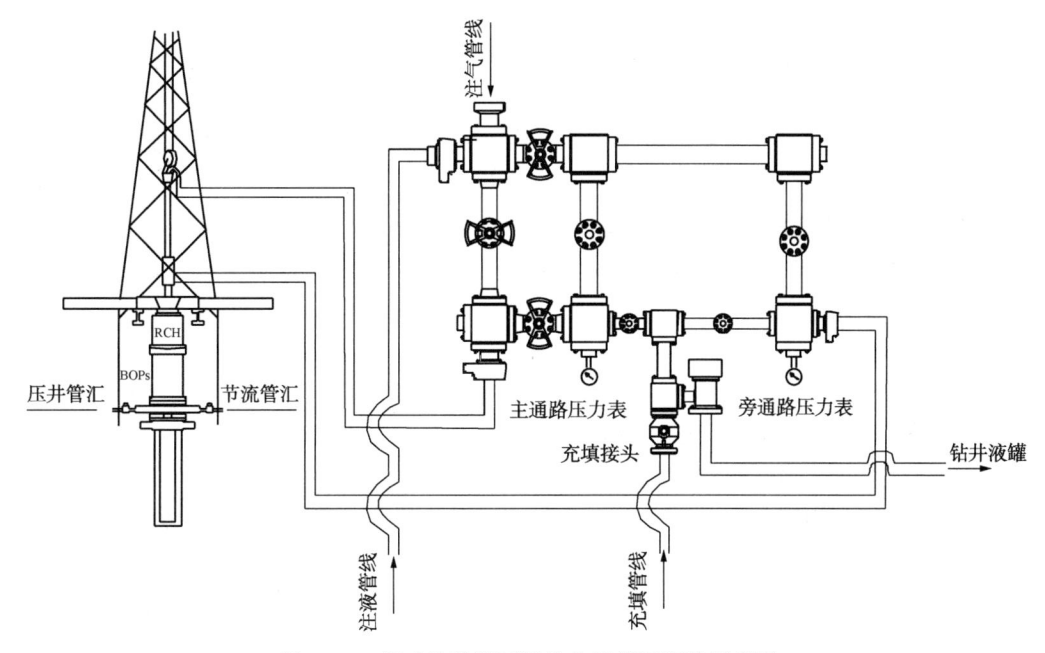

图 7-23 阀式连续循环钻井分流管汇安装示意图

1. 阀式连续循环气体钻井工艺流程

当采用阀式连续循环气体钻井时,关闭钻井泵与分流管汇之间的闸阀。接单根或立柱以及起钻时的具体工艺流程如下。

1) 接单根(立柱)

(1) 上提钻柱,坐吊卡。

(2) 测试连续循环阀的旁通阀密封性能,然后连接旁通路管线。

(3) 通过分流管汇控制箱打开分流管汇控制的旁通路,待旁通路压力表与主通路压力表读数相同时,关闭主通路和连续循环阀的中心阀。

(4) 对主通路进行泄压,待主通路压力表为零后,卸开方钻杆(顶驱)与连续循环阀的连接。

(5) 将方钻杆(顶驱)与小鼠洞内单根(立柱)相连,然后与连续循环阀对扣连接。

(6) 通过分流管汇控制箱打开分流管汇控制的主通路,待主通路压力表与旁通路压力表读数相同时,开启连续循环阀的中心阀。

(7) 关闭旁通路,对旁通路进行泄压,待旁通路压力表为零后,拆除旁通路管线,恢复钻进。

2) 起钻

(1) 上提一单根(立柱)钻具,坐吊卡。

（2）测试连续循环阀的旁通阀密封性能，然后连接旁通路管线。

（3）通过分流管汇控制箱打开分流管汇控制的旁通路，待旁通路压力表与主通路压力表读数相同时，关闭主通路和连续循环阀的中心阀。

（4）对主通路进行泄压，待主通路压力表为零后，卸开单根（立柱）与方钻杆（顶驱）和连续循环阀的连接，并吊离。

（5）将方钻杆（顶驱）与连续循环阀对扣连接。

（6）通过分流管汇控制箱打开分流管汇控制的主通路，待主通路压力表与旁通路压力表读数相同时，开启连续循环阀的中心阀。

（7）关闭旁通路，对旁通路进行泄压，待旁通路压力表为零后，拆除旁通路管线，继续上提钻柱。

2. 阀式连续循环液相钻井工艺流程

当采用阀式连续循环液相钻井时，关闭空压机与分流管汇之间的闸阀。接单根或立柱以及起钻时的具体工艺流程如下。

1）接单根（立柱）

（1）上提钻柱，坐吊卡。

（2）测试连续循环阀的旁通阀密封性能，然后连接旁通路管线。

（3）通过充填接头对旁通路进行充填增压。

（4）待旁通路压力表与主通路压力表读数相同时，打开分流管汇控制的旁通路，关闭主通路和连续循环阀的中心阀。

（5）对主通路进行泄压，待主通路压力表为零后，卸开方钻杆（顶驱）与连续循环阀的连接。

（6）将方钻杆（顶驱）与小鼠洞内单根（立柱）相连，然后与连续循环阀对扣连接。

（7）通过充填接头对主通路进行充填增压。

（8）待主通路压力表与旁通路压力表读数相同时，打开分流管汇控制的主通路和连续循环阀的中心阀。

（9）关闭旁通路，对旁通路进行泄压，待旁通路压力表为零后，拆除旁通路管线，恢复钻进。

2）起钻

（1）上提一单根（立柱）钻具，坐吊卡。

（2）测试连续循环阀的旁通阀密封性能，然后连接旁通路管线。

（3）通过充填接头对旁通路进行充填增压。

（4）待旁通路压力表与主通路压力表读数相同时，打开分流管汇控制的旁通路，关闭主通路和连续循环阀的中心阀。

（5）对主通路进行泄压，待主通路压力表为零后，卸开单根（立柱）与方钻杆（顶驱）和连续循环阀的连接，并吊离。

（6）将方钻杆（顶驱）与连续循环阀对扣连接。

（7）通过充填接头对主通路进行充填增压。

（8）待主通路压力表与旁通路压力表读数相同时，打开分流管汇控制的主通路和连续循环阀的中心阀。

(9) 关闭旁通路，对旁通路进行泄压，待旁通路压力表为零后，拆除旁通路管线，继续上提钻柱。

3. 阀式连续循环充气钻井工艺流程

当采用阀式连续循环充气钻井时，分流管汇同时与来自钻井泵的注液管线和来自空压机的注气管线相连，接单根或立柱以及起钻时的具体工艺流程与阀式连续循环液相钻井工艺流程相同。

四、现场应用实例分析

苏76-43-35井为鄂尔多斯盆地伊陕斜坡苏76区块的一口评价井，完钻层位为奥陶系的马家沟组，设计井深3230m。根据邻井资料统计，在二叠系山西组底界3181m范围内，共存在61个水层，水层累计1014.1m。

准备使用阀式连续循环钻井系统时，连续循环阀预先安装在立柱或单根上；分流管汇安装在节流管汇前面、靠近井口位置，且方便与管线平行、注气管线和立管连接；旁通管线固定在钻台上，钻台上的旁通管线连接有旁通接头；控制箱安装在钻井平台的右侧，控制箱与分流管汇之间通过液压管线和气管线相连。

1. 阀式连续循环空气钻井

2013年8月20日，在井深991~1250m井段开展了阀式连续循环空气钻井作业，分流管汇的连接情况如图7-24所示，连续循环阀工作的情况如图7-25所示。在整个作业过程中，按照阀式连续循环气体钻井工艺流程，通过操作分流管汇控制箱各操作杆控制各阀的开关，实现了气体钻井下的主通道和旁通道的切换，保证了接卸立柱下的气体持续注入，使井内岩屑持续携带出井，清洁井眼，省去注气管线在接卸单根或立柱时的泄压流程和恢复钻进时重新建立气体循环的流程，特别是在后期钻遇出水层，能够持续不断携带进入井底的地层水，避免井内地层水聚集带来的井下复杂问题。

图7-24 阀式连续循环空气钻井分流管汇管线连接图

图7-25 阀式连续循环空气钻井循环阀工作情况

图7-26为井深1222.93m时采用阀式连续循环空气钻井接立柱情况下的主通路和旁通路压力的变化曲线图，此时立管压力为3.8MPa，排量115m³/min，实测地层出水速度为60m³/h。图中带方块的曲线为主通路压力，带菱形块的曲线为旁通路压力，虚线代表整个过程中立管压力值。

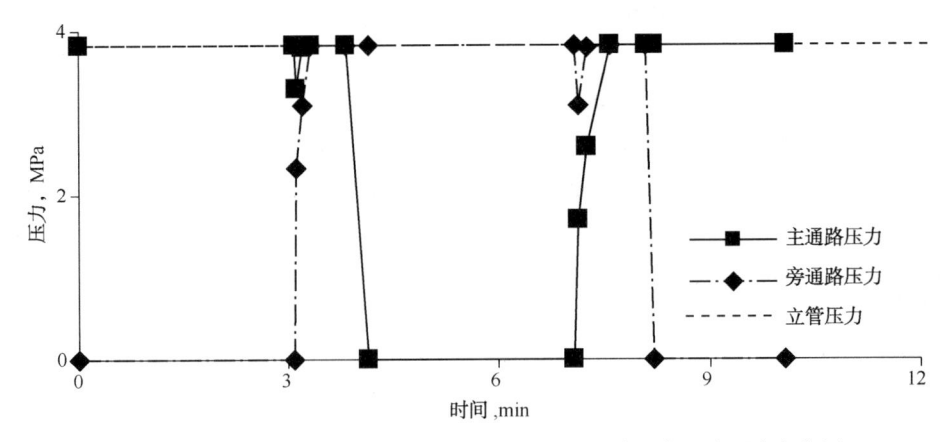

图 7-26 阀式连续循环空气钻井接立柱下的主通路和旁通路压力变化图

在图 7-26 所示的整个接立柱作业过程中，虚线代表的立管压力，其始终为 3.8MPa，实现了整个接立柱过程中立管压力稳定的目的。根据井底压力和立压的关系：井底压力=立压+气液柱压力-钻柱内压耗=套压+气液柱压力+环空压耗。所以，当立压和排量等参数不变的情况下，也就保证了井底压力的恒定，从而有效地避免了井底压力波动带来的复杂。

此时所钻遇的层段，根据地质分层应为侏罗系延安组，由邻井水层统计可知，在延安组底界存在一个厚度约为 46.5m 的水层。在实际钻进中，该地层出水大，但由于采用了阀式连续循环空气钻井技术，使在接立柱期间也能够持续携带进入井底的地层水，保障了气体钻井的顺利实施，扩大了气体钻井的使用范围。在这次接立柱期间排砂口瞬间出水情况如图 7-27 所示。

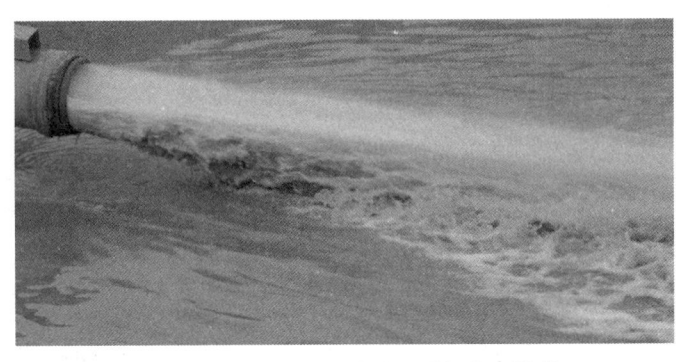

图 7-27 接立柱期间排砂口瞬间出水情况

在随后的作业中，采用了一次全井段泄压常规接立柱作业，然后再重新建立压力平衡，整个施工过程中立管压力变化曲线如图 7-28 所示。在图 7-28 中，由于停止循环时间较长，井底内聚集较多的地层水，再次注气建立循环时，首先需要长时间的举水过程，并且整个立管压力也升高到 9.5MPa，增加了地面设备和管线的潜在风险。

2. 阀式连续循环钻井液钻井

2013 年 8 月 23 日，在 1813.49~1902.43m 井段开展了阀式连续循环钻井液钻井作业（图 7-29）。图 7-30 为阀式连续循环钻井液钻井接立柱下的主通路和旁通路压力变化图，图中带方块的曲线为主通路压力，带菱形块的曲线为旁通路压力，虚线代表整个过程中立管压力值。

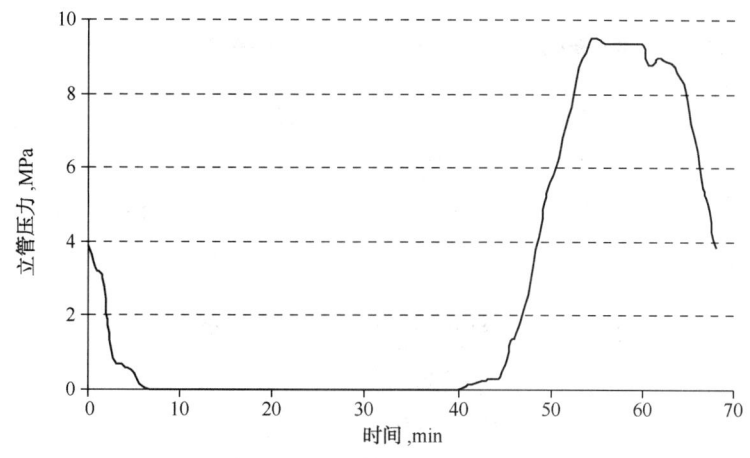

图 7-28 立管压力变化曲线

在图 7-30 所示的整个接立柱作业过程中,虚线代表的立管压力,其始终为 6.16MPa,实现了整个接立柱过程中确保了立管压力和井底压力的稳定。由于在通路切换前对预要切换的通路进行了充填增压操作,通路切换操作几乎不会引起主干路压力的波动,更不会影响到井底压力。

3. 阀式连续循环充气钻井

2013 年 8 月 24 日,在 1902.43~1962.06m 井段开展了阀式连续循环充氮气钻井作业。图 7-31 为阀式连续循环充气钻井接立柱下的主通路和旁通路压力变化图,该图与阀式连续循环钻井液钻井曲线类似,都存在充填液体后进行增压操作,从而对主干路压力不产生影响,保证了井底压力的稳定。由于气液混合在钻柱内,对管路进行泄压操作时,所需时间将比纯钻井液泄压时间要长。

图 7-29 阀式连续循环钻井液钻井

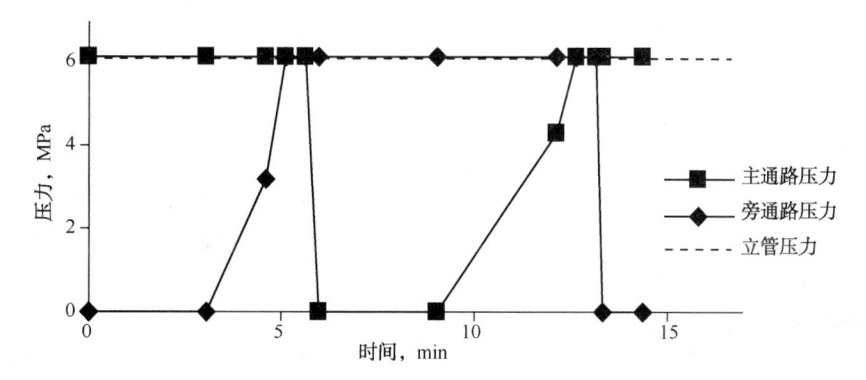

图 7-30 阀式连续循环钻井液钻井接立柱下的主通路和旁通路压力变化图

4. 应用效果分析

通过对阀式连续循环钻井系统现场使用的效果分析可知,可以得到以下结论:

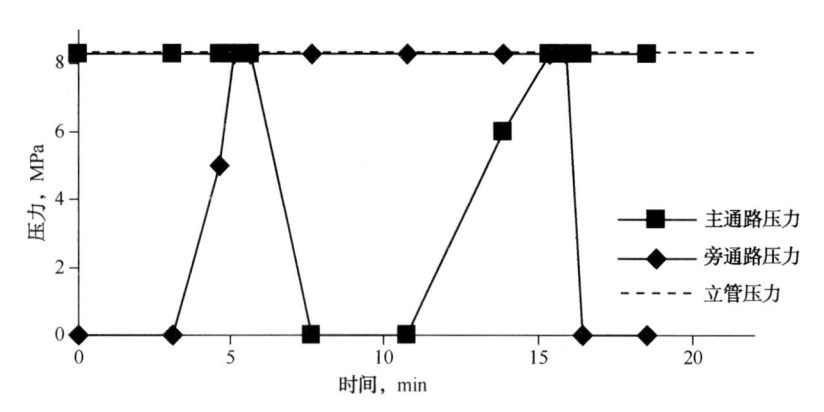

图 7-31 阀式连续循环充气钻井接立柱下的主通路和旁通路压力变化图

（1）在接单根或立柱以及起下钻过程中，无论是气体钻井，还是钻井液钻井或充气钻井，采用阀式连续循环钻井系统能够保证立管压力恒定，维持了井底当量循环密度的稳定，避免了井底压力波动引起的复杂的发生。

（2）阀式连续循环气体钻井可以持续带出进入井筒的地层水，防止地层水在井筒内聚集、浸泡井壁，以及避免了注气管线的放充气操作和重新建立循环时过高的注入压力等优点，扩大了气体钻井的使用范围。

（3）阀式连续循环钻井技术，实现了不间断携带岩屑，有效防止井壁剥落、沉砂卡钻的发生。

第三节　充气控压钻井技术

充气控压钻井技术是依靠闭合、承压的循环体系，通过压力控制设备（旋转防喷器、节流管汇、钻井泵和井下泵）及注气方法等来调节流体密度、流体黏度、流量、回压和摩擦压力，更加精确地控制整个环空压力剖面，使得地层流体有控制地进入环空。该控压钻井技术是在欠平衡钻井技术基础上发展起来的，可用于提高窄密度窗口井、易漏失井等复杂条件下的钻井安全性和钻井效益。地面通过混合器向钻井液上水管线中适当充气，利用欠平衡钻井设备和技术，能够方便快速调节环空钻井液当量循环密度，使井底压力保持在一定范围内，减少或避免上述钻井问题的发生，缩短非生产作业时间。

一、充气控压钻井装备

进行充气控压钻井时，根据所充气体介质不同，采用的装备略有不同。充空气时，需要空压机、除气器；注氮气需要空压机、空气处理系统、膜制氮总成、增压机、动力机（电驱或燃油）、混合系统等。充气控压钻井需要安装旋转防喷器、节流管汇、液气分离器，钻井液处理系统中还需要增加除气器等。

1. 充空气钻井

充空气钻井的典型设备连接如图 7-32 所示。

同常规井相比，只需增加空压机、混气器、除气器（真空或旋流式）及相应高压连接管汇、活接头（由壬）等。此外，在钻柱组合中钻头上需接一个止回阀，若干个钻杆止回阀，

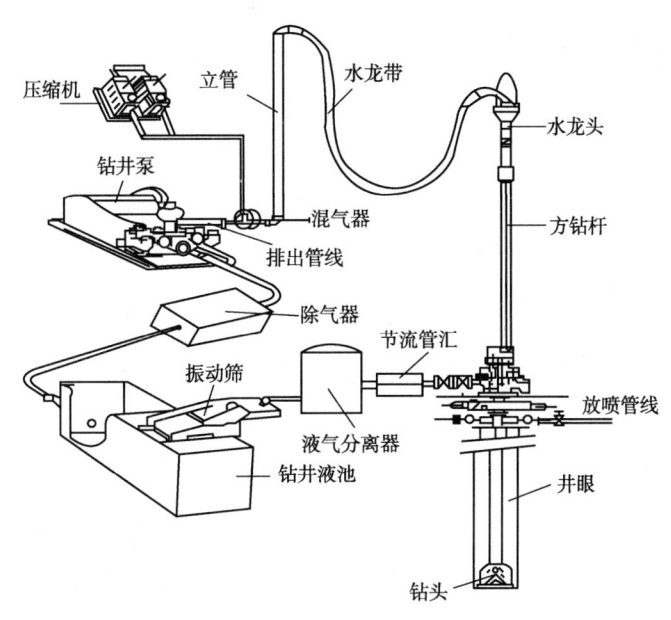

图 7-32 充气控压钻井的典型井场设备

当钻头开始钻进时从井口附近的钻杆接头处开始装起，之后每钻进 50~100m 装一个，并与钻杆旋塞配对使用，以保证接单根后迅速恢复注气和起钻泄压需要。

钻井液循环路线如图 7-33 所示。

图 7-33 钻井液循环流程

2. 充氮气钻井

与充空气钻井相比，充氮气钻井还需增加膜制氮系统，其典型设备连接如图 7-34 所示。

通常采用膜分离现场制氮系统，主要包括空压机、空气处理系统、膜制氮总成、增压机、动力机(电驱或燃油)、混合系统。现场膜制氮系统主要用于充气、泡沫钻井等耗气量不大的场合。

该制氮系统一般分车载式、橇装式、固定式三种。其核心是膜制氮总成—NPU，主要包括以下 6 部分：

（1）空气源系统：提供一定压力的压缩空气是实施膜分离制氮的前提条件，一般选用螺杆式空气压缩机来作为空气源系统，并且其容量的选择是依据最终使用的氮气纯度和气量来确定的。

（2）空气处理系统：将空气压缩机产出的压缩空气按照膜分离制氮系统的工作要求进行处理是该系统的职责，此系统中包括有冷冻除水、精过滤除液、吸附除油、精过滤除颗粒及空气温度的自控调节功能。

（3）膜分离制氮总成：该系统是空气制氮的中心环节，其使用中空纤维膜系统分离技术实施氮氧分离。

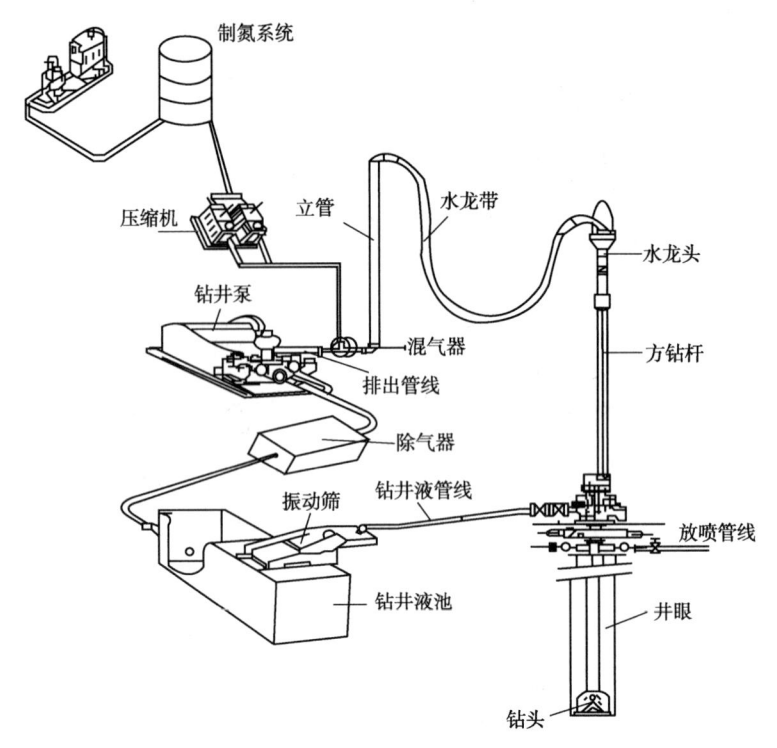

图 7-34 充氮气钻井典型井场设备

（4）氮气增压系统：这是由一个接收膜分离系统低压氮气（≤1.0MPa）的缓冲瓶和一台多级柱塞式氮气压缩机组成。根据油田不同条件的需要配置 18~35MPa 的氮气压缩机。

（5）化学剂储存计量注入系统：是由化学剂储存罐（不锈钢）和比例计量泵来组成，根据对化学剂注入量的不同要求和对注入压力的不同来配置不同容量的计量泵与储存罐。

（6）混合系统：是由气液混合器和混合管路来组成。

此外，还需孔板流量计、密度计等计量仪器。

钻井液循环路线如图 7-35 所示。

图 7-35 钻井液循环路线

二、充气控压钻井应用

充气控压钻井包括通过立管注气和井下注气两种方式来降低流体液柱压力。井下注气技术是通过寄生管、同心管、连续油管等方式，在钻进的同时往井下的钻井液中注空气、天然气、氮气。其密度适用范围为 $0.7\sim1.0\text{g/cm}^3$，是应用广泛的一种控压钻井方法。

充气控压钻井工艺与欠平衡充气钻井技术工艺基本相同，只是引入了控压钻井技术的理念，通过对井口回压的精确控制有效地控制井筒压力剖面，从而达到精确控制井底压力的目的。

与常规控压钻井的主要区别在于，常规控压钻井井筒钻井液通常为全液相钻井液，井筒内的钻井液可压缩能力有限,井筒压力波的传播速度较快,井口压力的变化对井下复杂处理的影响时效性较强;而充气控压钻井技术受井筒内流态变化及气体压缩性等的影响,井口压力变化对井底压力的影响相对较慢,在工艺效果的反应上具有一定的迟滞性,因此,需要现场控压钻井工程师能够根据实际的钻井工况,正确地判断工艺效果,合理地安排工艺措施。

充气控压钻井工艺主要应用于在全液相控压钻井技术无法实现井下压力控制的情况,以及全液相钻井液的密度不能实现控压钻井工艺的情况,例如,在异常低压地层、低破裂压力地层或低漏失压力地层等异常地层。

三、应用实例分析

充气控压钻井在塔里木油田塔中62-27井进行了成功应用。

1. 地质特征

该井区为奥陶系岩性控制的弱水驱中含凝析油的凝析气藏,无边底水,储层储渗空间以高渗孔隙性介质为主,偶有微小裂缝和微小溶洞存在。该井区礁滩复合体储层发育,塔中62-27井基质平均孔隙度范围3.28%,平均渗透率$7.433\times10^{-3}\mu m^2$;裂缝平均孔隙度0.72%,平均渗透率$0.514\times10^{-3}\mu m^2$。

该区块的储层压力系数低,安全密度窗口窄,该井的孔隙压力梯度1.18~1.22g/cm³,储层漏失压力梯度1.23~1.25g/cm³,属于压力敏感性地层,易发生井漏、井涌、井喷事故,邻井都存在不同程度的漏失和井涌现象,并且该区块内H_2S含量高,且可能存在高气油比。

因此,若采用过平衡钻井,会发生井漏和严重伤害储层;采用欠平衡钻井,虽然可以有效治漏、保护储层,但是高含H_2S,会对钻井施工造成很大的风险,所以过平衡钻井和欠平衡钻井均不适用该区块。

为了保护储层,同时又能够安全地实施钻井作业,且所在区块的压力系数比较低,所以,采用了充气控压钻井技术,钻井进尺共141.20m,钻进过程中未见到漏失和溢流情况,防漏防溢效果良好。

2. 钻井方案选择

根据该井区储层地质特征分析,由于礁滩复合体发育,地层中存在缝洞,"涌漏同层"较为普遍;钻井液安全密度窗口窄;目的层接近5000m,井底温度高达120℃以上,需要抗高温的钻井液体系;从储层流体性质分析,目的层储层属于含凝析油的凝析气藏,这就意味着钻井施工过程中,必须考虑气液两相流动条件下井筒压力与流动参数的变化特征。

水基钻井液体系经过多年的现场使用,可选用体系种类多,技术也较成熟,由于配制比较简单、方便,加上成本一般较为低廉,目前在国内外应用最为普遍和广泛;但是受到水基钻井液体系自身的限制,凡是水基钻井液,其密度都在1.0g/cm³以上,在钻遇大型缝洞型地层严重漏失时,无法满足钻井作业的需要。但如果对水基钻井液充气,则可以不受此约束的限制,其密度大大降低,并且其密度随着注气量的变化而改变,可调节性比较灵活、方便,可调范围较大,在突然钻遇高压或高气油比油气藏、井壁失稳时,可以迅速切断气源,建立环空液柱压力,恢复常规钻井作业。

综上分析,塔中62井区的储层为奥陶系礁滩复合体,属于高渗孔隙性介质,偶然有微小裂缝和微小溶孔存在的窄密度窗口钻井。故该储层适合于使用充气控压钻井技术。

3. 充气控压钻井实施方案设计

从对塔中62井区目的层地层特征、地层流体特征等因素分析，对塔中62-27井充气控压钻井方案进行计算，表7-2给出不同工程参数条件的各种方案对比。

表7-2 塔中62-27井充气控压钻井方案对比

压力系数	密度 g/cm³	排量 L/s	注气量 m³/min	回压 MPa	立压 MPa	动压 MPa	静压 MPa	方案
1.18	1.15	12	—	0.1	17.58	57.13	54.82	1. 低回压，不注气，循环时近平衡，停泵时欠压值2.6MPa
1.18	1.10	12	—	2.0	19.16	57.11	54.73	2. 中回压，不注气，循环时近平衡，停泵时欠压值2.7MPa
1.18	1.19	12	—	0.1	19.11	60.06	57.76	3. 低回压，循环时过平衡，静止时微过，压力下限
1.18	1.20	12	10	0.2	16.30	57.16	54.23	4. 低回压，循环时微欠，停泵脱气灌浆近平衡
1.20	1.20	12	9	0.5	17.08	58.05	54.95	5. 低回压，循环时微欠，停泵脱气灌浆正压差0.25MPa
1.22	1.22	12	9	0.5	17.36	59.05	55.91	6. 低回压，循环时微欠，停泵脱气灌浆正压差0.25MPa
1.18	1.18	12	9	0.5	16.82	57.09	54.03	7. 低回压，循环时微欠，停泵脱气灌浆正压差0.3MPa

充气控压钻井循环时注入气量，可以减少液柱压力以抵消环空压耗；停止注气则压力恢复；注气多少是决定液柱压力减少程度的关键。

如果没有严重的H_2S气体的风险，则可以采用良好保护储层的"微欠、近平衡模式"，即在钻进中控制为微欠平衡，起下钻过程中控制近平衡，以满足安全条件下实现良好保护储层的目的。

如果有严重的H_2S气体的风险，为防止高浓度H_2S对人员安全和钻具腐蚀的影响，则应采用确保安全的"微过、近平衡模式"，即在钻进中控制为近平衡，起下钻过程中也控制为微过平衡，以使高含H_2S的天然气不进入井筒、确保安全。

4. 配套装备

塔中62-27井所使用的控压钻井防喷器采用国外Williams旋转防喷器及配套设备，地面安装了两套节流管汇，其中低压管汇在常规钻井中使用，承压35MPa，高压节流管汇为控压钻井施工做准备，承压70MPa，其他设备如图7-36所示。

根据注气量的需要，准备了2套35MPa、15m³/min制氮车和增压车组，其中一套作为备用，注气管线采用2⅞in油管，并在现场试压28MPa不漏为合格，在注气管线上安装一套质量流量计(型号DMF-1)，以便随时记录氮气流量，氮气与钻井液通过混合器进行混合后注入井内。

5. 效果分析

该井从井深4876m开始实施充气控压钻井，钻至井深5017.20m完钻，岩性为石灰岩、

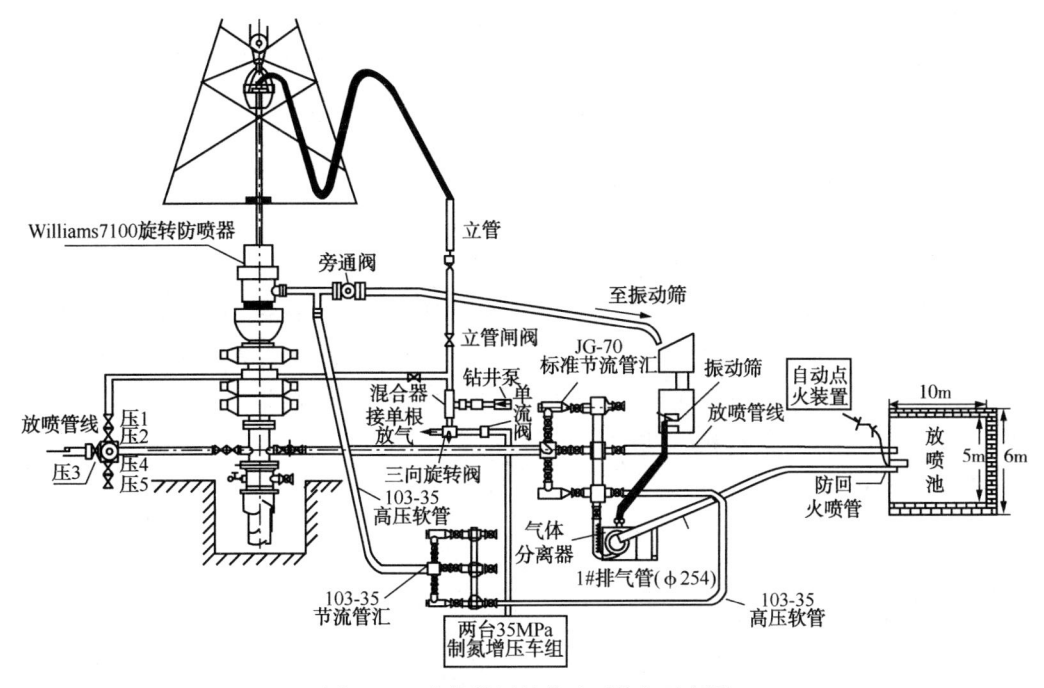

图 7-36　充气控压钻井地面装备示意图

泥质灰岩。共进尺 141.20m，其中常规钻井 99.20m，充气控压钻井 42m，间断钻进 40.5h。钻井参数为：钻压 60kN，转速 80r/min，立压 19MPa，钻井液密度在 1.18~1.19g/cm³，排量 12L/s，注氮气量 5~15m³/min。

充气控压钻井钻进井段：4929.00~4945.30m，进尺 16.30m，注氮气量 5~10m³/min；4947.00~4953.75m，进尺 6.75m，注氮气量 15m³/min；4994.00~4998.00m，进尺 4.00m，注氮气量 10m³/min；4998.00~5017.00m，进尺 19.00m，注氮气量 15m³/min。

塔中 62-27 井使用充气控压钻井克服了奥陶系窄密度窗口裂缝性油气藏"涌漏同层"的难点，使用这一设计原则，为较好解决此类钻井技术难题提供了有益借鉴。由于采用了充气控压钻井技术，同比塔中 721 井，节约钻井液 1000 多立方米，节约钻进时间一个月以上，减少了钻进过程中对地层的伤害。

第四节　双梯度钻井技术

双梯度钻井（Dual Gradient Drilling，DGD）技术是控压钻井的一种形式，它利用井筒内两种不同的环空流体密度来限制井底的总静液压力，以避免其超过破裂压力梯度。

一、双梯度钻井原理

隔水管内充满海水（或不使用隔水管），采用海底泵和小直径回流管线旁路回输钻井液；或在隔水管（套管外的寄生管）中注入低密度流体（空心微球、低密度流体、气体），降低隔水管（套管）内环空返回流体的密度，在整个钻井液返回回路中保持双密度钻井液体系，有效控制井筒环空压力与井底压力，使压力窗口维持在地层孔隙压力和破裂压力之间，克服破裂压力梯度较低的深水钻井中遇到的问题，实现安全经济的钻井。

常规钻井在井眼环空中只有一个液柱梯度，即井底压力由水面到井底的钻井液柱压力来产生，井底压力表示为：

$$p_{CD} = 0.0098\rho_{CD}H_{TVD} \tag{7-1}$$

式中 p_{CD}——常规钻井井底压力，MPa；

H_{TVD}——井总垂直深度，m；

ρ_{CD}——常规钻井液密度，g/cm³。

而双梯度钻井钻井液返回回路中将产生两个液柱梯度，从水面到海底为海水或与海水密度相近的混合流体，而从海底到井底则为高密度的钻井液。井底压力表示为：

$$p_{DGD} = 0.0098\rho_W H_W + 0.0098\rho_{DGD}(H_{TVD} - H_W) \tag{7-2}$$

式中 p_{DGD}——双梯度钻井井底压力，MPa；

H_W——水深，m；

ρ_W——海水密度，g/cm³；

ρ_{DGD}——双梯度钻井钻井液密度，g/cm³。

常规钻井技术与双梯度钻井技术原理对比如图 7-37 所示。

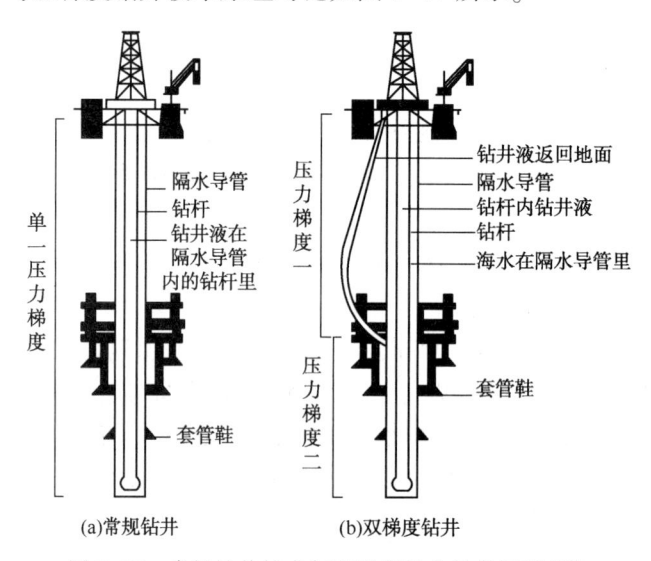

图 7-37 常规钻井技术与双梯度钻井技术原理对比

图 7-38 为常规钻井和双梯度钻井钻井液静水压力曲线图。由于深水海底疏松的沉积和海水柱作用，地层压力曲线和破裂压力曲线距离很近。常规钻井钻井液的静水压力曲线是从海面钻井船延伸的一条直线，该静水压力在很短的垂直距离上穿过钻井液密度窗口，所以很难将井眼环空压力维持在这两条曲线中间，容易发生井漏事故。因此，为了保证井身质量需要下多层套管柱。而采用双梯度钻井方法可将海底环空压力降低至与周围海水压力相当，双梯度钻井钻井液静水压力曲线是从海底延伸的一条直线，直线的斜度大大减小，因此地层压力和破裂压力之间间隙就相对变宽，有一个相对较大的垂直距离用于钻井。这样一方面可以减小隔水管的余量，另一方面，海底以上隔水管内流体密度与海水密度相等，所有的压力以海底为参考点，从而可以减少套管柱使用数量，使用小的钻井船，降低钻井费用。

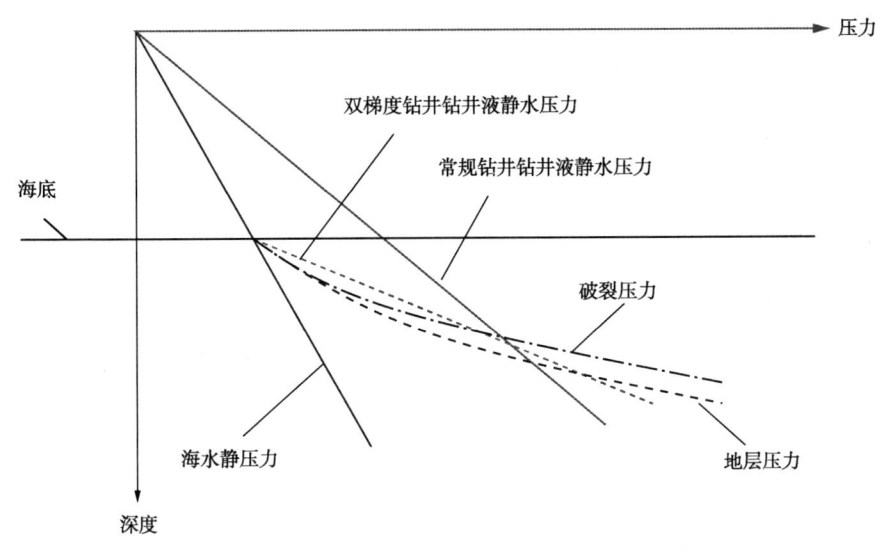

图 7-38 常规钻井和双梯度钻井钻井液静水压力曲线

二、双梯度钻井系统

双梯度钻井的方法主要分为无隔水管钻井、海底泵举升钻井液钻井和双密度钻井三类，如图 7-39 所示。其中，海底泵举升钻井液钻井方法中使用的海底泵按类型和动力又可以分为三种，即海水驱动隔膜泵、电力驱动离心泵和电潜泵；双密度钻井按照注入流体的不同又分为注空心微球、注气和注低密度流体三种方法。在海底泵举升钻井液双梯度钻井中可以使用隔水管也可以不使用隔水管。而双密度钻井方法需要隔水管，无须使用海底泵，大大减少海底装置的数量。另外，根据需要，以上方法可联合使用。

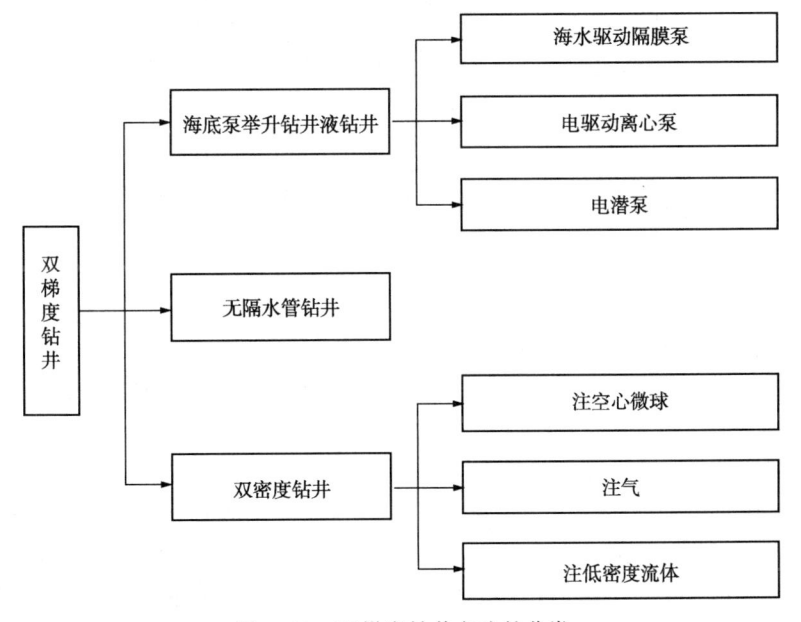

图 7-39 双梯度钻井方法的分类

1. 海底钻井液举升钻井系统 SMD(Subsea Mudlift Drilling)

海底钻井液举升钻井系统由 SMDJIP 公司研发，系统结构如图 7-40 所示。地面设备一般与常规钻井设备一样，或者经过升级改造，系统开发的关键设备和装置包括：钻井液阀、钻柱阀、固相处理装置和钻井液举升装置，其中钻井液举升装置由旋转防喷器和海底钻井液举升泵组成。在进行钻井作业时，钻井液经过钻杆、钻柱阀和钻头进入井眼环空。在海底井口的一个海底旋转防喷器分隔开井眼环空和隔水管环空，钻井液转而进入固相处理装置。固相处理装置处理包括岩屑在内所有直径大于 40mm 的固体颗粒，然后进入放置在海底的钻井液举升泵，钻井液举升泵通过单独回流管线循环钻井液和钻屑至地面进入钻井液循环池。在该钻井方法中，充满海水的隔水管可以对钻柱进行导向或者在紧急情况下备用，使得能够转换到传统的钻井方式。根据系统的硬件设备、水深、循环速度和其他意外情况，可使用多个回流管线和其他的设备。

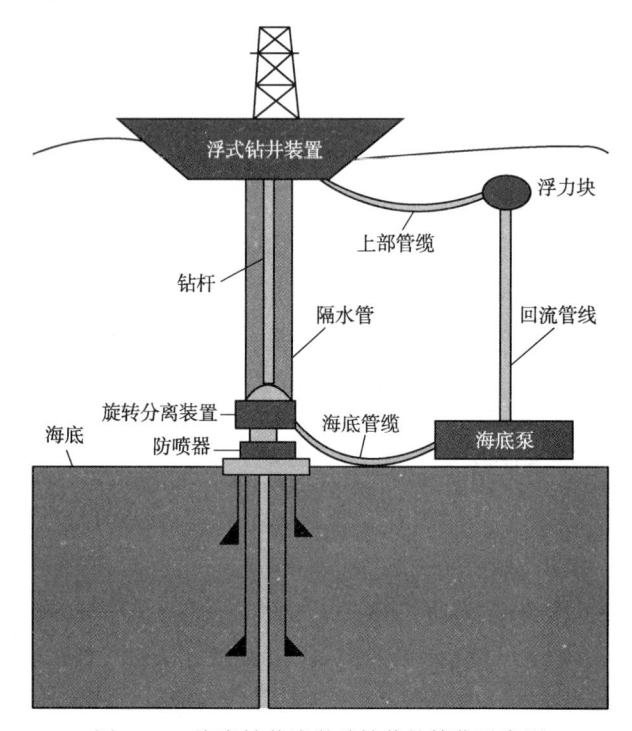

图 7-40 海底钻井液举升钻井的简化示意图

2. DeepVision 双梯度钻井系统

DeepVision JIP 公司研发了 DeepVision 双梯度钻井系统。

DeepVision 双梯度钻井系统实现双梯度钻井的原理与 SMD 相似，不同点是 DeepVision 双梯度钻井系统应用了连续管钻井技术，海底使用国民油井公司(National Oilwell)制造的电动离心泵，离心泵叶片粉碎岩屑、水泥、橡胶等，保证海底泵不被损坏。根据水深和泵的扬程的需要，DeepVision 双梯度钻井系统可以安装 3 级泵，包括 1~5 个离心泵。系统通过自动调节离心泵的速率控制井底压力。钻井液和钻屑通过隔水管外的回流管线返回海面。在 DeepVision 双梯度钻井系统中，采用旋转防喷器将隔水管和井眼隔开，隔水管内充满海水，隔水管用于下放和回收海底设备和离心泵系统，以及支撑动力和控制管缆。

利用 DeepVision JIP 公司的海底马达和离心泵，推出了 DeltaVisionTM、DeltaVision

PlusTM 两个升级方案，DeltaVisionTM 和 DeltaVision PlusTM 是将海底泵组下入到适当水深（900~1500m），补偿环空当量循环密度偏差，而不是将泵组下入海底，举升海底以上的整个钻井液柱。该升级方案具有双梯度钻井的大部分优点，同时降低系统复杂性。

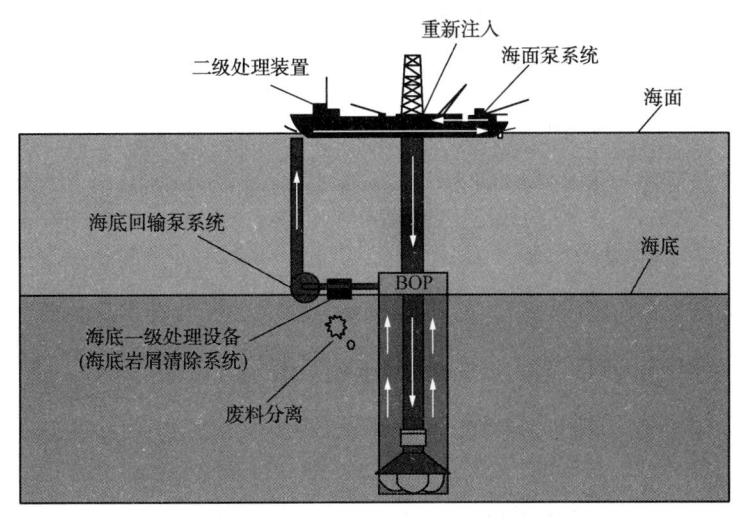

图 7-41　壳牌公司研制的海底电潜泵系统（SSPS）

3. Shell 海底泵系统 SSPS（Subsea Pumping System）

SSPS（图 7-41）实现双梯度钻井的原理与 SMD、DeepVision 双梯度钻井类似，它是在海底的井口装置（BOP 等）附近，装设一套海底回输泵系统以及海底钻井液中的岩屑清除系统。这样，自井底返回至海床上井口处的钻井液即可经清除岩屑进行一级处理后，使用海底泵通过小直径的另外一条管线，将其回输到水面平台上的二级处理装置，再对钻井液进行精细处理，然后又可使用平台上的钻井泵，将钻井液重新注入钻杆内。海底泵可以是电潜泵、隔膜泵或是离心泵。

所用的电潜泵为油田常用电潜泵，用 6 台串联水下电潜泵系统把钻井液回输到地面。系统同时包括水下固相处理装置，这套设备一方面将大的钻屑分离留在海底；另一方面，在钻井液进入海底电潜泵前破碎钻井液中外径大于 6mm 的钻屑，使返回海面的钻井液中岩屑含量少于 1%，增加了系统的可靠性。

由于该系统将大的岩屑排放至海底，破坏海底生态环境，自从在海洋钻井作业中提出"零排放"概念后，限制了该系统的使用。

4. 海底无隔水管钻井液回收系统 RMR（Riserless Mud Recovery System）

AGR Subsea 公司开发的无隔水管钻井液回收系统仍然采用海底泵，但是，去掉了海床至水面上平台的整个隔水导管，直接将钻杆穿过海水，通过海床上的井口进入井眼内钻井，故称为无隔水管钻井（Riserless Drilling）。

该系统采用重的抑制性钻井液钻上部井眼，能够收集裸眼层段的返回物，可使上部井眼的钻井液得以再次应用，并且能够控制钻屑的处理和废弃。系统包括：海底泵和马达模块、吸入和集中模块、控制下放工具以及密封装置、海底控制舱以及动力供应系统、回流管线系统、管缆绞车控制装置、意外事故应急关井控制系统等。

该系统具有的优点为：提高井眼的稳定性、减少清洗、提高具有浅层气和浅层水流动的危险地层井控能力。该系统在黑海 West Azeri 油田进行了工业应用，取得了良好的经济效益。

5. 空心微球双梯度钻井系统 HGS（Hollow Glass Spheres）

Maurer 公司研发了空心微球双梯度钻井系统，如图 7-42 所示。

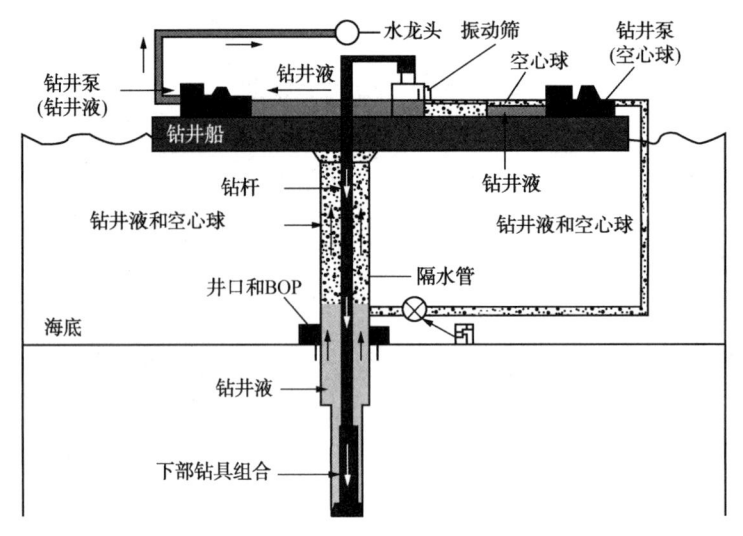

图 7-42　空心微球双梯度钻井系统

通过注入轻质空心球，改变海床以上至水面上平台处的隔水导管中的钻井液密度，使其与周围的海水密度相当，从而实现双梯度钻井。所使用的空心球的材料可以是玻璃、塑胶、合成复合材料，也可以是轻金属。空心球在水面上平台处，用泵送入到海底，再通过海床上隔水导管的控制阀，注入到隔水管的底部，即可使海床以上至水面上平台处的隔水管内环空中的钻井液密度降低，从而实现双梯度钻井，空心球自水面上传送至海底的方法有两种。

1）钻井液传送

将空心球与钻井液在平台上先混合好，然后，再通过钻井泵泵送至海底，在海床上经稀释处理后，经由隔水管的控制阀泵入隔水导管底部，即可使海床以上至水面上平台处的隔水管内环空中的钻井液密度降低，从而实现双梯度钻井。Maruer 公司研发的空心微球双梯度钻井系统（HGS）是在钻井船上分别设有泵送钻井液的钻井泵及泵送空心球的钻井泵，前者通过水龙头将钻井液经钻杆内泵入井底，后者是将混合好的钻井液和空心球泵至海床上，再经隔水管控制阀，泵入海床以上直至水面钻井船上的隔水管内与钻杆之间的环空中。

2）海水传送

以海水作为传送液，用水面平台（船）上的泵将空心球送至海床上，然后再应用装设于海床上的分离器将空心球自海水中分离出来，另用海床上装设的注入泵将空心球泵送入海床以上至钻井船（平台）上的隔水管环空中。显然，此法使用的空心球排放到周围海域，不会造成污染；而且易于实现高浓度空心球的钻井液，但是，海床上所需装备复杂，投资较大。

上述两种传送方法适用的钻井液密度不同，海水传送适合于钻井液密度大于 1g/cm^3，而钻井液传送只能适用于钻井液密度小于 1g/cm^3。

6. 隔水管气举双梯度钻井系统

隔水管气举双梯度钻井系统由路易斯安那大学（Louisiana State University，LSU）和巴西国家石油公司共同研究。该系统利用标准设备,将气体压缩输送到海底注入隔水管的底部,通过注入气体来改变海床以上至钻井船(平台)上的隔水管环空中的钻井液密度,降低隔水管中钻井液的密度,从而实现双梯度钻井。

图 7-43 是 LSU 研制出的隔水管气举双梯度钻井系统,它通过压缩机将一定量的气体(空气或氮气)自海底泥线附近,经隔水管控制阀注入到隔水管的海床以上至钻井船的环空中,从而形成气化钻井液,降低了钻井液的密度,构成双梯度钻井。

与气举相关的技术主要包括:隔水管内流体具有足够固相悬浮能力,以及井内流体在经过轻流体较大程度的稀释后其携岩能力的变化情况。

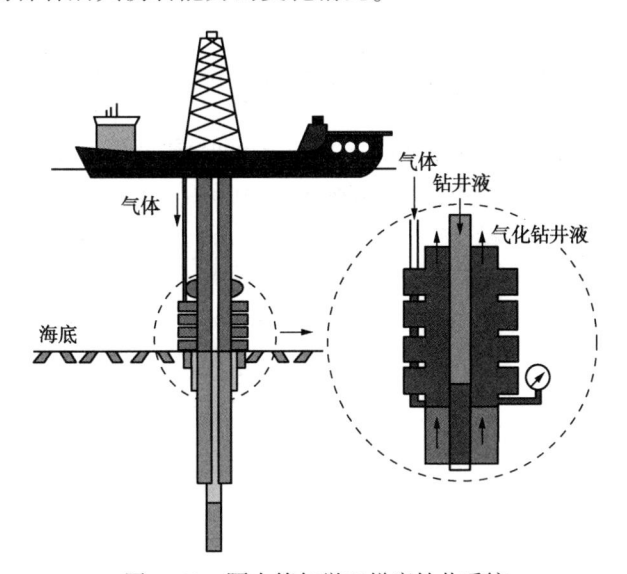

图 7-43 隔水管气举双梯度钻井系统

7. DGS 隔水管稀释系统

DGS 隔水管稀释系统应用钻井基液或钻井基液乳化剂作为低密度流体,基液通过辅助管线在海底(或泥线下)注入隔水管内,调节注入速率,使隔水管内流体密度与海水密度相当。在海面利用为该系统特制的离心分离装置分离高密度的钻井液和注入基液,该系统不需要特殊的海底装置。Shelton 开展了双梯度钻井隔水管稀释法的钻井液组分和处理方法试验研究,结果表明,钻井液性能和分离技术都能够达到现场的需求,可进行工业应用。

三、双梯度钻井优缺点分析

1. 优点

与常规钻井比较,双梯度钻井的优点主要包括:

(1) 对水深没有理论方面的限制,可应用于深水和超深水钻井;

(2) 有效地匹配地层孔隙压力和破裂压力间隙,优化井身结构,减少套管下入层数,增大生产套管的尺寸,从而提高产量;

(3) 对于浅层危险区可方便进行钻井作业和下套管作业;

(4) 隔水管需要的张紧力减小,允许现有的隔水管张紧系统用于更长的隔水管;

(5) 可扩展第二代和第三代钻机升级和承载能力,应用于较深的水域;

(6) 对环境的影响较小，降低作业成本和钻井风险。

2. 缺点

双梯度钻井技术存在如下一些缺点：

（1）需要增加新的设备，在一定程度上会增加钻井成本；

（2）相关技术不成熟，会带来一定的作业风险；

（3）检测和处理井涌会有一些困难，会出现井控等安全方面的问题。

总之，与常规深水钻井技术相比，双梯度钻井技术具有节省钻井成本和时间的优势，能以更低廉的成本、更短的建井时间和更安全的作业方式实现深水区域的油气勘探与开发。

第五节 加压钻井液帽钻井技术

钻井液帽钻井技术（MCD）是一种"钻井液不返出地面"的钻井工艺，加压钻井液帽钻井（Pressurized Mud Cap Drilling，PMCD）则是在钻井中因环空流体密度较小而需在井口施加一个正压，因此称为加压钻井液帽钻井（如图7-44所示），这也是与钻井液帽钻井的主要区别。加压钻井液帽钻井是一种控制严重井漏的钻井方法，适用于陆上和海洋油气井眼大裂缝及溶洞性等严重漏失地层的钻进作业。

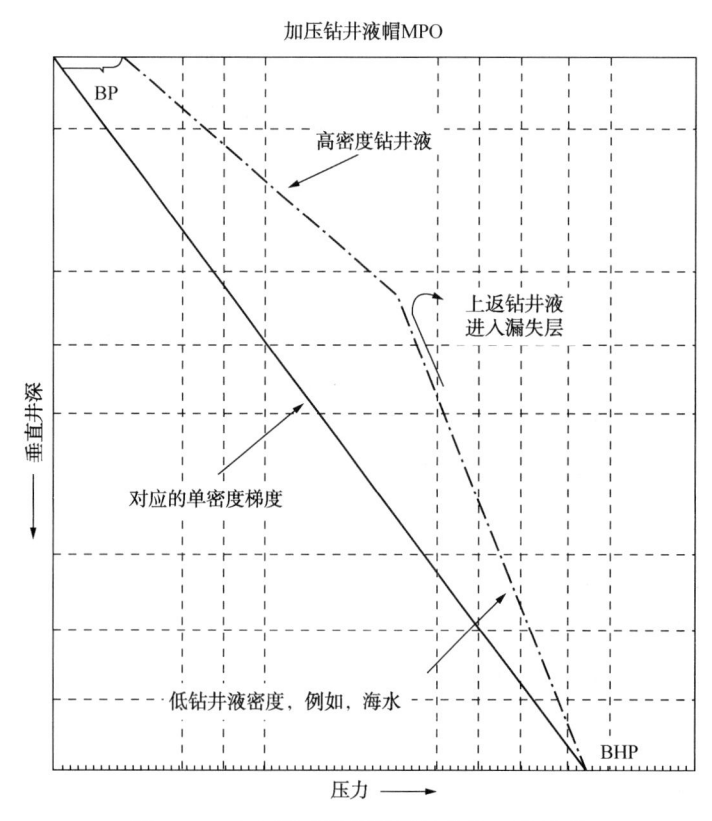

图7-44 加压钻井液帽控压钻井的工艺原理

在大裂缝与溶洞性地层钻进时，尽管液柱压力可能与地层压力相平衡，但由于钻井流体密度与地层流体密度不一致，钻井流体可能进入大裂缝底部，从而将地层流体经裂缝顶部替出,这就是置换效应,这时对于钻井来说,可能一方面地层油气连续不断地侵入井筒,同时钻井液不断漏入地层。钻井液帽钻井和加压钻井液帽钻井都适用于钻严重漏失地层,但是,若储层压力低于静水压头,则应采用钻井液帽钻井工艺,在钻井液漏失过程中,向环空打入清水,一旦侵入井眼的气体被环空内的清水压回漏失层段,即可继续钻进。然而,当储层压力高于静水压头时,就必须采用加压钻井液帽钻井工艺,利用加重钻井液来平衡储层压力。

加压钻井液帽钻井过程如图 7-45 所示,通过旋转防喷器从地面向环空上部注入液态"钻井液帽",通常,注入的钻井液已经过加重和增黏处理,注意高密度钻井液应缓慢注入环空,防止油气上窜进入环空,从而保持良好的井控状态。为了更好地携带钻屑,避免钻屑在钻头以上层段的孔洞或裂缝中沉积,在岩屑上返的同时,还需要向钻杆内注入一段"牺牲流体",它是指注入井筒但不返出的低成本流体,通常是清水或盐水,携带岩屑漏失到地层裂缝与溶洞中。若所钻地层含腐蚀性物质,则应向清水或盐水中添加缓蚀剂。

从图 7-45 看出,加压钻井液帽钻井工艺是采用相对密度较小并且无害的钻井液来钻开压力衰竭地层,然后采用高密度钻井液将低密度钻井液压入漏失层段,继续钻进,所有低密度钻井液和流入井眼的流体都被压入衰竭地层。采用这种方法,即使所有低密度钻井液都循环失返,侵入衰竭地层,也能够有效控制井眼。

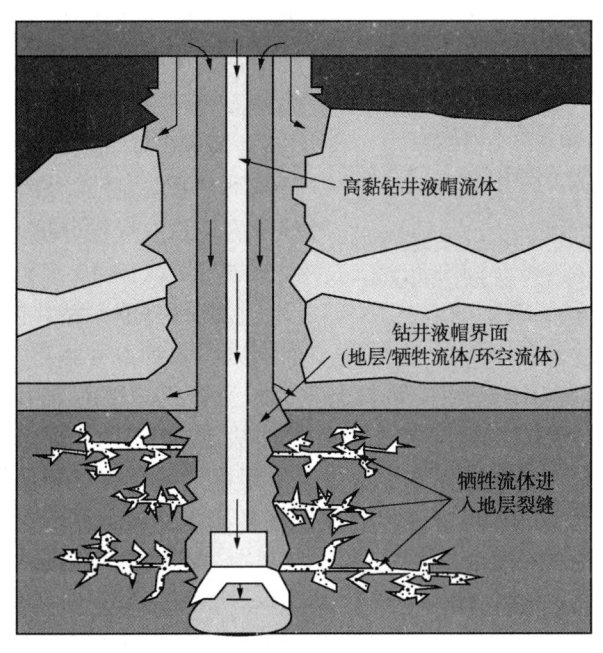

图 7-45 典型加压钻井液帽钻井方式

加压钻井液帽钻井技术可以继续降低环空压力,使作业人员能够继续钻穿裂缝地层或断层钻达最终完井井深,减少发生井下复杂情况的时间,使钻井液漏失最小化。其结果是低密度钻井液不但提高了机械钻速(ROP),而且进入衰竭地层的钻井液费用远低于普通钻井液费用。应用常规钻井技术会发生完全漏失或接近完全漏失,应用该技术不但提高了井控能力,而且对储层伤害也比较小。

控制钻井液帽(Controlled Mud Cap,CMC)钻井技术是控压钻井技术在深海应用的新发展。可以应用于深水、窄压力窗口地层、高压高温地层、高裂缝性地层以及压力衰竭性地层等。

控制钻井液帽钻井技术在操作过程中，隔水管中的钻井液液面将保持在海面以下，形成一个钻井液/空气界面。在控制钻井液帽钻井系统中安装一个水下钻井泵，通过钻井泵体系调节钻井液/空气界面的位置，以达到控制井底静水压力的目的。该界面与水下泵安装位置之间的那段环空钻井液液柱被称为"钻井液帽"，CMC钻井系统的基本工作原理是通过采用水下泵的泵压系统调整"钻井液帽"液柱的高低来控制井底压力，该系统将补偿由循环以及调整井底压力而引起的循环压耗(图7-46)。

控制钻井液帽钻井技术工艺：采用了比常规钻井密度高的钻井液进行钻井，这样可以在隔水管环空内保持一个较低的钻井液/空气界面。钻井过程中，钻井液由钻井泵泵入钻柱内，经由钻头进入环空；钻井液进入环空后，携带钻进中所产生的岩屑沿环空返回；当携岩钻井液在环空返回至隔水管短节时，由于上部"钻井液帽"与水下泵的共同作用，钻井液通过水下泵系统管线，最终回到平台。回到平台的携岩钻井液经过分析处理，再次回到钻井液池，进行下次循环。

控制钻井液帽钻井技术选用了小直径隔水管，则隔水管本身可以看作是井控措施之一，

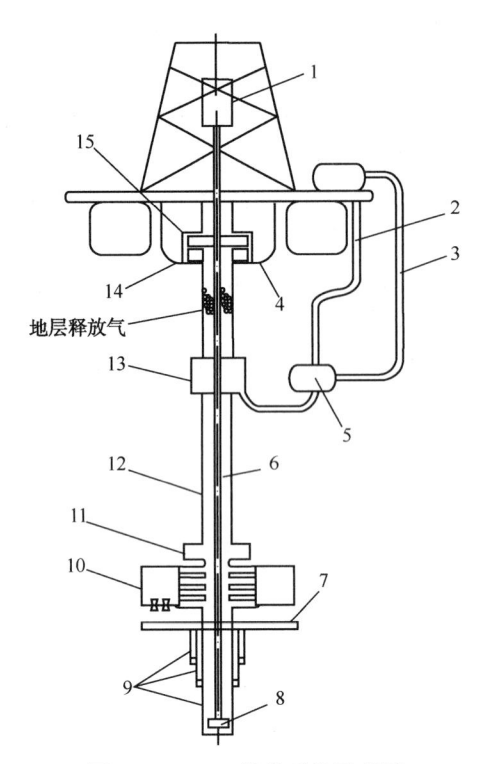

图7-46 CMC钻井系统示意图
1—顶驱；2—注入管线；3—返回管线；4—水下钻井液举升泵；5—节流/压井管线；6—钻柱；7—水下井口装置；8—钻头；9—套管；10—旁通管线；11—防喷器总成；12—隔水管；13—隔水管接头；14—水上环形防喷器；15—旋转防喷器

既减少隔水管的重量，又不用重新安装长而重的节流管线。CMC钻井系统既能当作开环循环系统操作，又可以作为闭环循环系统操作。在表面BOP的全封闭闸板完全关闭之前，CMC钻井系统作为开环循环系统操作。通过最大限度地去除气体膨胀的影响和水下钻井液举升泵系统调节"钻井液帽"在隔水管中的位置，就能快速、准确地调节井底压力，从而进行安全的钻进。

第六节 其他常规控压钻井技术

一、HSE控压钻井

HSE控压钻井或称回流控制钻井是出于健康、安全与环保的目的将钻井液返回到钻台上的一项控压钻井技术，是IADC所列举的控压钻井技术之一。使用与大气敞开的回流系统时，如果使用有害的钻井液或地层中含有高浓度的有毒气体(比如硫化氢或二氧化碳)，就会增加健康、安全与环保的相关问题。通过采用密闭的钻井液循环系统，可以减小钻井事故、地层流体、井控事故对人员、设备及环境造成的风险。一般在发生危险而被迫停钻或因

此影响开采时应用该技术。闭合式钻井液循环系统可防止任何气体从钻台溢出，尤其是硫化氢。钻井过程中如果有流体侵入，或是起下钻或接单根过程中有一些气体溢出至钻台，此时连接到振动筛的回流管线将被关闭，这些回流会立即导流至钻台的节流管汇，这样侵入流体就能够被安全控制并循环出井眼。使用旋转控制装置（RCD）可以避免关闭防喷器，将碳氢化合物释放至钻台的可能性降至最低，且在循环出侵入流体或在处理气侵钻井液过程中允许活动钻柱。

二、简易导流控压钻井技术

简易导流控压钻井技术装备成本低，易实现，适用于钻井密度窗口相对较宽及钻井安全性较高的地层。基本装备只需要一个旋转控制装置（RCD）和引导回流的连通管汇。在实际控压钻井作业期间，允许较低的溢流和起下钻余量，但在旋转防喷器下没有回压维持，如果发生溢流，依靠启用防喷器组。

流量监测控压钻井技术也属于简易控压钻井技术的一种，其特征是在钻井液出口管线上增加流量计，增强了早期溢流检测和漏失监测的能力。

三、降低当量循环密度工具控压钻井技术

井眼压力控制是钻井过程中的关键环节，在常规钻井过程中，静态和动态流体压力用来抑制地层压力并保持井眼稳定。循环时过高的流体压力能导致破裂压力和孔隙压力之间的操作安全系数降低，严重的会丧失循环。为了解决上述问题，威德福公司研制出降低当量循环密度的工具（Equivalent Circulation Density Reduction Tool，ECD RT）。当工具工作时，能降低下部裸眼段的当量钻井液循环密度，同时加重上部套管段的当量钻井液密度，保持井筒上部较高压力。

当量循环密度降低工具（ECD RT）采用钻井液驱动涡轮，涡轮将钻井液的液动能转换成旋转机械能，涡轮下部与泵相连，泵产生向上的推力，推力作用于工具安装位置以上的流体的重力和环空压耗，从而实现在循环时降低工具下部当量循环密度。该工具于2004年与2006年分别进行了现场试验，但工具的效率较低是制约规模应用的障碍。

1. 工具

工具主要由三部分组成：上部是1台涡轮马达，它从循环液中吸收液压能并将其转换成机械能；中部是由涡轮马达驱动的多级混合流量泵（部分轴向、部分径向），它抽吸环空返回的流体；下部由轴承和密封组成。泵由涡轮驱动，因此无须变速箱。钻柱和环空间的高速和高压流体由一种新型密封机构密封，该密封机构配有备用应急密封，可在需要高压差情况下自动开启。在当量循环密度降低工具的下端有两个不旋转的封隔器来提供泵体和套管之间的密封，而这些密封可以使所有的返回流体都通过泵，如图7-47所示。

降低当量循环密度工具的基本特征如下：

（1）当流量为 $0.035 m^3/s$ 时，环空中的压力上升为 3.1MPa。而环空中实际的压力上升是循环流量的函数，降低流体的流速即能相应地降低压力的上升。

（2）目前设计的降低当量循环密度工具适合在 $9\frac{5}{8}$in 至 $13\frac{3}{8}$in 的套管内应用。

（3）由于当量循环密度降低工具被设计成放置在井的上部，因此没有必要再增加它的强度。该工具主要安装在钻柱中，在钻头行程开始的地方大约深度为305m处。

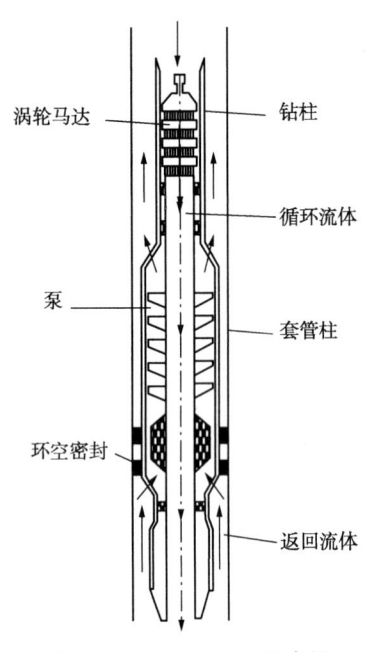

图 7-47 威德福公司的降低当量循环密度工具

（4）该工具用两个封隔器密封套管内的泵，确保所有返回的流体都通过泵。

（5）马达外径为 172mm，泵的内径为 208mm。该工具长 76.2m，用标准粗牙螺纹 NC-50 连接。

（6）能处理流体携带的钻屑。

（7）固定于泵下部的研磨机构能把大的钻屑研磨成小颗粒，避免了泵的堵塞，环流测试表明 8mm 及其以下的颗粒能顺利地通过泵。

（8）设计允许钢丝绳通过该工具收回固定于涡轮机上的分流器。

由以上几点可以明显看出，降低当量循环密度工具具有的几个特征，使其在陆地和海上钻井中均能发挥作用。与其他控制当量循环密度的方法相比，成本低廉，并且在常规钻井和遥测技术中应用时副作用极小。降低当量循环密度工具是一种轻便的设备，需要时短起钻将其安装在钻柱中即可。

2. 技术优点

（1）因为裸眼井段的当量循环密度较低，所以能防止卡钻；

（2）因为当量循环密度差的存在，能防止钻井液侵入地层；

（3）能防止发生微量过平衡钻进，因而降低了钻头的压持力，更容易清除钻头下的钻屑；

（4）提高机械钻速，其原因是降低了钻头的压持力，从而降低了一些特殊井段的钻井时间，同时也降低了钻井成本。

通过减少事故时间、提高作业效率和降低钻井液漏失，提高了油井产能。在深水钻井环境中每口井能节省数百万美元的钻井费用，从而大幅度地降低了钻井成本。与深水钻井装置的日费相比，将大幅度降低钻井费用。使用这种工具在深水环境中钻井，其钻井成本将比在浅水环境中还要低。由于提高了油井产能和采收率，所以在深水和浅水两种环境中都可以维持较高的净现值。

第七节 控压固井完井技术

精细控压钻井技术发展之初是为了有效解决钻井过程中由于窄密度窗口条件导致的涌漏塌卡等井下复杂，而到了固井完井过程，则提高钻井液密度，采用过平衡通井、电测，并使用高密度水泥浆进行固井作业，但存在较大压漏地层的风险，固井质量无法保证。随着勘探开发不断进入更加复杂、敏感的地层以及保护储层，利于后期开采的需要，逐步提出了在通井、电测、固井过程也要控制井底压力的需求，以便在尽可能的条件下保证井底压力与地层压力的平衡，减少储层伤害，实现安全、可靠的固井完井作业。

控压固井完井技术涵盖了控压通井、电测、下套管和替钻井液、候凝等过程，按施工工

第七章　常规控压钻井技术

序详细描述控制方法如下：

（1）控压通井：要求不增加钻井液密度，井筒压力控制方法与钻井过程相同。

（2）控压电测则通过重泥浆帽保持井底压力稳定，若是直井电缆测井，可通过监测井口流量变化判断井下异常的发生，若是采用存储式测井，可以实现井口控压。

（3）控压下套管目前仅适用于无接箍或者斜坡接箍套管，或者尾管固井的情况（该情况最易实现），且不能下套管扶正器，下套管至重钻井液帽底，用原钻井液驱替重钻井液完毕后，控压下套管至井底，全程流量监测。

（4）控压替钻井液是控压固井完井技术的难点，需要在固井前循环、注水泥浆顶替钻井液等过程精确动态控制，技术原理如图7-48所示。

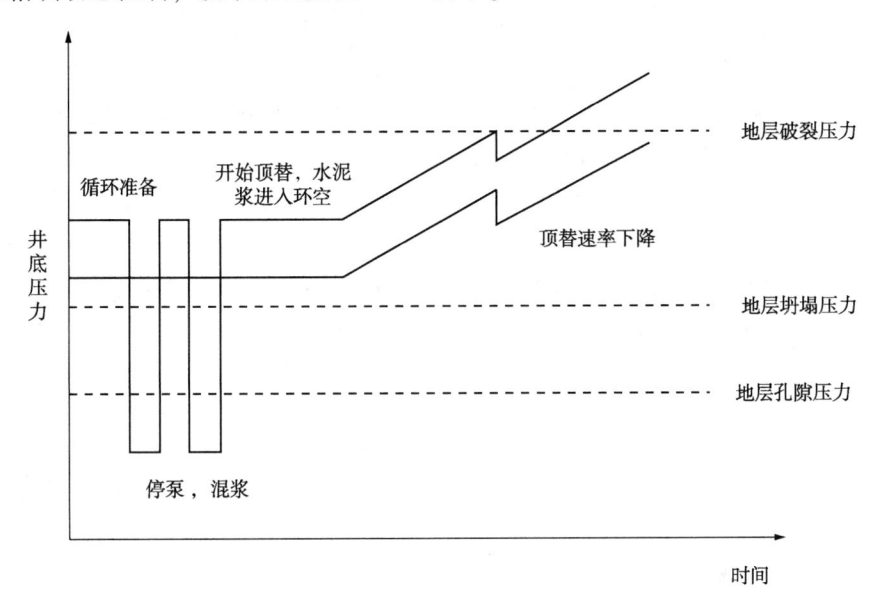

图7-48　常规固井与控压固井工艺技术原理对比

通过常规固井与控压固井工艺技术原理对比，可以发现：采用常规固井时，井口敞开没有井口回压，如果环空没有流动，环空压耗为零，水泥浆密度高了就压漏地层，低了就易引起气体上窜，很难保障固井作业的成功实施；而采用控压钻井技术时，降低了钻井液密度，也就降低静液柱压力，提高井口回压，保持适当的环空压耗，从而确保井底压力在窄密度窗口范围内，确保固井作业的顺利完成，并提高固井成功的概率。

（5）控压候凝：在候凝期间，需要保持一定的井口压力，以补偿水泥浆失重时的压力损失，可通过控压钻井井口模式持续井口补压实现，也可以通过关闭环空憋压实现。

由此，可以定义控压固井完井技术是：在钻达目的井深后，在通井、电测、固井下套管、替浆、候凝等过程中，通过精确动态压力、流量控制，精确调节井底压力，实现安全固井完井作业的技术。该技术是国际近年才开始探索应用，以威德福公司为代表，取得良好的效果，例如墨西哥湾地区在过去4年中，由于固井失败需要花费平均6天的非生产时间进行补救，有两口井进行固井补救的非生产时间达到25天，分析原因是由于在窄密度窗口条件下，仍采用常规高密度水泥浆进行固井作业，压漏地层，从而使水泥浆上返高度不够，导致固井质量差。而通过应用控压固井完井技术，成功地下入尾管和进行顶替作业，当量循环密度变化小于窄密度窗口最大允许值，没有发生井壁失稳或漏失。

控压固井完井使用的装备与控压钻进时相同,包括自动节流系统、回压补偿系统、旋转防喷器等,主要区别是井筒压力控制方法,控压固井作业不同时间段压力控制方案,包括:下尾管、顶替作业、尾管冲洗和固井候凝时的压力波动范围。下尾管设计需要确定尾管工具尺寸以及在不同井段的花费时间。顶替作业设计要确定每段井段顶替时的泵冲、总泵冲、井口回压等。固井设计要确定各作业阶段的持续时间、泵冲、泵入流体体积、累计总的泵入流体体积、顶替体积、井口回压、预计井底压力等。

控压固井不是单纯的固井作业过程压力控制,而是一种从钻头离开井底到尾管悬挂封隔完成的整个过程中控制井底压力的方法。控压固井可以降低下尾管、顶替作业、尾管冲洗和固井过程中压力波动,其技术重点在于固井顶替过程的控制,对于固井作业成功具有至关重要的影响,关键在于控制当量循环密度在井壁稳定和破裂梯度的范围内,从而确保未污染的水泥浆上返到设计井深。控压固井作业前一般要求进行地层承压试验,清楚了解地层承压上限,保障固井完井作业工作液和泵的排量设计在安全密度窗口范围内,要求达到对下尾管、顶替作业、固井作业都进行精确设计和精确施工。

控压固井完井技术已经在一定范围应用取得成功,但是仍然有很多情况无法解决,要求例如要求必须使用特殊电测工具、特殊套管,并且固井过程不能完全实现恒定井底压力控制,应用条件受到限制,应用范围也相对较窄,因此尚需开展控压固井完井技术攻关,进一步扩大控压固井完井技术应用条件和范围,提高固井完井安全,保障质量。应该针对固井完井的工艺技术,做好电测、下套管、固井等方面的配套装备、工具及软件研发,形成一整套适应现场工艺的控压完井技术与装备,主要包括:近/欠平衡控压完井工艺技术、控压完井应急处理工艺技术、井口带压密闭下电缆工具、钻杆传输密闭循环工具、适合下套管的井口密封工具以及控压完井配套软件,如控压固井设计模拟软件、控压固井自动控制软件及配套自控系统。

第八节 控压钻井配套技术

控压钻井配套技术是为精细控压钻井技术和常规控压钻井技术配套的特殊专用技术,主要包括如下一些配套技术。

(1)膨胀管和波纹管技术。使用膨胀管和波纹管治理钻井恶性井漏,可以弥补井身结构的不足,是解决窄密度窗口地层的恶性漏失和垮塌等复杂情况的有效手段之一。

(2)随钻地层压力测量装置。随钻地层压力测量是指在钻井的同时获得地层内部压力数据。随钻地层压力测量装置能够在地层刚被钻开不久时进行测量,此时钻井液对地层流体的影响较小,所得到的数据接近地层流体参数的真实值。根据测量结果并结合井眼尺寸和钻井液参数等相关因素,可以用来预测地层应力及压力特殊的层段的变化趋势,及时调整钻井作业方案,减少钻井事故的发生,也可应用于地层评价和地质导向。

(3)优质钻井液技术与高效防漏堵漏技术。开展扩大窄密度窗口和降低环空压耗的优质钻井液体系研制、高效防漏堵漏工艺与技术研究是必要的,比如可以通过研制高性能钻井液抑制水化作用、从而达到降低坍塌压力的效果,可以通过化学方法或机械工具的手段将漏失压力或承压能力提高到安全范围之内。

(4)化学方法提高承压能力技术。提高地层承压能力的井壁强化机理:在近井壁地带形成隔离层，隔开液柱压力在裂缝中的分布，井眼加固了，地层承压能力也就提高了。在钻井液中加入循环漏失堵漏剂，在漏失过程中，堵漏颗粒进入裂缝中间，填塞裂缝，提高承压能力。

（5）地层压力预测与分析技术。地层压力预测与定量确定技术作为一个钻前预测与实时监测手段，是开展窄密度窗口钻井必要的分析手段。

（6）井筒多相流分析技术。对窄密度窗口钻井中循环压耗问题，需要进行环空动态压力响应与不同工况下井筒多相流动规律研究，为环空压耗的计算与控制提供理论依据。

（7）控压钻井设计与工艺分析软件。研发控压钻井相关的设计、工艺分析、装备控制专用软件，为控压钻井设计提供指导、计算，为控压钻井施工控制提供必要的手段。

（8）实验检测平台和评价方法。中国石油集团工程技术研究院有限公司建设的控压钻井实验室是能够进行控压钻井各种工况全尺寸模拟实验和设备测试的实验室。能够对现场各种工况、工艺进行模拟实验，可以进行单元测试和整机性能测试与评价，形成一套控压钻井实验评价方法，从而为控压钻井技术培育、装备研发、整机检修及新的整机现场应用前检测、设备维修、维护保养、出厂测试提供必要的手段和条件。

第八章 控压钻井技术发展方向及趋势

历经十几年的发展，控压钻井技术从海上钻井，逐步走向陆地钻井，形成了井底压力恒定控压钻井技术、双梯度控压钻井技术、加压钻井液帽控压钻井技术等多种形式的控压钻井技术，在安全、优化钻井中发挥着越来越重要的作用，已经逐步成为一种成熟的主体钻井技术。

通过中国石油集团工程技术研究院有限公司研发的 PCDS 精细控压钻井系统的钻井实践证明，控压钻井技术越来越多地体现出常规钻井技术无法比拟的技术优势，包括：

（1）建立了多策略、自适应的环空压力的闭环实时监控系统；
（2）形成了井下和地面综合参数通信、处理、决策技术；
（3）建立了复杂工况实时判别方法及异常处理机制；
（4）井下复杂预警时间较常规钻井有大幅提高，处理也更为及时，井控风险大幅降低。

第一节 控压钻井技术与装备的发展趋势

控压钻井装备历经十几年的发展，根据应用领域、效果及经济性要求，国内外控压钻井装备日趋多样化，控压钻井技术的发展总体上有六个方向。

一、通过控压钻井实现地质、工程一体化实时分析、判断技术

1. 利用控压钻井进行动态校准、预测孔隙压力

在钻井工程中，孔隙压力是衡量井眼稳定性最关键的一个地质力学参数。以往的一些经验方法是利用地震和随钻测井数据、钻井参数来估算孔隙压力，但是由于测量参数中的干扰噪声和数据波动，以及欠压实作用下的影响，估计、预测的孔隙压力往往具有不确定性、不准确。现场通常需要采用重复地层压力测试仪（RFT，Repeat Formation Tester）或钻杆测试技术（DST，Drill String Test）来修正、校核这些经验方法，相对来说费时费力，成本高。而控压钻井技术则可以采用用动态孔隙压力测试（DPPT，Dynamic Pore Pressure Testing）方法来精确测量孔隙压力，减少由于在钻井的非生产时间进行的 RFT 与 DST 测试，从而提高作业效率和安全性。

控压钻井能实时监控环空压力，保证井底压力的精确控制，并且可通过闭环循环系统准确监测钻井液的回流。井底及环空压力的精确控制是通过实施井口回压实现，使用的高精度自动节流阀，由自动、闭环控制系统操纵完成。而钻井液返回流量、温度和密度则是使用科里奥利流量计测量，并且立管压力和井口回压是采用精密数字传感器进行测量。

控压钻井不需要停止循环即可重复进行地层完整性测试（FIT，Formation Integrity Test）和孔隙压力测试（PPT，Pore Pressure Test）。执行动态 FIT 和 PPT 可以确认井下压力安全区间，即保持不漏失的压力上边界和不溢流的压力下边界，而不会导致钻机停钻等待，节约非生产时间。通过逐步增加井口回压进行动态 FIT 测试，检测整个裸眼井眼的完整性，直到压

力到达预定的设定点，同时持续监测钻井液返回流量。如果观察到发生钻井液漏失，则减少井口回压，井下随钻测量工具提供发生微漏失时精确的井下压力。在动态的 PPT 测试中，类似地，表面压力逐步从初始设定点降低至观察到微小的涌入，并且是持续的井涌现象。在 FIT 和 PPT 两类测试中，保持钻井液连续循环，通过随钻环空压力测量工具(PWD, Pressure measurement While Drilling)读出井下压力数值，验证、提高地层孔隙压力和有效破裂压力的测量精度。

目前现有的孔隙压力预测方法处理孔隙压力与水平载荷的关系同孔隙压力与垂直载荷(欠压实)的关系类似，两种方法的主要区别是剪切应力参数，在可压缩的地层，当水平载荷增加，超过弹性极限发生剪切，然后作用在圈闭孔隙和流体上。

通过控压钻井进行 DPPT 测试所得到的孔隙压力值，可用于反算解决预测孔隙压力方法所需的系数。此外，正常压实趋势线也可以从真实的孔隙压力测试中反算出来。而且，使用 DPPT 测试可将现有孔隙压力预测中求取正常压实趋势线的不确定性因素去掉。对于渗透性地层，如未胶结砂岩，若静液柱压力相对地层压力偏低，地层流体流入井眼将导致发生溢流，需要通过控压钻井地面数据，如井口回压以及气测值、钻井液返出量进一步分析；对于低渗透地层，如页岩的孔隙压力预测需与岩石物理分析的测井数据结合，可采用伊顿 D 指数法预测页岩和页岩型砂岩地层孔隙压力，并将计算结果结合控压钻井的 DPPT 数据进一步校核、分析、预测。因此可以看出：控压钻井动态校准、预测孔隙压力的方法可实现更系统和定量地进行地层压力校核与预测。

2. 地层涌漏等井下复杂早期诊断处理

钻井井下复杂主要包括井涌、漏失、水眼堵塞和井眼清洁等问题，可能导致严重工程和经济损失。控压钻井由于通常在窄密度窗口地层作业，意味着比常规钻井可能会更频繁遭遇井下复杂，甚至是事故，若是处理不当，将会产生更严重风险。因此，应对井下钻井复杂的早期检测，建立相应处理方法对保障控压钻井作业可靠性和安全性至关重要。

因此，考虑建立一种对井下事故早期检测、定位新方法，主要从三个方面着手：一是分布在有线钻杆上的多个压力测量仪监测；二是井下压力水力模型诊断；三是不同井下复杂、事故的监测、统计分析方法。通过使用监测、统计分析方法，可在井下复杂、事故发生的一个非常早期的阶段，监测并确定它们的位置。而钻井过程中，微小数据变化容易被测量噪声覆盖，作业人员进行人工井下复杂判别是非常困难。

该方法已成功地在挪威的 Stavanger 进行了测试，在一个 700m 深的井眼中模拟以下多种井下复杂：钻柱刺漏、钻头喷嘴堵塞、溢流和漏失。在测试中，以上井下复杂在早期阶段被成功地检测到。测试中所开发的检测、定位方法均可以用于控压钻井和常规钻井。

1) 建立在有线钻杆上的多个压力测量仪

为了控压钻井井下事故早期检测，设计有关检测、定位有线传感器布置图如图 8-1 所示。

通过以上设计，可以实现检测溢流、漏失、钻柱刺漏、钻头喷嘴堵塞和沉砂堵塞井下复杂情况。

(1) 溢流。在储层裸露井段(套管鞋以下)可能会发生井筒内压力下降到地层孔隙压力以下，地层气体或液体流入井筒。通过使用泵冲计量和井口返出钻井液流量测量，比较两者之间的差异，可以判断是否发生溢流。另外一项重要的溢流指示是钻井液循环罐的体积的变化。其他一些次要判断，依次包括钻具放空，即钻速的突然变大，以及钻井泵压力的变化，

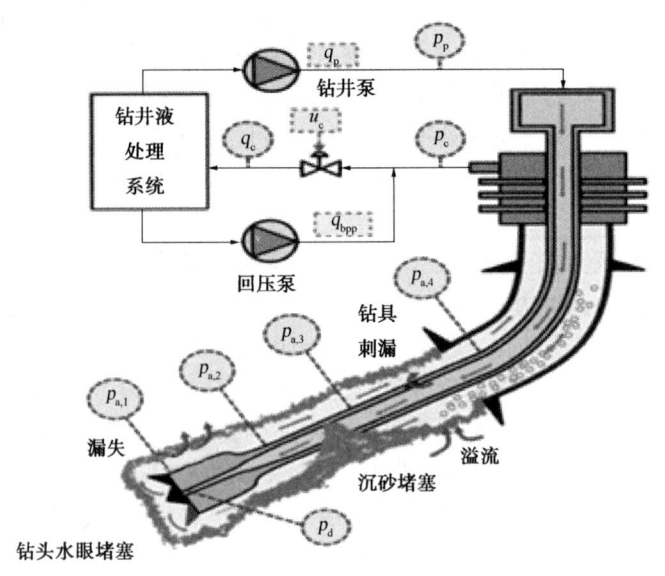

图 8-1　控压钻井有线传感器布置图

注：p_{ai} 为井筒环空压力，p_d 为钻柱底部压力

但这也可能是由于钻柱刺漏造成。若是常规钻井检测到溢流，钻井队则需要关井，停泵和关闭防喷器，然后按照井控要求操作处理，包括循环排气、替换较重钻井液压井等，严重减缓整体钻井进度。而控压钻井则不需要进行如此烦琐的操作，通过调节井口回压即可控制溢流，不需要压井作业，大幅提高钻井效率。

（2）漏失。如果遇到高渗透地层、裂缝性地层会发生钻井液往地层漏失，或产生过高井筒压力，若是进入油气储层，则会导致产层伤害。漏失现象与溢流相反，因而许多溢流检测方法适用于检测漏失。漏失量通常是由钻井液泵入的量和返出量差异来确定，从钻井液池的变化也可以看出。寻找漏层方法：通过在井内的有线钻杆运行的温度记录装置，记录钻井液的温度变化的影响；使用放射性示踪剂调查；扭矩检测，旋转扭矩变化也可能意味着井漏。所有这些方法都是耗时的，需要停止正常的钻井操作，基于这一情况，需要寻求可以用于实时在钻井过程中找到漏层的位置，而不干扰正常钻井运行。

（3）钻柱刺漏。钻柱可长达几千米长，承受高扭矩和高转速，随着时间推移可能产生疲劳损伤，形成裂纹和孔洞等情况，预示钻柱的耐久性受到严重受损。如果未经处理，这些弱点可能会导致钻柱刺漏，甚至是脱扣，损失严重。如果疲劳在断裂前检测到，称为破前漏状态，费用可能仅是十分之一。对于钻柱的刺漏，钻井液是从钻柱向环空泄漏，因此可监测压力变化提前判断刺漏，减少、避免昂贵的成本损失。

（4）沉砂堵塞。钻井液携带岩屑碎片沉积集中在某段钻柱周围，无法循环出井筒，可能部分影响甚至限制循环，引起卡钻，并增加了裂缝形成的可能性。产生沉砂堵塞原因可能是松散的钻屑或松散地层砂崩塌进入井筒、片岩和页岩制约钻柱的运动与钻井液循环流动、钻柱振动和超高压页岩钻具周围地层的坍塌。为了避免岩屑（粉碎形成颗粒）把周围的钻柱卡住，可以提高旋转速度和循环钻井液排量，但是这样可能会增加钻具刺漏，甚至完全脱扣、断落的可能性。

（5）钻头喷嘴堵塞。钻进时，微小颗粒可能进入钻头水眼，可能部分或完全堵塞一个或几个水眼，增加钻头的压力降，从而增加泵压。然而井筒压力是不变的，所以这项井下复杂的严重程度和上述井下复杂相比没这么严重。如果监测钻头水眼堵塞，作业人员采取相应的措施即可。

2）井下压力水力模型诊断

该模型与仪器测量值一起使用，确定所述钻杆内、环空压耗，而环空监测采用自适应理论。有线钻杆测量的测量参数 $p_{a,1} \sim p_{a,4}$，诊断函数式如下：

$$y = [p_p, p_c, p_d, p_{a,1}, p_{a,2}, p_{a,3}, p_{a,4}, q_p, q_c, q_{bpp}]^T \tag{8-1}$$

假设钻柱内和环空都是湍流，使用下面简单摩擦模型：

$$F(q) = (f_d + f_b + f_a) q^2 \tag{8-2}$$

式中 q——钻井液循环流量；

f_d、f_b、f_a——分别为钻柱内、钻头水眼和环空的摩阻系数。

测量压力、流量和估算的摩阻之间的关系通过下式给出：

$$p_d = p_p - f_d q^2 + G_d \tag{8-3}$$

$$p_{a,1} = p_d - f_b q^2 \tag{8-4}$$

$$p_{a,1} = p_c + f_a q^2 + G_a \tag{8-5}$$

式中 G_d——钻柱内流体静压力；

G_a——环空压力。

有线钻杆的环空压力传感器压力测量值和循环摩阻之间的关系参数由下式给出：

$$p_{a,i} = p_{a,i+1} + f_{a,i} q^2 + G_{a,i} \tag{8-6}$$

式中 $G_{a,i}$——传感器 $p_{a,i}$ 与 $p_{a,i+1}$ 之间的流体压力；

$f_{a,i}$——摩阻系数。

在环空四个压力传感器，由下式可以估计未知的摩擦系数的矢量：

$$f = [f_d, f_b, f_a, f_{a,1}, f_{a,2}, f_{a,3}, f_{a,4}]^T \tag{8-7}$$

泵排量 q_p 与节流阀出口流量 q_c 间的差，$\Delta q = q_p - q_c$，用于监测不同的井下复杂与事故。

3）井下复杂、事故的监测、统计分析方法

对于一个正态分布噪声信号时，统计参数为均值和信号的方差，井下复杂、事故的监测、统计分析方法使用估计 θ、摩擦系数 f 衡量 Δq 的方法来监测突发变化。此外，系数 f 和流量 Δq 值怎样变化取决于正在发生的突发情况的类型，使得有可能确定应变的类型。

如果估计的摩擦参数和流速的噪声为正态分布，可以使用数据长度为 N（GLRT 法）进行检测 θ 平均值的变化，如：

$$g(k) = \sum_{i=k-N+1}^{k} (\hat{\mu}_1 - \mu_0)^T S^{-1} [\theta(i) - \frac{1}{2}(\hat{\mu}_1 - \mu_0)] \tag{8-8}$$

$$\hat{\mu}_1 = \frac{1}{N} \sum_{I=K-N+1}^{K} \theta(i) \tag{8-9}$$

式中 $\hat{\mu}_1$——信号的估计的平均矢量；

μ_0——已知的改变前的 θ；

S——已知的协方差矩阵。

如果 $g(k)$ 是高于某个阈值 h，就检测到变化：

$$g(k) \leq h, \text{无变化}$$
$$g(k) > h, \text{改变} \qquad (8\text{-}10)$$
$$g(k) < h, \text{无变化}$$

式中 h——误报率指定概率，通过使用 $g(k)$ 的统计分布来估计 θ，被称为"无故障的情况下"，h 值可以计算出来。

漏失会造成环空压耗的降低，钻井液相对以较低的流速流出井口；在钻头以上钻柱刺漏将会减小钻柱内摩阻压耗，这是由于在钻柱中部向环空泄漏一些流量；溢流侵入时将会有比入井更高流量出井；井内的压降取决于井的几何形状，垂直井段压降降低取决于较低混合物密度影响，而水平井段由于较高密度岩屑滞留将增加摩阻；钻头水眼堵塞会增加钻头上的压降，而沉砂阻塞作用增加环形空间中的摩阻。为了确定井下复杂、事故的位置，环空摩阻系数的改变见表 8-1。

表 8-1 不同流量和井下复杂条件对应的环空摩阻系数

井下复杂	f_d	f_b	f_a	$q_c - q_p$
钻井液漏失	0	0	−	−
钻柱刺漏	−	−	−	0
气侵	0	0	+	+
喷嘴堵塞	0	+	0	0
沉砂堵塞	0	0	+	0

注：增加(+)，降低(−)，不变(0)。

总之，现有的早期井下复杂、事故监测、分析方法有效避免复杂、事故的发生是有困难的，甚至不可能，而且，持续监控大量的参数对作业人员也是非常繁重的工作。通过控压钻井技术建立地层涌漏等井下复杂早期诊断处理方法，基于简单的力学模型和监测、统计、分析方法，可成功识别溢流、漏失、钻柱刺漏、钻头喷嘴堵塞和沉砂堵塞，减少、避免钻井巨大损失。

二、优化控制，向着智能控制钻井技术发展

利用机械比能法 MSE 技术进行优化，包括振动分析、钻速分析、破岩效率分析、钻头状态分析；形成综合优化技术分析，包括欠平衡控压钻井对提速的贡献、钻压/扭矩/钻井液排量/泵压对提速的影响等。

1. 实时钻井特性研究与优化设计

缝洞型碳酸盐岩地层是一种非常特殊且有窄密度窗口特性的地层，例如孔隙压力接近漏失压力和破裂压力，甚至在一些情况下破裂压力非常接近孔隙压力。在实践中，这种裂缝漏失会导致气体涌出。由于气体沿环空的移动速度比液体快，在小的漏失条件下返回的流量较大，以至于操作人员往往被气体溢流迷惑而没有被识别出。因此，若使用的控制方法是不正确的，可能会导致井下复杂。据分析在碳酸盐岩地层中两种典型的气侵：一种由重力置换引起的气侵，另一种由欠平衡压力引起的气侵。PCDS 精细控压钻井的实践证明：控压钻井能通过增加井底压力来分辨由欠平衡压力引起的气侵及由重力置换引起的气侵这两种不同的气侵。

第八章 控压钻井技术发展方向及趋势

为了提高油气发现，设计靠近裂缝或缝洞型碳酸盐岩地层的井眼轨道。但如果轨道设计进到了大型洞穴，就会引起严重的井漏。设计原则需要考虑遇到缝洞型碳酸盐岩地层钻井难题，特别是压力敏感、窄密度窗口等问题，因为很难对气井进行井控和防止硫化氢出来。有时，"涌漏共存"经常发生，关键是要分析压力控制曲线(图8-2)进行随钻预调整，并根据实时监测和控制压力得到的实际压力环境对井底压力进行调整。

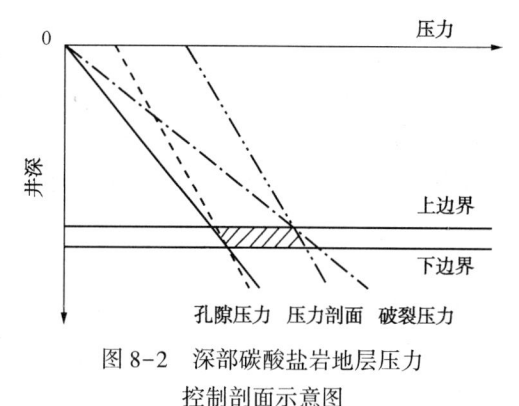

图8-2 深部碳酸盐岩地层压力控制剖面示意图

针对窄密度窗口，选择精细控压钻井装备，应该包括自动节流系统、回压补偿系统和控制中心等部分。另外，控压钻井装备还必须具有一些特点，如：高速网络、先进的实时水力计算方法、简单有效的控制系统和自动控制方法。在缝洞型碳酸盐岩地层中应用控压钻井技术必须有效解决一些特定的钻井问题，如沿井眼轨迹提高压力分析与预测精度。控压钻井设备必须有更准确地控制环空压力的能力，根据储层特征采用更积极的压力控制方法。为了解决碳酸盐岩钻井问题，必须明确控压钻井技术总体策略。PCDS精细控压钻井系统经实践，已经明确了控压钻井技术总体策略，如图8-3所示。

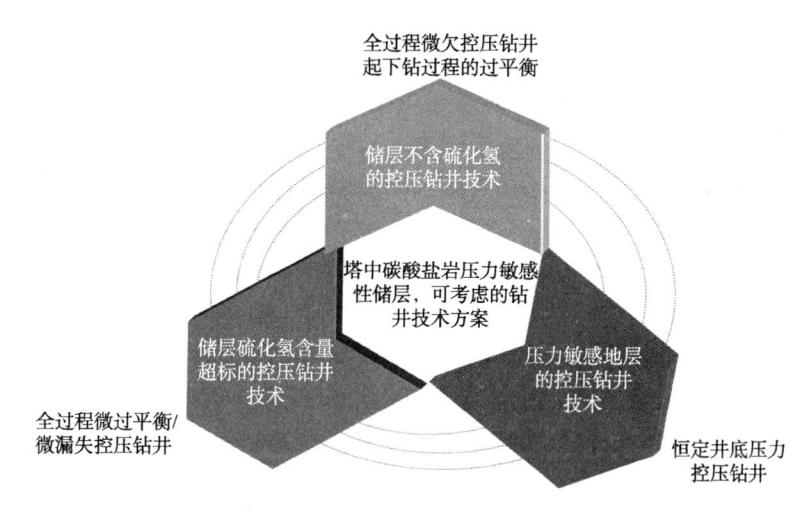

图8-3 根据不同的碳酸盐岩地层情况选择控压钻井施工方法总体策略

在现场施工中，控压钻井作业需要面对很多异常情况，包括井涌、漏失，或涌漏并存、起钻或者下钻速度等，但最重要的是实现有效延长碳酸盐岩窄密度窗口水平井段长度，需要考虑以下因素：

(1) 安全密度窗口；
(2) 旋转防喷器的容量；
(3) 循环总压力损失应小于泵的额定压力；
(4) 窄密度窗口的位置在水平段；

(5) 可能的多重窄密度窗口。

建立了基于钻井水力学的最大水平延伸长度计算模型，并对影响水平段长度的因素进行了综合分析。研究表明，水平段长度取决于钻井液密度、钻井泵额定压力、井口设备和地面节流管汇等。

在现场应用中，机械比能法（MSE）是一个实时的显示和分析方法，目的是更高效地使用钻头破碎岩石。通常情况下，操作者可以通过控制钻压和转速保持MSE最小值来实现最大的钻速。

但是，在长水平段和窄密度窗口的深层碳酸盐岩地层，这种方法不适用，需要把机械效率系数调整成与水平长度成反比，以提高应用水平。

2. 实时综合优化钻井分析与程序

它是根据井底压力的特点，对井底压力的影响因素进行分析。井底压力的影响因素包括可控钻井参数和地质因素。可控钻井参数包括水力参数、井身结构、不同工作条件、地面设备等；地质因素主要包括岩性、储层物理性质、地层温度和压力。

对欠平衡和重力置换引起的不同的气侵进行分析，井底压力与地层压力之差值导致欠平衡压力气侵。如果侵入的流量大于正常流出的流量，可能会在井筒中发生井涌。当气体从储层流入井筒超过1000m以上时，这些气体可能在井筒中膨胀，同时，气体体积增加使流量增加，钻井液池体积增加。但如果提高井筒回压，这些数据可能下降。由计算机模拟计算出结果与控压钻井测得的结果相一致。控压钻井的溢出检测能够准确地检测到井涌，计算机模拟结果具有可靠性，这些可以帮助发现和控制溢流。

当发生由重力置换产生的气侵时，井底压力下降，钻井液量减少，更多的气体涌入，钻井液量越减少，井底压力变得越低；但是，对于欠平衡造成气侵，它将导致井底压力降低和钻井液池液面增加，欠压值越大，井底压力下降越快，钻井液池液面上涨越快。

分析由欠平衡压力产生的气侵和重力置换产生气侵的特征，初始状态是过平衡压力，气侵只由重力置换造成。但在之后的某个时候，它应该由重力置换气侵转变为欠平衡的气侵，可以通过寻求自动设定点的平衡压力来判断转折点。

总之，建立新的综合优化钻井设计应比常规钻井设计包括更多的内容，包括：设计井基本信息、井口装置、控压钻井流程图、钻具组合要求等。通过增加额外的内容，主要包括加长水平段的横截面沿最大储层接触面积的水力学模拟，实现控压钻井前期工作、正常和异常状况操作流程和实时参数优化程序，使其逐步发展成为一体化智能优化控制技术。

三、与井控技术逐步融合，逐步发展为控压钻井井控技术

常规钻井当发现溢流时，需立刻将钻柱提离井底、中止循环、关井检查，然后根据溢流情况及井底压力变化制定压井方案进行压井作业。若实施控压钻井作业，即使发生溢流，溢流通常更小，并且可以更快地得到控制，通过控压钻井装备将侵入钻井液循环出井筒，而不需要中断钻井或停止循环。控压钻井技术与井控技术有许多共同之处，未来与井控方法逐步融合，成为常规技术是控压钻井发展的必经之路，重点需要解决以下三个方面问题：

(1) 模拟控压钻井与井口转换边界条件；

(2) 优化操作方法，使其更加简单、高效；

(3) 降低现场计算工作量，提供远程服务。

为了更好地处理控压钻井与井控之间的关系，IADC 的控压钻井分委员会已经起草了井控矩阵（WCM，Well Control Matrix），为在恒定井底压力控压钻井方式进行动态压井提供指导，为未来进一步融合奠定基础。

当实施控压钻井作业时，一个旋转控制装置安装在防喷器组上，将环空返出的钻井液引到自动节流管汇，由此建立了一个封闭的钻井液循环系统，可以加强环空压力控制。在溢流发生时，可以通过增加井口回压，间接增加井底压力，使井底压力大于地层压力，从而停止地层流体侵入井筒，逐步恢复井筒压力平衡，是一种有效的替代关闭防喷器进行井控的方法。常规钻井发现溢流即关井，可能导致先期溢流会相对较小，但是一旦重新开井进行压井、循环排气时，可能导致更大溢流发生。原因是：当循环中止，环空压耗消失，平衡储层的钻井液柱压力下降，地层向井筒进一步溢流的速率会增加，地层流体继续流动直到防喷器关井并逐步稳定下来；当压井开始后，压井钻井液将地层流体带到地面，一方面由于早期的大量溢流，另一方面上层流体没经过钻井液稀释，可能导致井口压力急剧上升。

相对而言，动态井控压井有其优点，假设与井控操作一样的井底压力和循环排量，更快地动态压井能使井口压力和套管鞋处压力比井控操作时更低。尤其当进行过动态孔隙压力测试，则更倾向于使用动态压井操作，可保持钻井速度同时控制溢流，将污染钻井液循环排除井筒，重新构建井筒压力平衡。表 8-2 给出常规井控矩阵简表。

表 8-2 常规井控矩阵简表

溢流情况	SBP<期望环空压力	期望环空压力<SBP<最大工作环空压力	SBP>最大工作环空压力
无溢流	继续操作	调查原因；若技术可行，则增加钻井液密度，使井口压力降低至设计值	停止作业、关井，并调查原因
任何规模溢流	停止操作，开始关井程序	停止操作，开始关井程序	停止操作，开始关井程序

注：SBP 为井口压力，高于最大井口压力可能导致最脆弱地层破裂或可能超过地面设备额定工作压力。

因此，建立控压钻井操作控制矩阵以保证钻井更安全顺利地进行，见表 8-3。

表 8-3 控压钻井操作控制矩阵

正常钻井参数，稳定状态	无须采取行动，继续钻井
（1）0~0.5m³ 地层流体流入井筒 （2）接单根气或起下钻注入气体 （3）在漏失情况下仍然保持井口回压	（1）继续钻井，调整井底压力，限制溢流/漏失 （2）进一步对溢流/漏失继续监测 （3）更改井口压力设置和监控漏失
0.5~1m³ 地层流体在井筒，例如新地层的小流量涌入	停止钻井，提离井底，调整井底压力设定值以限制溢流
大于 1m³ 地层流体流入井筒；在漏失过程中不能够维持井口压力	停止钻井和进行常规井控程序，使用井队井控设备；泵入堵漏剂尝试堵漏

四、向深水发展，多种控压钻井方式并存

为了解决海洋钻井中的窄密度窗口问题、海洋浅表层作业的相关问题、隔水管进气对深水钻井作业的危害及减少非生产时间、降低作业费用，研发多种形式的控压钻井，包括井底恒压控压钻井技术、加压钻井液帽钻井技术、双梯度钻井技术和 HSE 控压钻井技术等。而且，随着海洋钻探不断走向深海，要求控压钻井技术也要不断满足日益增加的水深，目前已

经满足深海控压钻井需要的海底旋转控制装置，作业水深大于3048m，泵送钻井液大于113.4L/s，控压精度在0.0359g/cm³内。例如，威德福公司的7850型补偿系统下的旋转控制装置（RCD），通过使用海底旋转防喷器，完成井底恒压和微流量钻井方式。海洋控压钻井技术下一步重点之一是进一步研究和推广应用双梯度控压钻井系统，该技术从理论上讲可适用于任何水深，相对增大破裂压力和孔隙压力之间的间隙、减少套管层数、降低深水钻井作业对钻井平台的要求，这对于提高深水钻井的效率和深度，节约深水钻井的时间和成本，促进深水钻采作业的发展等均有重要的作用。

五、与连续流动循环系统结合，优势互补

控压钻井技术通过钻井液流量和流速的控制来实现井底压力的调控，但在接单根、起下钻时仅能通过地面回压泵系统进行补压，在大位移、长水平井等复杂井应用具有一定的局限性，然而与连续循环技术结合应用则可以实现真正意义上的全过程钻井液循环控压，特别是阀式连续循环技术与控压钻井技术结合在意大利、埃及和利比亚等地区的应用已展示出良好效果。当两者结合应用时，可以将控压装备连接到井口防喷器，连续循环系统安装在井口上。根据作业的需要，控制台将钻井液引导至大循环或小循环；大循环指钻进时，钻井液通过控制台控制从顶驱直接流入井底；小循环是指接单根时，钻井液通过特制短节循环至井底（图8-4）。通过同一控制台控制钻井液的流速、流量和流动路径实现全过程控压，达到全面改善井身质量、增加钻井安全性；连续排气，减少气体在井筒膨胀时间，提高排气效率；快速调节井筒环空ECD，减少井下复杂。

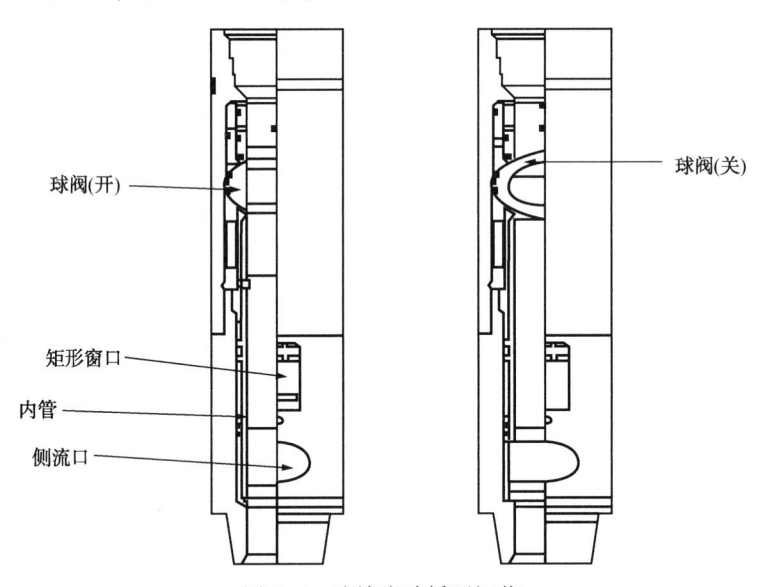

图8-4 连续流动循环短节

六、精简系统，设计分流系统代替回压泵系统

控压钻井技术证明是一种高效的控制井筒压力的技术，但是在接单根、起下钻的工况需要开启回压泵，井队的钻井液泵停止工作，以保证井底压力的恒定。但是，一方面由于流量的突然变化导致井底压力控制不是十分容易，另一方面回压泵使用维护成本相对较高，因此

需要研制一种替代回压泵的装置以提高工作的稳定性和安全性。

现有装备的回压泵系统庞大，启动电流大，需配独立电力系统，工作流程复杂且无冗余设置，若损害则会造成工作停顿，导致井下复杂。Halliburton 公司研制了钻井泵自动分流装置（图 8-5），可平稳地将井队钻井泵泵送出来的流体切换至控压装备的自动节流系统中，保证了施加回压的连续性，精简了结构，提高了压力的精细控制。

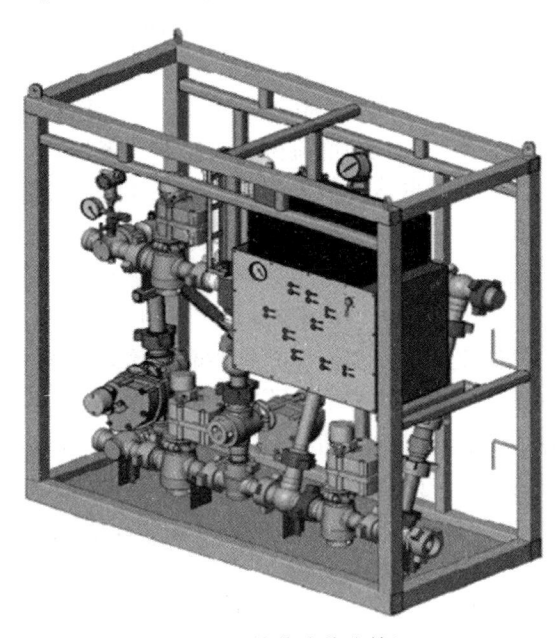

图 8-5　钻井液分流管汇

自动分流装置具有以下几点优势：
（1）连续控制，提高井底压力控制水平；
（2）精简机构，节省空间，提升可靠性；
（3）减少能源消耗，避免使用大功率发电机；
（4）操作相对简易。

因此，自动分流装置实现了大幅对现有控压钻井装备进行瘦身，对控压钻井的大规模推广奠定技术基础。

第二节　控压钻井技术应用展望

PCDS 精细控压钻井技术与装备已在裂缝溶洞型碳酸盐岩储层、低渗特低渗储层，以及窄密度窗口地层、易涌易漏复杂工况地层现场应用中取得了显著效益，具备了在陆地油气藏进一步推广应用的基础，逐步使其成为一项常规技术。未来应该加大精细控压钻井技术与装备在页岩油气、致密油气、煤层气等非常规油气领域钻完井工程中的试验与规模应用，在海洋深水钻完井工程中的试验与应用，以及在天然气水合物开发中的探索试验。

一、控压钻井在陆地油气藏应用与推广

在我国，以塔里木盆地、新疆南缘、玉门青西、四川盆地和柴达木盆地等典型地区为代

表，窄密度窗口安全钻井问题越来越突出，已成为海上与陆上深井、超深井、高温高压井等钻井周期长、事故频繁、井下复杂的主要原因，应用控压钻井技术将会有效解决这些问题，包括：

（1）流体在储层孔、缝、洞多重介质中的流动与常规的孔隙性多孔介质中流体所遵循的达西渗流规律不同。

（2）流体在井筒内流动面临高温高压的客观环境，温度压力对井筒复杂多相流的影响显著。

（3）井筒与地层之间存在着复杂的物质和能量交换。在控压钻井中井筒与地层之间常在压力失衡的条件下发生物质交换，导致井筒流体介质复杂、多相。

（4）井筒内流体是由注入的钻井液、侵入的地层水和油气以及地层破碎的岩屑所组成的黏性混相流体。由此可以看出，控压钻井复杂多相流动所面临的井下环境、流动规律以及流体组成分析，在用常规多相流领域研究成果无法解决的问题。

以塔里木油田为例，塔中1号坡折构造带62井区奥陶系油气层属凝析气藏，气油比高，裂缝和溶洞发育，钻进中易发生井漏和溢流，而且普遍含硫化氢气体；由于储层的涌漏安全密度窗口极窄，导致了在钻井液循环过程中的严重井漏，井漏不但造成储层伤害，同时也造成了钻井作业的事故和低效。也正是由于储层的涌漏安全密度窗口极窄，导致了钻井液停止循环后的气侵和井涌，有毒有害气体 H_2S 直接冲上钻台，弥漫井场，安全隐患极大。该井区目的层高含硫化氢，禁止实施欠平衡钻井，必须采用过平衡或近平衡以压制大量天然气携带 H_2S 入井。更为重要的是，事先对地层的漏失压力和孔隙压力的估计不可能无偏差，因此钻井液密度不是偏高就是偏低，偏高就井漏、偏低就井涌，对安全钻井造成了一定威胁。

国内在控压钻井的理论、设计、工艺和软件的研究方面，包括窄密度窗口的精细确定技术、井筒多相流压力响应与分布规律理论、控压钻井试验方法与检测平台、控压钻井设计与工艺分析软件以及其他配套的钻井液和固井技术等，已经取得许多研究成果，但需要进一步配合装备在现场应用中不断成熟和完善。

二、海洋控压钻井技术应用

随着海洋勘探开发规模的不断扩大以及陆地上对更深更复杂地层的勘探开发活动的日益增多，控压钻井技术得到了越来越多的应用，被业界认为是一项经济上可行的钻井技术。控压钻井技术主要关注的是经济钻井的能力。钻井过程中，地层流体不会被引入，人们会更多的为安全高效做准备，避免作业中任何事故的发生。其目的是规避常规钻井的风险，通过更精确的井眼压力控制和钻前干预减少这些风险，从而减少非生产时间和提高油井总体经济效益。

从2004年开始到目前为止，已经有大约50个海上项目应用了控压钻井技术，在不同类型的海洋钻机上都取得了成功，达到了钻井设计的要求。控压钻井技术在亚太地区已具有一定优势，在北海、墨西哥湾和巴西近海也已开始应用。许多作业公司正把控压钻井技术作为首选技术来钻在邻井已经显示出超长非生产时间和高成本的井，并开始寻找控压钻井技术更广阔的应用领域。由于控压钻井技术日益显示出的技术优势，目前正受到更多的关注。

控压钻井技术能够获得多大的价值。研究人员在美国墨西哥湾水深不超过183m的海域对与钻井有关的非生产时间进行的量化分析结果显示，在墨西哥湾的浅水中钻井时发生漏失、由此造成压差卡钻和钻杆脱扣、井底当量密度窗口狭窄造成的"涌漏同层"现象，以及由于中断钻井作业进行"配浆"和"钻井液损耗"而造成的钻时延长等复杂情况在钻井非生产时间中约占 40%，在深水区耗费的非生产时间更多。从某种程度上说，在墨西哥湾地区损耗的钻井时间反映出一个全球性问题。如果应用这种新型钻井技术，在继续钻进时实现更精确的压力控制，从而减少 40%的非生产时间，那么，或许多达 10%~15%的"边际"钻井勘探，可以在批准预算内获得良好的经济效益。由于提高了机械钻速、改善了井控能力、加深了套管下深、以足够大的井眼钻达目的层、获得可观的经济效益，保险公司代理商 MMS 乐意将目前预算的 20%用于这项安全钻井技术，从而影响和促进整个钻井行业的发展。一旦出现难以开采油气层的情况，控压钻井不仅是一项"最后底线"的钻井技术，而且是一种更安全、更快、更有效的钻井技术。

为达此目标，与常规开放系统过平衡钻井相比，控压钻井技术必须承担相应的风险。由于控压钻井是在封闭系统中适当过平衡并得到控制，需要进行风险分析，以确保调整后的系统能够为安全生产以及有效的钻井作业提供充分保证。

三、控压钻井在非常规资源领域应用

非常规资源主要包括页岩油气、致密油气、煤层气等，以及天然气水合物等地下特殊资源。我国非常规油气资源丰富，非常规油资源与常规油资源相当，非常规气资源(不含天然气水合物)是常规天然气资源的 5 倍，大力发展非常规油气已成为我国石油工业未来发展的必由之路。但是，非常规油气储层具有储层伤害及应力、压力敏感性问题，且不易恢复，若是采用常规钻井技术则很难避免这类伤害，而且为了防止井壁坍塌，增加钻井液密度，将导致环空压耗增加，水平井水平段延伸能力受到影响，单井产能降低，该问题对页岩气藏开发影响尤为严重。若采用欠平衡精细控压钻井技术进行页岩油气、致密油气、煤层气等非常规油气的钻探可有效降低对该类储层的伤害，另一方面保证井筒中环空压力剖面稳定，使其与地层孔隙压力、破裂压力保持一定合理范围，有效降低由压力引起的井漏、溢流、卡钻等井下复杂，大幅延伸水平井水平段长，提高单井产能。

天然气水合物是一种特殊的非常规资源，具有非常高的商业价值。全世界天然气水合物的资源量相当可观，仅美国探明的几块水域的最终可采水合物储量中的天然气含量就高达 $4125\times10^{13} \sim 5166\times10^{13} m^3$，这虽然接近美国目前国内天然气可采量，但可能还不足美国地下天然气水合物总储量的 1%。在天然气水合物钻井中，由于压力降低、温度增加或由此发生化合反应时，水合物会分解或释放出游离气，因此在钻井过程中，必须避免水合物在井眼周围过早分解，以使水合物分解所造成的井眼不稳定性和井控问题减至最小。此外，水合物分解成气和淡水会造成钻井液气侵，使钻井液流变性能相应发生变化，降低井眼净化能力，造成井眼不稳定、井眼坍塌、封堵和粘附钻杆等问题，因此使用常规工具、常规井身结构和常规钻井液方案钻天然气水合物时，会发生严重困难。

由于控制压力钻井的本质是用封闭、承压的钻井液循环系统钻井，使储层保持规定的井底压力，这可能是减少由压力降低而导致水合物分解的关键因素。该系统还可以在循环发生井涌时继续钻进，大大提高了钻井能力，使接单根时的井底压力更加稳定，控制作业中产生的各种流体侵入。当人们认识到天然气水合物钻井的困难并领会控制压力钻井的概念时，就或多或少地明白，控压钻井可能是天然气水合物钻井中唯一可行的技术。

在未来的某一天，也许陆地及海上所有的井都必须采用控压钻井技术。目前，应用常规钻井技术进行钻井作业时经济效益不佳的情况越来越多，控制压力钻井技术为提高钻井作业的经济效益提供了一种方法，而且可以在短时间内获得较高的油气流，提高油气开发的可采储量。控压钻井技术所带来的突破性变化不如真正的欠平衡钻井，但控压钻井技术是欠平衡钻井所必须的、容易接受的突破性技术。

控压钻井对于钻井工程和钻井作业来说是一场转变思想的革命。它使钻井工程师可以拥有更多的工具来有效地处理钻井出现的各种问题、进行更多的特殊油井工程设计。应用控压钻井技术可大大降低钻井中的不确定性，尤其是在当前油气工业将HSE（健康、安全、环保）的理念深入到工程作业中时，更加体现了控压钻井技术的生命力。应用控压钻井技术钻井，不但对储层损害极小，同时还大大提高了整个钻井作业的效率，由于采用了封闭循环系统，所以污染排放为零。因此，在钻复杂的、常规技术难以钻进的井时，控制压力钻井是一项值得认真关注的技术。

随着油气勘探难度的增加，井下复杂情况会增多、钻井费用剧增，人们将越来越深入地认识理解控压钻井技术，并应用这一先进的钻井新设备与方法实现钻井技术最优化，解决钻井工程上最困难、最昂贵的井下难题，达到减少非生产时间、降低钻井成本、提高钻井综合效益的目的。

参 考 文 献

[1] 周英操,崔猛,查永进.控压钻井技术探讨与展望[J].石油钻探技术,2008,36(4):1-4.
[2] 周英操,杨雄文,方世良,等.窄窗口钻井难点分析与技术对策[J].石油机械,2010(4):1-7.
[3] 杨雄文,周英操,方世良,等.国内窄窗口钻井技术应用对策分析与实践[J].石油矿场机械,2010(8):7-11.
[4] 韦海涛,周英操,翟小强,等.欠平衡钻井与控压钻井技术的异与同[J].钻采工艺,2011,34(1):25-27.
[5] 周英操,杨雄文,方世良,等.国产精细控压钻井系统在蓬莱9井试验与效果分析[J].石油钻采工艺,2011,33(6):19-22.
[6] 周英操,杨雄文,方世良,等.PCDS-Ⅰ精细控压钻井系统研制与现场试验[J].石油钻探技术,2011,39(4):7-12.
[7] 杨雄文,周英操,方世良,等.控压钻井分级智能控制系统设计与室内试验[J].石油钻探技术,2011,39(4):13-18.
[8] 王倩,周英操,刘玉石,等.控压钻井过程中泥页岩井壁破坏分析[J].天然气工业,2011,31(8):80-85.
[9] 姜智博,周英操,王倩,等.实现窄密度窗口安全钻井的控压钻井系统工程[J].天然气工业,2011,31(8):76-79.
[10] 刘伟,蒋宏伟,周英操,等.控压钻井装备及技术研究进展[J].石油机械,2011,39(9):8-12.
[11] 杨雄文,周英操,方世良,等.控压钻井系统特性分析与关键工艺实现方法[J].石油机械,2011,39(10):39-44.
[12] 王倩,韦海涛,周英操,等.控压钻井技术筛选及评价方法[J].石油机械,2011,39(12):9-13.
[13] 蒋宏伟,周英操,赵庆,等.控压钻井关键技术研究[J].石油矿场机械,2012(1):1-5.
[14] 杨雄文,周英操,方世良,等.控压欠平衡钻井工艺实现方法与现场试验[J].天然气工业,2012,32(1):75-80.
[15] Wei Liu, Lin Shi, Yingcao Zhou, et al. The Successful Application of a New-style Managed Pressure Drilling (MPD) Equipment and Technology in Well Penglai 9 of Sichuan & Chongqing District[J]. IADC/SPE 155703, 2012.
[16] 姜智博,周英操,刘伟,等.精细控压钻井底压力自动控制技术初探[J].天然气工业,2012,32(7):48-51.
[17] 石林,杨雄文,周英操,等.国产精细控压钻井装备在塔里木盆地的应用[J].天然气工业,2012,32(8):6-10.
[18] 姜智博,周英操,刘伟,等.控压钻井系统工程研究[J].西部探矿工程,2012(12):40-44.
[19] 王凯,范应璞,周英操,等.精细控压钻井工艺设计及其在牛东102井的应用[J].石油机械,2013(2):1-5.
[20] Wei Liu, Lin Shi, Yingcao Zhou, et al. Development and application of pressure control drilling system (PCDS) for Drilling Complex Problem[J]. IPTC 17143, 2013.
[21] 张兴全,周英操,刘伟,等.控压欠平衡钻井井口回压控制技术[J].天然气工业,2013,33(10):75-79.
[22] 刘伟,周英操,段永贤,等.国产精细控压钻井技术与装备的研发及应用效果评价[J].石油钻采工艺,2014,36(4):34-37.
[23] 张兴全,周英操,刘伟,等.碳酸盐岩地层重力置换气侵特征[J].石油学报,2014,35(5):958-962.

[24] 姜英健, 周英操, 杨甘生, 等. 井底恒压式与微流量式控压钻井系统控制机理差异分析[J]. 探矿工程: 岩土钻掘工程, 2014, 41(5): 6-9.

[25] 张兴全, 周英操, 刘伟, 等. 欠平衡气侵与重力置换气侵特征及判定方法[J]. 中国石油大学学报(自然科学版), 2015, 39(1): 95-102.

[26] 彭明佳, 刘伟, 王瑛, 等. 精细控压钻井重浆帽设计及压力控制方法[J]. 石油钻采工艺, 2015, 37(4): 16-19.

[27] 翟小强, 王金磊, 李鹏飞, 等. 海洋控压钻井技术探讨与展望[J]. 石油科技论坛, 2015, 34(3): 56-60.

[28] 张兴全, 周英操, 翟小强, 等. 精细控压钻井溢流检测及模拟研究[J]. 西南石油大学学报(自然科学版), 2015, 37(5).

[29] Liu Wei. Real-Time Integrated Optimized Drilling Technology for Deep Carbonate Formation[J]. IADC/SPE-177630-MS, 2015.

[30] 彭明佳, 周英操, 郭庆丰, 等. 窄密度窗口精细控压钻井重浆帽优化技术[J]. 石油钻探技术, 2015, 43(6): 24-28.

[31] 付加胜, 刘伟, 周英操, 等. 单通道控压钻井装备压力控制方法与应用[J]. 石油机械. 2017, 45(1): 6-9.

[32] 刘伟, 周英操, 王瑛, 等. 国产精细控压钻井系列化装备研究与应用[J]. 石油机械. 2017, 45(5): 28-32.

[33] 马青芳. 不间断循环钻井系统[J]. 石油机械, 2008, 36(9): 210-212.

[34] 胡志坚, 马青芳, 侯福祥. 钻井液连续循环系统过程控制关键技术分析与探讨[J]. 石油机械, 2010, 38(2): 62-65.

[35] 胡志坚, 马青芳, 邵强等. 连续循环钻井技术的发展与研究[J]. 石油钻采工艺, 2011, 33(1): 1-6.

[36] 胡志坚, 马青芳, 邵强. 连续循环系统压力腔流场的数值模拟分析[J]. 石油矿场机械, 2011, 40(9): 13-18.

[37] 胡志坚, 马青芳, 王爱国. 连续循环系统分流管汇结构设计与水力特性[J]. 石油机械, 2011, 39(12): 14-17.

[38] 眭越, 马青芳, 胡志坚. 连续循环钻井系统分流增压过程压力波动机理[J]. 石油机械, 2015, 43(8): 16-20

[39] 肖建秋, 马青芳, 胡志坚等. 连续循环钻井系统动力钳的结构设计[J]. 石油机械, 2016, 44(1): 1-4, 9.

[40] 胡志坚, 肖建秋, 梁国红. 连续循环钻井系统改进与试验[J]. 石油机械, 2017, 45(1): 15-18.

[41] 王鹏, 唐雪平, 邓乐, 等. 环空压力随钻测量系统研究[J]. 石油机械, 2012, 10(1): 29-32.

[42] 王鹏, 李铁军, 吕海川, 等. DRPWD随钻环空压力测量系统的研制与试验[J]. 石油机械, 2014, 42(08): 17-19.

[43] Don M. Hannegan, PE., Glen Wanzer. Well Control Considerations-Offshore Applications of Underbalanced Drilling Technology[C]. SPE/IADC 79854, 2003.

[44] J. Saponja, A. Adeleye, Bu. Hucik. Managed Pressure Drilling (MPD) Field Trials Demonstrate Technology Value[C]. IADC/SPE 98787, 2006.

[45] Matthew Daniel Mart. Managed Pressure Drilling Techniques and Tools[D]. Texas A&M University, 2006.

[46] A. Torsvoll, P. Horsrud, Statoil, et al. Continous Circulation During Drilling Utilizing a Drillstring Integrated Valve—The Continuous Circulation Valve[C]. IADC/SPE 98947, 2006.

[47] B. DEMIRDAL. New Improvements on Managed Pressure Drilling[C]. The Petroleum Society's 8th Canadian International Petroleum Conference(58th Annual Technical Meeting), 2007.

[48] Charles R., Shifeng Tian. Sometimes Neglected Hydraulic Parameters of Underbalanced and Managed Pressure Drilling[C]. SPE/IADC 114667, 2008.

[49] Brian Grayson. Increased Operational Safety and Efficiency With Managed Pressure Drilling[C]. SPE 120982, 2009.

[50] Paco Vieira, Maurizio Arnone, Fabian Torres. Managed-Pressure Drilling: Kick Detection and Well Control [C] JPT, 2010.

[51] John-Morten Godhavn, Statoil ASA. Control Requirements for Automatic Managed Pressure Drilling System [C]. SPE 119442, 2010.

[52] Majid Davoudi, John Rogers Smith, Bhavin M. Patel, et al. Alternative Initial Responses to Kicks Taken During Managed-Pressure Drilling[C]. JPT.

[53] B. Grayson, A. H. Gans. Closed Loop Circulating Systems Enhance Well Control and Efficiency With Precise Wellbore Monitoring and Management Capabilities[C]. SPE/IADC 156893, 2012.

[54] D. J. Driedger, S. P. Kelly, C. Leggett, et al. Managed Pressure Drilling Technique Applied in a Kurdistan Exploration Well[C]. SPE 164403, 2013.

[55] K. Kinik, F. Gumus, N. Osayande. A case study: first field application of fully automated kick detection and control by MPD system in western Canada[C]. SPE/IADC-168948-MS, 2014.

[56] J. Cunningham, R. K. Bansal, G. George, et al. Development of a new continuous flow system for managed pressure drilling[C]. SPE/IADC-168957-MS, 2014.

[57] AndersWillersrud, Lars Imsland, Mogens Blanke, et al. Early Detection and Localization of Downhole Incidents in Managed Pressure Drilling[C]. SPE/IADC-173816-MS, 2015.

[58] Ammon N. Eaton, Logan D. R. Beal, Sam D. Thorpe, et al. Ensemble Model Predictive Control for Robust Automated Managed Pressure Drilling[C]. SPE-174969-MS, 2015.

[59] Matt Weems, Dennis Moore, Colin Leach. Managed Pressure Drilling as Well Control in Deepwater GOM: Challenges to Current Modes of Thinking[C]. SPE/IADC-179179-MS, 2016.

[60] Thiago Pinheiro da Silva, Monica Naccache. Enhanced Fluid Rheology Characterization for Managed Pressure Drilling Applications[C]. SPE/IADC-180070-MS, 2016.

[61] 周英操, 翟洪军, 等. 欠平衡钻井技术与应用[M]. 北京: 石油工业出版社, 2003.

[62] 陈国明, 殷志明, 许亮斌, 等. 深水双梯度钻井技术研究进展[J]. 石油勘探与开发, 2007, 34(2): 246-250.

[63] 殷志明. 新型深水双梯度钻井系统原理、方法及应用研究[D]. 中国石油大学, 2007.

[64] 张利生, 宋周成, 白登相, 等. 注气控压钻井技术在塔里木油田的应用[J]. 长江大学学报自然科学版: 理工卷, 2008, 5(03X): 168-170.

[65] 王延民, 孟英峰, 李皋, 等. 充气控压钻井过程压力影响因素分析[J]. 石油钻采工艺, 2009, 31(1): 31-34.

[66] 于水杰, 王海柱, 张林鹏, 等. MPD技术及装备在钻井工程中的应用分析[J]. 石油矿场机械, 2009, 38(8): 47-51.

[67] 王子建. 控制泥浆帽压力钻井工艺技术研究[D]. 中国石油大学, 2009.

[68] 向雪琳, 朱丽华, 单素华, 等. 国外控制压力钻井工艺技术[J]. 钻采工艺, 2009, 1: 32.

[69] 石希天, 刘斌, 徐金凤. 中古8控压钻井实践与认识[J]. 钻采工艺, 2009, 32(2): 77-78.

[70] 李伟廷, 侯树刚, 兰凯, 等. 自适应控制压力钻井关键技术及研究现状[J]. 天然气工业, 2009.

[71] 刘绘新, 赵文庄, 王书琪, 等. 塔中地区碳酸盐岩储层控压钻水平井技术[J]. 天然气工业, 2009.

[72] 郝希宁, 汪志明, 薛亮, 等. 泥浆帽控压钻井裂缝漏失规律[J]. 石油钻采工艺, 2009, 31(5): 48-51.

[73] 石希天,肖铁,徐金凤,等.精细控压钻井技术在塔中地区的应用及评价[J].钻采工艺,2010,33(5):32-34.

[74] 黄兵,石晓兵,李枝林,等.控压钻井技术研究与应用新进展[J].钻采工艺,2010,33(5).

[75] 聂兴平,陈一健,孟英峰,等.控制压力钻井技术现状和发展策略[J].钻采工艺,2010,2.

[76] 陶谦,柳贡慧,邹军,等.泥浆帽钻井关键技术研究[J].钻采工艺,2010,33(2).

[77] 石希天,肖铁,雷万能,等.塔里木奥陶系碳酸盐岩敏感性储层控压钻井技术应用[J].钻采工艺,2010,33(6).

[78] 胥志雄,李怀仲,石希天,等.精细控压钻井技术在塔里木碳酸盐岩水平井成功应用[J].石油工业技术监督,2011,27(6):19-21.

[79] 宋荣荣,孙宝江,王志远,等.控压钻井气侵后井口回压的影响因素分析[J].石油钻探技术,2011,39(4):19-24.

[80] 李海津,周艳,黎兴文,等.控压钻井作业中多相流环空压力的计算[J].钻采工艺,2011,34(3):1-3.

[81] 金业权,刘刚,孙泽秋.控压钻井中节流阀开度与节流压力的关系研究[J].石油机械,2012,40(10):11-14.

[82] 宋巍,李永杰,靳鹏波,等.裂缝性储层控压钻井技术及应用[J].断块油气田,2013(3):362-365.

[83] 土希男,将祖军,朱礼平,等.微流量控制式控压钻井系统及应用[J].钻采工艺,2013,36(1):105-106.

[84] 唐斌,屈洋,蔡光林,等.精细控压钻井在裂缝性致密气藏中的应用[J].石油化工应用,2014,33(7):4-6.

[85] 孔祥伟.微流量地面自动控制系统关键技术研究[D].西南石油大学,2014.

[86] 赖敏斌,樊洪海,彭齐,等.井底恒压控压钻井井口回压分析研究[J].石油机械,2015,43(11):13-17.

[87] 于海叶,苗智瑜,陈永明,等.控压钻井技术在漏涌同存地层的应用[J].断块油气田,2015,22(5):660-663.

[88] 何淼,柳贡慧,李军,等.控压钻井井底气侵停止与否实时判别方法研究[J].应用数学和力学,2015,36(8):865-874.

[89] 何淼,柳贡慧,李军,等.控压钻井井口恒压控制方法初探[J].钻采工艺,2015,38(6):4-7.

[90] 周健,贾红军,李晓春,等.控压钻井停止循环期间垂直环空连续气侵机理研究[J].钻采工艺,2015,38(2):17-19.

[91] 孔祥伟,林元华,邱伊婕.控压钻井重力置换与溢流气侵判断准则分析[J].应用力学学报,2015,32(2):317-322.

[92] 宋周成,李基伟,段永贤,等.控压钻井钻碳酸盐岩储层水平井水力延伸极限的研究[J].钻采工艺,2015,38(1):15-18.

[93] Nickens H V. A Dynamic Computer Model of a Kicking Well[J]. SPE Drilling Engineering, 1987, 2(2): 159-173.

[94] Michael P. Starrett, A. Dan Hill, Kamy Sepehrnoori. A Shallow-Gas-Kick Simulator Including Diverter Performance[J]. SPE Drilling Engineering, 1990, 5(1): 79-85.

[95] 郝俊芳.平衡钻井与井控[M].北京:石油工业出版社,1992.

[96] E. Low, Case Jansen. A Method for Handling Gas Kicks Safely in High-Pressure Wells[J]. Journal of Petroleum Technology, 1993, 45(6): 570-575.

[97] A. R. Hasan. Void Fraction in Bubbly and Slug Flow in Downward Two-Phase Flow in Vertical and Inclined Wellbores[C]. SPE 26522, 1995.

[98] 汪海阁，刘岩生，杨立平. 高温高压井中温度和压力对钻井液密度的影响[J]. 钻采工艺，2000，23(1)：56-60.

[99] 曾时田. 四川天然气井钻井压力控制[J]. 天然气工业，2003，23(4)：38-40.

[100] 周英操，高德利，刘永贵. 欠平衡钻井环空多相流井底压力计算模型[J]. 石油学报，2005，26(2)：96-99.

[101] Nygaard, G. Nonlinear Model Predictive Control Scheme for Stabilizing Annulus Pressure During Oil Well Drilling[J]. Journal of Process Control，2006，16：719-732.

[102] 金衍，陈勉，刘晓明. 塔中奥陶系碳酸盐岩地层漏失压力统计分析[J]. 石油钻采工艺，2007，29(5)：82-84.

[103] Aadnoy B S, Belayneh M, Arriado M, et al. Design of well barriers to combat circulation losses[J]. SPE Drilling & Completion，2008，23(3)：295-300.

[104] Muradov, Khafiz Mikhailovich, Davies, et al. Prediction of Temperature Distribution in Intelligent Wells[C]. SPE：114772，2008.

[105] 苏勤，侯绪田. 窄安全密度窗口条件下钻井设计技术探讨[J]. 石油钻探技术，2011，39(3)：62-65.

[106] 李大奇，康毅力，刘修善，等. 基于漏失机理的碳酸盐岩地层漏失压力模型[J]. 石油学报，2011，32(5)：900-904.

[107] 陈勉，金衍，张广清. 石油工程岩石力学[M]. 北京：科学出版社，2011：70-71.

[108] Richard P. Spindler. Analytical Models for Wellbore-Temperature Distribution[J]. SPE Journal，2011，16(1)：125-133.

[109] 闫丰明，康毅力，孙凯，等. 缝洞型碳酸盐岩储层漏失模型及控制对策[J]. 钻井液与完井液，2012，29(3)：78-80.

[110] 樊洪海. 实用钻井流体力学[M]. 北京：石油工业出版社，2014.